現場のプロがやさしく書いた

改訂3版
GA4
対応

Webサイトの分析・改善の教科書

小川 卓 [著]

本書のサポートサイト

https://book.mynavi.jp/supportsite/detail/9784839982935.html

訂正情報や補足情報などを掲載していきます。

■本書は、20187年6月発行の『現場のプロがやさしく書いたWebサイトの分析・改善の教科書【改訂2版】』を改訂したものです。

■本書に記載された内容は、情報の提供のみを目的としております。したがって、本書を用いての運用はすべてお客様自身の責任と判断において行ってください。

■本書の制作にあたっては正確な記述につとめましたが、著者や出版社のいずれも、本書の内容に関して何らかの保証をするものではなく、内容に関するいかなる運用結果についてもいっさいの責任を負いません。あらかじめご了承ください。

■本書は2023年6月段階での情報に基づいて執筆されています。本書に登場するサービス情報、URL、商品情報などは、すべて原稿執筆時点でのものです。執筆以降に変更されている可能性がありますので、ご了承ください。

■本書のいくつかの画面について、撮り直しが不可能なものは初版のままになっています。または現在のGoogleアナリティクスの画面との合成を行い、読み替えができるようにしております。

■Googleアナリティクスの画面は、基本的には「Googleアナリティクス4」を使用しています。ただし、画面や機能は変更される可能性がありますので、誌面と読者の画面が異なる場合がございます。出版以降の変更については、Googleアナリティクスヘルプ（https://support.google.com/analytics/?hl=ja）をご参照ください。

はじめに

「現場のプロがやさしく書いたWebサイトの分析・改善の教科書」改訂3版を出させていただくことになりました。第2版の発売から5年経ち、ウェブマーケティングにおける環境も変わってきました。

代表的なこの5年の変化としては、SEOや広告のさらなる進化(ユーザー思考型、自動化の流れ)、スマートフォンは当たり前の時代になり、アクセス解析ツールの主流がGoogleアナリティクスからGoogleアナリティクス4(GA4)に移りました。またコロナ禍もあり、ユーザーのオンライン行動や重要視するポイント(安全性など)も変わりました。

第3版では現在の最新の状況に対応するため、コンテンツの最新化を行い、そして現在は不要と思われる部分も大きく見直しました。より今の時代にあった分析と改善ができるようになっています。撮り直しができない事例以外は、解説や分析をすべてGA4の画面や内容に統一しています。

しかし、ウェブサイトの分析や改善の考え方は第1版を発売した2014年から大きくは変わっていません。ウェブサイトに人を集め、いかに興味関心を高め、ユーザーとビジネスのゴールを満たすか。この考え方は変わりません。今後さらに5年間の中で生成系のAIが浸透し、新しい技術と施策が生まれてくるでしょう。またプライバシーに関する考え方も変わっているかもしれません。ただ本質を忘れずにウェブサイトにおいて実現したいことを念頭に置いた上で、選択をしていけばよいのではないでしょうか。それのガイドとしても本書を活用してもらえればうれしいです。

2023年8月
小川　卓

Contents

Chapter 1　改善ポイントの見つけ方

Chapter 2　項目別の改善策とノウハウ

Contents

Contents

Chapter 3 分析結果の活用方法

Chapter 1

改善ポイントの見つけ方

Chapter 1 ▸ Section 1

ゴールとKPIの設計①
ゴールを設計する

Chapter 1では「改善ポイントの見つけ方」と題して、データをどのように活用して改善方法を見つければ良いかを紹介いたします。　改善ポイントを見つけるためには3つのことを理解する必要があります。その3つとは「ゴールとKPIの設計」「トレンドの理解」「セグメントの理解」です。これらは、サイトおよびビジネスの改善には不可欠な考え方になります。それではまずSection1からSection3で、「ゴールとKPIの設計」を見ていきましょう。

ゴールを設定する大切さ

多くのビジネスやサイトにとって、データを見る最大の目的は、**ビジネスやサイトの目標を達成すること**になります。「人に多く訪れてほしい」のも「資料請求をたくさんして欲しい」のも「ブランドをより多くの人に認知してもらいたい」のもビジネスゴールがあるからです。多くのビジネスにとって、それは**売上**ではないでしょうか。オンライン・オフライン問わず何かしらのお金をいただくことによって多くの企業は成り立っています。ということは、サイトを分析して改善するのもこのゴールのためであるということになります。

そもそも、データを見なくてもサイトを作ることはできますし、それなりの売上を上げることができるかもしれません。では、なぜわざわざデータを見るのでしょうか？　筆者はこのように考えています。ビジネスを「航海」と例えたときに、そのゴールは「**目的地**」でありデータは「**羅針盤**」や「**地図**」であるということです。

ビジネスゴールをより効率良く確実に達成するためにデータは必須となります。そのためにはまず**正しく「ゴール」が設定されている**必要があります。目的地を決めずに航海に出る人はいないでしょう。皆さんのサイトやビジネスについてゴールを決めていない、あるいは、知らないというのは目的地なしの航海に出ているのと同じことです。

そしてデータがあることによって「正しい方向に進んでいるのか」「このままのペースで食料がなくなる前に目的地にたどり着くことができるのか」「南回り、北回りどちらで行く方がより目的地にたどり着く可能性が高いのか」といったことをより精度高く判断することができます。船長が思い付きで「なんとなく南回りの方が早そうだから、そっちから行こう」と決めていたとしたら船員は安心できるでしょうか？　経験や数値の根拠がない判断は大きな失敗や徒労を招いてしまう可能性があります。

しかし、「南回りだと3日後に嵐に遭遇してしまう可能性が非常に高い。北回りは1日長くなってしまうが、食料には1週間分の余裕があるので、北周りで行こう」という判断内容の方が、判断をした側もされた側もよっぽど安心できるのではないでしょうか。
データがあってもゴールに確実にたどり着くわけではないし、安心はできません。しかし、正しく目的地を設定し、データに基づいた判断を行えば、**ゴールにたどり着く可能性は大きく上がります。**

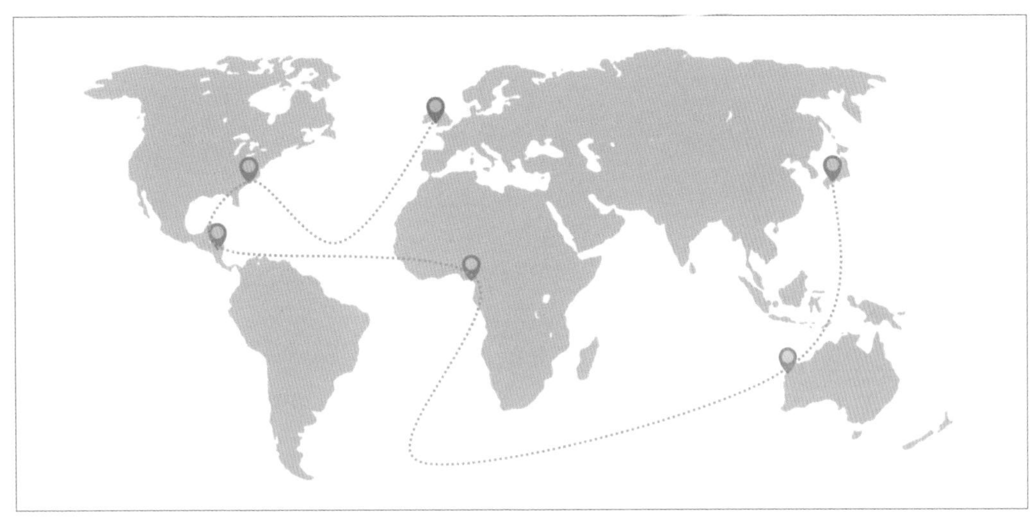

図1 ゴールにたどり着くには航海路が大切

ゴールを設定するには

目的地がなければ、あるいは、知らなければデータを見ても意味がありません。なぜなら、改善の判断ができないからです。
Googleアナリティクスのようなアクセス解析ツールでも、データを見ることで現状は分かるかもしれませんが、「**目標設定**」をしていなければ改善に利用することは決してできません。ぜひ目標設定を行いましょう。
では、このゴールの設計はどのように行えば良いのか。ゴールには「3つの要素」が必須となります。それは「**指標**」「**値**」「**期間**」の3つです。このいずれが欠けてもゴールとは言えません。1つずつ確認をしていきましょう。

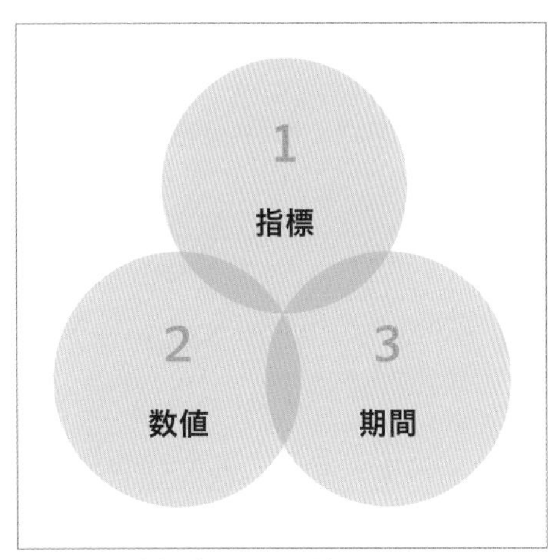

図2 ゴール設定で決めるべき3要素

指標

指標とは「**物事を判断したり評価をしたりするための目印**」です。ビジネスにおいて目指している最終目的やアクションでもあります。何かしらのビジネスを行っているのであれば、その指標は「**売上**」になります。ほかにも該当するケースとしてNPO法人などであれば「**寄付金**（これも売上の一種かもしれませんが)」になりますし、政府のサイトなどであれば「**訪問者数**」かもしれません。
ここで気を付けないといけないのが、サイト上において売上が発生しないケースです。その場合、「**オンラインでの資料請求**」や「**会員獲得**」、「**お問い合わせ数**」などの指標が考えられるかもしれません。
しかし、もしその資料請求や会員獲得から、契約や申し込みなどを経て売上につながる場合は、やはり設定するべき指標は「**売上**」になります。なぜなら「売上」がそのビジネスにとっての最終目的であるからです。

値

指標を設定すると、そこに何かしらの値をセットすることも必要になります。「売上」が指標であれば「1億円」「500万円」といったものが「値」になります。つまり**指標に対してどれくらい獲得したいのか**というのが「値」です。
これは通常は社長や取締役会などで設定されるものです。そこで設定した売上目標が、部署やサービスごとに分けられて伝えられることもあるでしょう。全体の売上目標が100億円で、Web経由のお問い合わせの売上貢献目標が20%であれば、設定するべき値は「20億円」となります。設定する、設定されるいずれの立場に関わらず、**値は明確にしておきましょう**。それはどんな役職や立場であっても変わってはいけません。

期間

設定された目標を**いつまでに達成するのか**も非常に大切です。「目的地はニューヨークだけど、いつたどり着いても良い」と言われても困ることでしょう。来月までに、今年中までにといった期間設定が大切です。
通常ビジネスのゴールは**年・四半期・月**などで設定されていることが多いです。すでに設定されている場合は、基本的にはその内容を活用しましょう。しかし、サイトを担当している方の場合、基本的には長くても**月**、可能であれば**週**や**日**単位の目標設定を行いましょう。どれくらいの「**粒度**(=細かさ)」にするかは、その**サイトの更新や改善施策を実施できる頻度**に依存します。
サイトを改修できるのが、月に数回であれば「月」単位で目標を設定し、日単位でも改善施策を反映することができる場合は「日」単位で設定しましょう。これは会社の規模や、行っているビジネスにも大きく依存します。コミュニティサイトやソーシャルゲームのように、ちょっとした変更や改修が売上にダイレクトに影響を与える場合は「**日**」単位が良いでしょう。逆にBtoB[※1]のサイトで商品や商材がすぐに変えられず、主にサイト内のUI[※2]や機能などをそれなりの時間をかけて改修する場合は「**月**」が良いでしょう。期間に正解はありませんが、短い方が気づきと施策を行うスピードが上がり、精度が上がりやすくなります。

※1 企業での購入や導入などを対象としたサイト。対義語は「ECサイト」。
※2 UI:ユーザーインターフェイス
サイトでいうと、メニューやナビゲーション、レイアウトなど画面表示やその操作のしやすさなどを示す。

良い目標設定と悪い目標設定の例

先ほど説明した3つの要素をすべて備えているのが「**良い目標**」になります。
さらに**季節変動**などを取り入れるとより精度が高くなります。たとえば「2023年9月の売上目標は2,000万円」などは分かりやすく、かつ良い目標です。逆に「2023年度の毎月の平均売上は2,000万円」はあまり良くない目標設定です。皆さんのサービスやビジネスの売上が毎月同じような金額で、月や週など固有の変動がない場合は問題ありません。しかし、特定の月や週だけ訪問者が増えて売上が大きく変わる場合は「**平均売上**」という設定は良くありません。なぜなら、売上が増える月は確実に達成することが見えてしまい、改善しなくても良いというふうになってしまうからです。**季節変動も加味した目標設定**を行いましょう。
さらに、たとえば去年は8月の売上が9月の売上の1.5倍で、それが「夏休みに子供が見るサイト」というように、今年もそのような売上増が期待できるような季節変動の場合は、「平均2,000万円」ではなく、「8月は3,000万円、9月は2,000万円」といった目標設定にしましょう。
逆に季節要因ではなくても、**集客施策の実施**などにより、売上の増減が予測できる場合は、その内容も加味しましょう。たとえば去年、Aという女性雑誌に掲載した際に訪問者が20,000人増えて、売上が500万円増えた場合、今年も掲載が決まっているのであれば、その要素も目標の値と期間に加味しましょう。
逆に悪い目標とは(このパターンが一番多いのですが)、3つの要素のうち、いずれか(あるいはすべてが)**設定されていない**、あるいは**把握できていない**という状況です。特に、設定されているのに、それを把握していないのは担当者の怠慢と言えるでしょう。本当にサイトやビジネスを改善しようと考えているのであれば、目標が設定されていて、それを把握していることは必須です。
もしかしたら、Webの担当者として「資料請求を集める」ことがミッションということもあるかもしれません。そして売上はオフラインで発生するので、知らなくても良いと考えるかもしれません。しかし、同じ資料請求を集めるにしても「費用をいくらくらいまで使っていいのか」「来月は新製品が出るので、オフラインでの成約率が高まる可能性がある」「来期は売上も大切だが、利益率15%を確保したい」といったような情報を把握しておかないと、最適な資料請求獲得プランを準備できないはずです。ぜひ、**数値を把握**しておきましょう。
ほかにも「設定されている数値がおかしい」といった状況もあるかもしれません。数値と期間が設定されている、そこには何かしらの「意図」や「目的」があるはずです。これは設定をした人に確認するのが早いです。**設定された意図や目的を理解し納得した上で**、改善を進めていきましょう。
目標が設定されていないサイトは、サイトの改善を行う優先順位が下がってしまいます。目標に対して現在の見立てを理解し、その差を埋めることが改善のモチベーションの源泉になります。目標は必ず確認、あるいは、設定をしましょう。オフラインで売上が発生し、普段のWebサイトの改善活動と距離が遠すぎる場合は、オンラインの資料請求や会員登録など、Webサイト上での最終アクションをゴールとして設定しても構いません。しかし、こちらに関しても極力、金額換算を行うようにしましょう。1件の資料請求や会員登録がどれくらいの売上を生むのか。オンラインの最終ゴールから、オフラインでの売上発生までの割合や平均単価を確認することで、その価値を算出することができます。ぜひ、取り組んでみてください。

Chapter 1 ▸ Section 2

ゴールとKPIの設計②
目標からKPIへの落とし込み

ゴールを設定したら、次はそのゴールに向かうためにどこを改善していけばいいのかを考えることになります。ゴールに向かうために有効なポイントを探して比較し、選定する作業を行っていきます。

KPIを設計するには

目標の設定が実現しても、サイトあるいはビジネスのどこを改善すれば良いかは必ずしも明確になりません。たとえば来期の売上目標が今の1.5倍の1,500万円になったとしましょう。そして、あなたが担当しているサイトは、あるメール配信システムを販売しているサイトだとします。オンライン上で資料請求や営業との打ち合わせの申し込みが行われ、その後に商談そして受注というフローになっています。

さて、売上を1.5倍にするためには、何をすれば良いのでしょうか。いくつかの方法が考えられます。「サイトへの訪問者数を1.5倍にする」、「資料請求される割合を1.5倍にする」、「お問い合わせから商談につながる数を1.5倍にする」、「商談から受注の確率を1.5倍にする」、「購入単価を1.5倍にする」。どの方法も有効です。
この中からどの部分を改善して目標達成を行うのかを決めるのが、**KPI設計**になります。KPIとはKey Performance Indicatorの略称であり「**重要業績評価指標**」の意味を持ちます。つまりこのKPIを設計し、そこを改善することによって業績のアップ（＝ゴール）につながるというものです。
このKPIはどのように設定すれば良いのか？　それは3つの要素によって判断されます。しかし、判断をする際に、まずはKPIの候補となり得るものを洗い出す必要があります。そのために、便利で、さらに関係者の目線を合わせるために利用できるのが「**ビジネスロードマップ**」という図表です。
この図表の作成方法を説明しながら、KPIについてさらに詳しく見ていきたいと思います。

「ビジネスロードマップ」とは?

図1が、完成形のビジネスロードマップの例になります。長方形と矢印、そしていくつかの数値が書かれているのが分かるかと思います。ビジネスロードマップとは「**売上が発生するまでのプロセスを可視化したもの**」です。この図ではユーザーとの最初の接点（コーポレートサイトや業種別サイト）から、最

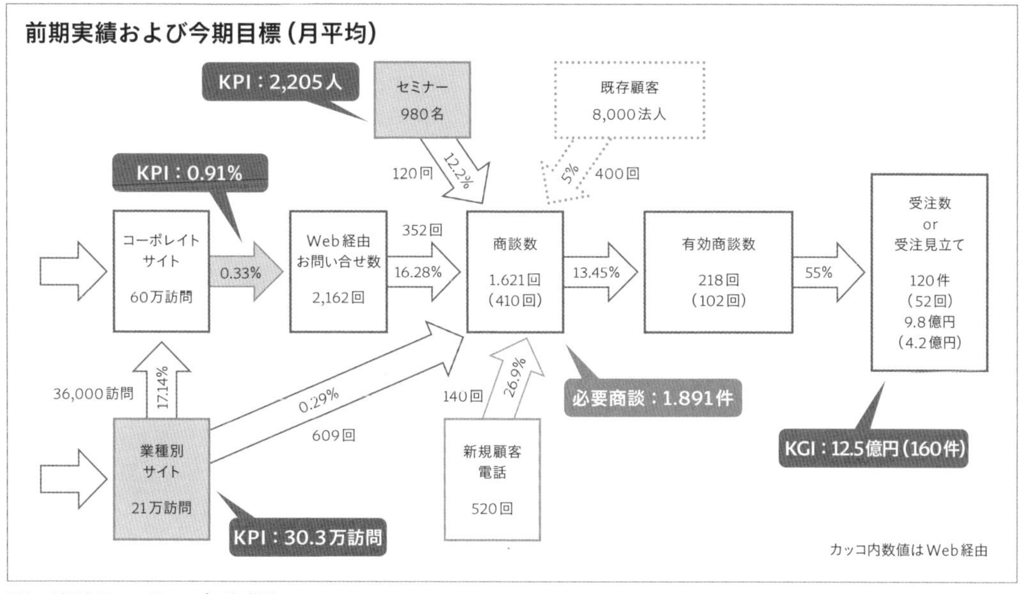

図1 ビジネスロードマップの完成形

後の売上までの接点（受注数）の部分まで左から右にそのプロセスが描かれています。

□や⇨のところにはその**量**や**割合**をあらわす数値が書かれており、吹き出しで**KGI**（ゴール）や**KPI**が書かれています。これがビジネスロードマップです。ビジネスを俯瞰することができ、改善ポイントを明確にするために筆者が考えたものです。

ビジネスロードマップのメリットと作成方法

ビジネスロードマップにはたくさんのメリットがあります。ここでは5つのメリットを紹介いたします。

- **ビジネスの現状を1枚の図で把握することができる**
- **ビジネスにおける課題発見と目標およびKPI設計ができるようになる**
- **ビジネスの内容を説明するのに便利で、社内外で簡単に共有が可能**
- **ビジネスにおいて可視化できていないことを把握することができる**
- **コミュニケーションのベースとして利用することが可能**

この5つがビジネスロードマップ作製のメリットになります。では、ここからは6つのSTEPに分けて具体的な作成方法を紹介します。なお作成に関しては1人で行うのではなく、関係者や責任者を交えながら1STEPずつ確認を行いましょう。合意形成をしておかないと、作成した後にひっくり返されてしまう可能性があります。

STEP 1 目標

Chapter 1の最初で書いた通り、まずは**目標を明確**にしてください。「**指標**」「**値**」「**期間**」の3つを書き出してみましょう。分からなければ知っている人に確認をしてください。

STEP 2 図示

ビジネスロードマップにおける「□」と「⇨」の部分を描いていきます。「□」は主に「**場**」をあらわします。サイト・セミナー・打ち合わせ・掛けた電話数・購入数など、数値でその量があらわせる単位のものを書いてください。「⇨」は場同士の移り変わり、つまり「**遷移**」をあらわします。「コーポレイトサイト訪問者」から「Web経由のお問い合せ」をつなぐもの、あるいは「商談」から「受注」をつなげるものになります。紙の左側が購買者との最初の接点になり、右側がビジネスゴールになるように描き入れてみましょう。

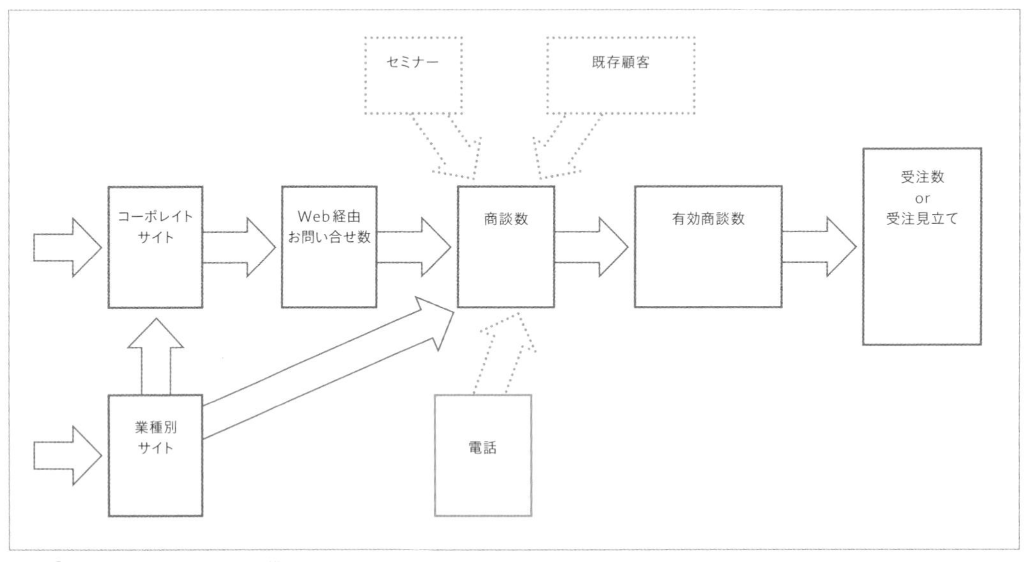

図2 「場」と、その間をつなぐ⇨を描いたところ

STEP 3 数値

次のSTEPは□と⇨に数値を入れていくプロセスです。まずは□に**数値**を入れていきましょう。たとえば「サイト」であれば「サイトの訪問者数」を、「商談」であれば「商談数」を記入します。どの期間の数値を入れるかに関してですが、設定されている目標が月単位であれば月の数値を、四半期であれば四半期の数値を入れましょう。季節変動※1が存在する場合は、目標を設定している期間の前年同月や前年同四半期を、季節変動がない場合は直前の月あるいは四半期の数値を記入しましょう。

※1 季節変動：提供している商品やサービスの特性上、特定の月や季節に売り上げが変動することが分かっているもの。たとえば、暖房や毛布、花粉症対策グッズなど。

そして、□の間をつなぐ⇨に、どのぐらいの割合で遷移しているかの数値を入力します。

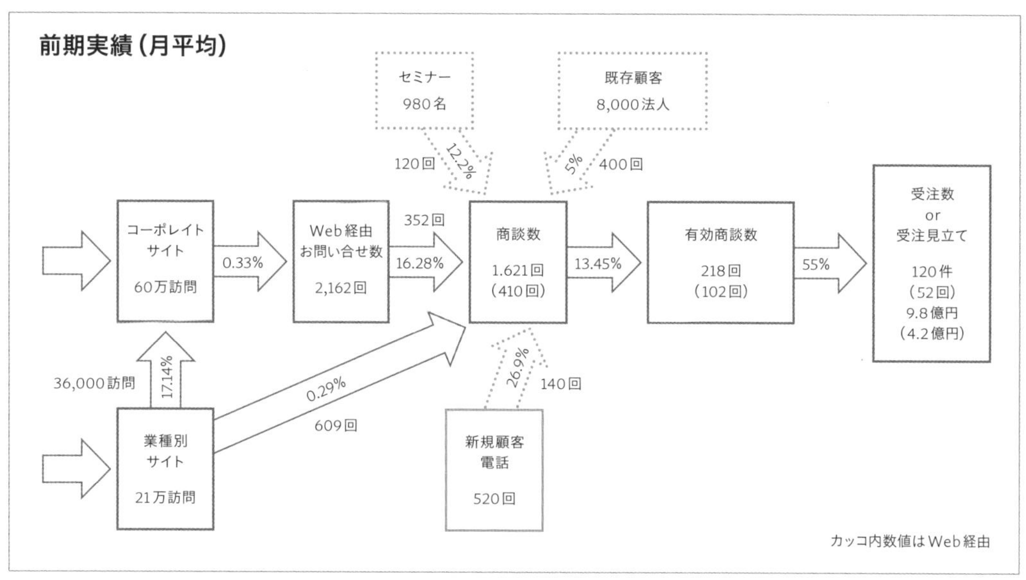

図3 □と⇨に数値を記入したところ

このプロセスを実施していくと、いくつか数値が**取得できない部分**があるかもしれません。取得できない場合は書く必要がありません。しかしビジネスロードマップはビジネスのプロセスを可視化したものなので、そこの数値が取得できていないことは改善できる個所の候補を1つ減らすことと同義です。技術的に取得できない場合を除き、**取得できそうな値は今後取得を進めていく**必要があります。

STEP 4 選定

ビジネスロードマップに数値を入れることができたら、次に**改善するポイント**を選定します。理想としてはすべての□の数を増やす、⇨の割合を増やすことですが、リソース（人・物・金・技術）などの制約からすべてを行うことが難しいケースが多いのではないでしょうか。

大切なのはこの中から優先度が高いもの、つまりKPIを選ぶことです。**KPI**は「Key Performance Indicator」の略称です。つまり、□や⇨のPerformance Indicator（指標）からKey（重要）な物を選ぶことです。では、どうやって数ある指標の中から重要な指標を選定すればよいのでしょうか。「**SMART**」という考え方を取り入れましょう。SMARTは以下の5つの言葉の略称です。

● Specific（具体的）

対象となる指標が**分かりやすく、万人が正しく理解できる**内容になっているか。

たとえば「顧客満足度」や「納得度」など曖昧な物は指標として追いにくいです。

● **Measurable（計測可能）**

数値が設定できるか。またその数値は「何もしていない状態」で変動が少ない数値であるか。
たとえば「ニュースアプリからの流入数」は取り上げられればぐっと伸びますが、取り上げられないと流入がほとんどなくコントロールもできないのでKPIとしては向いていません。

● **Actionable（実現可能）**

KPIとして設定した場合、施策が**実行可能**なのか。
施策が実行できなければ数値は改善できません。たとえばKPIとして設定したにも関わらず半年間何もできず、毎月の数値が全く変わらないといったことにならないようにすることが大切です。

● **Realistic（現実的）**

数値目標を当てはめてみたときに**現実的な数値**になっているか。
なっていない場合はKPIを増やすか、該当指標をKPIとして設定することをやめましょう。まずは「ボリュームが多い指標」あるいは「改善幅がありそうな指標」を選びましょう。たとえば「メルマガ流入を半年で月300件から40,000件に増やせば目標達成できるが、そこまで増やす見立てはあるのか？」を考えて選ぶということです。

● **Time-bound（期限設定）**

期限を設定することが可能か。
KPIを決めてからスケジュールを立てていては、実行までに時間がかかってしまいます。Actionable（実現可能）とあわせて、最初はある程度スケジューリングをしましょう。それができないKPIは実行されない（あるいは遅れてしまう）可能性が高いです。

上記5つの中でもっとも大切なのは「**Actionable（実現可能）**」です。この実現度は2つの要素によって検討します。1つは「**出てくる施策のアイデア数**」です。より多くのアイデアが出てくる方が、実現できる可能性が高くなります。1個しかアイデアが思いつかない箇所より、10のアイデアが思いつく箇所の方が実現度と改善する可能性は高くなってきます。該当箇所を直す方法が思いつくか、思いつかないかは非常に大切です。
もう1つの要素は「**実現難易度**」です。これは、「思いついたアイデアを本当に実現できるのか？」ということです。改善する方法を思いついても、技術的にできない、あるいは予算が足りないためどうしてもできないこともあります。ビジネスは放っておいても改善しません。打席に1回だけ立つのではなく、10回立った方がヒットを打つ本数が上がる可能性があります。したがって「アイデアをたくさん思いつき、なおかつ、施策として実現できそう」なものを優先度高にします。
この5つの要素を表にして、指標ごとに評価付けを行いましょう。その中から、改善する指標を最低でも2つ、最大で4つほど選択しましょう。少なすぎると、1つの指標が改善目標を達成できなかったときのリスクが大きく、5つ以上だと絞り込みができていないと言えます。個数は施策を行える社内のWeb担当者の人数などにも依存します。大企業ではすべての項目に目標を設定し、各部署で達成するというケースもあります。

※下記表では「Specific」かつ「Measurable」な指標のみに絞り込んだ上で、Actionable、Realistic、Time-boundの観点で評価をしています。

指標	Actionable	Realistic	Time-bound	最終評価
コーポレートサイトの訪問数	△ 過去2年である程度施策は実行済み。有料検索は手間がかかるが改善の余地あり。サイト内は去年末リニューアル済み	○ リスティングには可能性あり。他の未実施施策（ソーシャル）などは訪問数を増やすための難易度が高い	△ リスティングの見直し、ソーシャル実施のための知識習得とリソース確保が難しくスケジュールが読めない	△
業種別サイトの訪問数（複数サイト作成）	○ 作成スキームやCMSなどは存在し、候補となる業種も洗い出せている	○ ボリュームがコーポレートより少ないが、業種横展開すれば数値目標的には達成可能	○ 外部リソースを活用する予算を確保できればスケジューリングは可能	◎
Web経由のお問い合せ率	○ 施策の候補は最も多く、実現性が高いものも多い。一部システム関わる部分は要調整	○ リニューアル後の細かい改修はできておらず、数値改善は可能と考える	△ システムが関わらない部分は工数見積もりが終了しスケジュール設定可能。システム部分は工数見積もりから必要	○
業種別サイトからのお問い合せ率	× サイトとしてはシンプルな作りのため、特に大きく改善できる施策がない	△ 細かい改善は可能かもしれないが、他指標を追ったほうが改善幅は大きい	△ Web経由のお問い合せ率と工数が重複するためWeb経由を優先するとスケジュールはその後になり初動が遅くなる	×
お問い合せからの商談率	× 現況かなり最適化されている。更に精度を上げるためにはCRMシステムの大幅な改修や見直しが必要	× 大きな改善はむずかしいと思われる	× 変更する場合はコスト・工数がかかり見積もりが必要なためスケジュール設定に時間かかる	×
セミナー集客人数	○ 始めたばかりで、これからさまざまな取り組みを行いたため、施策案は多い	△ 参加人数を大幅に伸ばすことは難しいため、単体での目標達成はできない	○ 月2回行うためのリソースは確保済み	○
既存・新規顧客への営業	× 既に改善の取り組みが過去1年で行われており、新たな施策は難しい	× 施策が限られているため、改善幅が少ない	△ コストがかからなければ、リソース上の問題は特にない	×

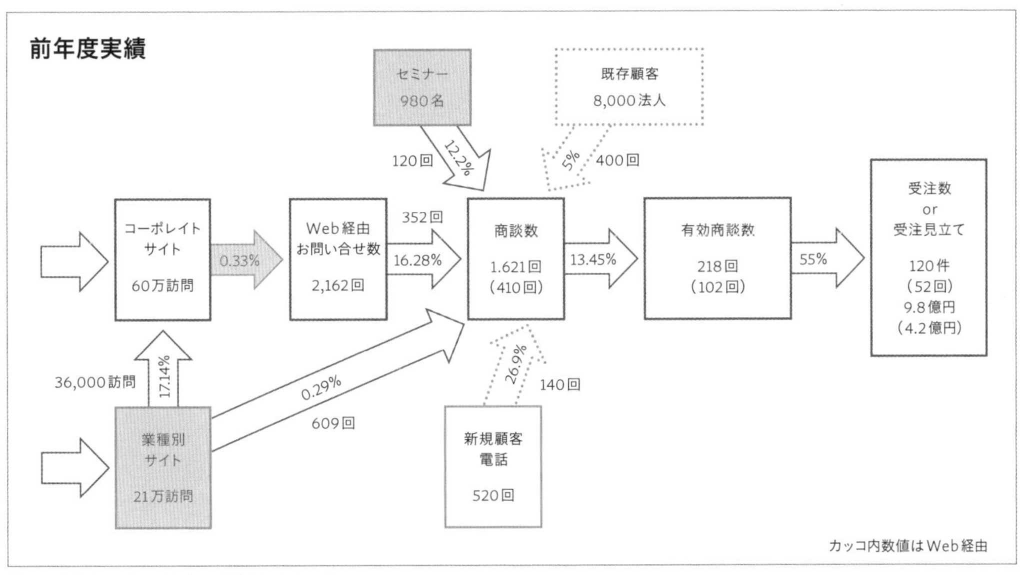

図4 改善するポイントを3つ選定したところ

Chap 1-2

STEP 5 設定

選んだ指標に対して、最後は**目標値を設定**します。指標は目標値と合わさって初めて「**KPI**」と言えます。たとえば「検索エンジンからの流入数」が指標だとすると、「検索エンジンからの流入を今年の9月までに100万件にする」というのがKPIです。
では、目標値はどのように設定すれば良いのか。基本的な考え方は以下の通りです。

選んだ指標数「n」に対して、「n-1」の指標を $\frac{1}{n-1}$ 改善した場合にビジネス目標が達成できる値を設定する

数式が出てきて分かりにくいので、数値を代入した状態で説明してみます。
指標が3つの場合は「**それぞれの指標を50%ずつ改善する**」という形になり、指標が4つの場合は「**それぞれの指標を33%ずつ改善する**」という形になります。指標が3つで、その1つがWebサイトの訪問者である場合の例を見ながら説明をしていきます。

目標が2,000万で、現在の値が1,500万だとします。ということは差分が500万であり、その50%にあたる＋250万を1つの指標で達成する必要があります。現在、Webサイトの訪問者は100万人で、100人に1人が平均5,000円の購入を行ってくれるとします。つまり、＋250万円の売上を上げるためには、**250万÷5,000＝500件**の追加購入が必要です。
500件の追加購入を得るためには、**500×100＝5万人**の追加流入が必要となります。つまりサイトの訪問者がKPIとなる場合は、訪問者数を**100万人➡105万人**にすることで達成できます※2。

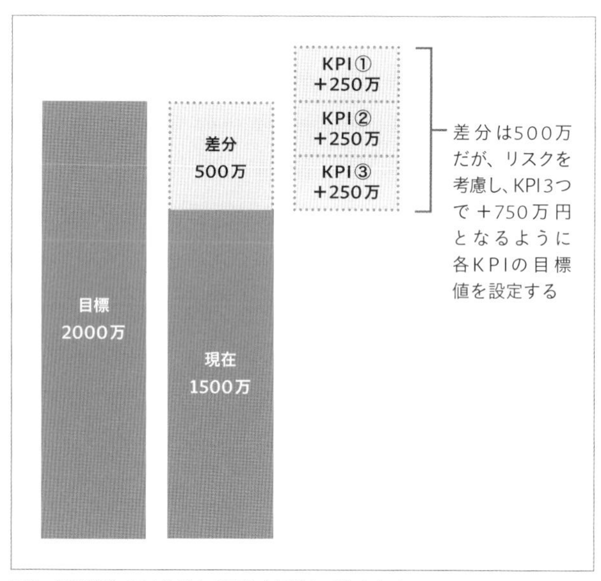

図5　目標値は、100%以上の改善を目指して設定する

このように1つの指標あたり50%分の改善をしていくと、3つ改善した場合は150%になってしまい、目標に対して150%の達成となってしまうのではとお気づきの方も多いかと思います。これは意図的にこのような設定を行っています。その理由は、施策を実施しても、思った通りに改善しなかったり、いくつかの施策が実施できなくなってし

※2　ここでは訪問者が増えたときに、コンバージョン率と単価が変わらないことを前提としています。より厳密に行うのであれば、増えたときのコンバージョン率と単価がどのように変わるのかというデータを元に必要な訪問者数を設定することも可能です。

まったり、1つのKPIの改善が、他のKPIを下げてしまうという**リスクを回避するため**です。150%にしておけば、1つの箇所が20%分の達成でも、残りは40%分ずつで達成できますし、ある指標が全く改善できなかったとしても、残り2つの指標を予定通り改善すれば目標が達成できるためです。思った通りに改善がいくとは限らず、上手くいかなかったときに手遅れとなってしまう事態に陥らないために、150%の改善を目指すような施策をたくさん出し、それを一部成功させて100%を達成するという方が、**より確実に目標にたどり着く**ことができます。これは航海において「**余分な食料を用意しておく**」という考え方にも似ています。数値目標が決まったら、目標数値をビジネスロードマップ内に書き入れておきましょう。また、今回はどの指標も均等の割合で改善する方法を紹介しましたが、それぞれの指標ごとに改善割合を変えても問題ありません。ただし、その場合もすべての指標を目標通り改善したら、目標に到達する数値ではなく、目標を越える数値になるようにKPIとして設定しましょう。

STEP 6 方針をまとめる

ビジネスロードマップを書いたら、最後に方針をまとめましょう。このSTEPに関しては決まったフォーマットはありませんが、次のような内容を、目標設定をする人やその改善を担う人と議論して決定していきましょう。

- **状態目標を設定する**
  現状と目標を設定した月で、サイトやビジネスがどのような変わっているかを言語化します。新たにどのような価値をユーザーに提供しているのか、社内での業務フローがどのように変わるのかなどが挙げられます。
- **課題の洗い出し**
  目標達成に向けて現段階で分かっている課題を書き出します。サイトそのものだけではなく、業種に関する課題、社内における課題なども書き出しておきましょう。
- **成立条件を定義する**
  目標を達成するためには、どのような状態を実現している必要があるかを書き出します。新しいメール配信システムの導入・中途採用の実現などが挙げられます。課題に対する基本的な解決策も書いておきましょう。

Column

KPIを設定した後が肝心。PDCAが回る状態にするには?

KPIの設定方法を5つのステップに渡って紹介してきました。しかし、ここまで紹介したのはあくまで「設定方法」です。実はもう1つ大切なステップがあります。それはこれらKPIを「**承認**」してもらい、しっかり**運用に乗せる**というプロセスです。KPIを決めても、それが社内やサービス内で承認され、認知されないとKPIを元にした改善は行うことができません。
つまり上長やサイト責任者からOKを貰うということです。これも単純にOKを貰えば良いというわけではなく、KPIを元にした改善を実現するための**予算取得・人員確保**なども含まれます。筆者が以前在籍していた企業では、KPIの候補を決めるのに2週間、そして実際に承認を得るためにそこから更に1ヶ月半かかっていました。
この1ヶ月半はまさに承認を得るための期間でした。KPIを決めるということは**サイトの改善戦略**を決めるということにほかなりません。たとえば今までリスティングを中心にしていた集客施策をSEOやソーシャルに変える場合、予算なども変わってきます。そしてもちろん、SEOやソーシャルに長けた人が必要になります。この場合は代理店の選定や、採用にも影響を及ぼしてきます。当然社内で反対する方も出てくるでしょう。こういった状況を整理するためにも時間が必要です。KPIでの運用を開始する期間より3ヶ月前にはKPIの洗い出しをすることを強くオススメします。戦略を決めたのにそれが実行されなければ、改善を行うことは絶対にできません。責任者の強いコミットとサポートが必要です。
また設定したKPIに関しては、半年あるいは1年に1回は**見直し**をしましょう。思ったほど成果が上がらなかった、しっかり成果が上がって施策をやりきった。いずれの場合もKPIの見直しが必要です。また外部環境の変化によって新しいKPIを設定する必要が出てくるかもしれません(例:アプリのインストール数など)。
KPIを元にした運用は大変ですが、設定してしまえば不毛な議論を減らすことができ、施策が実行される環境を作ることができます。ぜひ、チャレンジしてみてください。

Chapter 1 ▸ Section 3

ゴールとKPIの設計③ 目標設定とKPIの事例

ここまで、目標とビジネスロードマップを用いたKPIの設定方法を紹介してきました。では、実際に世の中にあるサイトはどのように設定をしているのでしょうか？　以下ではいくつかの例を取り上げてみます。

ECサイト「メンズファッションプラス」の場合

ここからは、目標とKPIの設定について、事例を紹介していきます。まずは「メンズファッションプラス」というECサイトを例に紹介を行います。本書ではこのサイトを中心に事例を紹介していく予定です。名前の通り、男性服の通販サイトで、オンラインで商品を購入できる、いわゆる**ECサイト**です。

図1 「メンズファッションプラス」http://mensfashion.cc/

Chap 1-3

ゴール設定

本サイトでは、月ごとに**売上目標**を設定しており、この売上を各月で達成することがゴールとなっています。
売上は以下の方程式によって算出されます。

月の売上＝（訪問者数×1人あたりの平均訪問回数）×コンバージョン率×平均単価

つまり、訪問者が多く、その訪問者が高い頻度でサイトを訪問し、訪問したときに購入する確率が上がり、購入時に利用する金額が高ければ、売上が上がっていくという考え方になります。

ビジネスロードマップの作成

ロードマップやKPI選定を始める前に、関係者に**ヒアリング**を行うことが大切です。**今までの施策の取り組み**や、**見てきたレポート**、**現状感じている課題**などを確認しておくことで、より施策を実現しやすいKPI設計を行うことができます。
今回はメンズファッションプラスの代表である、永上 裕之氏にお話を伺い、上記の内容を確認させていただきました※1。
その中で見えてきたことは、

- 自然検索およびリスティングに関してはしっかり施策を行ったり、コンテンツを作ったりしている。また自社以外の有識者にも見てもらっているとのこと。
- 商品が洋服なので購入頻度は高くないが、1年を通じて各季節4回の購買を促すチャンスがあるため、リピート購入者を増やしたいということ。
- 比較的購入単価が高いが、マネキン買い（＝いわゆるセット売り）を更に促進。
- スマートフォンからの流入が大きく伸びているが、同じような勢いでスマートフォンの売上が伸びているわけではない。

といったことでした。
上記の情報も参考に、まずはビジネスロードマップ（図2）を作成しました。

※1　作者注：本内容を確認させていただいたときの内容で、現状とは変わっている可能性があります。

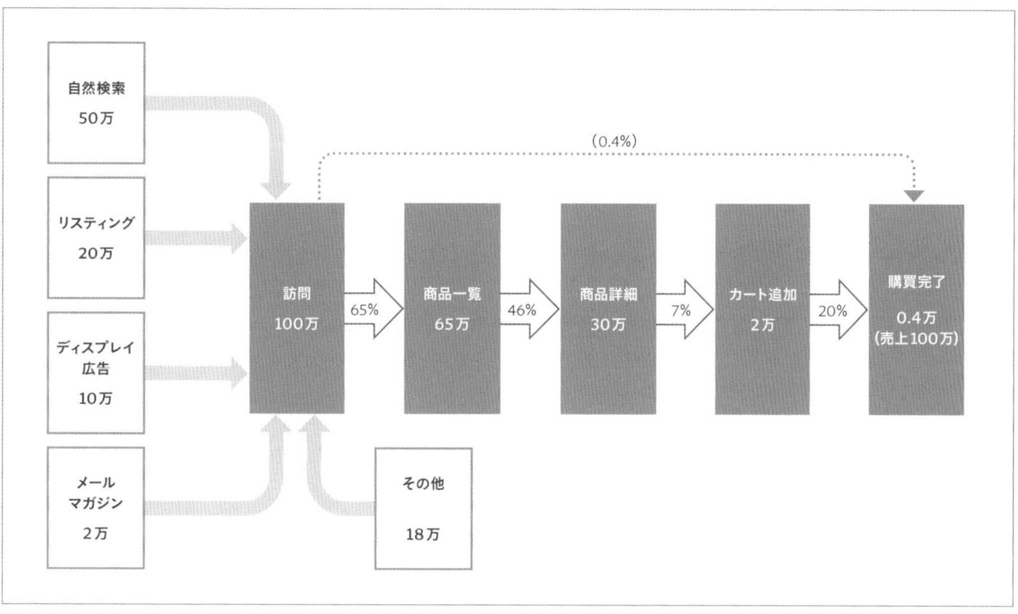

図2 「メンズファッションプラス」のビジネスロードマップ。数値は仮

KPIの選定

その中で、本書で書いた通りの方法で、KPIを4つ選択しました。その4つとは以下の通りです。

1. 商品詳細から購入のコンバージョン率

理由：ビジネスロードマップとヒアリングから、規模・施策の数・期待効果共に最も大きそうだったため。

2. 累計2回以上購入した人の購入金額合計÷購入金額合計

理由：ヒアリングの中から生まれたKPI。リピート売上の比率を見ており、リピート化のための施策がまだ弱かったため、改善効果が期待できる。

3. 購入金額が20,000円以上の購入割合

理由：マネキン買いを促進すれば、購入金額に影響を与えるため。20,000円という数値に関しては、現状の数値から現実的な改善目標として設定。

4. メールマガジン経由の流入と売上貢献割合

理由：流入量の割には売上貢献が大きかった。メールマガジンの内容や件名を工夫することで、流入量を更に増やせる可能性があったため選定。

検索エンジンやリスティングに関しては規模は大きいのですが、継続的に取り組みを行われており、別途評価しているということで、今回のKPIからは外しています。
KPIが決まった後は、その数値や進捗を確認するために、目標（売上）とKPIに対して、月ごとの目標を設定し、管理するためのシートを作りました。
図3がその内容になります※2。

メンズファッションプラス

サービスビジョン	半期スローガン
失敗しない“無難な”男性服のファッション通販サイト。上下コーディネートができるマネキン買いを通して、無難	リピーターを増やし、オリジナル商品の売上比率の向上を目指す

			訪問者施策	リピート施策	CVR施策	単価施策	その他施策				
			2023年1月	2023年2月	2023年3月	2023年4月	2023年5月	2023年6月	2023年7月	2023年8月	2023年9月
全体	目標	売上	**¥1,000,000**	**¥1,200,000**	**¥1,100,000**	**¥1,300,000**	**¥1,500,000**	**¥1,400,000**	**¥2,200,000**	**¥2,000,000**	**¥2,500,000**
	構成要素	訪問回数（月）	10,000	10,000	11,000	12,000	12,500	12,000	13,000	14,000	15,000
		コンバージョン率（訪問）	1.00%	1.09%	0.95%	1.00%	1.09%	1.11%	1.41%	1.14%	1.19%
		平均単価（購入）	¥10,000	¥11,000	¥10,500	¥10,800	¥11,000	¥10,500	¥12,000	¥12,500	¥14,000
	KPI	詳細→購入のコンバージョン率	20.0%	20.0%	20.0%	22.0%	26.0%	28.0%	30.0%	30.0%	30.0%
		累計２回以上 ÷ 累計１回以上購入	14.0%	15.5%	17.0%	18.0%	16.5%	17.0%	22.0%	23.0%	25.0%
		単価20,000円以上の購入割合	13.0%	17.0%	18.0%	18.0%	17.0%	18.0%	19.0%	20.0%	25.0%
		メルマガ経由の売上	¥100,000	¥140,000	¥180,000	¥200,000	¥200,000	¥350,000	¥400,000	¥400,000	¥500,000
		メルマガ経由の売上割合	10.0%	11.7%	16.4%	15.4%	13.3%	25.0%	18.2%	20.0%	20.0%
	スマホ	スマホ比率（訪問者）	45.6%	45.6%	45.6%	45.6%	45.6%	45.6%	47.0%	50.0%	52.0%
		スマホ比率（売上）	38.0%	38.0%	38.0%	38.0%	38.0%	38.0%	42.0%	44.0%	48.0%
	施策	施策					施策１				
			施策２								
			施策３								
			施策４								
								施策５			
								施策６			
									施策７		
							施策８		施策８A		
									施策９		
							施策１０				
						施策１１					
									施策１２		

図3　目標やKPIを管理するためのシート

上部の方に**目標**や**KPI**などを設定し、色に対応する形で**実施する施策の種類**とその**タイミング**を記載しています。
後は施策を行いつつ、設定した月別の目標に売上とKPIを達成しているかを確認しながら、スケジュールや施策などを変更していきます。

※2　初版執筆時の内容をもとに、日付等を編集しています。

目標設定とKPIの事例

ここからは、主な業種別の目標設定とKPI事例を確認していきましょう。自社サイトでのKPI設計をする際の参考にしてください。

ECサイト

新規ユーザーの訪問者数	月間50万から70万に増やす
サイト名（ブランド名）での検索回数や流入回数	**1.5倍に増やす**
3ヶ月以上連続閲覧ユーザーの割合	**12%から20%に増やす**
月あたりの訪問回数	3回以上の人を20%から30%に増やす
1訪問あたりの平均閲覧記事数	1.2から1.5に増やす
広告のクリック率	0.94%から1.25%に増やす

基本的な考え方は、「**売上＝訪問×コンバージョン率×購入単価**」に基づいています。その際に大切なのは「訪問」「コンバージョン率」「購入単価」そのものをKPIとして設定するのではなく、**それらを増やすための施策や内訳**をKPIとして設定することです。流入数を1.4倍にするという風に設定してしまうと、施策の種類数が多すぎてKeyを絞り込むことができません。単品通販や継続して再購入する商品の場合、リピート戦略が重要になるので年間購入回数や金額をKPIとして設定しても良いでしょう。
オンライン購入が発生しないBtoC（お問い合わせ・予約・サービス利用）サイトの場合は、購入の部分をコンバージョン数や率に置き換えましょう。

BtoB（リード獲得型）サイト

自然検索経由の流入	15%増やす
新規の電話営業数	**毎月250件から350件に増やす**
訪問ユニーク企業数	**120社から180社に増やす**
サービスや商品閲覧社数比率	45%から60%に増やす
ホワイトペーパーダウンロード数	**月80件から120件に増やす**
セミナーでの総参加人数	800人から1100人に増やす
コンタクト後の成約率	25%から38%に増やす

リード獲得型サイトの場合は、2つ大切な特徴があります。1つは「**サイト内で完結しないこと**」。そのためリードの質やその後の営業力も大切になってきます。オンラインだけでなくリアルでのプロセスも

含めてKPIを設定することも大切です。また「サイトへの**訪問者数ではなく訪問企業数**」で見たほうが良いという考え方も大切です。多くの場合、1会社＝1契約になることが多く、それが当てはまる場合は1社から20人訪問するのと、10社から2人ずつ訪問するのでは、後者のほうがお問い合わせ数や成約数の増加につながる可能性が高いです。幅広く候補を検討して、KPIを設定しましょう。

メディアサイト

新規ユーザーの訪問者数	月間50万から70万に増やす
サイト名（ブランド名）での検索回数や流入回数	**1.5倍に増やす**
3ヶ月以上連続閲覧ユーザーの割合	**12%から20%に増やす**
月あたりの訪問回数	3回以上の人を20%から30%に増やす
1訪問あたりの平均閲覧記事数	1.2から1.5に増やす
広告のクリック率	0.94%から1.25%に増やす

メディアサイトは直接的な売上がないため、**サイトの閲覧者数と接触頻度**を増やすことでページビュー数を伸ばすことが大切です。そのためには訪問者（新規・リピーター共に）を増やすこと、1人あたりの訪問回数を増やす、訪問あたりの閲覧ページビュー数を増やすことが大切になります。これらに関連する指標（＋広告関連の指標）をKPIとして設定するとよいでしょう。

コーポレートサイト

閲覧企業数	月200社から300社に改善する
リリースページへの訪問者数	**3万から5万に増やす**
採用エントリー件数	**四半期で40件から80件に増やす**
お問い合わせ件数	月15件から月20件に増やす
Topページからのエンゲージメント率	40%から65%に上げる
リリースページへの訪問者数	3万から5万に増やす

コーポレートサイトは他のサイトとは違い、「**ゴールが複数存在する**」「**積極的に集客する必要がない**」というのが特徴です。ECサイトやリード獲得型サイトと比較すると、**わかりやすいKPIがない**と言われることも多いです。そこで筆者がオススメするのは、サイトにおける**目的ページや目的アクション**を設定し、その到達率を改善するという考え方です。たとえば「採用申し込み」「お問い合せ完了」「プレスリリースの詳細ページ閲覧」「IR情報のPDFをダウンロード」などが上げられます。つまりこれらのページに辿り着きやすくする、情報を充実させることで、サイトを訪れた人がその目的を達成する割合が増え

れば良いサイトになっていくという考え方です。積極的に集客する必要はないと書きましたが、「プレスリリースの閲覧」や「採用」に関しては数も重要になってくるケースがあります。プレスリリースサイトへの掲載、メディアに取り上げてもらうための工夫などを施策として行う場合は、これらのページへの訪問者数をKPIとして設定してもよいでしょう。

サポートサイト

問い合わせ数÷訪問数	18%から9%に下げる
「役だった」の押下数	**訪問の5%から10%に増やす**
サイト平均滞在時間	**3分10秒から2分10秒に減らす**
サポートまでの初動時間	2時間から1時間に減らす
平均やりとり数	2.4から2まで減らす
ユーザー満足度調査の「満足以上」	58%から75%まで改善する

サポートサイトは他のサイトとは違い、訪れた人が目的の回答にどれだけ早くたどり着き、満足してサイトを離脱してもらうかがポイントになります。そのためメディアサイトなどとは違い、滞在が長い・閲覧ページ数が多いというようなことはユーザーにとって逆にデメリットになります。**素早くお客様の課題を解決する**ということを念頭にKPIを設定するとよいのではないでしょうか。

Chapter 1 ▸ Section 4

データの見方と分析方法①分析を始める前に

データはただ眺めてもいても改善につながる気づきを得ることができません。 このSectionではデータから改善につながるヒントをどのように読み取ればいいのかについて学びましょう。

データから気づきを得るために必要なこと

たとえば右のようなデータがあったとしましょう。
ここから何か**気づき**を発見することができるでしょうか？
このようにただ事実が羅列されているだけですと、何かしら改善につながるヒントなどを見つけるのは難しそうです。

指標	今月の数値
ページビュー数	50,000PV
コンバージョン率	1.5%
売上	100万円

では右のデータの場合はどうでしょうか？（サイトや期間は上記の表と同じです）
こちらのデータであれば、サイト改善のヒントが見つかりそうです。具体的には「商品売上ランキング」のページビュー数は、「スタッフブログ」を見ているページビュー数と比較しても小さいのですが、閲覧した人による売上は「商品別売上ランキング」の方が高いということです（他のデータも見てみないといけませんが）。
商品売上ランキングのページビュー数を増やすために、リンクを貼ったり、ランキングの種類を増やしたりすることで、更なる売上アップにつながる可能性がありそうです。

商品売上ランキングを閲覧した人の情報

指標	今月の数値
ページビュー数	3,000PV
コンバージョン率	2.8%
売上	27万円

スタッフブログを閲覧した人の情報

指標	今月の数値
ページビュー数	6,000PV
コンバージョン率	0.4%
売上	15万円

では、同じように次のデータはどのような気づきがあるでしょうか（こちらも最初の表と同じサイトのデータです）。

指標	先月の数値	前年同月の数値	今月の数値
ページビュー数	40,000PV	55,000PV	50,000PV
コンバージョン率	1.1%	1.9%	1.5%
売上	80万円	140万円	100万円

過去のデータを追加することによって新たな発見が生まれました。今月は、先月よりは数値が良いのですが、前年同月（今月が2023年5月であれば、2022年5月）と比べると数値が悪くなっています。前年同月と比べて数値が悪くなっているということは、①去年この月に行った施策が当たって売上が上がった、あるいは ②今月何かしらの失敗を行ってしまった、ということが考えられます。さらにデータを確認して原因を特定するきっかけを得ることができました。

このようにデータは単体で見るのではなく、**他のデータを与えてあげることで**、サイトの改善につながる情報を発見することができます。

他のデータとは何か？　2つの考え方があります。1つは「**トレンド**」そしてもう1つは「**セグメント**」という考え方です。

Chapter 1の残りではこの2つについてその考え方・利用事例などを見ていきます。この2つの分析方法を理解しておけば、分析は何も恐れることはありません。

最初に「仮説」ありき

「トレンド」と「セグメント」の深い話に入る前に、両方に共通して必要なことを最初にお伝えしておきます。それは「**仮説**」を必ず立ててから分析するということです。データから何かしらの**気づき**を得ようとするときに、最もやっていけないことは「**ツールのレポートを1つずつ上からなんとなく眺める**」ということです。皆さんもこのような経験があるのではないでしょうか。これはツールの価値を下げてしまうとともに、皆さんにとっても時間の無駄になってしまいます。

筆者がサイトを分析するときに最初に行うことは、決してアクセス解析ツールにログインすることではありません。筆者が最初に行っているのは、**対象のサイトやサービス（および同業他社のサイトやサービス）をじっくり使うこと**、そして、**サイトやサービスの作成者にビジネスモデル・ゴール・課題などをヒアリングすること**です。

この2つのアクションの目的は、とにかく「**仮説**」を洗い出すことになります。

「たとえば、同業他社と比較して、トップページがごちゃごちゃしていて分かりにくい」ようであれば「トップページの離脱率やエンゲージメント率※1がサイトの平均より悪いのでは」と考えます。これが仮説です。そしてその**仮説が正しいかをデータで確認**するという流れです。あるいは、ヒアリングをした結果、「このキャンペーンは多くの流入と売上につながっているはず」という担当者の言葉をもとに、実際にその結果をデータで確認してみるという流れです。

※1　エンゲージメント率：「2ページ以上閲覧した」「10秒以上（管理画面で60秒まで変更可能）滞在した」「コンバージョンイベトが発生した」のいずれかを満たした訪問の割合（詳しくはP.156を参照）

Chap 1-4

分析の基本的なフローは以下のようになっています。

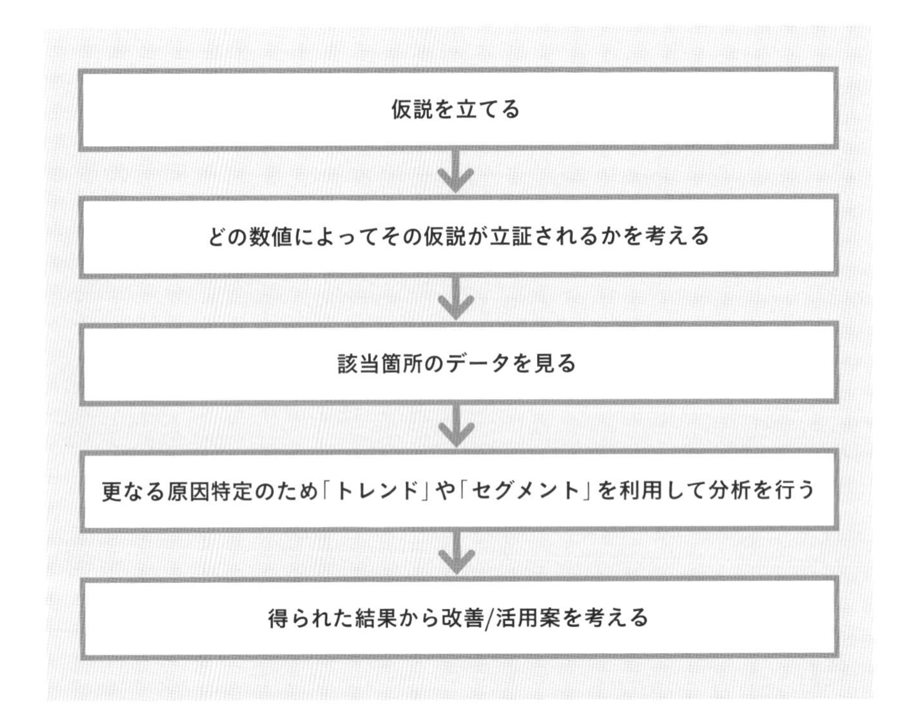

それでは、まずは仮説を立てるところから始めましょう。**仮説がなければデータを見ても意味がない**ということを筆者は断言できます。

「仮説」を立てるための方法は主に3つあります。
1つ目の方法は、**自社あるいは同業他社のサイトを、さまざまなシナリオを立てながら使ってみる**というものです。たとえば「商品を購入した後にキャンセルをしたい」というシナリオを立てて、実際にそれぞれのサイトを利用してみましょう。その中で自社サイトで使いにくさを感じたのであれば、どこで感じたかを記録しておき、後ほど数値で本当にそのような状態になっているかを確認しましょう。
2つ目の方法は、**利用者および運営者の声を集める**ことです。カスタマーサポートに来ている問い合わせ内容や、スマートフォンアプリであればレビューのコメント、運営者へのヒアリングは、データからは考えもつかない、仮説や分析するポイントを入手できるかもしれません。
3つ目の方法は、**過去の目標設計や施策などを確認してみる**ことです。目標設計の意図や、施策の振り返りの結果はもちろんこと、過去に作成されているレポートなどあれば、ぜひ確認をしてみてください。

仮説・検証・改善シートの作成

上記の3つの方法を利用して仮説を出すことができたら、仮説・検証・改善シートを作成しましょう。
こちらのシートでは表形式で、仮説・検証・改善を埋めていきます。

まず最初に仮説を追加します。

仮説
Topページにある特集バナーがリンクだとわかりにくい
特集ページで商品詳細が下の方に出てくるので気づきにくい
キャンペーンページが購入の後押しになった

次に各項目に対して、検証内容を入れていきます。具体的にどのデータを見れば仮説が検証できるのか？ということを記載していきます。例えばアクセス解析ツールのこのデータを見ればわかる、自社のデータベースの情報を見ればわかるといった具合です。
仮説というのは名前の通り「仮」であり、サイト利用者の人が同じように思っているかはわかりません。それを判断するためにデータで検証を行います。

仮説	検証
Topページにある特集バナーがリンクだとわかりにくい	Topページからのバナークリック率を見る
特集ページで商品詳細が下の方に出てくるので気づきにくい	商品詳細が表示されているのかスクロール率を確認する。またあわせてクリック率も確認する
キャンペーンページが購入の後押しになった	キャンペーンページを見た人の何%が購入したのかを確認。類似ページと比べて高いか判断

最後に、もしこのタイミングで可能であれば、検証結果からどのような改善策が考えられるかを入れておきましょう。
ここで全く案が出てこないようであれば、仮説を検証してもサイト改善にはつながりません。ざっくりでも良いので案をイメージしておきましょう。

仮説	検証	改善
Topページにある特集バナーがリンクだとわかりにくい	Topページからのバナークリック率を見る	バナーの内容見直し、クリックができることがわかるように文言追加
特集ページで商品詳細が下の方に出てくるので気づきにくい	商品詳細が表示されているのかスクロール率を確認する。またあわせてクリック率も確認する	多くの人が見ていない場合は、ページ上部に商品詳細を移動させる
キャンペーンページが購入の後押しになった	キャンペーンページを見た人の何%が購入したのかを確認。類似ページと比べて高いか判断	類似ページより高い場合は、Topページのバナーに新規追加。また他ページからも誘導を行う

シートを作成することで、サイト改善の方針が見えてきます。次の2つのSectionでは、データを検証するために必要な2つの考え方「トレンド」と「セグメント」を紹介します。

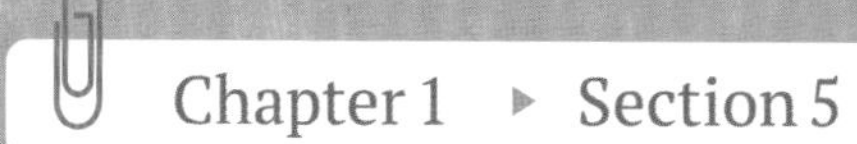

Chapter 1 ▸ Section 5

データの見方と分析方法②トレンド

データから改善につながる情報を読み取るための方法の1つ目、「トレンド」の読み方についてご紹介していきます。トレンドは、時系列での変化に沿ってデータを読み解く方法です。

トレンドとは

Web分析における「**トレンド**」とは「**時系列での変化**」をあらわします。トレンドを見ることで、サイトにおける「規則的な特徴」や「特異点」を見つけることができます。早速、例を見てみましょう。

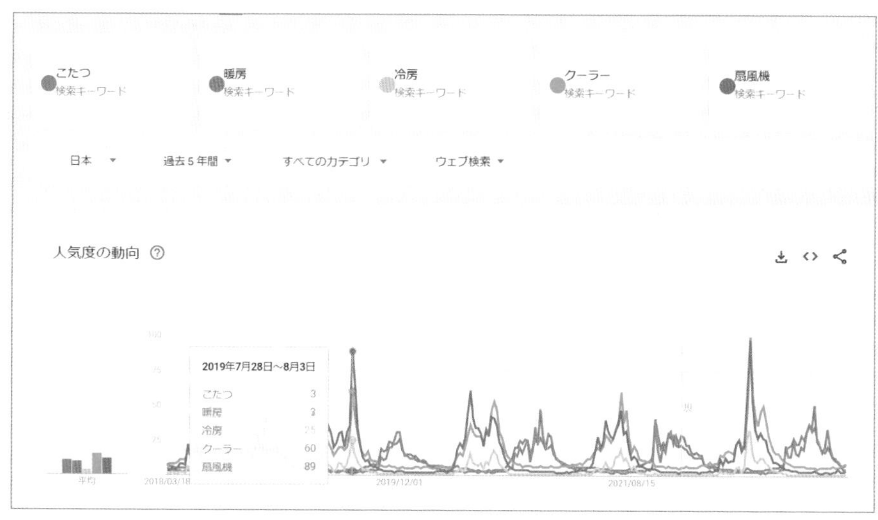

図1 「Google Trends」で5つのワードの検索回数を比較

上記は「**Google Trends**[※1]」というグーグル社が提供している「相対的な検索回数を調べる」ためのツールです。ここでは期間を2018年3月～2023年2月に設定し、「こたつ」「暖房」「冷房」「クーラー」「扇風機」という5つのワードを比較しました。

もし皆さんのサイトが上記の家電を取り扱っているとしたら、それぞれのコンテンツに関する特設ペー

※1 https://trends.google.co.jp/trends/

ジをいつごろ作成しますか？　また、どの優先順位で作成しますか？　このGoogle Trendsから得られた「トレンド」のデータはたくさんの気づきを与えてくれています。
まずは、冬に使うであろう検索ワード「こたつ」と「暖房」を確認してみましょう。この2つのワードは検索ボリュームも傾向も非常に似ています。10月くらいから検索の数が上がり始め、ピークは11月〜12月になります。そして数値が減って落ち着くのが3月頃です。担当者であれば、8月に企画を考え、9月に商材を集めてコンテンツを作り、10月の前半にはページを用意しておきたいです（検索エンジンのクローリング※2の日数も加味して）。
夏に使うであろう検索ワードは、それぞれ違ったトレンドを見せています。夏に向けて検索が増えていくのはどのキーワードも変わらないのですが、「冷房」に関しては検索数も少なく、7月に入ってからようやく伸び始めるという状態です。
「クーラー」と「扇風機」は似たような傾向を示しており、GW明けくらいから検索回数が伸びはじめ、7月上旬がピークとなっています。**実際に使うシーズンより前から**検索が開始しているのが特徴的です。また夏以外のシーズンでは、「クーラー」の方が「扇風機」よりニーズがあるのもおさえておきたいポイントです。まだ肌寒い日もあるGW前には他のワードに先んじて扇風機やクーラーのページを用意しておくと流入が期待できます。

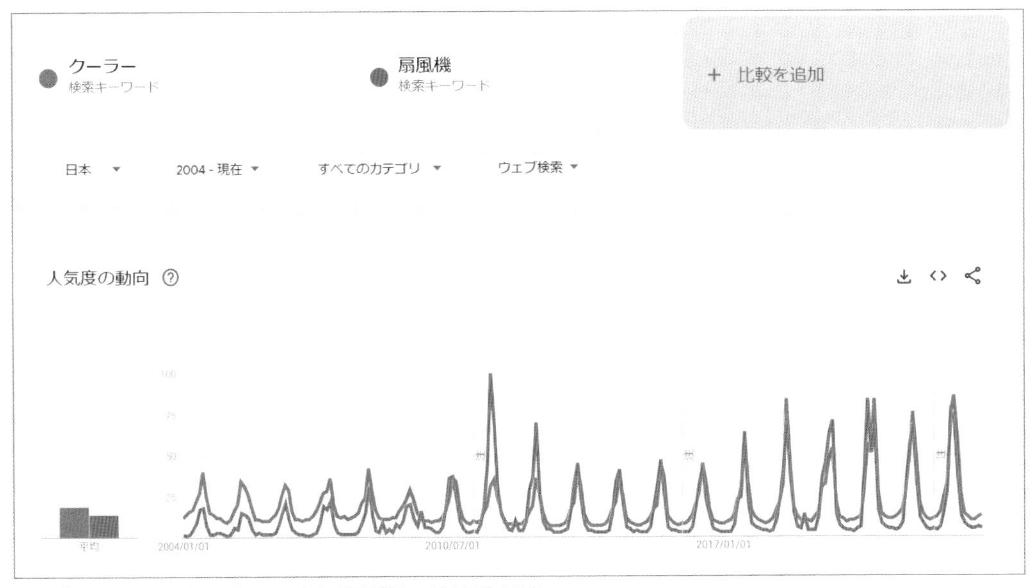

図2　「Google Trends」で「クーラー」と「扇風機」の検索回数を比較

なお、2004年から推移を追いかけていくと、クーラーと扇風機はいくつか明確に変化が起きていることがわかります。例えば2011年から2014年くらいまで扇風機のほうが検索回数が多いこと、ここ数年はどちらも検索回数が増えていることなどが挙げられます。このようにトレンドは取り扱うべき製品やタイミング、用意するべきページなどについても教えてくれます。

※2　クローリング：検索サイトがプログラムでサイトのデータを収集していく仕組み

「規則的な特徴」と「特異点」とは

トレンドから気づきを発見するためには「**規則的な特徴**」と「**特異点**」に着目することが大切です。2つの用語に関して解説をいたします。

「**規則的な特徴**」というのは、**ある期間に決まって増えたり減ったりするポイント**を指します。先ほどの例でいうと「扇風機」の検索が毎年ゴールデンウィーク明けくらいに増えるという部分になります。規則的な特徴が分かっていれば、それを見越して施策を打つことが可能になります。

「**特異点**」とは「**トレンドから外れた値**」を指します。Google Trendsで調味料系のキーワードを入れてみると、2010年にラー油、2012年に塩麹などで急激な増加が発生しています。このような急激な変化が起きた場合はその原因を特定して活用することが大切です。「ある番組で取り上げられて話題になった」などはまさにその典型で、すぐにそれに**乗っかることができる施策**を考えると良いでしょう。また、このような大規模なものではなくても、サイト内外で自ら行った施策がサイトへの流入やゴールの増加につながっていたことが分かった場合は、それを再度行うことができないかをぜひ検討してみましょう。

Chap 1-5

アクセス解析ツールにおける事例

Google Trendsを使った事例をいくつか紹介してきました。アクセス解析ツールでも同じようにトレンドからたくさんの気づきを発見することが可能です。早速いくつかの例を紹介してみたいと思います。

図3はあるサイトの月ごとの訪問者数の推移を3年間表したものになります。どのようなトレンドがあるでしょうか？　先ほど紹介した「規則的な特徴」と「特異点」という観点から探してみましょう。

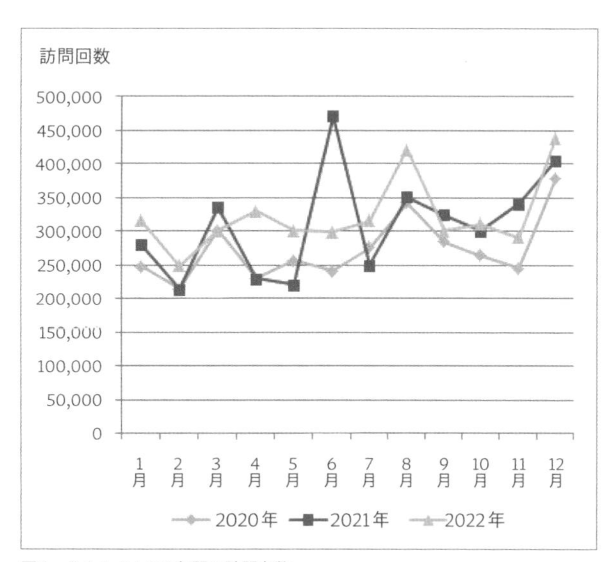

図3　あるサイトの3年間の訪問者数

まずは「規則的な特徴」ですが、3月・8月・12月に訪問者数が増えていることが分かります。このサイトは実は、小中学生をターゲットにしたコンテンツのサイトになります。**春休み・夏休み・冬休みに訪問者が増える**という特徴を見せています。

次に「**特異点**」ですが、2021年の6月に訪問者数が倍近くなっていることが分かります。このときに何が起きていたのでしょうか？　そのときに行った施策を確認してみたところ、ある**ネットメディアに取材された**ことがきっかけでした。そのメディアからの流入はもちろん、多くのブログなどで取り上げていただき、流入が一気に増えていました。コンバージョン数は1.2倍程度に収まっていましたが、効果があったことは間違いありませんでした。
では、この施策はもう一度行うことが可能なのか？　筆者でしたら、改めて取材していただけるかのお願いをまずはそのサイトの担当者に確認してみようと思います。

次の図4は、Googleアナリティクス（旧GA）から取得してきたデータになります。
こちらはサイト全体の流入と、「検索トラフィック※3」「ノーリファラー※4」「参照トラフィック※5」の流入の内訳で見た結果になっています。一目瞭然の結果になっていますね。ある日を境に流入が一気に減っています。この原因を確認してみたところ、いくつかのページからGoogleアナリティクスの計測記述が外れていました（ある特定のページ群へのアクセスが全くなくなっていたところから気づきました）。このように外部要因だけではなく、**ミスの発見**にもトレンドは役立ちます。

Chap 1-5

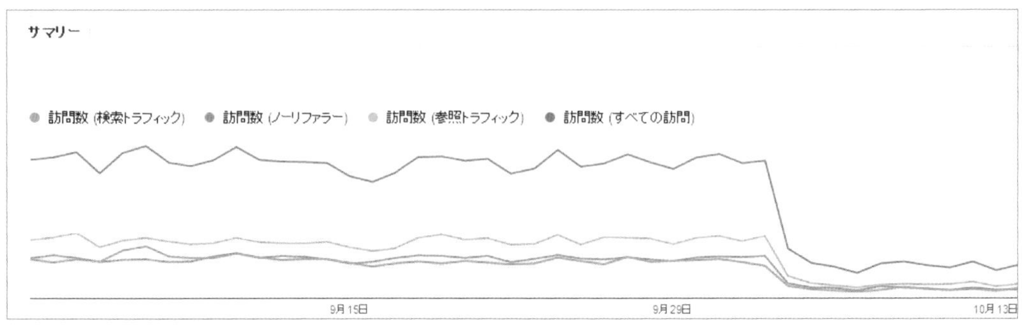

図4　Googleアナリティクス（旧GA）で、ユーザーの流入を「検索トラフィック」「ノーリファラー」「参照トラフィック」のセグメントで見たところ。GA4では、［レポート→集客→トラフィック獲得］で近い内容が確認できる

図5、図6は、あるBtoBサイトの「月」と「週」という2つの**粒度**で訪問数を表したデータになります。

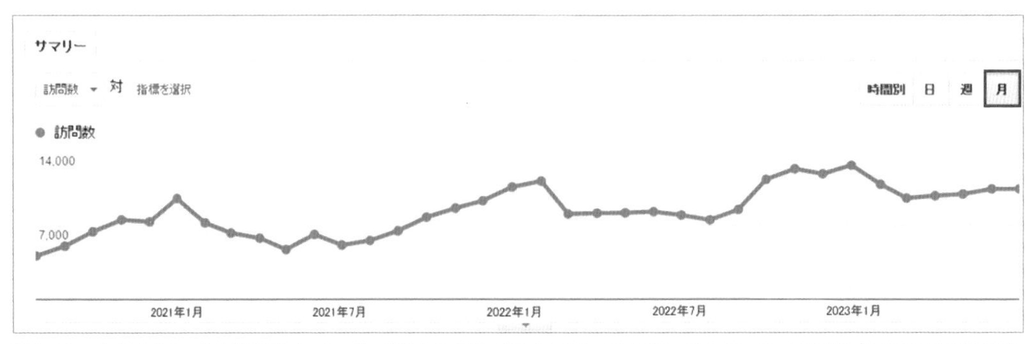

図5　Googleアナリティクス（旧GA）で、ユーザーの流入を「月」で見たところ。GA4では、右上のレポート期間を「過去12か月間」にすると近い内容が確認できる。または、表形式での表示になるが、［探索→自由形式］を選び、「ディメンション」で「時刻」から「年」と「月」を選んで「行」に設定し、「指標」の「アクティブユーザー数」を「値」に設定することでも作成可能

※3　検索トラフィック：検索によってサイトにたどり着いたアクセスの数。
※4　ノーリファラー：ブラウザへのURLの入力やブックマークからのアクセスにより、サイトにたどりついたアクセスの数。
※5　参照トラフィック：どこか別のサイトのリンクからサイトにたどりついたアクセスの数。

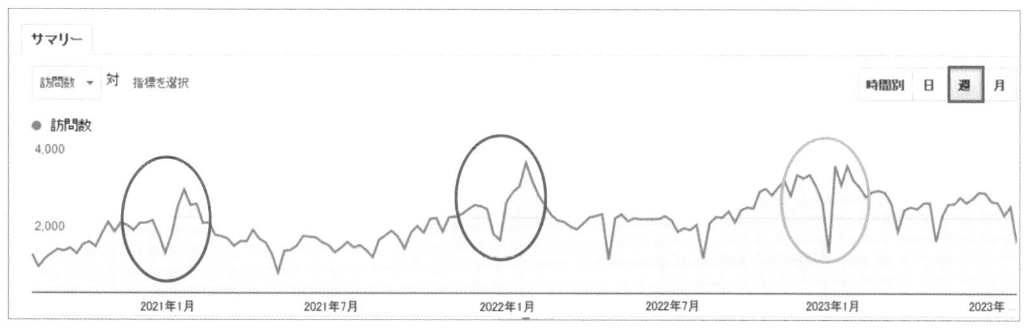

図6 図5の画面から、「週」に単位を変えたところ。GA4では、右上のレポート期間を「過去90か月間」にすると近い内容が確認できる。または、表形式での表示になるが、[探索→自由形式] を選び、「ディメンション」で「時刻」から「年」「月」「N週目」を選んで「行」に設定し、「指標」の「アクティブユーザー数」を「値」に設定することでも作成可能

月のデータを見ると大きく2つの気づきがあります。サイト全体として**訪問数が成長している**ことと、**冬のアクセス数が多い**ということです。こちらの会社では業務用のヒーターなどを取り扱っているため、需要が高まる冬にアクセスが多いことが分かります。

週のデータを見ると、違った2つの気づきがあります。1つ目は定期的に「**谷**」があることです。これらはゴールデンウィーク・シルバーウィーク・年末年始など一般的に企業がお休みとされる期間です。企業に勤めている人がサイトを見ているため、逆に**お休みのときは見ていない**ということが見てとれます。

もう1つは**年初の数値**の部分です。2021年および2022年の年初は前年末と比較しても、訪問数が**数割高い**ことが分かります（赤で囲んだ部分）。しかし、2023年の月初は2022年末とほぼ訪問数が変わりません（緑色で囲んだ部分）。これは、2021年や2022年の年始はお得意様に年賀状とあわせて1年の取り組みや商品案内などの冊子を送っていたのですが、今年は送らなかったためということが分かりました。

このように粒度が違うと得られる気づきは大きく変わります。

2種類のデータから見るトレンド

最後に紹介する事例は、複数のデータを組み合わせたトレンドの事例です。

次ページの図7はあるECサイトの例で、「**日ごとの訪問者数**」と「**売上**」のデータになります。どのようなトレンドがあるでしょうか？

「**規則的な特徴**」と「特異点」があることがお分かりいただけるでしょうか。

「規則的な特徴」は少し見えにくいのですが、**週末に訪問者数や売上が上がりやすい**傾向があります。

「**特異点**」に関しては**月の半ばに売上が大きく増えている**ことが分かります。しかも、その変化にはちょっとした癖があります。最初のピークは15日にあり、その後に16日・17日も高いのですが、もう1つのピークが18日・19日にあるのです。

この変則的なピークはなぜ起きたのか？ Webサイトの担当者に聞いてみたところ、「サイトでは特に何も行っていないのだけど、雑誌の発売日が15日であることが原因なのでは」という情報を得ることができました。確かに、このサイトでは雑誌を店頭で毎月15日発売しています。そのため、15日のピークは発売日に雑誌を購入された方が、サイトに訪れて商品を購入しているという説明がつきそうです（実際にブランド名での検索キーワード数も増えていました）。

それでは、18日および19日のピークはどのような原因が考えられるのでしょうか。雑誌の販売数が18日・19日に伸びているというわけではありません。しかし、サイトの行動を見ると雑誌に載っているクー**ポンコードの利用者**は18日/19日に増えているようです。

雑誌を購入された方や編集者に確認したところ、原因は「雑誌を購入した人が、週末に家族と相談してから購入しているのでは」ということでした。直接証明する方法はないのですが（ユーザーアンケートなどを利用すれば可能でしょう）、どうやら原因としては非常に納得できるものではないでしょうか。サイト側も「**雑誌が販売された最初の週末**」という条件をもとにトップページや特集ページの見直しを行うことがどうやら考えられそうです。

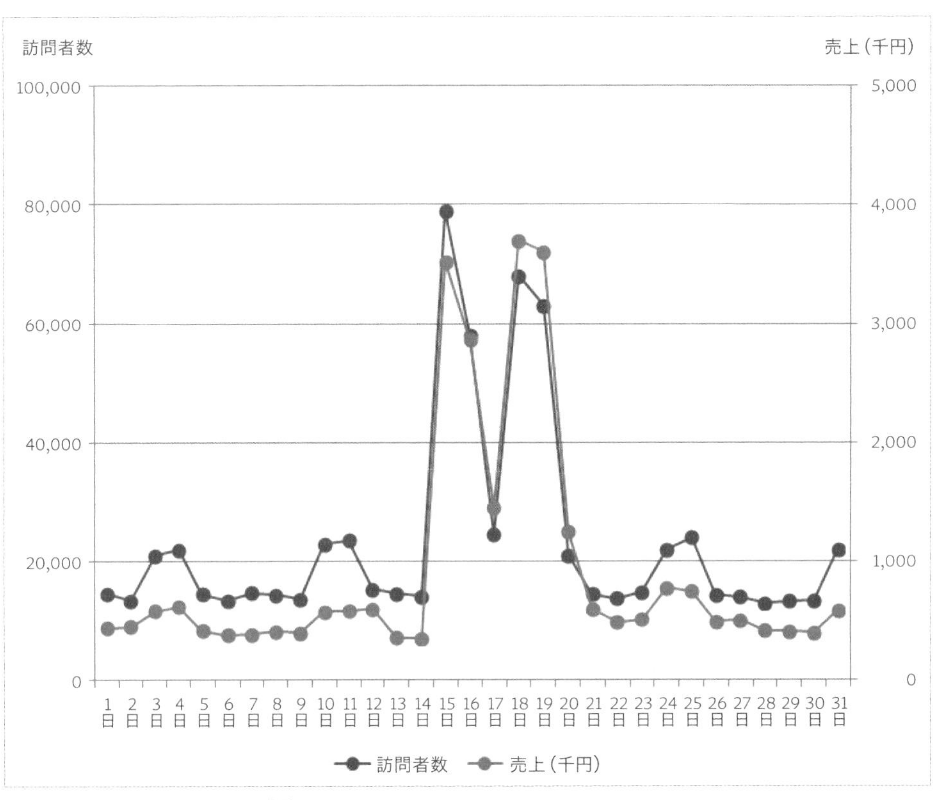

図7　ECサイトの訪問者数と売上の推移

データを「トレンド」で見ることが気づきを得られることを理解いただけたのではないでしょうか。トレンドをさまざまな粒度で見て、「規則的な特徴」と「特異点」を確認することで得られる気づきは格段に増えます。ぜひ、皆さんも仮説を持って「トレンド」での分析を行ってみてください。

データの見方と分析方法③ セグメント

データから改善につながる情報を読み取るための方法の2つ目、「セグメント」の読み方についてご紹介していきます。セグメントは、データを何かの基準を持って分解して見る方法です。

セグメントとは

セグメントは「**同軸による分解**」を意味します。Chapter 1-4で紹介した「商品売上ランキング経由の売上」と「スタッフブログ経由の売上」などがセグメントの例になります。データはさまざまな条件で分割することで気づきを発見することができます。
セグメントを利用することによって、最初に改善するべきポイントや施策につながる具体的な情報を得ることができるため、トレンドと同じように強力な分析方法です。

セグメントが大切な理由

セグメントがなぜ大切なのでしょうか。それは「**違いを生み出す**」ためです。たとえばあるサイトの先月の訪問者数が50,000回、CV率が1.5%、売上が200万円という情報があったとしましょう。これだけでは事実の羅列であり、気づきを発見することができません。しかし、これをデバイスごとにセグメントした結果、以下の事実がわかりました。

デバイス	訪問者数	CV率	売上
デスクトップ・タブレット	15,000回	2.8%	140万円
モバイル	35,000回	0.9%	60万円

セグメントした結果、モバイルの方が流入数は多いにも関わらず、コンバージョン率が大きく違うため売り上げはデスクトップ・タブレットの方が高いことがわかります。なぜここまでコンバージョン率が違うのか。エンゲージメント率がモバイルの方が高いのか、あるいはエンゲージメント率は一緒だけどカート投下率が違うのか？ など気づきを発見するための次の分析に進むことができます。

主なセグメント内容と、セグメント軸をまとめてみました。「**【セグメントする内容】を、【セグメント軸】**」で見るという考え方になります。下の図の一番上同士の項目を取ると、「【コンバージョン数】を【流入元】でセグメント」するという考え方になります。

セグメントする内容		セグメントのための軸
コンバージョン数		流入元
売上		新規・リピート(あるいは訪問回数)
訪問回数・訪問者数	×	コンテンツやジャンル
滞在時間		入口ページ
平均閲覧ページ数		ページ
エンゲージメント率		デバイス

それではこれら内容と軸の組み合わせをいくつかの事例を参考に、使い方を紹介いたします。

セグメントを使った分析例① エンゲージメント率×入口ページの場合

あるサイトの**エンゲージメント率**(10秒以上あるいは2ページ以上閲覧した訪問の割合。Google Analytics 4の指標。100%に近いほど良い指標)が58%だとします。この数値だけでは気づきや改善ポイントが見つからず、ただ1つの事実を表しているだけにすぎません。このエンゲージメント率をサイト全体ではなく、ランディングページ(訪問時に一番最初にみたページ)ごとにセグメントした結果が以下の通りです。なお、ここまで述べてきた「セグメント」は分析の切り口を意味する用語として利用しています。必ずしもGA4の「セグメント」機能を使わなくても分析することができますのでご注意ください。

	ランディングページ+クエリ文字列	↓セッション	エンゲージメント率
	合計	148,983 全体の 100%	58.33% 平均との差 0%
1	/jp/	19,702	76.41%
2	/jp/course/wac/	5,838	68.94%
3	/en/web-analytics-dictionary/3cs-model/	5,487	46.67%
4	/user-login/	4,298	78.59%
5	/jp/knowledge/56519/	4,278	53.39%
6	/en/growthhacking/top-5-best-coffee-beans-in-the-world/	3,793	54.47%
7	/jp/knowledge/35714/	3,260	48.83%
8	/jp/knowledge/44362/	3,061	56.68%
9	/jp/association/system/	2,475	66.51%
10	/jp/knowledge/27845/	1,988	62.22%

図1 GA4の［探索→空白］を開き、「ディメンション」の「ページ/スクリーン→ランディングページ+クエリ文字列」を「行」に設定し、「指標」の「セッション→セッション」「セッション→エンゲージメント率」を「値」に設定

入口となった上位10ページの結果となります。見ての通り流入したページによってエンゲージメント率が変わってきます。例えば1位のページは76%とサイトの平均より高いですが、3位のページは47%とサイトの平均より低いことがわかります。

もし皆さんがサイトの担当者だったら、どのページから改善を行うべきだと思いますか？ 答えは3位のページからとなります。理由は「**流入のボリュームが多くてエンゲージメント率が低いから**」です。セッションが多いページを優先するのは同じ改善幅（例えば10%エンゲージメント率を改善できた場合）でも影響を受けるセッションが多いということです。3位のページを10%改善すればエンゲージしてサイトをしっかり見る訪問が549訪問増えますが、10位のページでは199訪問と大きく変わります。

またサイトを改善する上で大切な考え方は「**良いページを更に良くするより、悪いページを治す**」ということです。難易度が低いというのがその理由です。良いページをさらに良くする方法というのはサイト内にあまり参考になる前例や事例がありません。また修正をかけることで数値を悪くしてしまうリスクも上がります。
しかし**悪いページを治す**というのは、よりエンゲージメント率が高いページを参考にするといった形で改善案が出しやすくなります。またもともと悪い数値なので、失敗するリスクも低くなります。
単一の指標であったエンゲージメント率を、入口ページごとに分解することによって、改善するべきページを特定することができました。これがセグメントを行う理由です。
しかし、改善するページを見つけたのは良いのですが、どのように改善をすれば良いのか？ また、その原因が何なのかまで特定するのは、この情報だけでは難しいです。しかし**データをさらにセグメントしていく**ことで、ヒントを見つけることができます。

先ほどのエンゲージメント率が低いページを**流入元チャネル（どこからサイトに流入してきたかの分類）**で数値を見てみましょう。次ページの図2の通りとなります。
見てみると、流入元ごとにエンゲージメント率が変わることがわかります。まず**検索流入(Organic Search)**からの流入が多く、エンゲージメント率はほぼページ全体と変わりません。エンゲージメント率が低いのが直接流入（Direct）や動画サイト（Organic Video）からの流入で、高いのが他サイト（Referal）からの流入となります。
まずOrganic Searchの流入量に注目してみましょう。ランディングページごとに検索流入キーワードを見ることができる**Googleサーチコンソール**を使ってキーワードをチェックしましょう。そこで出てくるキーワードは**流入ページと内容があっている**のか、**期待している情報を提供できているか**を推測します。その上で流入が多いキーワードにあわせたタイトルやコンテンツに修正してみると良いでしょう。
そしてエンゲージメント率が高いReferralも参考にしてみましょう。さらに細かいセグメント（どのドメインからサイトに来たのか）を確認し、実際にそのサイトの情報を確認してみましょう。「**こういった説明がされて、リンクが貼られているとエンゲージメント率が高くなる**」といった改善のヒントが見つかるかもしれません。

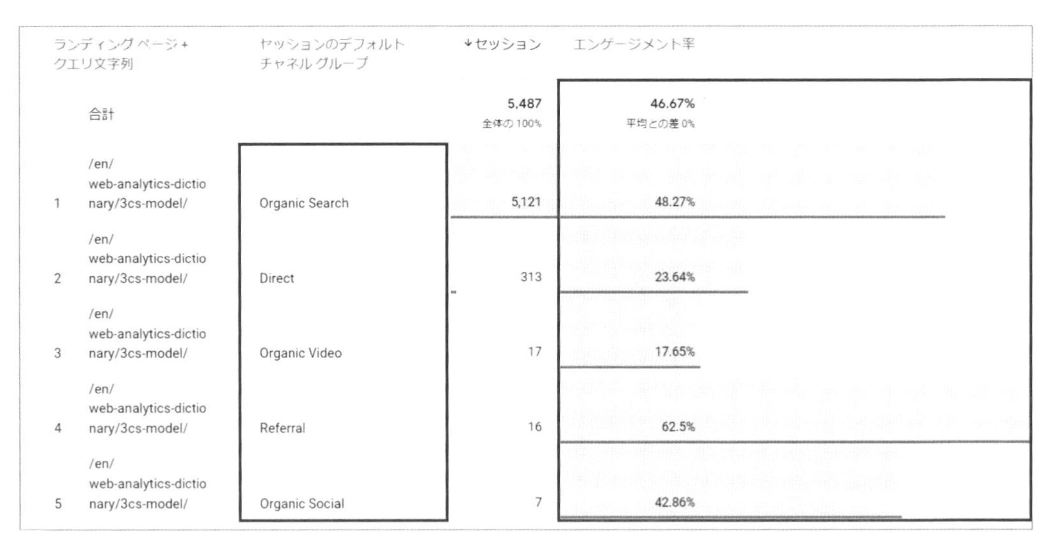

	ランディングページ+クエリ文字列	セッションのデフォルトチャネルグループ	↓セッション	エンゲージメント率
	合計		5,487 全体の 100%	46.67% 平均との差 0%
1	/en/web-analytics-dictionary/3cs-model/	Organic Search	5,121	48.27%
2	/en/web-analytics-dictionary/3cs-model/	Direct	313	23.64%
3	/en/web-analytics-dictionary/3cs-model/	Organic Video	17	17.65%
4	/en/web-analytics-dictionary/3cs-model/	Referral	16	62.5%
5	/en/web-analytics-dictionary/3cs-model/	Organic Social	7	42.86%

図2　先ほどの探索レポート(図1)に「ディメンション」の「トラフィック→セッションのデフォルトチャネルグループ」を「行」に追加

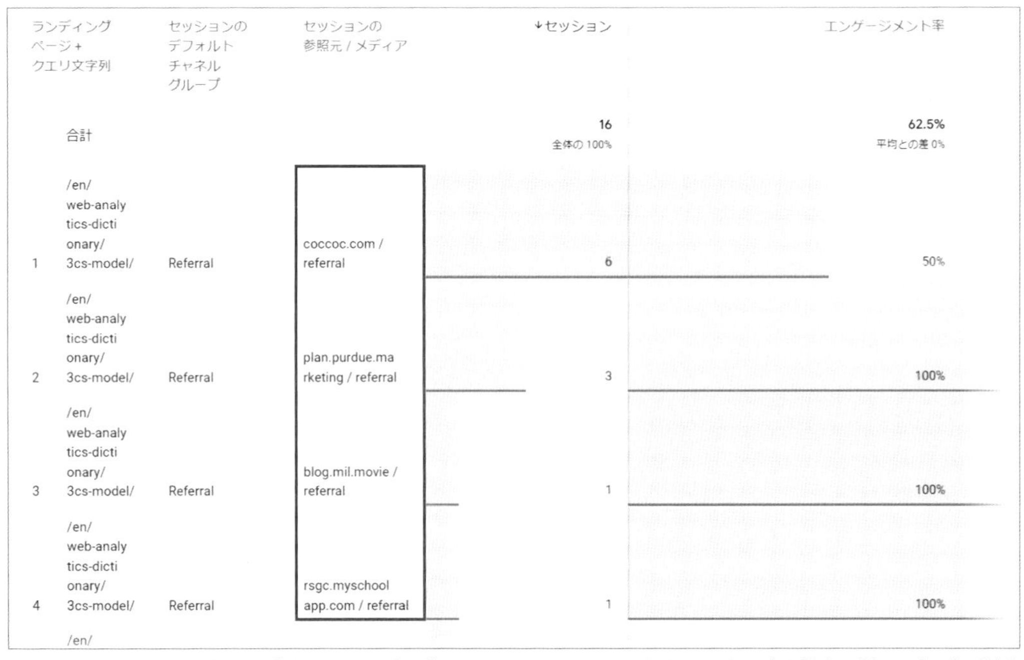

	ランディングページ+クエリ文字列	セッションのデフォルトチャネルグループ	セッションの参照元 / メディア	↓セッション	エンゲージメント率
	合計			16 全体の 100%	62.5% 平均との差 0%
1	/en/web-analytics-dictionary/3cs-model/	Referral	coccoc.com / referral	6	50%
2	/en/web-analytics-dictionary/3cs-model/	Referral	plan.purdue.marketing / referral	3	100%
3	/en/web-analytics-dictionary/3cs-model/	Referral	blog.mil.movie / referral	1	100%
4	/en/web-analytics-dictionary/3cs-model/	Referral	rsgc.myschoolapp.com / referral	1	100%
	/en/				

図3　図2の探索レポートに対して、「ディメンション」の「トラフィック→セッションの参照元/メディア」を「行」に追加し、「タブの設定」の「フィルタ」で「セッションのデフォルトチャネルグループ」を「Referral」で絞り込み

件数が少なくても見てみることで得られるヒントもあります。ここで得られたヒントをエンゲージメント率が低いOrganic Videoに反映してみましょう（例：自分のYouTubeチャンネルでリンクを該当記事に貼っている場合の説明文を見直すなど）。

セグメントを使った分析例②　コンバージョン × 閲覧ページ

次の事例では、コンバージョン（CV）に貢献したコンテンツを発見するという観点でセグメントを活用してみましょう。以下のデータはサイト全体のデータに対して、「**コンバージョンをしたユーザーが見ていたページ**」というセグメントを反映したレポートになります。

手法
自由形式
ビジュアリゼーション
セグメントの比較
CVユーザー
全体
セグメントをドロップするか選択してください
ピボット
最初の列
行
ページタイトル

	セグメント	全体	CVユーザー
	ページタイトル	アクティブ ユーザー数	アクティブ ユーザー数
	合計	15,012 全体の 100.0%	278 全体の 1.9%
1	Google Analytics 4 ガイド – アクセス解析ツール「Google Analytics 4」の実装・設定・活用のための情報サイト	4,798	228
2	GA4でコンバージョン数と率を確認する方法 – Google Analytics 4 ガイド	1,039	14
3	計測手順 – Google Analytics 4 ガイド	725	79
4	UAとGA4 – Google Analytics 4 ガイド	708	77
5	UAからGA4のプロパティが自動作成される件に関して – Google Analytics 4 ガイド	742	13
6	UA計測指標のGA4での見方 – Google Analytics 4 ガイド	691	35
7	GA4プロパティ作成時の「ビジネス目標」に関して – Google Analytics 4 ガイド	702	19
8	ディメンション一覧 – Google Analytics 4 ガイド	655	46
9	UAとGA4の主な違い – Google Analytics 4 ガイド	647	49
10	レポートと広告 – Google Analytics 4 ガイド	622	69

図4　GA4の［探索→空白］を開き、「ディメンション」の「ページ/スクリーン→ページタイトル」を「行」に設定し、「指標」の「ユーザー→アクティブユーザー数」を「値」に設定。事前にCVとして計測したい対象（PDFダウンロード、お問い合わせ等）を「イベント」として登録して「コンバージョン」に設定（P.321参照）。その後［探索］画面の「セグメント」で、「（イベントカテゴリの）イベント→イベント名」で設定

このデータを見ることで、どのページが多く閲覧されたかだけではなく、**どのページがよりコンバージョンにつながりやすいか**を判別することが可能です。

見ての通り、全体の閲覧順に並んでいますが、CVユーザーの方を見ると同じランキングになっていません。「GA4でコンバージョン率を確認する方法」が2番目に閲覧が多いですが、CV貢献は14人とそれ以外のページと比較して少ないことがわかります。

流入が2位より少ない、3位（計測手順）、4位（UAとGA4）、10位（レポートと広告）の方がCVに貢献していることがわかります。つまりCVを増やすことを考えるのであれば、3位・4位・10位のページの閲覧人数を増やしたほうが良いと言えそうです。

改善するためにサイト内での誘導見直しや、流入が少ない10位のページなどは情報を充実させて検索エンジンからの流入増を狙っても良いかもしれません。

このように**CVに貢献しているページを見つける**ことで、より成果につながりやすい打ち手を優先的に考えることができるようになります。

その他のおすすめセグメント作成例と得られる知見

2つのセグメント組み合わせ例を紹介してきましたが、他のセグメント例と、得られる知見を簡単に紹介いたします。

新規とリピート

サイトを**初めて訪れた人**と**繰り返し訪れた人**の比較を行います。**新規獲得に貢献している流入元**を特定したり、サイトに初めて来た人が**どういった内容に興味を持っているか**をリピーターと比較することで把握できます。
サイトを訪れている人の新規やリピートの割合を見ることによって、どちらのユーザーを重視した方が良いかがわかります。さらに、**コンバージョン数や率**に関しても比較を行っておきましょう。初回の訪問でコンバージョンを行うようなサイトなのか、同業他社も含めて比較検討したり、検討期間が長いサイトなのかを把握します。また更に細かく見たい場合は、**訪問回数ごとにセグメント**してみるのも良いでしょう。以前、筆者が見たブライダル関連の情報サイトでは、新規は結婚式場やウエディングドレス、数回目の訪問で二次会などを確認しはじめ、10回以上来る人はエステ情報などをチェックしていました。

閲覧コンテンツ群

ページ単位で見てしまうと「**細かすぎる**」場合があります。例えばECサイトで商品ページごとに数値を見たり、BtoBサイトで1つずつの事例を評価するのは、最初から行うことではありません。
ページ数が多いサイトの場合は、**URLやページタイトルの部分一致**でセグメントを作成して、まずは**全体を比較**することをおすすめします。
例えばオウンドメディアも存在するECサイトであれば、まずはオウンドメディア全体でセグメントしてコンバージョン貢献などを確認しましょう。その上で、改善案を出すために、カテゴリ単位や、記事単位というように**だんだん細かくしていきましょう。**
最初からページ単位で見てしまうと、ページ単体では上位に入ってこないため注目されないが、まとめてみたらサイト全体閲覧の4割を占めていたというようなケースを逃してしまいます。
セグメントは細かくするだけではなく、**グルーピング**することも大切だと覚えておきましょう。

というわけで、Chapter 1ではゴールの設計やKPIに関して「**ビジネスロードマップ**」を利用して紹介してきました。また、「**トレンド**」と「**セグメント**」という2つの分析方法も説明させていただきました。
データを分析する前に、ゴール設計と分析手法に関しては必ず理解しておいてほしい内容になります。慣れてくると、分析を始める前にこれらのことを、無意識にできるようになるでしょう。そうすれば皆さんの分析精度やビジネスゴールへの貢献度合いは確実に上がっていきます。

Chapter 2

項目別の改善策とノウハウ

Chapter 2 ▶ Section 1

自然検索・リスティング

▶ Section 1-1

自然検索の目的を定義する

Chapter 2で最初に紹介するのは「**自然検索（Organic Search）**」に関してです。自然検索とは、検索エンジンで検索したときに表示される結果ページ（SERP = Search Engine Result Page）において、広告ではない部分を指します（図1）。

掲載順番は検索サイトによって違います。日本では、二大検索エンジンである**Yahoo!**と**Google**はどちらも、Googleの検索エンジン（検索の結果を表示するためのデータ収集から表示までの仕組み）を利用しているため、ほぼ同じ順番となります。

検索エンジンの特徴やロジックを理解し、そのロジックを理解した上でページやコンテンツを作ることにより検索エンジンから自社サイトへの流入を増やし、コンバージョンを上げる施策全般を**SEO（Search Engine Optimization）**といいます。

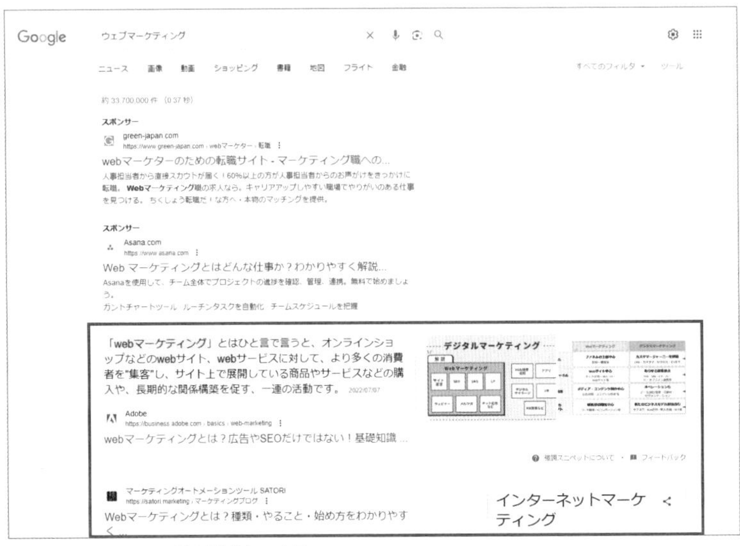

図1　検索エンジンの「自然検索」の表示エリア

自然検索からの流入は、利用者が能動的に探しているしるし

他の集客施策と違い、自然検索に関しては、利用者が何かを**能動的に探している**というところが最大の特徴です。つまり、たまたま目に入ったから訪問したというわけではなく、利用者が情報を探してきているため、基本的にはクリックをしてサイト内に入ってきたときの滞在、あるいはコンバージョンする可能性は（一般的には）他の集客施策と比較して高くなります。これはバナー広告などと比較して「たまたま目に入ったから訪問した」のではなく、何かを探すという検討工程において後期のプロセスにあるためです。

有名な**AISASモデル**※1で言うと、バナー広告はAttentionやInterestにあたりますが、検索はコンバージョン（Action）直前のSearchになるため、よりコンバージョンしやすいと言えるのではないでしょうか。

流入元はSERPに限られている

また、**掲載箇所が限られている**という意味でも非常に特徴的です。いろいろなサイトに掲載したり、メールマガジンのように直接送ったりと、いろいろな場に対して配信することはできず、SERPしかアピールできる場所はありません。これはPCやスマートフォンなどのデバイスによらず、共通です。決まったエリアを他のサイトと奪い合い、そこにはお金が直接的には発生しないということが、特徴としてあります。

SEOに関する基本的な知識

SEOは検索エンジンからの流入とコンバージョンを増やす上では大変重要な施策です。多くのサイトが検索エンジンからの流入とコンバージョンを増やすために、コンテンツを作成したり、最適なページの作成に注力したりしています。

SEOには大きく分けて3つの要素があります。「**検索順位**」「**検索結果での説明内容（＝ディスクリプション）**」そして「**ランディングページ**」です。この3つの要素のうち「検索順位」への注目が高くなりがちですが、すべての要素を考えて対策を行うことで初めて検索エンジンからのコンバージョンを増やすことができるようになります。簡単にそれぞれの項目を確認してみましょう。

検索順位

自社サイトやページが特定の検索ワードに対して何位に出てくるかを意味するものです。基本的には順位は高ければ高いほど良いです。図2や図3の通り、検索結果の順位が高ければ高いほどクリック率が上がるという形になります。

※1　AISAS：インターネット登場後の消費者の行動プロセスを定義づけたもの。このモデルでは、消費者はAttention（認知し）、Interest（興味を持ち）、Search（検索し）、Action（購買し）、Share（共有する）というステップで行動するとされています。

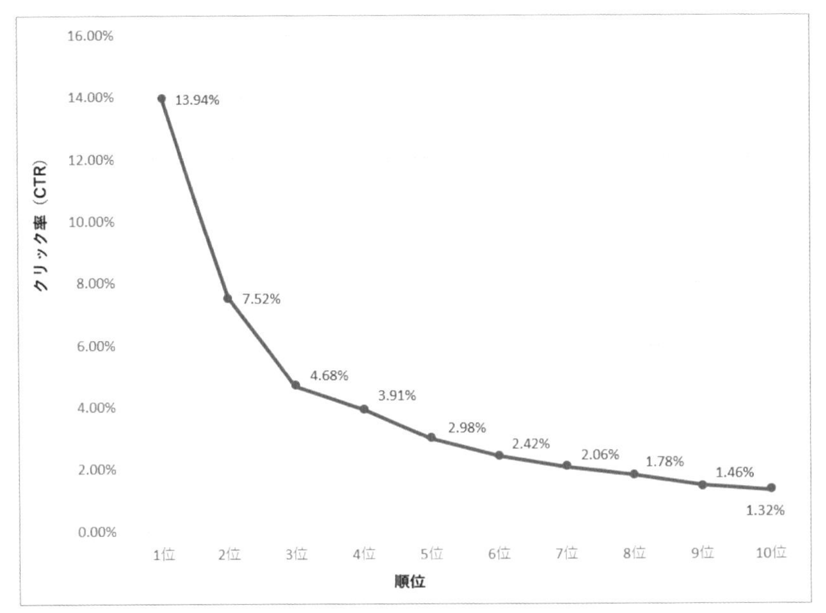

1位	13.94%
2位	7.52%
3位	4.68%
4位	3.91%
5位	2.98%
6位	2.42%
7位	2.06%
8位	1.78%
9位	1.46%
10位	1.32%

図2、図3　検索順位によるPCサイトのクリック率の変化。seoClarity調査
https://www.seoclarity.net/mobile-desktop-ctr-study-11302/ を元に作図

●順位はどのように決まるのか？

では、この順位はどのようにして決められているのでしょうか？　ここが検索エンジンの肝の部分になり、各検索エンジンはそのロジックを明確には公開していません。仕組みとしては、検索エンジンが**クローリング**（＝Web上にある各ページの中身を確認する行動）を行い、その中身やいくつかのロジックによって順位に関するポイントが計算され、そのポイント通りに並ぶという考え方です。

どのような要素を見ているかに関してはGoogleからのガイドラインも出ておりますが、様々なサイトで検証結果なども公開されています。Hubspotというマーケティングプラットフォームで公開されている記事などは参考になるのではないでしょうか※2。

毎年大きく変わらない要素としては「ページへのユニークなリンク数やリンク元ドメイン」「オーソリティ（権威）」「ページやタイトル内のキーワード」「ソーシャルメディア上での話題」などがあげられます。ページ内にどれくらいキーワードやコンテンツがあるかということも大切ですが、あわせて、権威性が高いサイトやページ（例：Yahooなど）からのリンクに関しても評価を行っているようです。

つまり、検索順位を上げるためには、**良質なコンテンツ**と**良質なサイトからのリンク**が基本的には必要になります。ここで言う「良質」とはより多くの人にとって有益であることを意味します。

逆に「ページの表示速度」「URLやドメインの文字数」などは遅いほど、または長いほど順位降格の要因になっています。

※2　詳細は「https://blog.hubspot.com/marketing/google-ranking-algorithm-infographic」にアクセスすると確認できます（英語）。

ディスクリプション

SERPに表示される内容も順位と同じくらい大切です。いくら順位が上でも、リンクをクリックしたいと思えない内容になっていては流入にはつながりません。図4は「アクセス解析ツール」で検索したSERPになります。

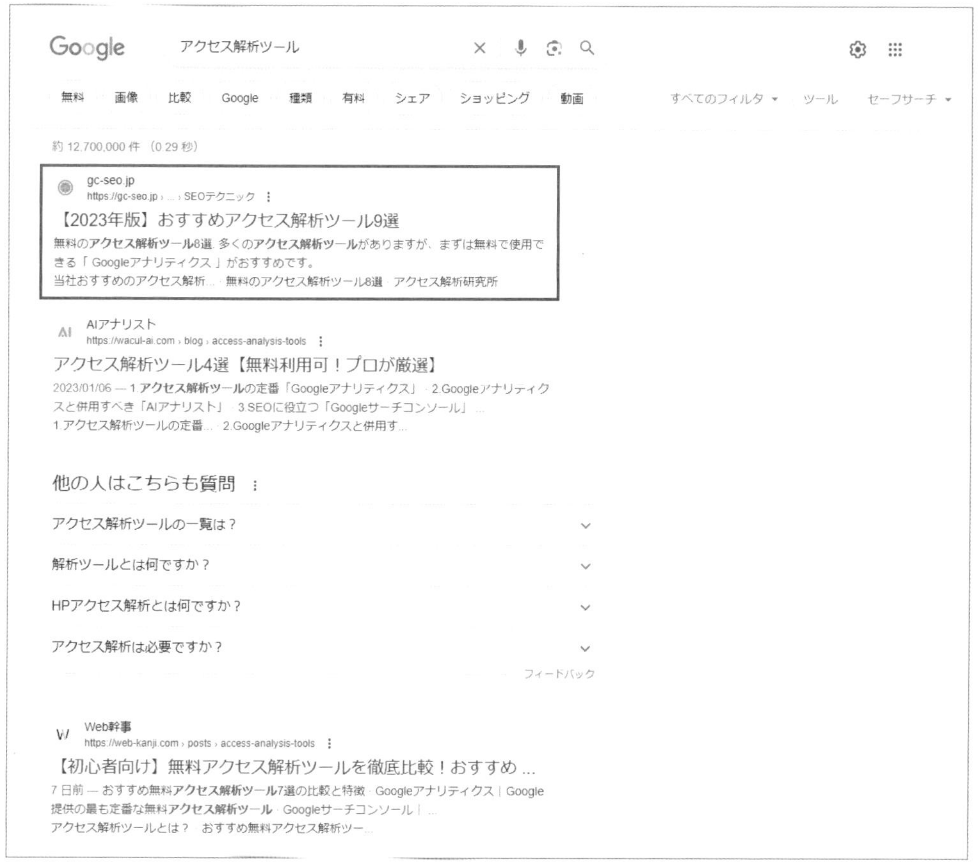

図4 「アクセス解析ツール」の検索結果

基本的には3つの内容が表示されます。「**タイトル**」「**URL**」「**説明文**」です。この3つを最適な状態にすることで、よりクリック率を上げることができます。

「タイトル」の最適化

「**タイトル**」は、多くの場合、各ページのタイトルタグ（<TITLE></TITLE> の中身）が表示されているようです（必ずしもその通りとは限りません）。表示できる文字数の上限の観点から、半角換算（＝全角の場合1文字を2文字としてカウント）**70文字以内**に収めると良いでしょう。Googleの検索結果ページでは、タイトルで表示される長さを文字数で決めていません（幅のピクセル数で決めていると言われています）。70文字であれば通常問題なく表示されるため、この長さに収めると良いでしょう。また、内容が明確で具体性のあるタイトルを簡潔に設定すると良いでしょう。間違ってもサイトの全ページを同じタイトルにしてはいけません。

「URL」の最適化

「URL」に関しては適切なURLをGoogle側が選ぶため、最適化を行うことが難しいです。
また最近は「**強調スニペット**」という形で検索に対して最適な答えを検索結果上に表示するといったことも行われて（図5）おり、どのページが表示されるかを予測することは必ずしも容易ではありません。しかし不必要なページが表示されないように検索結果から除外することは可能です。

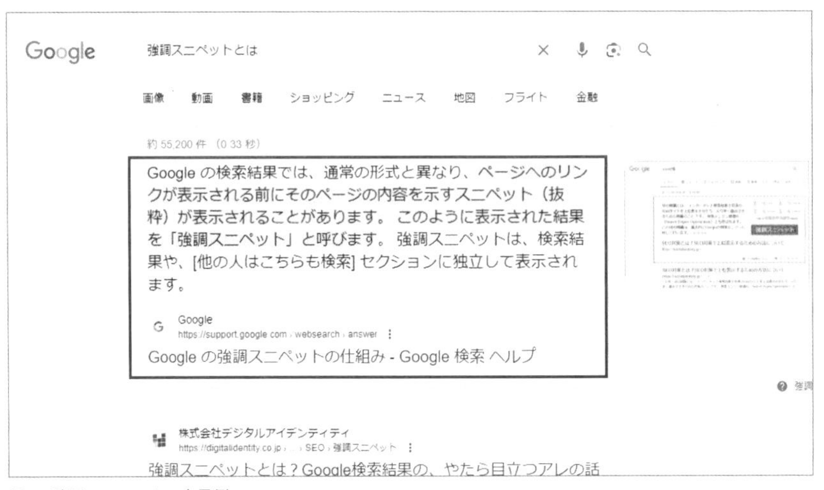

図5　強調スニペットの表示例

「説明文」の最適化

「説明文（＝スニペット）」は、**サイトの説明文**になります。この内容はページ内の<meta name =" description" content="ここに説明文">に書いてある説明文から持ってくることが多いようですが、ページ内の該当キーワードが入った箇所の前後の文章が利用されることもあります。文字数もパソコンで200文字、スマホでは120文字と言われていますが、一定ではありません。
検索エンジンでは、**地図**や**画像**などが表示される場合もあり、SERPで表示される内容は多岐に渡ります。本書はSEOの専門書ではないので、細かいテクニックは省略しますが、順位だけではなく説明文も大切であることはお分かりいただけたかと思います。

ランディングページ

ランディングページは検索エンジンから入ってきて最初に表示されるページになります。検索エンジンからいくら流入をしても、表示される内容が悪いと利用者は離脱してしまいます。そのため、検索エンジンから入ってくる主なページに関しては、その内容を最適化して、離脱を減らし、次のページに進んでもらうためのページ改善が必要となります。
ランディングページに関してはChapter 2-5で詳しく説明いたします。

サイトの内容にマッチし、利用者にとって有益なコンテンツを作成する

筆者のSEOに対する考え方はシンプルです。**SEOを行うために「やってはいけない」ことを正しく理解し、後はサイトの目的×コンテンツ×利用者の組み合わせを考える**というものになります。

まずは、やってはいけないことを把握しておきましょう。「他のサイトにお金を払ってリンクを貼ってもらう」であったり、「不必要なサイトをたくさん立ち上げ、自社サイトにリンクを貼る」といった禁止されている行為などをまずは確認しておきましょう。他にも検索エンジンにとって分かりにくい記述やページ表示などにも気をつけましょう。

この辺を把握しておくためには、SEOに関する情報を定期的に入手・確認しておく必要があります。筆者は主に以下の9つのサイトを確認し、必要であればほかのサイトも参照しています。

Google公式

Google 検索セントラルのヘルプコミュニティ
https://support.google.com/webmasters/community?hl=ja

Google 検索セントラルブログ
https://developers.google.com/search/blog?hl=ja

図6　ウェブマスターヘルプフォーラム

日本語：ブログ

SEMリサーチ　http://www.sem-r.com/
SEO Japan　http://www.seojapan.com/blog/
SEO検索エンジン最適化　http://www.searchengineoptimization.jp/
海外SEO情報ブログ　http://www.suzukikenichi.com/blog/

海外：ブログ

MOZ blog　http://moz.com/blog
Search Engine Watch　https://searchenginewatch.com/category/seo/
Seach Engine Land　http://searchengineland.com/

最新の情報のキャッチアップだけでは難しい場合は、検索エンジンに関する業務を行っている会社やコンサルタントに相談するというのも1つの方法です。

では、「利用者にとって有益なコンテンツ」という部分を考えてみましょう。コンテンツ作成時に気をつけなければいけないことは4点あります。それぞれ確認をしていきましょう。

1点目は「**サイトを訪れる人が望むであろう情報をしっかり用意すること**」です。ユーザーが必要としているコンテンツに関してはユーザーの声を拾っていくことが大切です。
アクセス解析のデータであれば、**サイト内でよく見られているコンテンツ、流入している検索キーワード、サイト内検索で利用されている語句**などが考えられます。
また、アクセス解析以外のデータであれば、お問い合わせの内容、利用者の声、レビューやコメントなど多岐に渡ります。また、必要であればアンケートやグループインタビューの実施も有効でしょう。
大切なのは、すべての声に答えようとすることではなく、**より大勢の人が必要としているもの**、また**狙っているユーザー属性が必要としているもの**を優先的に用意することです。
そして、可能であれば世の中のトレンドも把握し、それを有効活用できると良いでしょう。自社サービスの業界に関する最新のトピックスやトレンドをいち早く取り入れてコンテンツを作成することは、特に検索エンジンからの流入という意味では有効です。

2点目は「**定期的にコンテンツを作成してアップデートしていくこと**」です。
検索エンジンは順位付けを行う上でサイトの**更新頻度**も加味しています。すべてのコンテンツをアップデートすることは難しくても、人気のコンテンツや必要性が高いものは定期的に情報を追加していきましょう。利用事例・ユーザーの声・よくある質問などは、定期的に更新できると良いでしょう。

3点目は「**サイトの目的につながるように意識すること**」です。
ただ必要なコンテンツを用意しているだけでは意味がありません。必要なコンテンツから誘導をかけるためのリンクやバナーの設置、また明確にコンバージョンにつながるようなコンテンツが必要なケースもあります。ぜひ、目的を意識したコンテンツ作りも忘れないようにしてください。

最後に大切なのは「**このサイトならではの強み**」を用意することです。
どのサイトにも負けない「何か」を用意する必要があります。どのように考えれば良いか、悩んでしまう方も多いかもしれません。同業他社のコンテンツも比較しながら、自分たちの業界において、この情報や内容に関しては誰にも負けないというものを絞り込んで作成しましょう。
その業界のナンバーワンではなくても、その業界の中における特定の領域のナンバーワンを目指すことは可能なのではないでしょうか。**オリジナルで負けないコンテンツ**は閲覧者にも強い印象を残しますし、検索エンジンからの流入という意味でも、特定のワードの組み合わせにおいては1位を狙いやすくなります。

▸ Section 1-2

自然検索を分析する

自然検索の分析はサイトに入る前と後に分けることができます。サイトに入る前に大切なのは、「**検索回数**」「**検索順位**」「**流入数(≒クリック数)**」となり、サイトに入ってからは「**エンゲージメント率**」と「**コンバージョン率**」が大切になります。

また分析の単位としてはキーワードごとに細かく見る場合もありますが、キーワードでの流入が多いサイトに関してはキーワードをグループ化して見ることで特徴を発見しやすくなります。

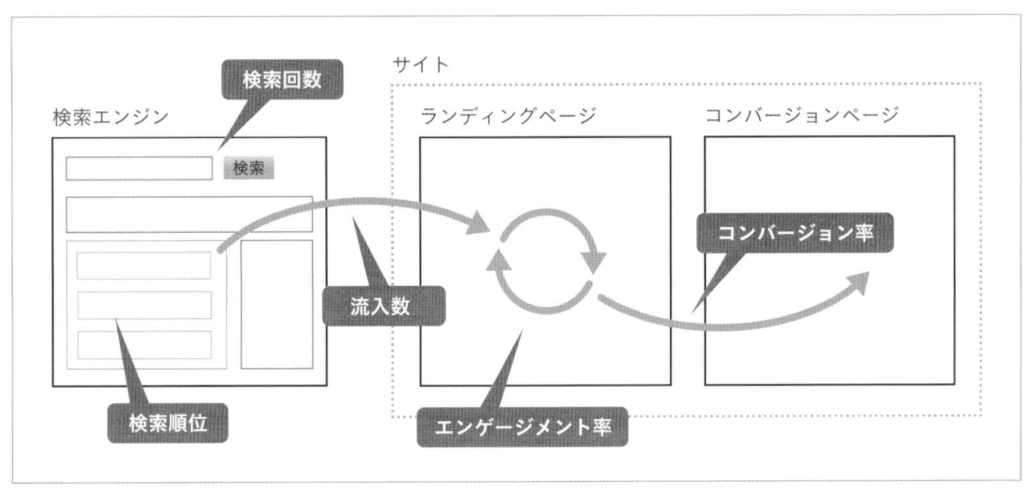

図1　自然検索で重要な数値

流入に関する分析

では、まず流入に関する分析から確認をしていきましょう。最初に見るべきポイントはSEOをしたいと思っている用語の「**検索回数**」になります。検索回数を調べるツールはさまざまな種類があるのですが、まずはGoogleやYahoo!の公式ツールを利用するのが良いでしょう。

分析ツールの紹介

Googleの公式ツールは、「Google 広告」内にある「キーワードプランナー」です。このツールでは、SEOをしたいと思っている用語の、検索数や推定入札価格などを見ることができます。使い方の例は後述します。

Yahoo!の公式ツールは、同社が提供する広告管理ツールの「最適化提案」にある「新しいキーワードの追加」です。こちらも、入札価格などをみることができます。

Googleキーワードプランナー

https://ads.google.com/intl/ja_jp/home/tools/keyword-planner/

図2　Googleキーワードプランナー

Yahoo! の「新しいキーワードの追加」

https://ads-help.yahoo-net.jp/s/article/H000046644?language=ja

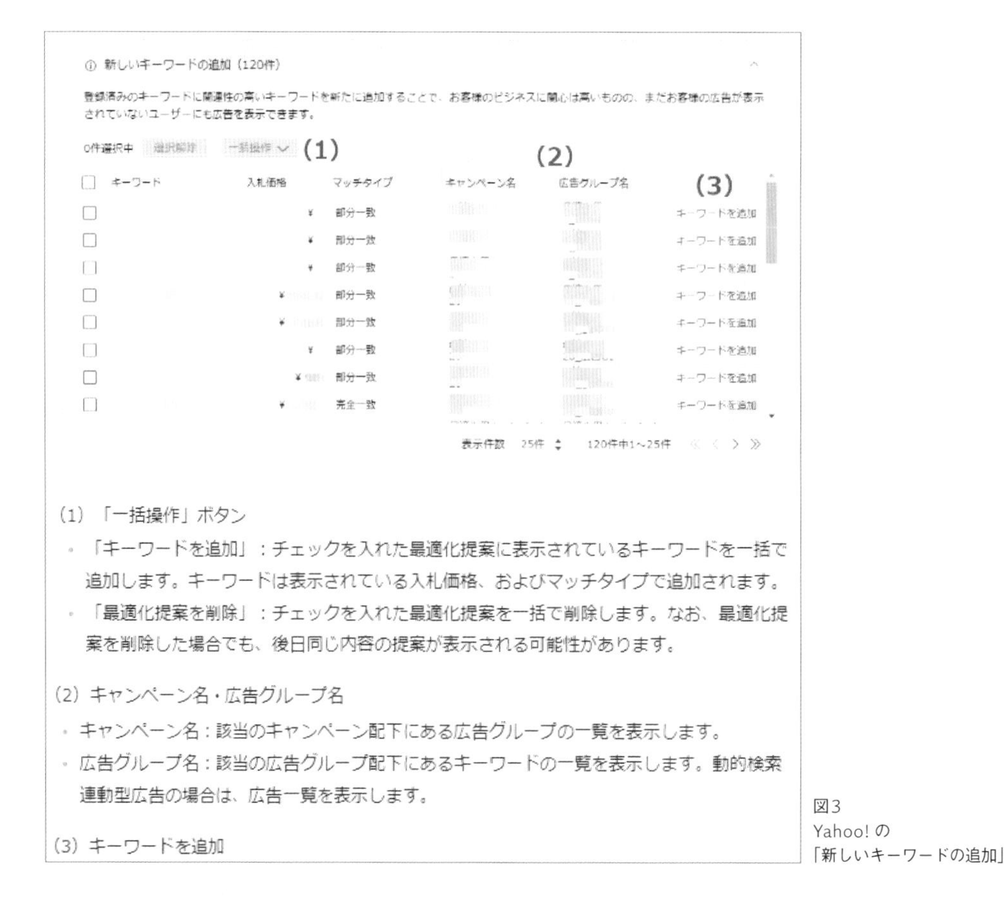

新しいキーワードの追加（120件）
登録済みのキーワードに関連性の高いキーワードを新たに追加することで、お客様のビジネスに関心は高いものの、まだお客様の広告が表示されていないユーザーにも広告を表示できます。
0件選択中
(1)
(2)
(3)
キーワード
入札価格
マッチタイプ
キャンペーン名
広告グループ名
部分一致
完全一致
キーワードを追加
表示件数 25件
120件中1～25件
(1)「一括操作」ボタン
・「キーワードを追加」：チェックを入れた最適化提案に表示されているキーワードを一括で追加します。キーワードは表示されている入札価格、およびマッチタイプで追加されます。
・「最適化提案を削除」：チェックを入れた最適化提案を一括で削除します。なお、最適化提案を削除した場合でも、後日同じ内容の提案が表示される可能性があります。
(2) キャンペーン名・広告グループ名
・キャンペーン名：該当のキャンペーン配下にある広告グループの一覧を表示します。
・広告グループ名：該当の広告グループ配下にあるキーワードの一覧を表示します。動的検索連動型広告の場合は、広告一覧を表示します。
(3) キーワードを追加

図3
Yahoo! の
「新しいキーワードの追加」

また、自社サイトへのキーワード流入分析に便利なのがGoogleが提供している**Googleサーチコンソール**です。ここで自社サイトを登録した上で、「検索アナリティクス」というレポートを確認すると、キーワード別の検索回数・クリック率・掲載順位などが確認できます。これを利用すれば、Googleアナリティクスでは「(not provided)」と表示されてキーワードが特定できない現象もある程度解決できます。Googleサーチコンソールについては、P.62でも詳しく説明します。

Googleサーチコンソール

https://search.google.com/search-console

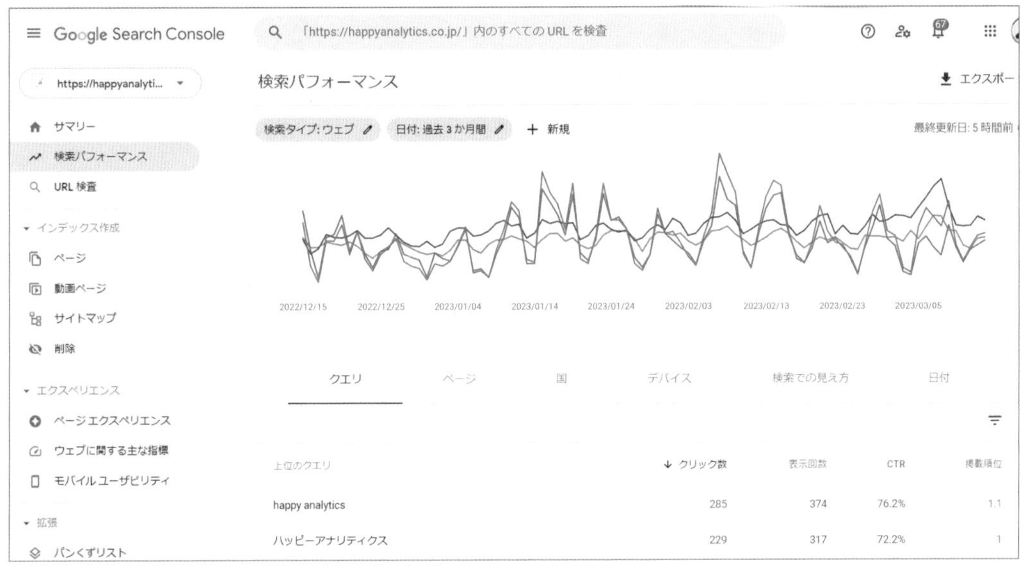

図4 「Googleサーチコンソール」内の「検索パフォーマンス」でキーワード情報を確認

調べた数値をどう活用するか

筆者が普段から利用している感覚ですと、**検索回数が3桁以下の場合**は、それほど数値は正確ではなさそうです。これらのツールを利用する上で大切なのは、単純に検索回数を調べるだけではなく、それをどう活用するかを考えることです。

公式のツールでは関連キーワードも確認することができます。調べたワード以外で検索回数が多いワードがあったら、それをコンテンツ作成対象ワードや、後述するリスティングの入札対象ワードにしても良いでしょう。

また、キーワードの検索トレンドを調べることも大切です。どの時期に検索回数が増えるかは、コンテンツを作成するタイミングを考える上でも非常に大切です。

次ページの図5はGoogle Trends (https://trends.google.co.jp/trends/) というサービスを利用して、5つのフルーツの検索トレンドを表示したものです(2021年1月〜2023年1月)。

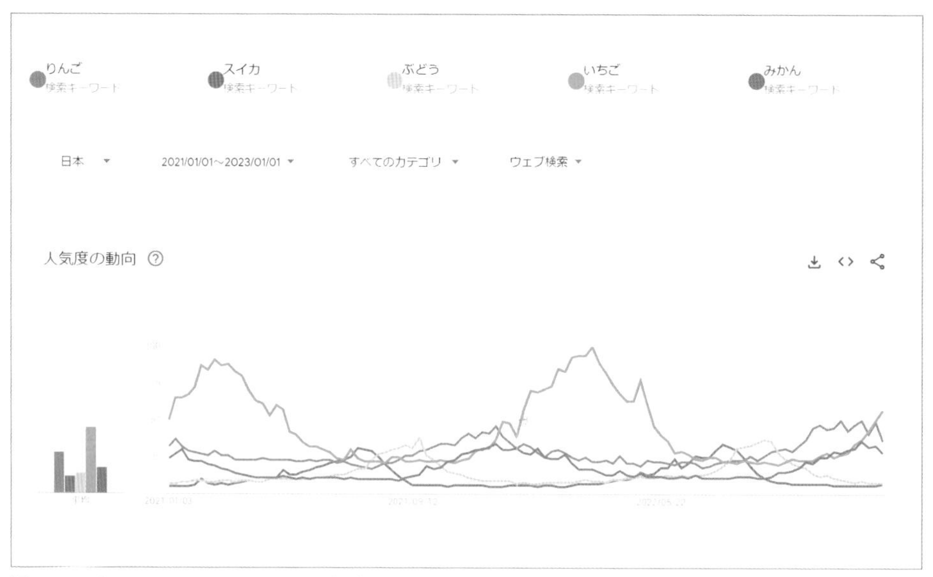

図5　Google Trendsで5つのキーワードを比較したところ

見ての通りフルーツの種類によって**検索のピーク**が大きく違うのが分かります。特定フルーツのコンテンツをいつ用意するべきかの参考になるのではないでしょうか。また、**どの地域での検索が人気だったか**を確認することも可能です。

図6 「りんご」の検索数を地域別に表示したところ

たとえば、「りんご」であれば、青森県では他の都道府県の2倍近く検索されていることが分かります。検索回数の分析をする上で大切なのは、検索回数そのものを見るだけではなく、**流入が増やせそうな新しいワードの発見**や、**季節によって回数が増えるなどのトレンド**を把握してコンテンツを作成するタイミングを図るなど活用方法を常に意識しながらデータを見ることです。

検索順位の確認

次に「**検索順位**」を確認していきましょう。検索順位に関しては、実際に自分で検索し、確認をしてみるのも良いのですが、特にGoogleやYahoo!にログインしているユーザーに関しては、過去の検索履歴やクリックした結果などによって検索結果の順番や内容が変わることがあります。調査をする場合は、クッキー※3を削除する、あるいは、Chromeブラウザの「シークレットウィンドウ」などの機能を使った上で、非ログイン状態で検索すると良いでしょう。また、検索エンジンでの検索順位を定期的に記録するのに便利なのが「**GRC**」という名前の無料ソフトウェアです。検索エンジンに関する業務につく方の多くは使っている、非常に有名で使い勝手が良いツールです。

GRC

http://seopro.jp/

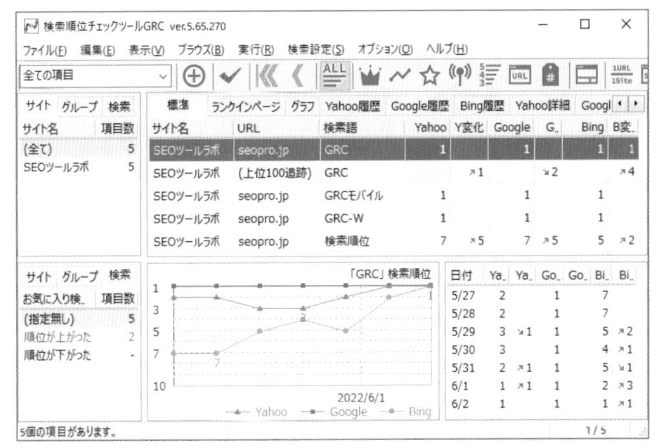

図7 GRCで、検索順位を時系列で表示させたところ

3つの検索エンジン（Google、Yahoo!、Bing）での自サイトの検索順位を確認できます。定期的にデータを取得し、グラフを作成することもできます。SEOの効果測定や競合サイトとの順位比較などが簡単に行えます。ツールそのもの使い方は上記サイトでご確認ください。

ここでは、このツールを使って見るべきポイントを紹介いたします。

まず、最初に見ておくべきは、**検索順位の急激な変化がないか**です。SEOをしたいと考えているワードに関しては登録をしておき、毎日起動して順位を確認しておきましょう。急激な上昇や下降があればいち早くそれに気づくべきですし、場合によっては対策が必要かもしれません。また、自社だけではなく**同業他社との比較**も簡単に行えますので、順位の変更があった場合は実際に同業他社のサイトにアクセスしてみて、ページ内に何か変化があったかなどを確認してみると良いでしょう。

検索順位はSEOのための施策に効果があったかを把握するという意味でも非常に大切な指標です。前述の通り流入数に最も影響する変数なので、自社サイトに関連のある主要ワードに関しては常にチェックをしておきましょう。

また、アクセス解析ツールでの流入数をあわせて確認しておくことで、「**検索順位の変動がどう流入に影響を与えるか？**」を確認することができるようになります。

1位から3位に落ちると流入やコンバージョンにどれくらい影響を与えるかということも定量的に判断できるようになるかもしれません。

※3 クッキー：Webサイトが訪問者の属性などの情報を残しておく仕組み。訪問者側のパソコンに情報が保存される。

サイトに流入したユーザーの検索クエリを確認する

GA4でサイトに検索流入したデータを調べたい場合には、同じくGoogle社提供のGoogleグーグルサーチコンソールに接続する必要があります。GA4とサーチコンソール両方のアカウントが作成された前提で、設定方法を紹介いたします。サーチコンソールを設定していない場合は、公式サイトから追加を行いましょう。

https://search.google.com/search-console/about?hl=ja

接続を行うと「**Googleオーガニック検索クエリレポート**」が利用可能になり、サーチコンソールで取得しているキーワード単位のデータをGA4内で確認できるようになります。

Googleサーチコンソールへの接続方法

GA4の管理画面から、「Search Consoleのリンク」を選択します。

図8

開いた画面内にある「リンク」を選択します。

図9

連携したいプロパティを選択するために「アカウントを選択」を押します(図10)。

図10

ログインしている自分のGoogleアカウントで権限があるサーチコンソールのプロパティ一覧が出てきますので、連携したいプロパティを選択しましょう。
1つのGA4プロパティに対して紐づけができるサーチコンソールのプロパティは**1つまで**となります。複数のサーチコンソールを紐付けることはできないため、複数ドメインを1つのプロパティで計測している場合は、一番訪問が多いサーチコンソールのプロパティを選ぶと良いでしょう。

図11

次に連携するGA4のウェブストリームを選択します。通常は1つしか設定していないかと思いますので、出てきた項目を選べばOKです。

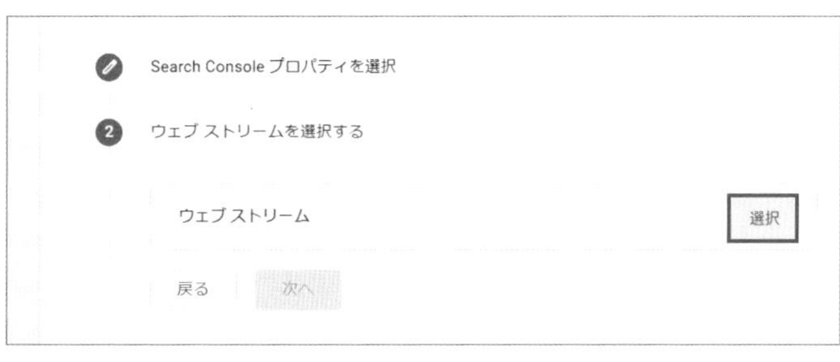

図12

最後に確認して送信を行えば連携は完了です。

図13

レポートを表示させるための設定

これで連携は完了するのですが、GA4のレポートに表示するには、レポートを表出する設定を行う必要がありますので、引き続き以下の手順に沿ってください。

レポートを表示するためには「レポート」メニュー内の一番下の「ライブラリ」に移動します。

コレクション内に「Search Console」という項目があるので、右上の「⋮」を押して「公開」を選んでください（図15）。

図14

図15

レポート内に「Search Console」のメニューが追加されレポートを見ることができるようになります。

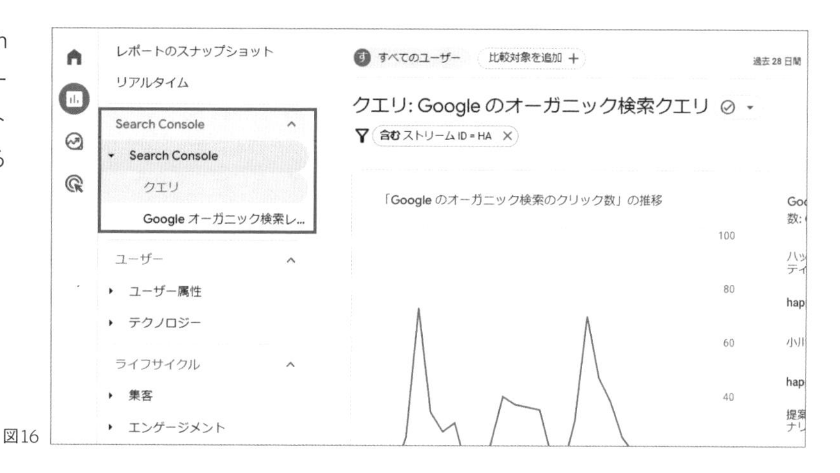

図16

レポートの種類

GA4内で見ることができるレポートは2つあります。

1つは「**クエリ**」でサイトに流入してきたキーワードごとの検索回数・クリック回数・クリック率・平均順位を確認できます。

検索...　1ページあたりの行数: 10　移動: 1　〈 1～10/149

	Google のオーガニック検索クエリ	↓ Google のオーガニック検索のクリック数	Google のオーガニック検索の表示回数	Google のオーガニック検索のクリック率	Google のオーガニック検索の平均掲載
		317 全体の 100%	16,201 全体の 100%	1.96% 平均との差 0%	42.8 全体の 10
1	ハッピーアナリティクス	108	135	80%	1.0
2	happy analytics	71	92	77.17%	1.0
3	小川卓	40	550	7.27%	4.1
4	happyanalytics	14	29	48.28%	1.0

図17

もう1つは「**Google オーガニック検索レポート**」で、キーワードではなくランディングページごとの上記数値や、コンバージョンを確認することができます。

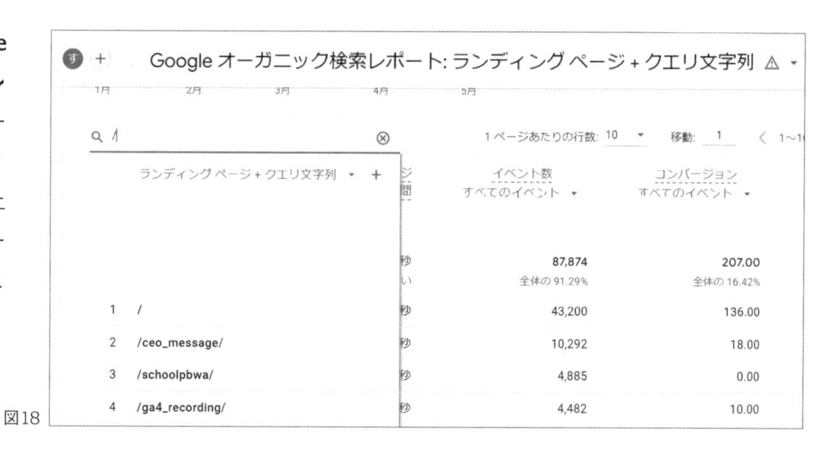

図18

GA4とサーチコンソールを連携しても、どのキーワードがコンバージョンにつながったかはわかりません。ランディングページごとのコンバージョンのみとなります。ランディングページに流入してきたキーワードを見ることはできるので、そこから「こういった系統のキーワードはコンバージョンにつながりやすいのか」という推測までは可能です。

Column

ブランドワードをリスティングで出稿するべきか?

リスティングに関する質問でよく聞かれるものが、「ブランドワード※をリスティングで出稿するべきか？」という内容です。ブランドワードで検索した場合は必ず1位に出てくるため必要がないのでは？と考える方も多いかと思います。しかし、私は2つの視点から出稿したほうがメリットが大きいと考えています。

1つは、「同業他社がそのキーワードで入札していた場合にクリックを奪われてしまう」という自衛の観点からです。
もう1つは、「より上に表示されるため、クリック率が上がる可能性が高い」という流入を増やす観点です。

流入量がどれくらい増えるかに関してはいろいろな調査があります。自然検索のクリック数以上にはならない場合が多く、筆者の感覚値ですが、リスティングに出稿した場合は、出稿しないときと比較して1.2倍～1.7倍程度かと思われます。ブランドワードでのリスティング経由の流入量・コンバージョン率・コストなどを見ながら判断をしていきましょう。逆にリスクとしては、「コストに見合わない可能性がある」という点が最も大きいでしょう。この場合は様子を見ながら出稿を停止しても良いかもしれません。

※　ここでの「ブランドワード」とは、会社名やサイト名の総称のことです。

Column

正しいSEOの知識を身に着けるため

SEOにおける重要な考え方や論点を理解するためには、Googleが提供している「検索エンジン最適化(SEO)スターターガイド」を熟読することをオススメします。最新版が以下URLで公開されています。

https://developers.google.com/search/docs/fundamentals/seo-starter-guide?hl=ja

これはSEOに取り組む人、全員が必ず読んでおくべき内容です。文章量は多いですが、GoogleがSEOをどのように考えているか、また具体例と共に「おすすめの方法」や「避けるべき方法」が記載されています。モバイルサイトの考え方についても詳しく説明がなされています。
SEOに関する情報は幅広く出回っていますが、最も頼れる情報は検索エンジンを提供している側が発信している情報です。ぜひ自分のサイトを上記に書いてある内容に照らし合わせ、改善の余地がないかを確認してみましょう。

▶ Section 1-3

リスティングの目的を定義する

リスティング広告とは

リスティング広告について、まずはその内容を紹介します。**リスティング**とは、検索エンジンで検索したときに表示される結果ページ（SERP = Search Engine Result Page）において、広告である部分を指します（図1）。

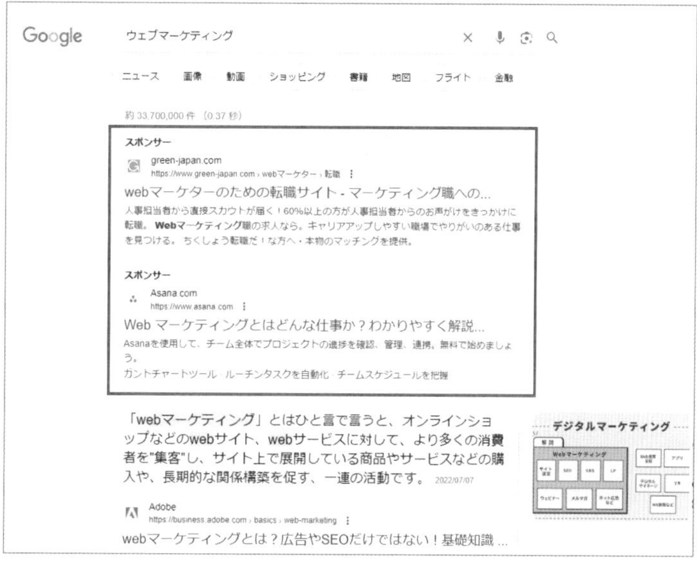

図1　検索エンジンの「リスティング」の表示エリア

自然検索と同じように、能動的に検索した人のSERPに表示される検索連動型の広告となっています。また、リスティングは検索エンジンの結果ページだけではなく、リスティング広告の表示を行っているサイトで表示されることもあります。図2は、「Yahoo!知恵袋」で表示されているものになります。

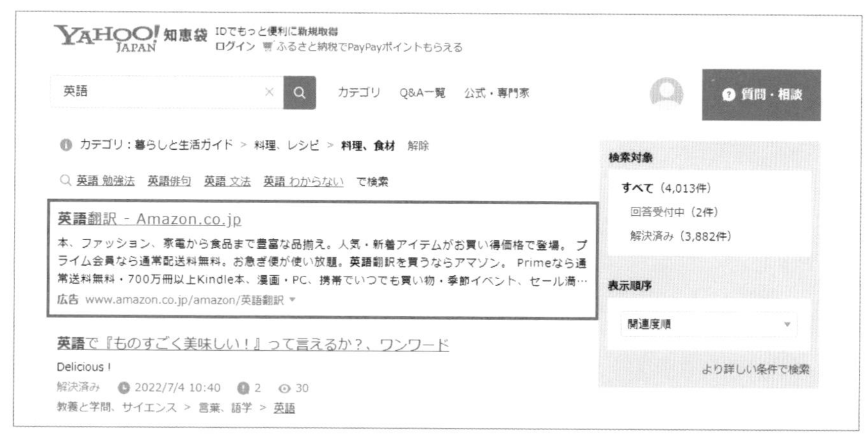

図2　Yahoo!知恵袋のリスティング広告

こちらに関しては、コンテンツと関連性が高いものが表示される形式となっているため、どのページでも共通で表示されるバナー広告などよりは、利用者を絞って働きかけることが可能となっています。

リスティング広告の料金形態

リスティング広告は**PPC（＝Pay Per Click）**という形式を取っており、クリックすると広告を出稿している会社にその金額が請求されます。リスティング広告ではキーワードを表示するために「入札」を行います。
入札額が高く、コンテンツや説明文がマッチしており、クリックの実績が高い場合、より上位に表示されます。入札金額だけでは決まりませんが、大きな要素の1つであることは間違いありません。

リスティング広告が人気の理由

リスティング広告がなぜ多くの会社で利用されているのか。
その理由は主に3つあると考えられます。

コスト面のメリット

1つ目は「**コンバージョン獲得コストが他の広告と比べて安い**」ということです。自然検索と同じように利用者が能動的に検索をして情報や商品を探しているため、**利用者のモチベーションが高い**（＝よりコンバージョンする可能性が高い）ということです。この点は自然検索と同じです。

始めやすさ

2つ目は「**比較的低予算で簡単に始められる**」からです。バナー広告を出稿するにはそれなりに予算が必要ですし、メールマガジンの配信でも最初に読者を集める必要があります。しかしリスティング広告であれば、数千円からお試ししてみることも可能です。
複雑な実装などもなく登録を行い、リスティングの配信設定を行えばそれこそ個人でも広告を配信することができます。低予算から始められるので、中小企業でもまずは試しやすいというメリットがあります。

停止・再開のしやすさ

3つ目の理由は「**いつでも簡単に停止・再開できる**」ということです。メールマガジンは一度配信を始めたものをすぐに終了するのは利用者から見ても印象が悪いですし、バナー広告であれば、掲載停止はできますが手間もかかりますし、支払ったお金は返ってきません。しかし、リスティング広告であればクリック1つで開始・停止を行うことができます。思ったより効果が出ていなかったら停止をしたり、効果が出ていたら金額を増やしたりということが自由に自分のコントロール下で行うことができます。有料広告を始めるのであれば、筆者もまずはリスティングから実施することを推奨します。

Point

リスティングを始めるには、それぞれのサービスでアカウントを取得し、クレジットカードを登録し、キーワードを設定すれば開始できます。

【Google】

Google 広告　https://ads.google.com/intl/ja_jp/lp/getstarted/
Google 広告アカウントを作成する　https://support.google.com/google-ads/answer/6366720?hl=ja

【Yahoo!】

Yahoo! 広告　https://ads-promo.yahoo.co.jp/
Yahoo! 広告 お申し込み方法　https://ads-help.yahoo.co.jp/yahooads/ss/articledetail?lan=ja&aid=831

リスティングで表示される内容

リスティングも自然検索と同じように「**タイトル**」「**URL**」「**説明文**」の3つの要素が表示され、施策の考え方は自然検索と近いものになります。しかし、自然検索では検索エンジン側で決められていた「URL」や「説明文」ですが、リスティングではすべて自ら設定することが可能です。そのため、URLや説明文をどう表現するかが、より大切になります。

図3はGoogleのリスティングシステム「Google広告」の管理画面での、設定ページになります。「Google広告」とGoogleアナリティクスを連携させる手順は後述します。

図3 「Google広告」の管理画面。「アセットを作成」を押し、作成したい広告パターンを選択

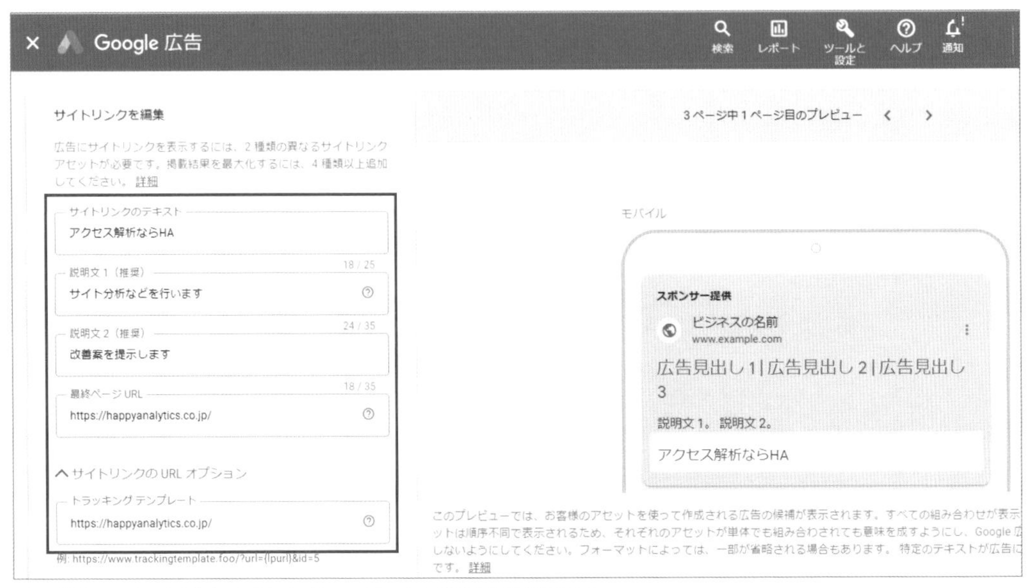

図4 「新しいテキスト広告」の画面。タイトル・URLパス・説明文などを設定する

タイトル・URLパス・説明文を自由に設定することができます。タイトルは**全角25文字**をハイフンで分けて2つ表示できます。説明文は**全角25文字と35文字**、URLのパスは**半角35文字**表示できます。また特徴として、表示される**URL（「パス」）**と実際に飛ぶページの**URL（「最終ページURL」）**を変えることも可能です。これは広告経由であることを計測するために、実際に飛ぶURLには広告パラメータを設定しておき、表示上はシンプルなURLにしておくというケースなどで利用されます。

Google広告ヘルプ
https://support.google.com/google-ads/?hl=ja#topic=10286612

リスティングで大切なのは想像力

自社のサイトやサービスの利用や購入を促すためには、どのキーワードで入札し、どういった説明文を書き、どのランディングページを設定するのか。考えることは多岐に渡ります。その中でもっとも大切なのは、利用者の行動や思いを想像して、**仮説をしっかり立ててから**、タイトルと説明文を考えて入札などを行うということです。皆さんが提供しているサービスは**どういう人が必要としていて**、その人は**どういうキーワードで検索をしてくるのか**（少なくともブランド名だけではありません）、そしてどういう情報があれば更に詳しく見てみたいと思うのでしょうか。ユーザーの視点に立って頭を働かせることが大切です。

また、同じキーワードで入札している同業他社も確認しつつ、差別化を検討しましょう。
たとえば温泉宿のサイトを運営しているとしましょう。利用者は「温泉に入り、宿に泊まりたい」と思ってサイトに訪れるのでしょうか。「温泉に入り、宿に泊まりたい」というのは何かしらの結果における行動です。
なぜ、そのような行動をおこしたいと思ったのか、その**背景**を考えてあげましょう。疲れているのか、気分転換したいのか、友達と二人で楽しみたいのか、家族と楽しみたいのか、いろいろな思いや選択肢があるのではないでしょうか。
それぞれの思いや日的に響くタイトルやスニペット（サイトの説明文）を考えてみましょう。タイトルやスニペットに正解はありません。そして、重要なキーワードに関しては、時々内容を変更して、テストを行ってみましょう。

Section 1-4

リスティング広告を分析する

リスティング広告の分析も基本的には、自然検索と大きく変わりません。同じようにサイトに入る前と後に分けることができます。しかし、リスティングは自然検索の分析方法に加えて、コストに関しても考える必要があります。

リスティング広告のコスト

リスティングの場合は自然検索と違い、**直接的なコスト**というものが発生します。従って単純にコンバージョン率やクリック率が高いというだけではなく、「**コストに見合っているのか**」という要素も考慮をする必要があります。広告と自然検索の要素を両方共兼ね備えたのがリスティングです。
まずは以下のデータを見てましょう。もし皆さんが広告運用担当者だったら、どちらの広告の方を改善したいと思いますか？

広告A　コンバージョン数100件・コンバージョン率0.5%・売上10万・コスト20万
広告B　コンバージョン数50件・コンバージョン率0.3%・売上8万・コスト2万

広告Aの方がコンバージョン数や率が高くても、売上とコストを見たときに赤字となっていることが分かるかと思います。広告運用担当者だったら、まずは広告Aをどうにかしなければと思うのではないでしょうか。このように広告のお金に関する観点も大切になり、それを見るためにいくつかの指標が用意されています。まずはこれらの指標を確認してみましょう。

インプレッション単価とクリック単価

まずは「**インプレッション単価**」と「**クリック単価**」という指標について説明します。「インプレッション単価」はインプレッション（表示）あたりのコスト、「クリック単価」はクリックあたりのコストになり、計算式は次の通りとなります。

インプレッション単価 ＝ コスト ÷ インプレッション数
クリック単価 ＝ コスト ÷ クリック数

なお、インプレッション単価は「**CPI**（＝Cost Per Impression）」、クリック単価は「**CPC**（＝Cost Per Click）」と略されることが多いです。

以下の画像はGoogle広告（以前のバージョンの画面のため、現在とは少し異なります）の管理画面のデータになります。この中で「平均クリック単価」と表示されている部分が「クリック単価」になります。インプレッション単価に関しては、画面上に直接の結果は表示されていませんが、「費用÷表示回数」で計算することが可能となっています。

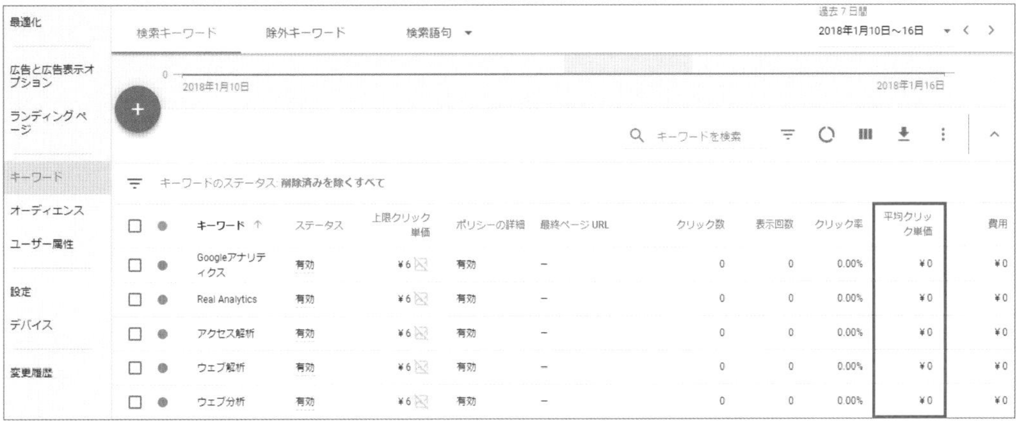

最適化
広告と広告表示オプション
ランディングページ
キーワード
オーディエンス
ユーザー属性
設定
デバイス
変更履歴

検索キーワード　除外キーワード　検索語句
過去7日間
2018年1月10日～16日
0
2018年1月10日　2018年1月16日
キーワードを検索
キーワードのステータス: 削除済みを除くすべて

キーワード	ステータス	上限クリック単価	ポリシーの詳細	最終ページURL	クリック数	表示回数	クリック率	平均クリック単価	費用
Googleアナリティクス	有効	¥6	有効	–	0	0	0.00%	¥0	¥0
Real Analytics	有効	¥6	有効	–	0	0	0.00%	¥0	¥0
アクセス解析	有効	¥6	有効	–	0	0	0.00%	¥0	¥0
ウェブ解析	有効	¥6	有効	–	0	0	0.00%	¥0	¥0
ウェブ分析	有効	¥6	有効	–	0	0	0.00%	¥0	¥0

図1　Google広告の管理画面

基本的には、**インプレッション単価もクリック単価も安い方が良い**という考え方になります（しかし、後述するコンバージョン単価の方がもっと重要です）。コストを減らし、インプレションやクリックを増やせればこのような状態を実現することができます。

コストの減らし方 ～ 入札単価が低いキーワードを探す

コストを減らすためにできることは主に2つです。1つは**入札単価**※4**が低いキーワードを発見すること**です。たとえば「保険」や「賃貸」など多くの企業が狙っている、検索回数が多い人気のワードは入札金額がどうしても高くなってしまいます。入札単価が高い＝悪いというわけでは必ずしもないのですが、検索回数が多くて、上位に入るために必要な入札金額が低いキーワードを発見できれば、それに越したことはありません。

たとえば「スマホ」という単語では月間平均検索ボリュームが10万～100万回・「ページ上部に掲載された広告の入札単価（高額帯）」が243円となっていますが、「ドコモ スマホ」ですと1万～10万回・155円となっていました（2023年7月現在）。

このような平均検索回数や推奨入札単価に関しては、Google広告内にある「キーワードプランナー※5」というツールで調査が可能です。次ページの図2は今、紹介した「スマホ」での結果になります。

※4　入札単価：対象のキーワードが1度クリックされるための単価。ディスプレイ広告などでは、1度の表示に対して入札できる場合もある。
※5　https://ads.google.com/intl/ja_jp/home/tools/keyword-planner/

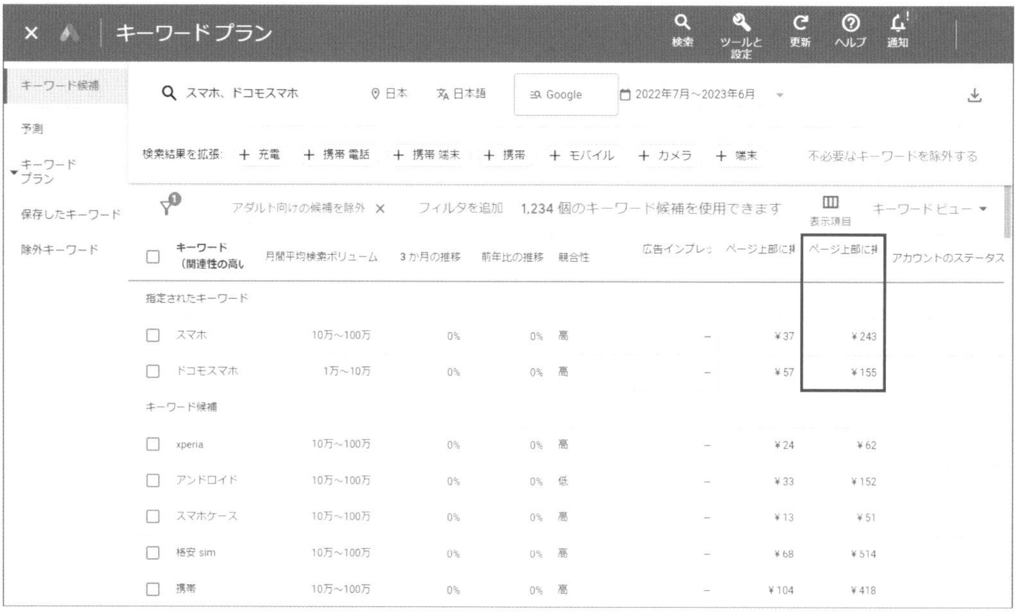

キーワード プラン

検索 ツールと設定 更新 ヘルプ 通知

キーワード候補
予測
キーワード プラン
保存したキーワード
除外キーワード

スマホ、ドコモスマホ　日本　日本語　Google　2022年7月～2023年6月

検索結果を拡張: ＋ 充電　＋ 携帯 電話　＋ 携帯 端末　＋ 携帯　＋ モバイル　＋ カメラ　＋ 端末　不必要なキーワードを除外する

アダルト向けの候補を除外　フィルタを追加　1,234 個のキーワード候補を使用できます　表示項目　キーワード ビュー

キーワード（関連性の高い	月間平均検索ボリューム	3か月の推移	前年比の推移	競合性	広告インプレッ	ページ上部に掲	ページ上部に掲	アカウントのステータス
指定されたキーワード								
スマホ	10万～100万	0%	0%	高	–	¥37	¥243	
ドコモスマホ	1万～10万	0%	0%	高	–	¥57	¥155	
キーワード候補								
xperia	10万～100万	0%	0%	高	–	¥24	¥62	
アンドロイド	10万～100万	0%	0%	低	–	¥33	¥152	
スマホケース	10万～100万	0%	0%	高	–	¥13	¥51	
格安 sim	10万～100万	0%	0%	高	–	¥68	¥514	
携帯	10万～100万	0%	0%	高	–	¥104	¥418	

図2 「キーワードプランナー」で「スマホ」について調べた画面

図2を見ての通り、入力したキーワードおよびその関連キーワードに関しての検索回数や想定入札単価などを表示してくれます。このようなツールを使いながら、入札単価が低いワードをさがしてみましょう。また、自然検索の時に言及した「サイトの強み」や「オリジナルコンテンツ」に関するキーワードも入札候補に入れて、確認をしましょう。

コストの減らし方 ～ 入札単価の見直し

コスト削減のためにできるもう1つのことは、**入札単価の見直し**になります。つまり、現在出稿しているキーワードに対して、入札単価を減らすあるいは入札そのものをなくすという考え方です。当然、すべてを停止してしまえば、コンバージョンも0になってしまうので、むやみに減らせば良いというものではありません。

たとえば入札単価を減らし、掲載順位が1つや2つ下がってもクリック率やコンバージョン率が下がらなければコストを減らすことができるようになります。他にもスニペットやタイトルの見直しなどを行ったものの、全くコンバージョンにつながっていない（けれどコストが発生している）キーワードに関しては入札そのものを辞めてしまっても良いでしょう。このようなに**無駄を省く**という形でコストを下げる方法もあります。また、入札停止によって空いた予算を他のキーワードに入札することも可能です。キーワードの入札やスニペットなどの見直しは、**検索回数や入札単価が高いワード**から始めましょう。いくら細かい見直しを行っても検索回数が月10件や20件ではその改善効果は微々たるものになってしまいます。

CPC、CPIを下げる～クリック数やインプレッション数を増やす

クリック数やインプレッション数を増やすということもCPCやCPIを抑える上では大切になります。クリック数は、クリック率が同じであればインプレッション数が高いほど増えるということになります。しかしインプレッション数は自社だけでコントロールすることが比較的難しいです。ブランドワードであれば知名度をあげるための施策を行うことができますが「保険」や「賃貸」といったワードは社会的な事件や大きな出来事がないと増やすのは難しいと言えます。インプレッション数は入札するキーワード自体を増やしてしまえば自社サイトへの流入対象となりインプレッション数は増えますが、コストも上がってしまいます。

そこでインプレッション数を増やすより大切なのは**クリック率を上げる**ということになります。ここは自然検索と考え方が一緒です。すでに紹介したように、自然検索と違うのは自分で表示する内容を決められる点ですので、自由度はより高くなります。ボリュームが多いキーワードから改善に取り組んでいきましょう。

コンバージョンあたりのコストと売上

次にコンバージョンあたりのコストと売上を確認してみましょう。まずはそれぞれの定義を確認します。

コンバージョンあたりのコスト ＝ 該当キーワードにかかったコスト ÷ コンバージョン数
コンバージョンあたりの売上 ＝ 売上 ÷ コンバージョン数

コンバージョンあたりのコストは「**CPA**（＝Cost Per Acquisition）」、コンバージョンあたりの売上は「**SPA**（＝Sales Per Acquisition）」と略されることが多いです。SPAが高く、CPAが低いほど良いキーワードとなります。

この数値に関してはCPIやCPCとは違い、**サイトのコンバージョンまで加味した数値**になっています。つまりいくらCPIやCPCが低くても、サイトに入ってきたあとにコンバージョンする可能性が低ければ、CPAは高くなってしまいます。そのためキーワードのチューニングだけではなく、ランディングページやサイト内の遷移とあわせて改善していかないといけない指標になります。
SPAやCPAに関しては単体で見ないようにすることも大切です。最終的に大切なのは売上になりますので、効率性だけではなくボリューム（つまり、売上やコストそのもの）もあわせて加味してください。

広告費用の回収率と利益ベースの投資対効果

最後に紹介する指標は**リスティングに対する投資が適切だったか**を判断する、2つの指標です。さっそく定義を確認してみましょう。

広告費用の回収率（%）＝（売上÷コスト）×100
利益ベースの投資対効果（%）＝（利益額 － コスト）÷コスト×100

広告費用の回収率は「**ROAS**（Return on Advertising Spend）」そして利益ベースの投資対効果は「**ROI**（Return on Investment）」と略されることが多いです。ROASが100%以上であれば、かけたコスト以上の売上を確保することができており、ROIが0%を超える場合は、該当する広告が利益をあげたということが言えます。以下の例を確認してみましょう。

リスティング経由の売上＝45万円
1購入あたりの利益＝400円
自サイトでの販売数＝450個
自サイトでの利益額＝18万円（400円×450個）
リスティングのコスト＝30万円

ROAS＝（450,000÷300,000）×100＝150%
ROI＝（180,000–300,000）÷300,000×100＝–40%

この数値が意味することは、「かけたコスト以上の売上を上げることができているが、赤字になっている」ということです。売上を増やそうとしているのであればこの広告は（改善は必要だと思いますが）出稿し続けても良いですし、利益を確保しようとしているのであれば、この広告は出稿停止あるいは大きな見直しが必要となります。
ROASとROIは便利な指標なのですが、その数値の評価は上記の通り、**目的に応じて変わってきます。**
基本はROASで100%以上・ROIで0%以上を満たせるように改善を行っていくことになります。

なお、ROIに関してはROASと比較すると**計測が難しい指標**です。「商品あたりの利益がそもそも算出できるのか」「それを解析ツール上に反映できるのか」「リスティングの入札金額以外の運用に関する人件費などのコストもある」といった要因が難易度を上げています。利益の算出が難しい場合は、まずはROASのみを使って広告の評価を行いましょう。

Googleアナリティクスとリスティングの連携

リスティングに関してはGoogleアナリティクスと連携することでより多くの情報を確認できるようになります。Googleが提供しているGoogle広告と、Yahoo!が提供しているYahoo!リスティングではその手法が違うので、別々に紹介いたします。

Google広告をGA4から確認するための設定

Google広告と連携をすることで、GA4内でGoogle広告関連の数値を確認することができるようになります。具体的には以下のメリットがあります。

- **集客サマリーレポートでGoogle広告キャンペーンのデータが表示される**
- **ユーザー獲得レポートで、Google広告ディメンションが追加される**
- **Google広告アカウントにGA4で設定したコンバージョンデータのインポートが可能**
- **GA4で作成したオーディエンスを利用して、Google広告のリマーケティングが可能**
- **広告レポート内でGoogle広告キャンペーンのデータが表示される**

01 「Google広告のリンク」を選択

GA4の管理画面で、「Google広告のリンク」をクリックします。

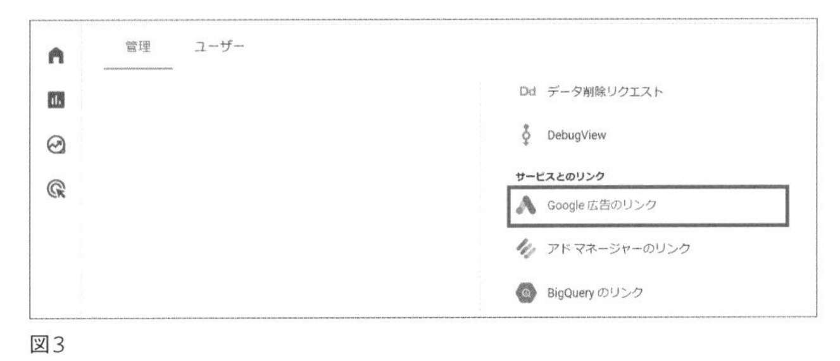

図3

02 「リンク」を押す

画面右上に表示されている「リンク」をクリックします。

Google 広告とのリンク

検索　リンク

アカウント名	アカウント ID	アカウントの種類	パーソナライズド広告	リンク日	リンクしたユーザー
HAPPYANALYTICS	496-482-9272	アカウント	有効	2020/11/06	

Items per page: 5　1 - 1 of 1

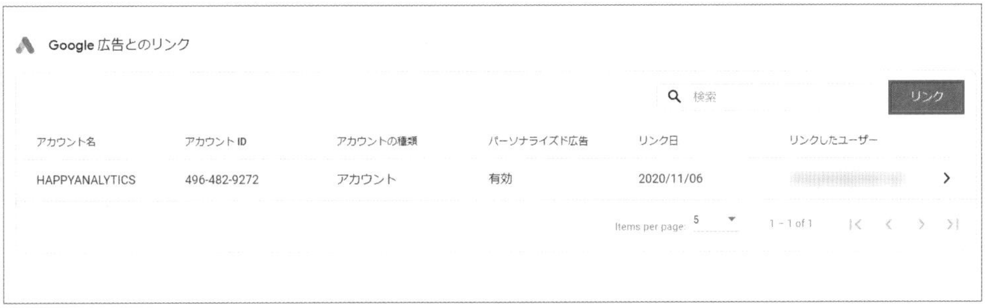

図4

Chap
2-1

03 連携したいアカウントを選択

「Google広告アカウントを選択」を押して連携したいアカウントを選びます。

図5

構成の設定を行う

GA4のオーディエンスを利用してパーソナライズ広告を利用する場合は、「**パーソナライズド広告を有効化**」を選んでください（デフォルトでONになっています）。

また自動タグ設定に関しては記載の通り「選択したGoogle 広告アカウントの自動タグ設定を有効にする」を利用することを推奨します。取得できるデータ量が増えます（こちらもデフォルトでONになっています）。

図6

05 「送信」を押す

最後に「送信」をクリックすると連携完了となります。

図7

では、GA4で追加されるレポート例を見ておきましょう。

自由形式 1

	セッションの Google 広告キャンペーン	セッションの Google 広告キーワードのテキスト	Google 広告の表示回数	Google 広告のクリック数	Google 広告のクリック単価	↓Google 広告の費用
	合計		3,131,447 全体の 100%	315,894 全体の 100%	¥151 平均との差 0%	¥47,564,258 全体の 100%
1	[illegible]	[illegible]	65,333	13,728	¥323	¥4,439,633
2	[illegible]	[illegible]	50,366	9,911	¥241	¥2,393,035
3	[illegible]	[illegible]	43,354	8,550	¥256	¥2,190,842
4	[illegible]	[illegible]	17,851	5,133	¥371	¥1,904,072
5	[illegible]	[illegible]	63,970	9,655	¥164	¥1,580,500
6	[illegible]	[illegible]	33,519	13,518	¥111	¥1,499,956
7	[illegible]	[illegible]	31,029	8,391	¥159	¥1,332,967
8	[illegible]	[illegible]	21,021	3,912	¥248	¥970,245
9	[illegible]	[illegible]	15,842	3,252	¥246	¥799,098
10	[illegible]	[illegible]	15,776	4,620	¥166	¥765,813

図8　GA4の［探索→空白］を開き、「行」にディメンションの「トラフィックソース」から「セッションのGoogle 広告キャンペーン」「セッションのGoogle 広告キーワードのテキスト」を設定し、「値」に指標の「広告」から「Google 広告の表示回数」「Google 広告のクリック数」「Google 広告のクリック単価」「Google 広告の費用」を追加

図8のレポートでは広告にいくらかけているか、流入が多いキーワードや、クリック単価が低いキーワードなどを確認することができます。広告の全体像を把握するのに役立ちます。

	セッションの Google 広告キーワードのテキスト	Google 広告のクリック数	Google 広告のクリック単価	↓コンバージョン	セッションのコンバージョン率
	合計	577,037 全体の 100%	¥152 平均との差 0%	4,413 全体の 100%	1.14% 全体の 100%
1	[illegible]	31,016	¥318	387	1.95%
2	[illegible]	9,572	¥117	214	4.23%
3	[illegible]	9,914	¥94	202	3.99%
4	[illegible]	21,360	¥240	184	1.53%
5	[illegible]	19,174	¥252	184	1.81%
6	[illegible]	11,404	¥365	178	2.63%
7	[illegible]	9,240	¥166	167	3.55%
8	[illegible]	19,020	¥157	121	0.91%
9	[illegible]	21,474	¥161	118	0.85%
10	[illegible]	29,956	¥110	117	0.6%

図9　図8の状態から、「セッションのGoogle 広告キャンペーン」を削除し、「値」に指標の「イベント」から「コンバージョン」、「セッション」から「セッションのコンバージョン率」を追加

図9ではコンバージョンとコンバージョン率を追加することにより、広告キーワードの効果を確認することができます。成果に多くつながっているキーワードや、コンバージョン率が高いキーワードを確認し、今後の広告出稿の参考にしてみましょう。

Yahoo! リスティングをGoogleアナリティクスから確認するための設定

別の会社ということもあり、機能としてYahoo! リスティングとGoogleアナリティクスを連携するものは用意されていません。そこでYahoo! リスティングからの流入であることを特定するため、Yahoo! リスティングに入稿するURL（つまり、サイトを利用者が訪れるURL）にパラメータを付与し、そのパラメータでの流入数やコンバージョン率を計測する手法を使います。
パラメータの付与方法についてはChapter 4のP.340にて詳しく紹介していますので、ご確認ください。

▶ Section 1-5

リスティングの分析事例

BtoBサイトでの分析事例を紹介いたします。
このサイトは工業製品を対象としたサイトでさまざまな部品を取り扱っています。サイトに訪れた企業の人がその商品に関してお問い合わせをしたり、カタログをダウンロードしたりしてその後商談を行い、発注と受注につながるといった形です。というわけで、主な成果（コンバージョン）は「**お問い合わせ**」「**カ**

タログダウンロード」の2つになります。リスティングは月数万円〜10万円程度の予算で運用を行っていますが、まだ改善が必要な状態です。

サイト全体・検索エンジン・リスティングの傾向を確認する

まずは現状を確認してみましょう。検索エンジン（organic）・リスティング（paid）・その2つを合わせたもの（o+p）・サイト全体での数値を比較します。

サイト流入の9割を自然検索（表の「organic」）とリスティング（同「paid」）が占めており、**検索エンジンに依存したサイト**になっていることが分かります。いくつか数値を確認していくと、リスティングに関しては、お問い合せとカタログダウンロードといった2つの主要な成果に関しては**自然検索よりリスティングの方が低く**課題点であると言えそうです。また「製品を探す率」が自然検索より多いのですが、その後の**「製品情報」への到達比率は低い**ということも分かります。自然検索の方は全体の中での割合が多いことからサイト平均と数値がかなり近く、この時点で大きな気づきを発見するのが難しそうです。これは後ほど詳しく確認をしていきましょう。

トラフィックの種類	訪問数	訪問別ページ数	平均滞在時間	新規訪問の割合	エンゲージメント率	お問い合わせ率	カタログDL率	初めての方ページ	製品を探す率	製品情報	FAQ詳細	会社所在地
organic	8,905	2.69	0:01:44	68.16%	35.61%	1.65%	1.39%	2.04%	6.23%	82.74%	3.60%	1.01%
paid	3,430	2.94	0:01:45	72.45%	39.65%	1.25%	1.17%	1.78%	19.65%	55.89%	0.50%	0.23%
o+p	12,335	2.76	0:01:44	69.36%	36.73%	1.54%	1.33%	1.97%	9.96%	75.27%	2.74%	0.79%
サイト全体	13,659	2.75	0:01:46	69.39%	36.76%	1.63%	1.33%	2.14%	9.53%	71.87%	2.60%	0.90%

リスティングキーワードの詳細を確認していく

主要な流入キーワードについて確認をしていきます。今回は比較的規模が小さいサイトを事例にしているため、**キーワード単位**で確認しますが、規模が大きいサイトで何千・何万ワードと入札をしている場合は、キーワードをいくつかのグループにまとめて確認した方が良いでしょう。

次ページの表がリスティングからの流入上位15キーワードの結果になります。

見ての通り商品名が上位に並んでいます。実は本サイトの場合は、リスティングにおいて**商品名における部分一致での入札**しか行っていないため、考えられる1つ目の改善点として**自社ブランド名**や**商品ジャンル**や**業界名**などを入れていくことも必要かもしれません。

商品ごとに詳しく数値を見ていくと、商品1が、流入が最も多くコンバージョンにつながっています。しかしエンゲージメント率は40％弱と決して高くなく、該当キーワードのランディングページを確認した上で**コンテンツのさらなる拡充や導線の見直し**が必要かもしれません。またクリック率やCPCも確認したのですが、掲載順位が5位と低く、他のワードと比較してもCPCやCPAが安く、この商品に限っては**予算をより多く配分**するということも可能だと筆者は判断しました。

キーワード	訪問数	訪問別ページ数	平均滞在時間	新規訪問の割合	エンゲージメント率	お問い合わせ率	カタログDL率	製品を探す率	お問い合わせ数	カタログDL数	製品を探す数
商品1	651	2.71	0:01:45	65.47%	40.72%	1.95%	1.63%	51%	13	11	335
商品2	197	2.38	0:01:32	86.02%	23.66%	0.00%	0.00%	100%	0	0	197
商品3	189	3.82	0:02:06	77.53%	59.55%	0.53%	6.74%	22%	1	13	42
商品4	144	2.78	0:01:14	82.35%	42.65%	1.47%	0.69%	24%	2	1	34
商品5	121	4.88	0:03:08	73.68%	66.67%	0.83%	3.51%	53%	1	4	64
商品6	117	1.82	0:00:51	76.36%	29.09%	1.82%	0.86%	100%	2	1	117
商品7	117	3.51	0:02:10	87.27%	56.36%	0.86%	0.00%	29%	1	0	34
商品8	87	5.07	0:04:38	73.17%	65.85%	0.00%	1.15%	49%	0	1	42
商品9	78	2.19	0:02:00	75.68%	37.84%	0.00%	1.27%	27%	0	1	21
商品10	72	1.15	0:00:37	85.29%	8.82%	0.00%	0.00%	100%	0	0	72
商品11	72	3.62	0:02:28	41.18%	38.24%	0.00%	0.00%	82%	0	0	59
商品12	68	3.53	0:03:21	53.12%	46.88%	4.42%	1.47%	100%	3	1	68
商品13	68	2.91	0:01:37	90.62%	37.50%	0.00%	0.00%	100%	0	0	68
商品14	64	3.07	0:01:34	83.33%	40.00%	3.14%	1.57%	17%	2	1	11
商品15	59	4.5	0:06:17	50.00%	46.43%	1.68%	0.00%	100%	1	0	59

逆に商品2に関しては2番目に流入が多いにも関わらず**1件もコンバージョンにつながっていません。**エンゲージメント率も23%と比較的低く、クリエイティブやランディングページを確認した上で、直せそうであれば修正を行い、難しそうであればキーワードの入札を取り下げても良いかもしれません。上記は1ヶ月分のデータなのですが、3ヶ月で見てもカタログダウンロードが1件と効率が悪いワードとなっていました。
また商品3に関してはカタログダウンロードの数が多いのですが、こちらは**ページ内に複数箇所、カタログダウンロードへのリンクがあった**ことの影響が大きかったようなので、同じ種類のページに関しては同じようにダウンロードへのリンクを増やす形でさらなるコンバージョン率改善を実現したいと考えています。

なお、商品2・商品6・商品10のように、「製品を探す率」が100%になっているページが複数ありましたが、これは該当商品が含まれるジャンルの商品一覧ページへの流入となってしまい、多くの商品でエンゲージメント率が低くなっています。またリスティングのクリエイティブにも「商品の詳細をチェック!」といった形の文言があり、**ランディングページとクリエイティブがマッチしていない**という問題もあるため、こちらも修正する必要がありそうです。

Column

Googleサーチコンソールの活用方法

Googleサーチコンソールのデータを活用することで、SEOの観点で直すべきポイントを洗い出すことができます。さまざまな機能が用意されていますが、その中でも特に重要なレポートを4つ紹介いたします。

1. URL検査レポート

Googleサーチコンソールの管理画面の左側のメニューで「URL検査」を選びます。
URLを入力して、SEOの観点から問題がないかをチェックします。Googleのインデックスに登録されているか、またモバイルで見ても問題ないかなどの結果を見ることができます。問題が見つかった場合は説明を見て、対策できるかを検討してみましょう。

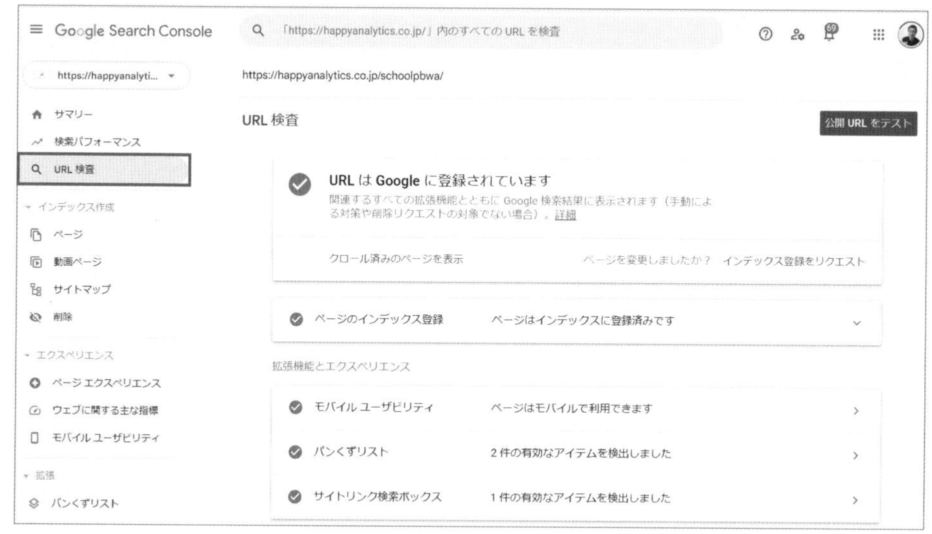

図1

2. インデックス作成：ページレポート

Googleサーチコンソールの管理画面の左側のメニューで「インデックス作成」の中の「ページ」を選びます。
Googleのクローラーが該当ページをクロールしてくれているかを確認できます。クロールされていないと検索結果に表示されることはないので注意が必要です。

未登録のページに関してはページ下部に表示される原因を確認してみましょう。例えば「リダイレクト」に関しては適切に行われていれば対策は必要ないですし、noindexに関しては間違えて設定をしている場合は外す必要があります。

理由の行をクリックすると、どのURLが該当するかをチェックすることができるので、対策をする必要がある場合はチェックしておきましょう。

Column

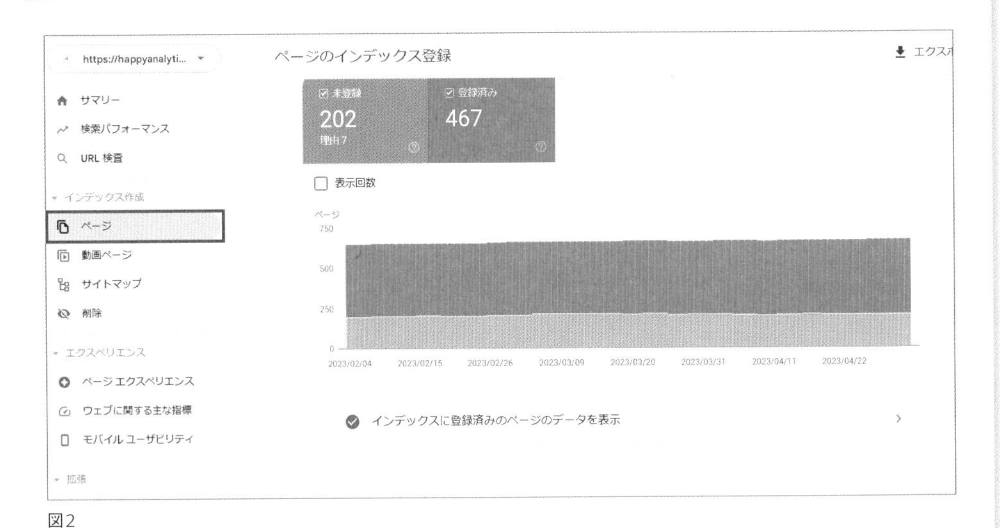

図2

3. エクスペリエンス：ページエクスペリエンス

Googleサーチコンソールの管理画面の左側のメニューで「エクスペリエンス」の中の「ページエクスペリエンス」を選びます。

ページの使い勝手を評価するレポートです。URLに対してPCとスマホでそれぞれ「良好率」が表示されます。まずは自社サイトの有効率が低くないかを確認しましょう。

図3

Column

有効ではないページに関しては、画面の下部に主な原因と該当URL数が表示されます。

結果として表示されるのは、「ウェブに関する主な指標」「モバイルユーザビリティ（モバイルのみ）」「https」の3つになります（❶）。
それぞれのリンクをクリックすると詳細を確認できます。例えば「ウェブに関する主な指標」であれば、以下のような画面を確認できます。

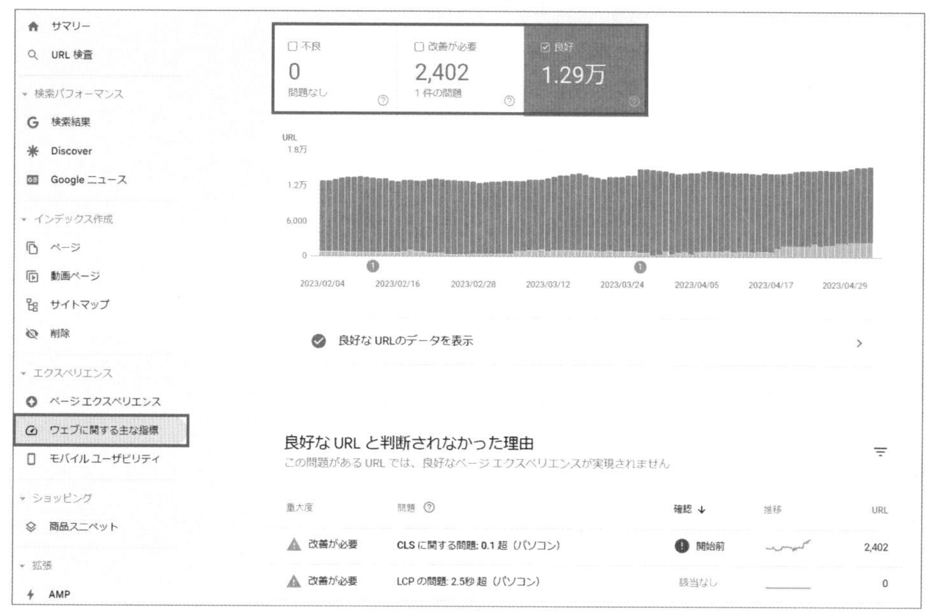

図4

不良・改善が必要・良好の3つにわかれて表示されます。「不良」と「改善が必要」に関してはページ下部に理由が表示されます。

ウェブに関する主な指標では3つの指標を見ております。ここでは詳しくは説明しませんが、クリックしてからの反応、ページの読み込み時間、レイアウトのズレなどを見ています。
詳細は以下サイトをご参照ください。

https://web.dev/vitals/

「モバイルユーザビリティ」では、次ページの図5のようなレポートが表示されます。
エラー理由が表示されますので、それぞれの理由をクリックして該当URLを確認し、可能であれば対策を行うと良いでしょう。

Column

検索パフォーマンス
検索結果
Discover
Google ニュース
インデックス作成
ページ
動画ページ
サイトマップ
削除
エクスペリエンス
ページ エクスペリエンス
ウェブに関する主な指標
モバイル ユーザビリティ
ショッピング
商品スニペット
拡張
AMP
パンくずリスト
使用可能なページのデータを表示
ページがモバイルで利用できない理由
以下の問題があるページでは、良好なページ エクスペリエンスが実現されません。
問題
確認
推移
ページ
クリック可能な要素同士が近すぎます
開始前
124
テキストが小さすぎて読めません
開始前
101
コンテンツの幅が画面の幅を超えています
開始前
100
ビューポートが設定されていません
開始前
100
互換性のないプラグインを使用しています
開始前
27
図5

Column

検索エンジン最適化のためにおすすめのサービスやツール6選

検索エンジン最適化のために便利なサービスやツールを紹介します。すべてのツールは筆者も利用経験があり、その目的によって利用頻度などは変わってきますが、気づきを発見したり、業務効率化を行ったりするという観点では便利なものばかりです。試していただき、便利だと思えば日常の業務に取り込んでいただければ幸いです。ここでは、公式のツールおよびアクセス解析ツールに関しては外しています。

1.GRC

http://seopro.jp/grc/
Chapter 2-1-2でも紹介した、検索エンジン順位をモニタリングするためのツールです。

2.Page Speed Insights

https://pagespeed.web.dev/
Googleが提供しているページ診断サービス。URLを入力するとページの表示時間等に悪影響がある要素と対策方法を教えてくれます。検索ランキングの要素としてページの表示時間が影響するため、必要であれば対策を行いましょう。

3.Google Trends

https://trends.google.co.jp/trends/
こちらもChapter 2-1-2で紹介した、検索エンジンのトレンドを把握するためのツール。地域での絞り込みや、長期間での比較に優れています。

4.Majestic SEO

https://ja.majestic.com/
SEOに関するさまざまな情報を取得し分析することができるサービスが用意されています。会員登録が必要ですが、無料で利用できるものも多く、新しいサイトを分析する際に、筆者はまずこのツールを最初に利用することが多いです。

5.ミエルカ(MIERUCA)

http://mieru-ca.com
SEO対策・コンテンツマーケ・オウンドメディアなど幅広く分析&改善提案を行ってくれるツール。アクセス解析自動レポート機能などもついており、筆者も開発メンバーとしてかかわっております。

6.Demand Metrics

https://www.demandsphere.jp/demandmetrics
有料ツールですが、ワンストップで検索エンジンに関する分析が行え、Googleアナリティクスとの連携なども備えています。SEOに本格的に取り組み、常に数値を確認し、改善を進める場合にオススメしたいツールになります。

Chapter 2 ▸ Section 2

メールマガジン

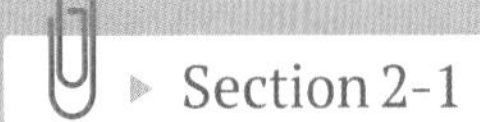

▸ Section 2-1

メールマガジンの目的を定義する

メールマガジンの特徴

メールマガジン（以下、「メルマガ」）は他の集客チャネルと同じように、サイトへの誘導を行い、サイト内でのコンバージョン達成を促すための集客メディアの1つです。しかし、他のメディアとは大きな違いがあり、**それは運営者自らが読者に向けて直接配信を行う**という部分に当たります。

メルマガの登録元

メルマガはその登録元に、大きく分けて2種類の場があります。1つは「**自社サイト**」です。サイトに訪れたときに購読の申し込みをもらったり、あるいは、購入時の入力フォームで配信を許可してもらったりします。このようなケースの場合、自社の商品やサービスを深く検討している、あるいは、すでに購入をしているという方が対象になります。件数にもよりますが、多くのサイトではメルマガを配信するシステムやソフトウェアを利用しているかと思います。これらの仕組みを利用すれば、属性に応じた配信や文言の挿入、エラーアドレスの削除なども行えるようになります。

もう1つの方法は「まぐまぐ」あるいは「メルマ！」などに代表される「**メルマガ配信サービス**」を利用することです。これらのサービスは基本、無料で利用することができるため運用コストが安く、比較的読者も集めやすいのですが、配信サービスの広告が挿入されるといった特徴もあります。また、「自社サイトの商品やサービスに興味を持っている」というよりは、「配信内容に対して興味や関心がある」という購読動機が高いと思われ、自社サイト経由での登録者とは違ったニーズがあります。商品ではなく、サービスや情報を販売している場合などに、より適しています。

いずれのケースにせよ、利用者が自らの意思で登録しているケースが多いので、他メディアと比較すると、圧倒的にリピーターが多く、適切なターゲティングや内容での配信ができればコンバージョン率も高くなる傾向になります。このような特性があるため、メールマガジンは野球で言うところの「クローザー（抑え）」になるケースが多いです。筆者が昔担当したECサイトでも、メルマガからサイトへの流入は全体の1%程度ですが、売上の貢献で見ると10%以上を占めていました。またリピート購入の20%がメルマガ経由でした。

メルマガで大切なこと

クローザーであるということは2つの意味を持っており、1つは「クローザーであることを意識したコンテンツが大切である」ということ。具体的な**商品の提示**や、**お得な情報**を伝えるということが、まずは大切になります。また、購読者の方にはすでに商品を購入されている方もいるでしょう。その場合は、**アフターフォロー**や**購買した商品に関連する商品の提示**などが効果的です。ターゲティングに関しては後で詳しくふれますが、作成コストとメリットのバランスを考慮して、可能であれば、数種類のメールマガジンを配信できるようになると、コンバージョン率が目に見えて上がってきます。
もう1つは「クローザーが機能するには『先発』が必要」ということです。メールマガジンに登録をする人は、多くの場合、メルマガ以外の流入経路でサイトあるいはサービスに触れていることが多いです。これはメールマガジン購読完了ページ（あるいは購入完了ページ）の新規率などを見れば分かるのですが、大半はリピーター（初回の訪問者ではない）になっているかと思います。
流入経路別のコンバージョン率だけを見てしまうとメルマガは一見高そうなのですが、高いコンバージョン率を誇れるのも、（直接コンバージョンには結びつかない）別の流入経路でサイトに流入したことがあるからです。**メールマガジンの購読につながった流入元を評価する**という考え方もぜひ取り入れてみてください。

最後に記しておきたい内容があります。メールマガジンの目的はコンバージョンだけではありません。メールマガジンを通して、**自社のサービスやブランドを認知してもらう**ことも大切です。他のメディアと比較し、その内容を自由に作れることから、運営者の声や思いを届けやすいという特徴もあります。不動産・車といった人生に一度の買い物、大型家電や家具など購入頻度が少なく、かつ購入後もケアが必要な商品などに関しては、「安心して、信頼して買いたい」という思いが皆さんもあるかと思います。メールマガジンではこのような関係を築くという意味でも、実行がしやすいメディアです。

Point

メールマガジンの目的

- クローザーとしてコンバージョンを達成させる
- 購入を迷っている人に対しての最後の一押し
- すでに購入をした人に対してのリピート購入の促し
- 定期的にサービスを認知してもらい、利用者が必要なときに思い出してもらう

Section 2-2

メールマガジンを分析する

メールマガジンにおける指標

メールマガジンに関連する指標は以下の図を参考に考えることができます。

図1　メールマガジンの登録からコンバージョンまでの流れ

メルマガ登録数・登録率

まずは、「**メルマガ登録数**」と「**メルマガ登録率**」について説明していきます。

メルマガ登録数：メルマガに登録した人数（メールアドレス数）
メルマガ登録率：メルマガ登録数÷サイト訪問者数
計測方法：メルマガ配信システムの機能　および　アクセス解析ツール

「メルマガ登録数」と「メルマガ登録率」は、メールマガジンの送信を許可してもらう部分の指標にあたります。この数値に影響を与える主な要素は、

- サイトへの訪問者数
- メールマガジン登録へのリンクの分りやすさ
- メールマガジンそのものの魅力やメリット
- メールマガジンのサンプルが確認できるか否か
- 入力フォームの項目内容とその数
- メールマガジン登録を促す場所

となります。この中でも特に大切なのは、メールマガジンが「どういう内容で」、「どういうメリット」があるかをちゃんと訴求できるか否かです。どういう内容が送られているか分からないのにメールアド

レスを提供してくれる人はほとんどいません。また、そういった読者を増やしても最終的なコンバージョンにはつながらないでしょう。メールマガジンの内容が**事前に確認できて安心感を持って登録できる**こと、（運営者ではなく読者にとって）**どういうメリットがあるのかわかる**こと、**解約の方法が明確**といった部分は最低限揃えておかないといけない内容になります。
計測にはメール配信システムを使うか、あるいは（精度は若干下がります）Googleアナリティクスなどのアクセス解析ツールでメールマガジン登録完了ページの回数を見ます。

メルマガ配信数

メルマガ配信数：メルマガを送った人数（メールアドレス数）
計測方法：メルマガ配信システムの機能

「**メルマガ配信数**」は配信するメール数をあらわす指標です。正確には「実際に届いた件数」の方がよいでしょう。一部のメール配信サービスやツールでは、エラーで届かなかった件数なども表示をしてくれます。これらを除いた数値にすることで、リーチできている件数が分かります。つまり「**現在の有効配信数＋新規配信数ー解約数**」という形で計算することができます。数も大切なのですが、その次の「開封」につながらないと意味がないため、「なんでも良いのでメール登録者数を増やす」あるいは「解約をさせにくくする」ことには意味がありません。筆者としては「**今までに一度でも開封をしてくれたメールアドレスの数**」を、もし可能であれば指標として利用してもらいたいと思っています。これは、より正確に現在の読者をカウントすることができるからです。しかし、一部の有料ツールでしかデータを取得できないため、当面はメルマガ配信数が指標として利用されることでしょう。

開封数・開封率

開封数：メルマガを開いた人数（メールアドレス鵜）
開封率：メルマガを開いた人数÷メルマガ配信数
計測方法：HTMLメール　かつ　画像表示を許可した場合にのみ計測可能。テキストメールでの計測は不可　またiPhoneでは取得不可（2023年7月現在）

「**開封数**」はメールマガジンを実際に開いた件数になり、配信数で割ることで「開封率」を算出することができます。開封率はその計測の仕組み上、HTMLメールで場合のみ計測することができます。
メール配信システムの機能を使って計測します。

開封数・開封率についての注意点

開封率は「**件名**」に大きく依存するので、開きたいと思わせるクリエイティブをいかに作成できるかが腕の見せ所です。しかし、先程の「配信数」と同様に、開かせることだけが目的ではありません。開いた後にクリックをしてくれないと意味がないため、本文とは関係ない内容を件名にいれないようにしましょう。またGmailやHotmail、iPhoneやAndroidのメーラーで表示される文字数なども参考に、なるべくシンプルかつ短い件名を作成しましょう。件名の長さについは、Chapter 2-2-3でも詳しく見ていきます。開封率の計測にはメールマガジンの配信システムを利用する必要があります。

流入数

流入数：メールマガジン内のリンクを押してサイトに流入した回数
計測方法：アクセス解析ツール　あるいは　メルマガ配信システムの機能

この数値は、メールマガジンから見た場合は「**クリック数**」、サイトから見た場合は「**流入数**」になります。メールマガジン内では購買を完了させることができないので、サイトへのリンクという形で誘導を行う必要があります。

流入数についての注意点

クリックをしてもらうためには、メールマガジンのレイアウトやリンクの位置と分りやすさという**UI的な観点**、そしていかにその先を見てみたいと思わせる**クリエイティブの観点**、両方が必要になってきます。また、「開封」と「流入」は一緒に考える必要があり、件名で訴えた内容が、メルマガ内の分かりやすい位置にあることも大切です。
計測はメルマガ配信システムの機能でも行えますが、メルマガ経由のコンバージョンまで追いかけるためにも、基本的にはアクセス解析ツールを利用して行いましょう（一部の高機能なメルマガ配信システムでは、コンバージョンページに計測記述を入れることでコンバージョンまで追いかけることも可能です）。

メールマガジン	配信日	流入数	流入率（流入数÷開封数）	コンバージョン率
Vol25：オススメ商品	2022/4/15	248	12.1%	6.5%
Vol26：オススメ商品	2022/4/22	150	7.1%	6.7%
Vol27：オススメ商品 GW直前号	2022/4/29	428	20.1%	8.9%
Vol28：オススメ商品	2022/5/13	202	9.4%	5.4%
Vol29：お客様事例	2022/5/20	450	20.7%	0.9%
Vol30：オススメ商品	2022/5/27	277	12.6%	6.5%
Vol31：号外！新商品リリース	2022/6/1	586	26.2%	11.1%
Vol32：オススメ商品	2022/6/3	310	13.6%	4.2%
Vol33：オススメ商品	2022/6/10	285	12.3%	4.2%
Vol34：お客様事例	2022/6/17	398	16.2%	1.5%
Vol35：オススメ商品	2022/6/24	224	8.9%	9.4%
Vol36：ディスカウント商品	2022/7/1	712	26.8%	8.3%

図2　あるBtoBサイトのメールマガジンごとの流入数・流入率・コンバージョン率

その際には、Chapter 4-1のP.340で紹介している「広告パラメータ」などを利用して、どのメールマガジンからの流入であるかが分かるようにしておきましょう。

流入数の見方のコツ

なお「流入数」については、**メルマガ全体からの流入を見るのか、メルマガ内の各リンクからの流入を見るのか**、2つの粒度（細かさ）で見るケースが考えられるかと思います。どちらが正解ということはありませんが、商品数やキャンペーンが多いなど、サイトへの誘導方法が複数ある場合は、リンクごとに見ることができるように、広告パラメータをリンクごとに分けてあげると良いでしょう（ただ、その分手間はかかります）。

さらに余談にはなりますが、テキストメールの場合は、広告パラメータをつけてしまうとURLが長くなってしまうという観点から、**短縮URLサービス**などを利用してURLを短くするということも検討しても良いかもしれません。ただし、その場合は自社ドメインでないと、「どこに飛ばされるか分からない」という不安を読者が抱いてしまうため、可能であれば自社ドメインで運用できる、「Yourls（http://yourls.org/ 、P.131参照）」のような仕組みを利用することもあわせて検討しましょう。

コンバージョン数・率

コンバージョン数：メルマガ経由のコンバージョン達成回数
コンバージョン率：コンバージョン達成回数÷メルマガ経由の流入数
計測方法：アクセス解析ツール

メールマガジンからサイトに訪れた後に、購入につながった回数をあらわす指標です。メールマガジンの配信数や開封率が少なくても、最終的にはこの数値を増やしていくことが大切です。

コンバージョン数・率についての注意点

購入につながるか否かは、**エンゲージメント率**（P.156参照）と大きく関わってきます。エンゲージメント率が低い理由は、メールマガジンをクリックして訪れたページが「クリックした人の想定と違った（内容があっていない）」「どこをクリックすれば良いかが分からない（分かりにくさ）」「商品が思ったほど魅力的ではなかった（期待値とのギャップ）」などがあげられます。
メールマガジンの内容で「煽りすぎてしまう」と、クリックはされても結局、購入につながらないということはよくあります。配信数が多いあるいは特に重要なリンクに関しては、メールマガジン専用のランディングページを用意するのも1つの方法です。

重要視するべき指標と分析方法

メルマガに関する指標をいくつか紹介してきました。コンバージョンまで複数のステップがあり、どの部分を改善すれば良いか迷われるかと思います。改善を進める上で大切なのは、「施策のアイデア数をたくさん出して、手軽に実施できる部分から始める」ということです。
メールマガジンの改善で特にお勧めしたい指標は「**開封**」と「**メルマガ経由の流入**」の2点になります。開封は説明の通り「件名」に依存しているので1行でさまざまなテストが行えますし、メルマガ経由の流入はメルマガ内の中身や見せ方を変えることで比較的手が入れやすい部分になります。またメルマガの開封や流入を計測し始めると、効果が良かったメルマガ・悪かったメルマガも一目で分かるようになるので、メルマガ経由のコンバージョンを改善するのであれば、まずはこの2つから試してみましょう。

ただ、この内容に関しては1つだけ例外があり、それはメルマガの登録者数がまだ極端に少ない場合は、メルマガ登録の部分を見直した方が良いということです。10通しか配信していないのであれば、そもそも中身を見直した結果、コンバージョン率が倍になったとしても売上のインパクトという観点では非常に少ないです。1つのガイドラインは**500件の配信**になります。これくらいの配信数が集めるまでは、まずは読者を増やすことを最優先としましょう。

Section 2-3

メールマガジンの改善施策

このSectionでは、メールマガジンの具体的な改善施策を確認していきましょう。
前のSectionで紹介した下記の図を利用して、各ステップを確認していきましょう。

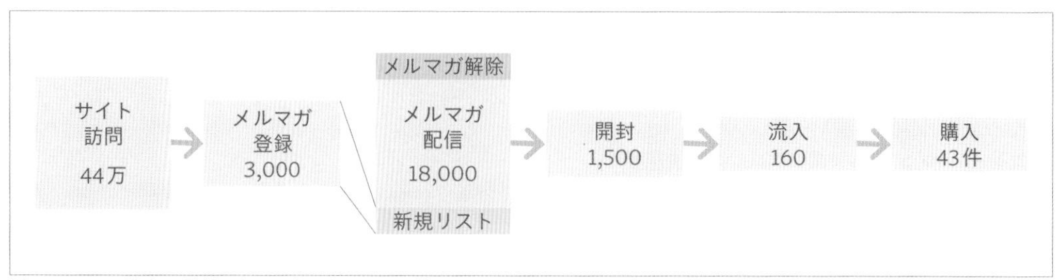

図1　メールマガジンの登録からコンバージョンまでの流れ

サイト訪問 ➡ メルマガ登録

メルマガに登録をしてもらうための仕掛けを考える部分になります。
登録を促す方法は主に2つあります。

メールマガジン専用登録ページからの登録

読者のメリットを明確にする

1つは「メールマガジン専用登録ページ」を用意し、その中でメールマガジンを取得するメリットをしっかり訴求することです。

図2 「メンズファッションプラス」のメールマガジンのメリット訴求（初版執筆当時）
https://mensfashion.cc/fs/mensfashion/MailMagazineEntry.html

このページ経由で登録する人の多くは、まだ購入に至っていなく、**購入を検討している可能性が高い**です（メンズファッションプラスでも同様でした）。たとえば「500円割引券」などはニーズにフィットした特典です。

また、ほかにも大切な要素として「事前にメルマガの中身が確認できる」という点があります。「何が届くか見せないけど、住所などの情報を教えて」といって教える人はほとんどいないかと思います。しかし、Webサイトの多くでは、事前にどういう内容が分からないのにメールアドレスの入力欄だけを用意し、登録をさせようとするサイトが非常に多いです。これでは登録者が増えないのも当たり前です。**メルマガのサンプル**、そして、**どれくらいの頻度で配信するのか**を事前に伝えてあげることで、安心して登録を行うことができます。

メルマガページへの誘導を適切に配置する

もう1つだけ重要な要素をあげるとしたら、メルマガページへの誘導をどこから行うかということになります。たとえばすべてのページのヘッダーにメルマガ申し込みへのリンクを入れる必要があるかといえば、必ずしもそうではありません。ポイントは「サイト閲覧者がいつメールマガジン購読を検討するか」ということになります。サイトで販売しているサービスや商品によるかと思いますが、サイト内での購読ということを考えると、初めてサイトに訪れたときというよりは、「**このサイトでじっくり検討してみたい**」あるいは「**購入直前にお得な割引がないかを確認したい**」といったケースなどが考えられるのではないでしょうか。このような形で仮説を考え、その仮説がマッチするページにリンクを用意するのが良いでしょう。

上記の方法はいわゆる「メールマガジン」だけではなく、「登録をしてもらって資料をダウンロードしてもらう」あるいは「コンテンツが主体のメールマガジン」でも活用することができます。ぜひ、皆さんのサイトにあった仮説を考えてみてください。

購入時の登録を促す

メールマガジン登録者数の確保という観点では、多くのサイトで使われている方法になります。購買時にメールアドレスをはじめとしたさまざまな情報を入力するので、そのタイミングでメールマガジン購読の有無を確認するという方式です。

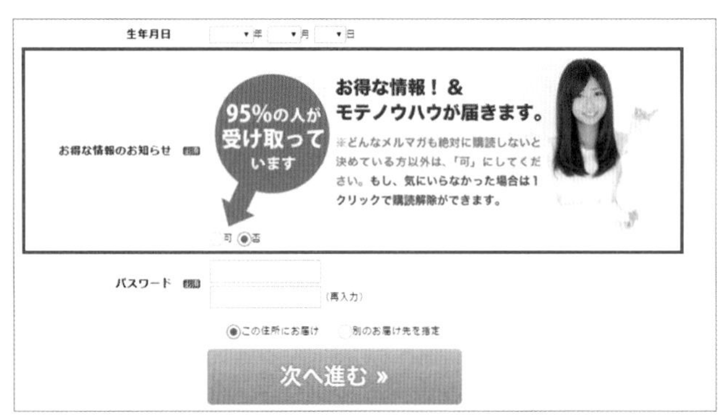

図3　メンズファッションプラスの購買入力フォーム(初版執筆当時)

多くのサイトで見かける形式で、筆者も必ずこの方式は採用した方が良いと考えています。すでに実装していない場合はすぐにでも実装しましょう。しかし、実施するうえで気をつけるべきポイントがいくつかありますので、確認をしておきましょう。

ラジオボタンのデフォルトをどうするか

まず議論にあがるのは「デフォルトで『可』にするのか『不可』にするのか」という考え方です。筆者は以前、両方のパターンを試したことがあるのですが、不可を最初に選んでおくと登録率は半分以下になりました。そこで、すぐ隣に「不可」を設置して、利用者がすぐに変更できることを前提に、**デフォルトでは「可」にしておいた方が良い**でしょう。

メールマガジンの頻度や内容の説明をするかどうか

また、多くのフォームでは、このタイミングでどういう頻度や内容が配信されるかを説明していません。購買直前ということで、メールマガジンの内容に気を取られて、購買行動の邪魔をしたくないという思いから、購読有無だけを確認しているというのが背景かと思われます。これは試してみるしかないのですが、別ウィンドウで配信頻度を伝えたり、内容のメリットを訴求するリンクを用意しても購読率が落ちないのであれば、このような関連情報を用意した方が良いでしょう。利用者がより納得して登録をしてくれるため、開封率が上がることが期待されます。「メンズファッションプラス」の場合は、メール購読を「否」にした場合に、バナーを表示しどういったメールマガジンが送られるかを紹介するバナーが表示されます。

● 入力フォームのどこに配置するか

最後に、メールマガジンの登録可否を入力フォームのどの辺で配置するかということですが、基本的には「**メールアドレス入力直下**」あるいは「**確認ボタンの近く**」が自然かと思われます。

メルマガ配信 ➡ 開封

件名

メルマガの開封は、どういった経路や状態でそもそも登録を行ったかにも影響を受けますが、もっとも大切なのは**件名**になります。

メールマガジン本文は（当たり前ですが）開かないと見えないため、件名で多くの人が判断をしています。皆さんもそうかと思われます。

件名にはいくつかのパターンがあり、代表的な6つを以下に紹介いたします。

パターン	件名例
流行訴求型	今年の夏話題の○○を入荷！
ブランド型	（アイドル名）もオススメの商品名は…
価格訴求型	複数の着こなしができる（商品名）が1,980円
時間限定型	残り3日間。人気の（商品名）を販売中
問題解決型	服を選ぶ時間を節約。オススメのマネキン買い
追い込み型	在庫残りわずか。（商品名）を買うならいまでしょ

同じ商品でも伝え方で受ける印象は変わってきます。件名は比較的試しやすい箇所になるので、3パターンほど考えて、配信の1/3ずつ配信できると、その効果が一目で分かるかと思います。

なお、前述の通り、開封率は、配信形態をHTMLメルマガにして、かつあらかじめ設定をしないと計測ができません。しかしメルマガ本文の内容が同じであれば、それぞれのパターンからの流入数を確認すれば、間接的ではありますが、流入数の差≒件名によってもたらされた差、と言えるのでテキストメールでのテストも可能ではあります。

● 件名の長さ

そして件名で特に大切なのは、「**件名」の長さ**になります。図4はiPhoneでメルマガを受信したときのスクリーンショットです。

各メールの2行目の文字列が「件名」の部分ですが、「メンズプラスファッション＋通信」という文字列でほぼ埋まってしまい、その

図4 （初版執筆当時）

後に書かれている大切な部分が見ることができません。基本的には重要な内容を件名の最初に持ってくるようにしましょう。そして可能であれば重要な部分は**15文字以内**に収めると良いでしょう。

Chap
2-2

差出人

上記の図4を見ていただくと、1つ気付くことがあるかと思います。それは件名より目立っているのが「**差出人**」の部分です。「メンズファッションプラス」の場合はブランド名が入っているので、あえて件名に「ブランド名＋通信」といれる必要はないかもしれません。逆に他社のメールマガジンでは個人名になっていたり、件名が極端に長いものもあります。GmailやHotmailなどでもまずは差出人が目につくことが多いので、どのような差出人になっているかを確認しておきましょう。

開封 ➡ クリック

開封された内容に対して、クリックをしてくれるか否か。せっかく配信して開いてもらっても、クリックをしてサイトに訪れてもらうことができなければ、認知という意味では効果があったとしても、もっとも大切なコンバージョンにつなげることができなくなってしまいます。

リンク先をきちんと明記する

では、クリック率が高いメールマガジンはどういうものがあるのか？　さまざまなTIPSや考え方があります。「途中まで見せて後はサイトで、という形の誘導」「大きな画像一枚を用意し、それをクリックしてもらう」「アンケートや抽選で何かが当たるといった実利を訴求する」「件名や文章の最初に差込でその人の名前を入れる」などはその一例です。しかしもっとも大切なのは納得して**クリックを行ってもらうこと**です。

そのために最低限必要なのは、そこにあるリンクが何であるかをしっかりと説明しておくことです。なんとなくリンクを入れても、その先に何があるか分からなければクリックをしてもらえない、あるいは、クリックしてもすぐに離脱してしまいます。まずは、メルマガ内にある各リンクに対して、**セットで説明があるか**を必ず確認しましょう。

読者が必要としている内容を提供する

そして当たり前といえば当たり前なのですが、「**読者が必要としている内容を提供できているか**」という部分につきます。これに関してはメールマガジンの内容を見直しながら、繰り返し実験を進めていくしかありません。

しかし、メールの中身をいろいろ試してテストするのは手間もかかるし、効果が出るかが分からないところに時間を使うのは大変です。件名より作成に時間がかかるしという問題もあります。

● ターゲティング配信

そこで、その精度を上げるために利用するべきなのが、「**ターゲティング配信**」と「**複数の配信形式の使い分け**」です。「ターゲティング配信」は、名前の通りターゲットを絞って配信するという方式です。メールマガジン登録あるいは購入時に性別を聞いておけば、その性別にあった商品を配信することがメール配信システムによっては可能です。男女分からずに配信するのと、配信が分かった上で最適な内容を配信するのでは、読者にとってもマッチ度も大きく変わってきます。あるいは購買履歴を元に、関連する商品をメルマガでお伝えするという方法もあります。

必要なデータが増えれば増えるほどより複雑かつ的確な配信が行えるようになりますが、その分手間もかかってしまいます。メルマガを送る上で**セグメントは多くても5つ**で十分ですし、そのセグメントに該当する人数あるいは売り上げの割合が1割未満の場合は優先度を下げても良いでしょう。ボリュームが多いところから始めていくのが得策です。ただし、このような配信システムを利用するには数万円/月はかかるので、現在のメルマガ経由の売り上げを加味して利用の判断を行いましょう。

● 複数の配信方式の使い分け

「複数の配信方式の切り分け」についてもその内容を確認していきましょう。通常のメルマガ以外に、代表的な配信内容を4つあげてみました。

● イベントメール

特定の記念日やタイミングにあわせて配信するメール。誕生日登録をしている、あるいは、季節性が強いサービスの場合は特に有効

● ウェイクアップ（あるいはカムバック）メール

半年以上サービスを利用していない、商品を購入していない人などの休眠ユーザーに送るメール。割引クーポンとあわせて送ると効果的

● フォローアップメール

購入後に一度送るメール。関連商品の案内や、購入した商品のメンテナンス情報、お問い合わせ先などを記載し、購入後にも接点を作る

● ステップアップメール

登録当日、3日後、7日後といった形で、登録から決まった日数に応じて配信を行う。連続で分けて伝えたい内容や情報がある場合、あるいは接点を維持し続けることに意味がある場合に有効

そして、この4つを簡単に分類してみました（図5）。

サイトを訪れてから比較的新規あるいは購入経験あり（X軸）とそのユーザーのサービスに対する認知や来訪度合い（Y軸）の2軸になっています。

ECサイトであればオススメしたいのが、「**フォローメール**」です。購入完了から1日後〜3日後くらいに送るメールです。購入したら終わりではなく、今後の繰り返し購入や、認知のために有効な方法です。

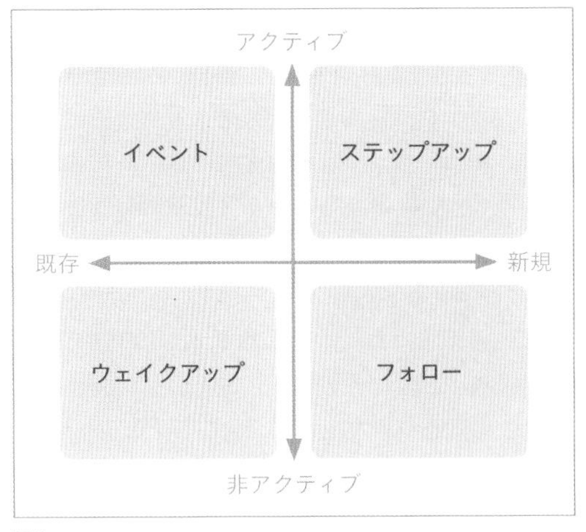

図5

今回紹介した4つのメール配信形式は、一度コンテンツを作成してしまえば、その内容をしょっちゅう変える必要がないという観点で、毎回内容を変える必要があるメルマガよりも運用が楽というメリットもあります。
今回紹介した内容と、皆さんのメールマガジンに使える時間を加味しながら、施策をぜひ検討してみてください。

▶ Section 2-4

メールマガジンの改善事例

「メンズファッションプラス」のメールマガジンを元に、分析と施策の考え方を紹介いたします。筆者がどのような形で施策まで考えたかという流れでの紹介となっています。

メールマガジンからの現状の流入量

まずは現状の数値に関して確認を行っておきましょう。
主要な流入元で見るとメールマガジンは5番目の流入元となっています。ボリュームとしては大きくありませんが、メールマガジンという特性上、コンバージョン率は他の流入元の数倍以上あります。また外部のメール配信スタンドなどを利用していないこともあり、メールマガジンからの流入者のほぼ全員がリピーターであることも分かっています。

購入までのメールマガジンからの流入数

購入までのメールマガジンからの流入回数の数値も見てみましょう（図1）。
見ての通り、1回のメルマガ流入での購入は、メルマガ経由購入者の1/3程度しかなく、**繰り返し流入してもらう**ことで購入につながっていることが分かります。

また数値はここでは表示できないのですが、大半のメールマガジン登録は**購入時にチェックを入れてもらう**ことからの購読となっています。
メールマガジンの申し込みページもありますが、そこからの獲得は限定的です。
そのため、今回はメールマガジンの登録以降の部分を中心に改善施策を考えていきたいと思います。

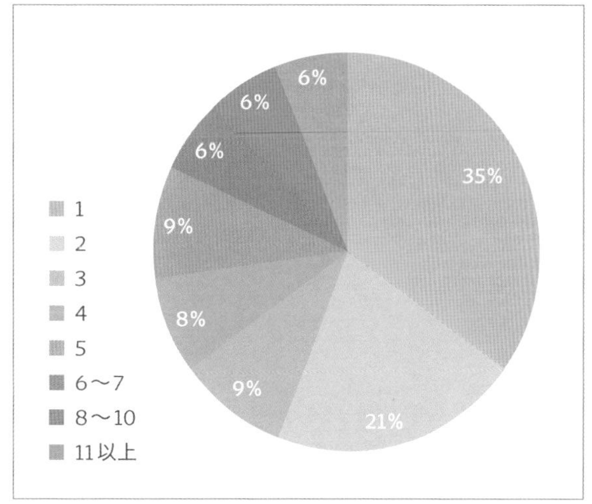

図1　購入に至るまでのメールマガジンからの流入回数

結果につながるメールマガジンの特徴

コンバージョン率や売上の向上につながるメールの特徴を確認していきましょう。
こちらを確認するためには、P.92で紹介したようなメールマガジン経由の流入とコンバージョン率の数値を確認することで実現できます。

「メンズファッションプラス」の数値を確認してみると、全くコンバージョンしていないメールマガジンから、サイト平均の10倍近くコンバージョンしているメールマガジンまで、内容によって大きくコンバージョン率が違うことが分かりました。そこでメールマガジンの改善ポイントを発見するために、コンバージョン率が高いメールマガジンと低いメールマガジンを詳しく比較してみることにしました。

プライマリ ディメンション: 参照元/メディア　参照元　メディア　キーワード　その他
グラフに表示　セカンダリ ディメンション　並べ替えの種類: デフォルト　mail　アドバンス

	参照元/メディア	訪問数	平均値	eコマースのコンバージョン率	平均訪問単価
		2,625	¥13,503	1.64%	¥221
1.	201308011sun / email		¥16,554	2.29%	¥378
2.	20130804sun / email		¥14,201	2.54%	¥361
3.	20130807wed18 / email		¥11,497	0.98%	¥113
4.	20130826mon / email		¥0	0.00%	¥0
5.	20130821wed / email		¥7,450	1.05%	¥78
6.	20130801thu18 / email		¥13,792	2.65%	¥365
7.	201308018sun / email		¥17,465	2.38%	¥416
8.	20130822thu18 / email		¥6,600	0.64%	¥42
9.	20130809fri18 / email		¥14,350	0.94%	¥135

図2　［集客→すべてのトラフィック→チャネル］を開き、表上部で［参照元/メディア］をクリック(画面は初版執筆当時のもののため、現在とは異なります)。GA4では［探索→空白］を開き、「ディメンション」の「セッションの参照元/メディア」を「行」に設定し、「指標」の「eコマース」から「eコマースの購入数」(P.331記載の実装が必要)を「値」に追加することで近いレポートが確認できる

コンバージョン率が低いものは0%から高いものは3.53%とそれなりに差があることが分かります。また変化値も同様にレンジがあります。単価に関しては紹介する商品などに依存しますが、紹介しないといけない内容を大きく変えることは難しいため、まずはコンバージョン率の改善という観点からチェックをしてみましょう。

コンバージョン率が最も高かったメールを確認する

ちなみに2013年8月のメールマガジンで最もコンバージョン率が高かったのは、図3の書き出しから始まるテキストメールでした。

【メンズファッション+通信】今すぐイメチェンのマネキン買い！里帰り飲み会で友達をびっくりさせちゃおう♪　受信トレイ ×　通知 ×

メンズファッション+　8月4日
To 自分

小川 卓様

こんにちは！
メンズファッション＋ スタッフの甲斐です^^

まだちょっと先ですけど、お盆が楽しみで楽しみで仕方ないです☆

やっと地元に帰れる〜＼(^o^)／

早く九州に帰って温泉に入りたいです〜ヾ(´Д`)ノシ

友達にも会いたいです。

ゆっくりしたいです。

小川 卓様も里帰りって予定してますか？

里帰りすると、
久々に会った男友達がかっこよくなってたりすると
かなりドキドキしちゃいます＞＜

印象が変わっただけでもドキドキしちゃいます！

図3

気づきをまとめる

他のメールマガジンの内容も1つずつ確認しながら共通項や違いを見つけていった結果いくつか気づきがありました。

❶ シンプルなテキストメールの方が流入とコンバージョン率が高かった
❷ 商品を羅列するよりは、リンク＋タイトル＋オススメポイントを用意した方がクリック率（＝流入数）は高かった
❸ メールマガジンの最後にリンクを置いてある方はクリック率が高かった（ただしリンクごとのクリック率は取得していないため仮説）
❹ 件名に関しては特徴を見つけることができなかった

図4は、❷の参考画像です。**リンク＋タイトル＋オススメポイント**を用意した例です。

そんな残暑厳しい時期に、大活躍しちゃう当店のイチオシはなんといっても『Tシャツ』☆

http://p.tl/VC4q
【メンズファッション+のベーシックシリーズ】
グレーを渋く着こなそう！Uネック半袖カットソー（オーセンティックグレー）★

シンプル　イズ　ベスト！

図4　❷の参考画像

図5は、❸の参考画像（改善前）です。
これはメールマガジンの最下部の画像なのですが、見ての通り商品へのリンクが画面内に見当たりません。メールはWebページと違い、「TOPに戻る」などのボタンもありませんし、上までスクロールしなおすケースは少ないのではと考えています。
そのため、右記画面内に商品へのリンクを用意できれば、クリック率が増えるのではという仮説を立てました。

今回も最後までご愛読いただきまして、どうもありがとうございました^^

これからもワクワクするメルマガにしていきますので、
楽しみに待っていてくださいね(^^♪

☆ツイッターはじめました(^o^)／

新商品の情報や撮影秘話、スタッフのつぶやきなど・・・

様々な情報をチェックできます！！

よろしくお願いいたします！！

https://twitter.com/mensfashionplus

メンズファッション+サポート担当：上本

メンズファッション+　by株式会社ホットココア
メールアドレス：
URL：http://mensfashion.cc?mail=000

メールマガジンの解除はこちら
https://mensfashion.cc/fs/mensfashion/MailMagazineEntry.html?mail=000

図5　❸の参考画像

また、件名に関しては特徴を見つけられなかったと書いたのですが、前のSectionでも紹介した通り、件名が長くスマートフォンだと内容が全く分からないという問題がありました。図6と図7は、PCとスマートフォンで受信したときにどのようにメーラーで見えるかです。

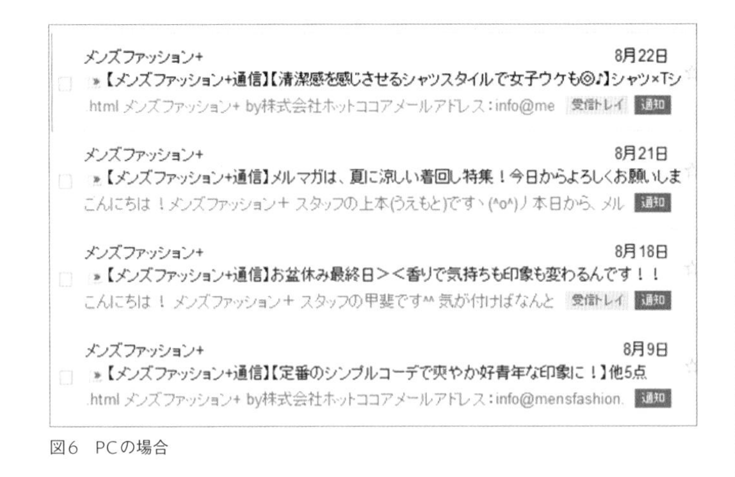

図6　PCの場合

図7　スマートフォンの場合

改善の提案

上記の数字やメールマガジンを実際に読んだり、リンクを押してサイトに訪れたりしたときに得られた気付きから、以下の4つの内容を提案いたしました。

❶ さまざまなパターンの件名をテストしてみる
❷ 件名と差出人を見直して短くする
❸ メルマガ内でクリックしてほしいリンクを明確にする
❹ ステップメールの配信を行ってみる

❶および❷に関しては、すぐにでも実施してほしい内容であり、開封率の低下につながりうるという観点から提案した内容でした。
❸に関しては、特にテキストメールにおいて最後までスクロールしたのにクリックできるのがXのアカウントだけだったり、クリックしてみないと何が表示されるか分からないリンクがあったりということで、こちらもすぐに改善できる内容だと感じました。

❹に関しては、今後というところも含めての提案内容になります。メンズファッションプラスでは購入時にメールマガジン登録されることが多いので、購入を促すステップアップメールではなく、購入後のサポートやフォローという観点での提案をしています。
上記の内容に関して早速、いくつかのアイデアを取り入れてもらい、以下のような形に変わりました。

件名最初の「メンズファッション通信」という文言を後ろに移して、開かなくてもどんな内容かを件名から想像できるようになりました(図8)。

またリンクもその前後にどういう内容かをしっかり書き、クリックしたくなる形に改善されていました(図9)。また、本メールでは商品に関するリンクはこちら1つで、上部が見えていませんが本文の下部にあり、クリックがしやすい場所においてあります。

図8

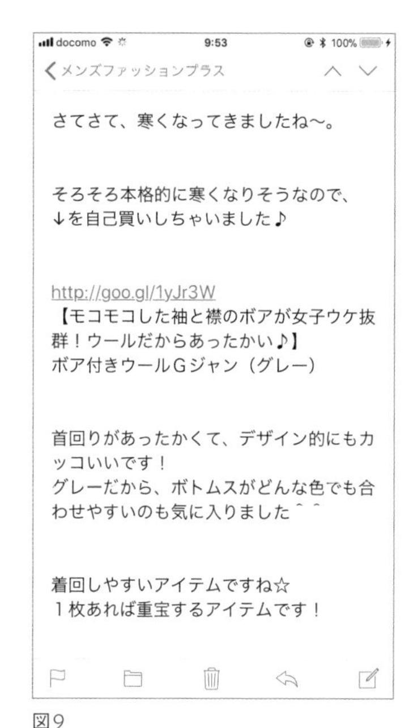

図9

	メルマガ(改善前)	メルマガ(改善後)	改善前 → 改善後の期間のサイト全体の伸び率
流入数	1	2.4	1.3
コンバージョン数	1	3.8	1.4
売上	1	4.1	1.8

その結果が上記の通りとなります。
メルマガ改善前の月の流入・コンバージョン数・売上を「1」としたときに、改善を開始した数ヶ月後の数値になります。どの指標も数倍の改善を見せています。特に売上に関しては4倍と大きく改善することができました。その結果、メールマガジンの施策だけではありませんが、サイト全体でも数値が改善していることが分かります。

メルマガは自社内ですべてコントロールできるという観点から比較的、施策を行いやすいメディアになります。ぜひ改善に向けてのチャレンジを行ってみましょう。

Column

メールマガジンにまつわるデータあれこれ

メールマガジンの開封率やクリック率、解除率はどれくらいが適正なのか？ なにかしらのベンチマークがあると判断しやすいかと思います。数値を絶対的に信じる必要はありませんが、2023年1月にGet Responseというコンサル会社が公開した記事からいくつか抜粋して紹介を行います。

記事全文をチェックしたい方は以下URLを確認してみてください。
https://www.getresponse.com/resources/reports/email-marketing-benchmarks

- メールマガジンの開封率は26.8%、開封に対してのクリック率は7.0%、配信に対してのクリック率は1.9%
- 業界によって数値にばらつきがあるが、開封は20～45%、開封に対してのクリック率は5%～15%くらいで見ておくと良い
- メルマガの解除率は配信に対して0.12%、未到達率は2.9%。これの倍くらいある場合はリストや内容を見直すと良いかも
- 開封率やクリック率は早朝～午前中、18時前後が高く、20時以降は低くなる。また開封までの時間を見ると、8時間以内が全体の半分、クリック率は4時間以内が全体の半分となっている。上記を意識して配信時間を調整する
- 平日はどの曜日でもそれほど結果は変わらず、（想像通り）週末は少し低い
- 開封率は週で送るメールの本数が増えると送るごとに下がるが、クリック率や解約率は複数回配信してもほぼ変わらない
- メルマガの種類によって開封率やクリック率は変わる。一番低いのはニュースレーター（セミナーや情報等の案内。開封26.7%、配信に対してのクリック率2.1%）で一番高いのは最新情報（開封44.5%。配信に対してのクリック率7.2%）

他にも件名の文字数、件名の絵文字利用有無、パーソナライズされた件名やコンテンツ、件名のキーワードごとの開封率（英語のみ）、登録や購入時のメール、画像の有無、配信件数ごとの基本指標など興味深い情報が多いので、ぜひ興味ありましたら詳しくご覧ください。

Chapter 2 ▶ Section 3

バナー広告

▶ Section 3-1

バナー広告の目的を定義する

Webサイトへの集客方法の1つとして「バナー広告（ディスプレイ広告）」があります。バナー広告の主な目的は、商品やブランドに興味を持ってもらい、可能であればサイトに流入してもらい購買につなげることが目的になります。広告の種類も多岐にわたり、掲載目的や箇所によって「認知」を重視するのか「コンバージョン」を重視するのかが変わります。

図1　バナー広告の例（「つなWeb」（https://tsunaweb.book.mynavi.jp/tsunaweb/）に掲載されているバナー広告）

一般的に広告を掲載している会社を「**媒体社**」といい、媒体社が提供しているサイトやアプリ（＝媒体）に掲載されている広告を出稿している会社を「**広告主**」というふうに言います。

バナー広告とは

バナー（横断幕）の名前の通り、画像（＋文章）を掲載する形での広告を総称して「**バナー広告**」といいます。広告主が媒体社を選定し、掲載をしてもらうというのが基本的な形です。広告主から媒体社に掲載料が支払われますが、料金体系は**表示された回数・クリックされた回数・成果につながった回数**などさまざまです。媒体は多岐にわたり、ニュースサイトやメディアなどがその中心となります。広告主自身がメディアを持っている場合もありますし、個人ブログやサイトなどもメディアになり得ます。

Chap
2-3

バナー広告配信の進化

掲載できる媒体社やサイトが無数にある中で、広告主が1社ずつ選定をしていくことは現実的ではなく、媒体主も1社ずつやりとりするのは大変です。そのため、媒体社と広告主それぞれの広告運用は代理店が行うことが一般的です。

媒体社の代理店である「**メディアレップ**」は、媒体が保有している「広告枠」を確保し管理します。これによって、広告主は複数の媒体社に対して個別にやりとりをするのではなく、一括での購入が可能になりました。たとえば「男性30代で車に興味がある人が訪れる媒体に広告を出したい」といったオーダーも可能になりますし、媒体側から見れば自分のサイト自体はアクセス数が少なくても、まとめ買いをしてもらえれば掲載対象になり得る（＝収益が発生する）わけです。この複数媒体に跨る広告配信のためのネットワークは「**アドネットワーク**」とも言います。メディアレップの代表的な企業に「CARTA COMMUNICATIONS（CCI）」「DAC」「mediba」などがあります。

また広告主の代理店として「**広告代理店**」が存在します。広告主は必ずしもバナー広告を出したいわけではなく、さまざまな集客方法を用いてサービスや商品の認知・購入を増やしていきたいと考えています。そのため、広告に関する幅広い知識や掲載のやりとりが必要ですが、非常に手間がかかります。広告代理店が間に入ることで、最適な出稿先を広告代理店に選んでもらうことが可能です。広告代理店の代表的な企業には「オプト」「サイバーエージェント」「アイレップ」「トランスコスモス」などがあります。

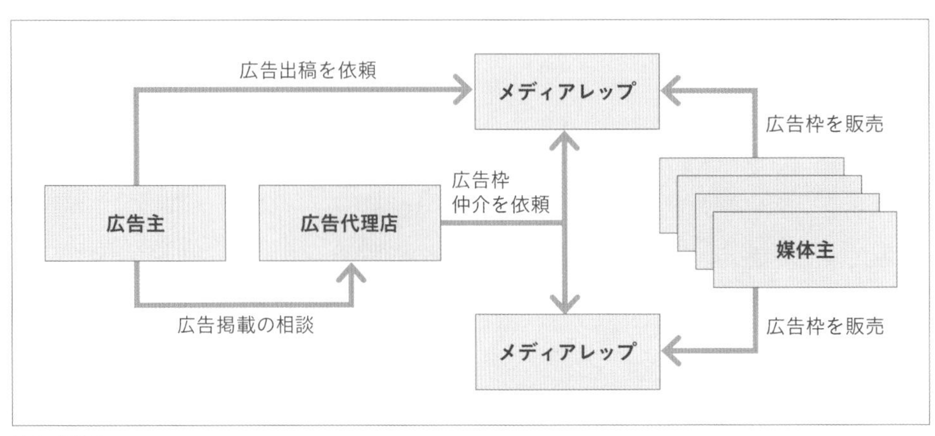

図2　役割図

広告配信の最適化

広告代理店やメディアレップのおかげで広告主や媒体社は楽になりましたが、代理店の作業量は変わりません。閲覧回数が多い重要なメディアに関しては広告をしっかり選定して出すのは良いとして、500サイトに掲載したいとなったときに、500社とやりとりをするのは現実的ではありません。
そこで生まれたのが「**広告の市場化（広告に対する自動入札）**」と「**広告のターゲティング**」という考え方です。
「広告の市場化」はオークションをイメージするとわかりやすいです。広告主（実際には広告代理店）は「媒体」を選ぶのではなく（アダルトなど、最低限の除外は必要かもしれませんが）、広告の表示やクリックあたりいくらまでお金を出せるかを決めて、広告枠に「**入札**」をするという考え方です。
たとえば1つの枠に複数の広告主が入札している場合、最も入札単価が高い広告主が落札を行い、落札された広告主の広告が表示されます。この仕組みを**RTB（リアルタイムビッディング）**と言います。
媒体社は、入札された広告を表示するための記述を、掲載したい箇所に入れておくだけで、広告収入が得られるようになり、複数の広告主に対して広告を競売にかけることができます。また広告主にとっては狙ったターゲットに対して適切な価格で広告を表示することができます。広告を1つずつ選ばなくてよいので、代理店にとっても負荷が軽減します（このような仕組みを提供しているサービスの管理画面で設定を行うだけで済みます）。このようにお互いにとってメリットが大きく、取扱高は年々増えています。これに興味がある方は、広告主や広告代理店が利用する管理ツールである「**DSP**」や、媒体社やメディアレップが利用する管理ツール「**SSP**」などについて調べてみるとよいでしょう。

以下、概念図を掲載しておきます。

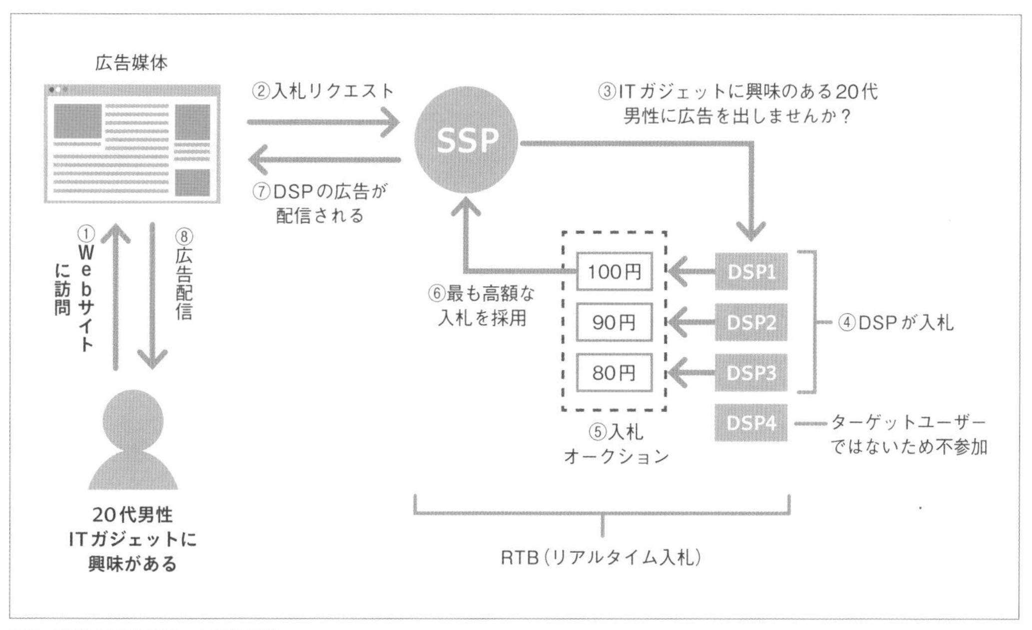

図3　DSPとSSPを使った広告掲載

「ターゲティング」がバナー広告成功のカギ

広告は無闇に配信しても意味がありません。筆者（男性）にたとえば、女性用脱毛のバナー広告が表示されても、クリックすることはまずありません。逆に筆者の妻に「アクセス解析」の広告を出しても反応がないでしょう。このように興味がある人に適切な広告をお届けすることを「**ターゲティング**」と言います。広告配信の仕組みはユーザーのさまざまなデータを利用しています。データは媒体主から提供されたり、アドネットワーク内で共有されたりします。たとえば男性向けのメディアAとBを見た人が、今度は別のサイトCに来たとしましょう。このときにサイトCで出す広告は女性向け、男性向けどちらのほうがクリック率は高いでしょうか？　男性向けですよね。このように閲覧データを活用することでターゲティング可能となります。
代表的なターゲティング方法を以下の表にまとめてみました。

手法	特徴
コンテンツ・トピック	現在見ているページのテーマにあわせて広告を配信する
サーチ	ユーザーが検索したキーワードに基づいて広告を配信する（例：Yahoo!で検索したキーワードを元に別メディアで適切な広告を出す）
デモグラフィック	行動データをもとに、年齢や性別を推測し、属性にあった広告を配信する
インタレスト	行動データをもとに、趣味や興味を特定し、最適な広告を配信する（例：スポーツに興味がある人には美容サイトでもスポーツの広告を表示する）
リマーケティング	過去に広告主のサイトに訪れた人や、サイト内で特定の行動をした人にのみ広告を出す。興味や来訪経験があるため比較的コンバージョン率が高くなりやすいが、来訪経験が必要なため配信母数は少なくなる
類似ユーザー	リマーケティングをさらに拡張し、サイトに訪れたことがある人の属性や興味関心を元に、サイトに来訪していなくてもその属性に近しい人に広告を配信する

それではバナー広告を分析する手法について、次のSectionで確認をしていきましょう。

Section 3-2

バナー広告を分析する

バナー広告分析における4つの基本指標

バナー広告の効果を測定する作業において、基本的な指標は4つあります。まずは、基本的なフローから確認してみましょう。

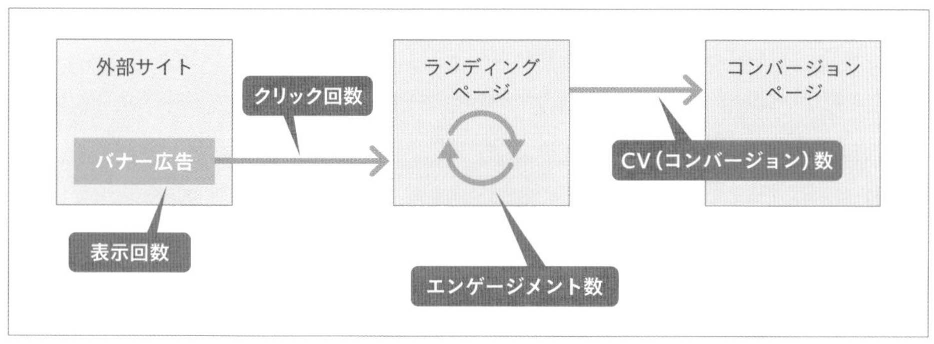

図1　バナー広告の基本的な評価項目

図1に示してある、下の4つが基本の指標です。

表示回数	バナーが存在するページが表示された回数
クリック回数	バナーがクリックされた回数
エンゲージメント数	流入後、次のいずれかを達成した回数（「2ページ以上閲覧した」「10秒以上滞在した」「コンバージョンイベトが発生した」）
CV（コンバージョン）数	目標のページに到達した回数

この4つは、どのバナー広告でも必ず確認しておきたい項目になります。また、それぞれの指標を割り算した数値も大切です。

クリック回数 ÷ 表示回数 ＝ クリック率（CTR）
エンゲージメント数 ÷ クリック回数 ＝ エンゲージメント率
CV数 ÷ クリック回数 ＝ コンバージョン率

これらの数値に関しては、「アクセス解析ツール」および「媒体社が提供しているレポートや管理ツール」から確認を行うことができます。

キャンペーン名	配信	結果	リーチ	インプレッション数	単価	消化金額	終了日時	フリークエンシー	リンククリック(ユニーク)
[illegible]	[illegible]	2,334 登録の完了	396,289	761,822	¥667 登録の完了の単価	[illegible]	[illegible]	1.92	9,064
[illegible]	[illegible]	3,869 登録の完了	290,815	485,017	¥318 登録の完了の単価	[illegible]	[illegible]	1.67	9,028
[illegible]	[illegible]	6,678 リンクのクリック	257,525	511,215	¥92 リンククリック単価	[illegible]	[illegible]	1.99	5,886
[illegible]	[illegible]	13,578 リンクのクリック	179,178	459,409	¥31 リンククリック単価	[illegible]	[illegible]	2.56	10,984
[illegible]	[illegible]	4,607 リンクのクリック	174,911	276,614	¥86 リンククリック単価	[illegible]	[illegible]	1.58	3,956
[illegible]	[illegible]	1,659 登録の完了	131,200	208,027	¥205 登録の完了の単価	[illegible]	[illegible]	1.59	4,402
[illegible]	[illegible]	114 登録の完了	66,560	82,265	¥2,612 登録の完了の単価	[illegible]	[illegible]	1.24	592
[illegible]	[illegible]	569 クーポンの保存数	71,616	130,584	¥466 保存済みクーポン	[illegible]	[illegible]	1.82	822
[illegible]	[illegible]	5,521 リンクのクリック	74,240	255,342	¥45 リンククリック単価	[illegible]	[illegible]	3.44	4,128
[illegible]	[illegible]	74,559 リーチ	74,559	260,898	¥2,560 リーチ1000人当たり	[illegible]	[illegible]	3.50	1,893

図2　Facebook広告の管理画面（初版執筆当時）

図2はFacebook広告の管理画面です。**リーチ(表示対象人数)**、**インプレッション数(総表示回数)**、**リンククリックユニーク(クリック人数)**などを確認できます。たとえば一番上の広告は396,289人にリーチし、クリック人数は9,064人ということでクリック率は2.3%になります。また、そこから2,334件の登録完了につながっているので、CVRは26%となることがわかります。

Column

本当に閲覧者が見たかどうかを計測をするための設定

余談ですが、「表示回数」というのは前述の通り「バナーが存在するページが表示された回数」という意味であり、本当に閲覧者がバナーを見たかに関しては分かりません。しかし、最近はいくつかのサービスで、「本当に見た」ということをカウントすることで、より正確な数値を計測できるようになっています。
たとえばGoogle広告では、レポートの表示項目を「視認範囲のインプレッション」「視認範囲のクリック率」という設定にすることができます。「視認範囲」とみなされるのは、広告の面積の50%以上が、ディスプレイ広告では1秒以上、動画広告では2秒以上画面に表示された場合です。

視認範囲のインプレッション単価について
https://support.google.com/google-ads/answer/3499086?hl=ja

設定は、Google 広告の管理画面で行うことができます。

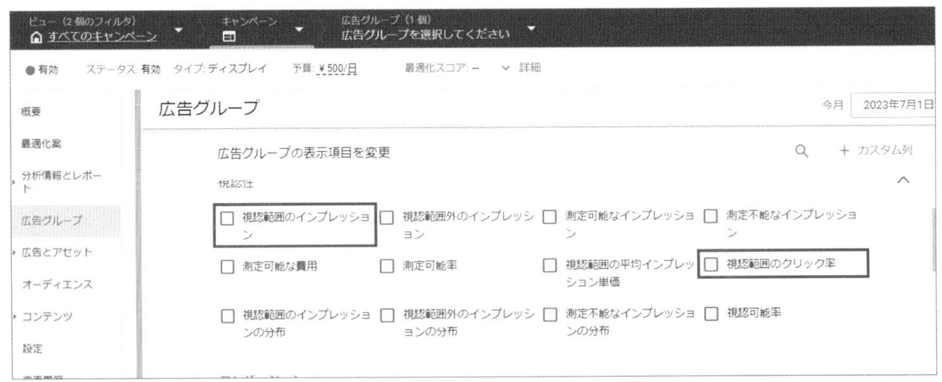

Google広告の管理画面(左側でメニューを選び、右側に表示される画面の表上部にある「表示部分の変更」をクリックし、「視認性」を開く)

より正確な表示回数を得るという意味では使える指標なのですが、定義や利用可否は会社やサービスによって若干違うため、注意が必要となります。

指標の確認方法

広告代理店などを通してバナー広告の出稿を行っている場合、こういった指標の数値は広告代理店から報告をもらうか、管理ツールで確認するという形になります。

広告管理ツールで「**コンバージョン**」まで取得できるかは、サービスや仕組みによって変わってきます。コンバージョンに関しては基本的にはサイト内で行われるため、外部のサービスやツールで計測をする場合は、計測用の「**記述**」をコンバージョンページに追加する必要があります。多くのサービスやツールでこのような計測記述は用意されているので、それらを実装するという方法を取れば、インプレッションからコンバージョンまで1つのツールで確認をすることができます。
逆に何かしらの理由で実装を行いたくない、あるいはできない場合に関しては、自社のアクセス解析ツールからデータを取得し、**広告とのヒモ付け**を行う必要があります。つまり、サイト内に発生したコンバージョンの内、広告によるものが何件だったのかを確認して、コンバージョン率などを計算するという方法です。Googleアナリティクスを利用している場合は、**広告パラメータ**（P.340を参照）を流入元に付与することで、ヒモ付けができるようになります。

直接とアシストという考え方

さて、ここで大切になってくるのが「バナー広告」によるコンバージョンへの貢献をどのように見るかということです。以下の2つのケースがあったとしましょう。

❶ バナーをクリックしてサイトに初めて流入。数ページ遷移した後に資料請求を行った。
❷ バナーをクリックしてサイトに初めて流入。そのときはコンバージョンしなかったが、翌日検索エンジンでサービス名を入力し、サイトに流入。資料請求を行った。

それぞれについて、バナー広告がコンバージョンに貢献したと言えるでしょうか？

❶に関してはバナー流入からそのままコンバージョンしているため、貢献したと言えそうです。このようなコンバージョンを「**直接コンバージョン**」と言い、今回の場合は「バナー広告で直接コンバージョンした」ということになります。
❷のケースに関しては、そのときにコンバージョンしていません。しかし、バナー広告のおかげでブランドを認知したために、次回検索することができ、その行動がコンバージョンにつながりました。従って、バナー広告は「間接的」に効果を及ぼしたといえるのではないでしょうか。このような場合は「**バナー広告がアシストした**」ということになります。

多くの解析ツールでは直接コンバージョンだけではなく、アシストコンバージョンを確認することができます。以下はGA4でのレポートです。

		アトリビューション モデル（間接） ラストクリック 有料チャネルとオーガニック チャネル		アトリビューション モデル（間接） データドリブン 有料チャネルとオーガニック チャネル		変化率	
	メインのチャネル グループ（デフォルト チャネル グループ）	↓キーイベント	収益	キーイベント	収益	キーイベント	収益
		3,952 全体の 100%	¥444,228,897 全体の 100%	3,952.00 全体の 100%	¥444,228,896 全体の 100%	0%	>-0.01%
1	Paid Search	1,791	¥195,728,751	1,906.74	¥218,341,405	6.46%	11.55%
2	Organic Search	1,426	¥197,258,952	1,357.10	¥176,564,658	-4.83%	-10.49%
3	Unassigned	326	¥22,541,713	293.73	¥21,658,307	-9.9%	-3.92%
4	Cross-network	145	¥10,936,600	156.79	¥12,233,322	8.13%	11.86%
5	Direct	136	¥5,202,014	136.00	¥5,202,014	0%	0%
6	Paid Other	79	¥9,566,903	52.22	¥7,545,106	-33.9%	-21.13%
7	Referral	29	¥2,694,729	31.42	¥2,516,474	8.34%	-6.61%
8	Display	10	¥31,850	10.00	¥31,850	0.02%	0%
9	Email	4	¥89,775	6.00	¥89,760	49.91%	-0.02%
10	Organic Video	4	¥131,610	0.00	¥0	-100%	-100%

図3　GA4の「レポート>アトリビューション>アトリビューション モデル比較」のレポートを表示

左側のキーイベントおよび収益の数値は**ラストクリック（CVした人のCV時の流入元）**、中央のキーイベントおよび収益の数値はGoogleが機械学習に基づいて、複数回流入してコンバージョンした際にその成果を流入元ごとに割り当てるデータドリブンが表示されています。右側のキーイベントと収益は、この２つのモデルの差分を表示しています。

変化率でプラスの数値が大きいほど、CVユーザーの**CVする前の訪問**に貢献していることがわかります。今回の例でいうとCross-networkやPaid Searchなどが該当します。これらの流入元がユーザーの最初あるいは中間の流入で行われている割合が他の流入元と比べて高いということです。

どちらを使うべきかという正解はなく、基本は直接コンバージョンを見ながらも、図3で表示されるような、他のアトリビューションモデルも参考にするという形が良いでしょう。直接貢献が少ないからこの広告は辞めると短絡的に判断するのではなく、アシストコンバージョンにつながっているかをチェックして総合的に判断を行いましょう。

コストと売上に関する指標

ここまで、インプレッションからコンバージョンまでの「行動」に関する指標を確認してきました。しかし広告を評価する上でコストや売上など「**お金**」に関する情報も大切になってきます。
コスト・売上に関して見るべき指標は決まっており、以下の7つの項目が大切になってきます。

コスト	掲載期間において支払いを行った金額
売上	掲載期間において広告経由で発生したコンバージョンによる金額
ROI	(Return on Investment) 投資対効果。(売上ーコスト) ÷コストにて算出
CPI	(Cost Per Impression) 1インプレッションあたりのコスト
CPC	(Cost Per Click) 1クリックあたりのコスト
CPA	(Cost Per Acquisition) 1コンバージョンあたりのコスト
SPA	(Sales Per Acquisition) 1コンバージョンあたりの売上

似たような用語が多くちょっと分かりづらいのですが、基本的には、これらの指標をさまざまなバナー広告(あるいは有料集客施策)同士で比較をして、コストが少なく、売上が大きい集客施策を良い集客施策として判断します。考え方としてはChapter 2-1で紹介した「リスティング」の考え方を踏襲すると良いでしょう。

バナー広告の目的にあわせた指標を組み合わせる

行動とお金に関する指標を紹介してきました。どの指標を重要視するかは、バナー広告の目的によって決まってきます。
サービスの認知を上げるということであれば、「**表示回数**」や「**クリック数**」が大切になってきます。とにかく売上につなげたいということであれば「**売上**」「**SPA**」「**コンバージョン数**」などの数値が大切になります。また効率より利益を重視するということであれば「**ROI**」「**コンバージョン率**」「**CPA**」「**SPA**」などの数値が大切になってきます。

バナー広告分析の基本的な考え方

さまざまな指標を紹介してきましたが、基本的にはこれらの指標を比較しながら「**効果が高いバナー広告を元に、効果が悪いバナー広告を修正していく**」というのがもっとも大切な考え方になります。
多くの企業では、決まった広告予算の中で、最大の売上を作ることを目標とし、運用を行っています。これを実現するためには、より効果が高い広告を増やしていくということになるでしょう。

CPCは安いけどCPAが高い広告バナーがあれば、「ランディングページを見直すか、別の場所にランディングさせる」という形で改善を図ることができます(ただし、認知が目的であればCPAが高くても問題ありません)。
またROIは高いけれど、インプレッションやクリック数が低い広告バナーがあれば、「該当サイトでの露出をさらに増やす(他の広告予算を割り当てる)」あるいは「該当サイトで利用しているバナーを他のサイトでも利用する(他の広告のクリック率を増やす)」という改善方法が考えられます。

それぞれの指標が高い・低いには理由があり、その理由を元に改善方法を考えてみましょう。
簡単なガイドとして、各指標に関してまとめたものを表にしておきました。ぜひ、参考にしてみてください。

指標	より望ましい方	悪い理由	改善方法
表示回数	高い	表示回数が低い媒体に出稿。ページ下部までスクロールしないとバナーが表示されない(「視認範囲」の設定をしているの場合)	集客予算を増やし、同媒体の他のプランや、別媒体での出稿を増やす
クリック回数	高い	表示回数が低い媒体に出稿・クリエイティブが良くなく、クリックしたいと思わない	訴求内容の見直し。クリック回数や率が高い他のバナーを参考にする
エンゲージメント数	高い	ランディングページのクリエイティブの内容がマッチしていない、ランディングページのUIに問題有り	ランディングページを変更する、あるいは別のURLに変更。またランディングページに合ったクリエイティブに変更する
CV数	高い	表示回数が少ない、クリック率が低い、サイト内遷移率が低いという3つの指標のいずれかあるいは複数が極端に低い場合	表示やクリックに課題がある場合は、クリエイティブや出稿先の見直し。流入はしているが、コンバージョンまでいっていない場合はランディングページやサイト内導線の見直しを行う
ROI	高い	売上が低いor/and コストが高い	高単価の商品を訴求する、効果が悪い広告の出稿停止あるいはクリエティブ見直し
CPI	低い	インプレッション単価が相対的に高い媒体に出稿	値引き交渉、あるいは他の指標も加味した上で出稿先を変更する
CPC	低い	クリック単価が相対的に高い媒体に出稿。あるいはクリック率が低い	同上
CPA	低い	CPI/CPCのいずれかあるいは複数の指標が高い、あるいはエンゲージメント率が低い	同上を行うと共に、サイト内で離脱率が高いページの見直しを行う
SPA	高い	訴求商品の単価が低い	訴求内容の見直し

広告管理表の作成

広告の改善を行うためには、触れている通り各指標を横並びで比較して、改善ポイントを発見していく必要があります。広告管理ツールなどを利用している場合、これらの数値は表形式で用意されている場合がほとんどかと思われます。
自社で運用している場合は、図5のような広告管理表を作成すると良いでしょう。

項番	施策大カテゴリ	媒体名	掲載場所	バナー名	掲載開始日	2023年6月											
						コスト	imp数	クリック数	直帰率	購入回数	購入金額	クリック率	CPC	購入率	CPA	SPA	ROI
1	バナー広告	A	ページ1	banner001	2023/6/1	¥50,000	1,000,000	1,500	42.5%	10	¥125,000	0.15%	¥33.33	0.7%	¥5,000	¥12,500	15%
2	バナー広告	A	ページ2	banner001	2023/6/1												
3	バナー広告	A	ページ2	banner002	2023/6/1												
4	バナー広告	B	ページ3	banner001	2023/6/15												
5	バナー広告	B	ページ4	banner003	2023/6/15												
6	バナー広告	C	ページ5	banner001	2023/6/29												
7	バナー広告	C	ページ5	banner002	2023/6/29												
8	バナー広告	C	ページ6	banner002	2023/6/29												
9	バナー広告	C	ページ6	banner003	2023/6/29												
10	バナー広告	C	ページ7	banner001	2023/6/29												

図4　広告管理票の例

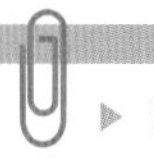

▸ Section 3-3

バナー広告の改善事例

バナー広告の考え方

改善事例をただ羅列しても、皆さんの参考になりにくいかもしれないので、バナー広告を作成する際の注意点や事例を交えて紹介いたします。ただ、読んでいただく上で1つ注意点があります。ここで紹介した方法や考え方は、世の中に紹介されている事例で、なおかつ、筆者の経験からも有効であると認識している内容です。しかし、該当サービスの特徴（購入頻度・単価など）、閲覧者の属性、掲載される広告媒体などによって効果は変わってきます。

よくある事例として、人物（とくに女性）を入れた方がクリック率が高いという考え方がありますが、筆者が確認したケースで、人物が入っている方が確かにクリック率が高いサービスもいくつかありました。ただし全部というわけではありません。今回紹介する、5つの考え方を元にバナーを作成し、その後に改善サイクルを回すことで自社なりの「**虎の巻**」あるいは「**成功の方程式**」を導き出せるようにしましょう。

考え方 1：USPを端的にバナーの中で説明している

USP（Unique Selling Proposition）という考え方があります。日本語では「**独自の売りの提案**」を意味し、自社あるいは自社製品だからこそ持っている強みのことであり、他社との差別化ができる内容になります。ただし「**差別化＝強み**」である必要は必ずしもありません。このUSPを端的（短い文章）で伝えられるようなキャッチコピーを考えてみましょう。

例1：AKB48

「CDを買えば、メンバーとの握手券をプレゼント」

AKB商法とも言われますが、ユニークなのは間違いないですね。今までにない手法として注日を浴びましたし、全員参加できるというハズレなしの特典であることも魅力です。

例2：QBハウス

「10分の身だしなみ」

通常は1時間～2時間かけるヘアカットが10分という短時間で終わり、なおかつ身だしなみも整えられるという特徴を端的に伝えています（図1）。

また10分を超えた場合も追加料金はもらわないという約束も（実は）しています。

図1　QBハウス(http://www.qbhouse.co.jp/)のバナー広告(初版執筆当時)

例3：NOYES(ノイエス)

「Everloving sofa　あなた史上最高に、愛され続けるソファを。」

図2　NOYES(http://www.ny-k.co.jp/)のバナー広告(初版執筆当時)

ソファーという購買頻度が低い商品ということで、一切妥協をしない商品を作り、そのこだわりを感じて愛してもらいたいという思いが込められているのではないでしょうか。国内自社一貫生産かつすべて手作りというところが特徴になります。

例4：アマゾン

「Earths Biggest Bookstore(世界最大の本屋さん)」※アマゾンのリリース当初

アマゾンが初めてオンライン書店を始めたわけではなく、必ずしも最も安いというわけではありません。しかし、他社と比べて成功した(そして成功している)理由はその圧倒的な品ぞろえにあります。アマゾンに行けば**必ず探している書籍が見つかるのでは**と利用者に思わせることができます。

考え方 2: カスタマーが求めている訴求を考える

以下はA/Bテストツールを提供している「Optimizely」のブログ※1に掲載された、ノートパソコンVAIOのバナーの事例になります。

図3　オリジナルのパターン

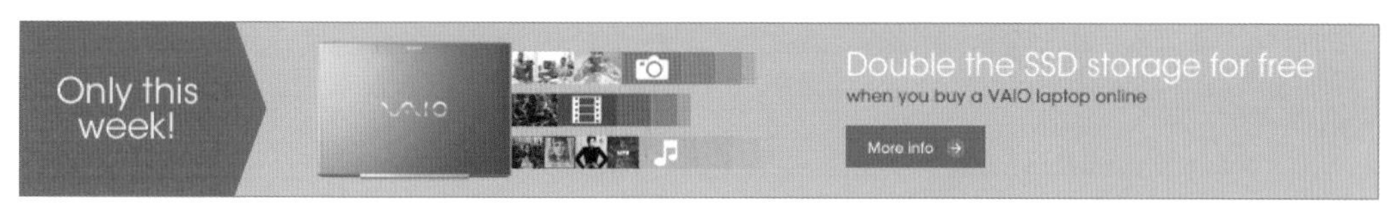

図4　お得訴求（保存容量を2倍に）

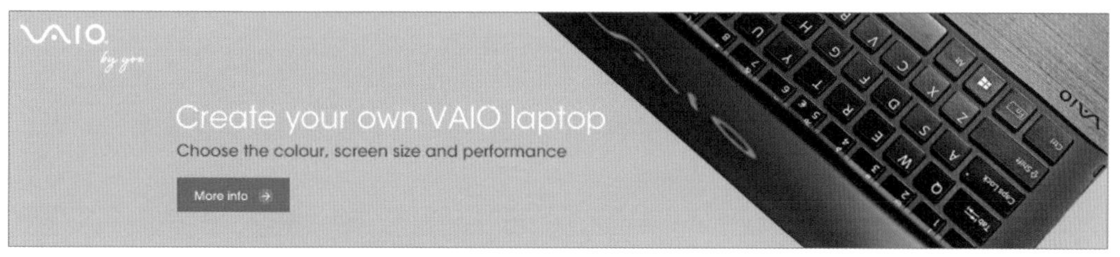

図5　オリジナリティ訴求（色・画面サイズ・パフォーマンスをカスタマイズ可能）

この3つのパターンに対してオリジナルのクリック率とコンバージョン率を100%としたとき、図4のお得訴求に関してはクリック率が1.8%上がったもののコンバージョン率は2.9%減少しました。逆に図5のオリジナリティ訴求に関してはクリック率が6%上がり、コンバージョン率が21.3%改善しました。このようにVAIOを購入するユーザー層にとってはお得訴求よりカスタマイズ訴求の方が効果的であることが分かったようです。

しかし、同じVAIOでも商品によっては結果が変わるかもしれないですし、メーカーが違えばどういった訴求がもっとも効くかは当然変わってくるでしょう。いずれにせよ、訴求ポイントを明確にしたバナー作成は重要だと言えるのではないでしょうか。

※1　http://blog.optimizely.com/2014/02/03/case-study-sony-ab-tests-banner-ads/

考え方 3: 強みを画像として盛り込む

考え方1や2で紹介した内容をテキストではなく、**画像にも分かりやすい形で盛り込む**ことが大切です。価格であれば割引率などを大きく表示する、ランキングであればどういった調査のどのカテゴリで1位を獲得したのかといった形です。それ以外の要素に関してはサイト内で伝えるとして、強みを全面に打ち出しましょう。

図6　割引訴求：靴のセール最大60%オフ（javari［初版執筆当時］）

考え方 4: 飛び先に何があるかを具体的に想像させ、その通りの結果を返す

バナー画像はクリックをしてもらい、その上でサイト内におけるゴールを達成してもらうという二段階を経て、初めて効果があったと言えるのではないでしょうか。そこで、大切なのは、クリックしたら**どういうコンテンツが出てくるかをユーザーに想像させるような内容**になっているということです。
先程の靴のセールのバナーの例で言うと、「最大60%OFF」という文言あったとしたら、利用者が期待しているのはここに書いてある内容そのものになります。従って「サイトのトップページ」や「商品一覧」に遷移させてしまってはいけません。「セールしている商品一覧」は遷移したページに60%OFFの商品がページ上部で表示されていれば大丈夫ですが、ファーストビューにそのような商品がなければ利用者の期待に答えていないことになります。
また、想像させるという意味では、**どういったものが入手できるかを具体的に書く**ことも効果につながりやすいです。
図7、図8は、BtoB企業向けインバウンドマーケティング支援を行う株式会社ガイアックスのINBOUNDというサイトで紹介された事例です（https://www.microsite.jp/abtest/）。
図7のオリジナル画像はクリック率0.35%（月間15件の資料ダウンロード）だったところ、図8の新しい画像ではクリック率1.41%（月間62件の資料ダウンロード）と4倍以上に改善したようです。
オリジナルの画像では「無料」と「プレゼント」で伝えたいことがかぶってしまっている上に、どういった資料が手に入るのかが分かりづらくなってしまっています（画像の右の方にタイトル名が入っていますが、色やレイアウトの都合上、目に入りにくいです）。新しい画像ではタイトルを全面に出し、ダウンロードすれば確実に書いてある内容が手に入るという、ユーザーの期待とその先の内容があっているクリエイティブになっていることが、コンバージョン率が改善した原因なのではないでしょうか。

図7　オリジナル画像

図8　新しい画像

最後に、TOYOTA T-UP（現「トヨタのクルマ買取」）の事例も紹介します※2。

図9　バナー画像（初版執筆当時）

図10　飛び先のページ（初版執筆当時）

まず、バナー画像とランディングページの**色使い**や**トーン・フォント**などが統一されていることから、利用者がクリックしたときに間違ったサイトに来てしまったと思わせるのを防ぐことができています。また「近くのお店でお気軽査定」という内容に関しても、ランディングページの目立つ位置に「車買取りのできるお店を探す」と「無料お試し査定を申し込む」が存在しており、「近くのお店で」と「お気軽査定」の両方のニーズを満たしていることが分かります。

※2　ソウルドアウト株式会社が運営する「LISKUL」を参考にさせていただきました（http://liskul.com/banner_reference-839）

考え方5: 常にテスト&改善が必要

バナーの効果は掲載される媒体・タイミングなので効果が変わってきます。同じバナーでも**クリック率が徐々に下がる**というケースも筆者は見てきました。「慣れ」であったり「最新のトレンドから外れている」であったり、原因はさまざまです。インプレションが大きい、あるいは流入量が大きいバナーに関しては常にテストをしながら、改善あるいは維持を目指しましょう。
また同業他社のバナーも参考になります。自社のテストパターンの参考にしたり、気になったバナーは画像を保存したりしておきましょう。
テストが大切なもう1つの理由として、仮説がほとんど当たらないためというのがあります。先にもご紹介した、Optimizelyのブログに掲載されていた(http://blog.optimizely.com/2013/06/14/ea_simcity_optimizely_casestudy/)例を、紹介いたします。

図11、図12は、ゲームを発売しているElectronic Artsの事例になります。人気タイトル「SimCity」の購入ページの事例です。
結果はなんと、割引訴求あり時のコンバージョン率:5.8%、割引訴求なしのコンバージョン率:10.2%と大勢の方が想像されるのと逆の結果になりました。この結果を元にバナー広告の方でも**割引訴求を外したところ**、コンバージョン率が上がったようです。割引を付ければ購入率が上がるのではと普通は考えてしまいますし、多くのサイトの場合それが事実です。しかし、今回の結果のように想定していないようなことが起きることもよくあります。
仮説や思い込みに捕らわれずさまざまなバナー広告をテストしてみてください。

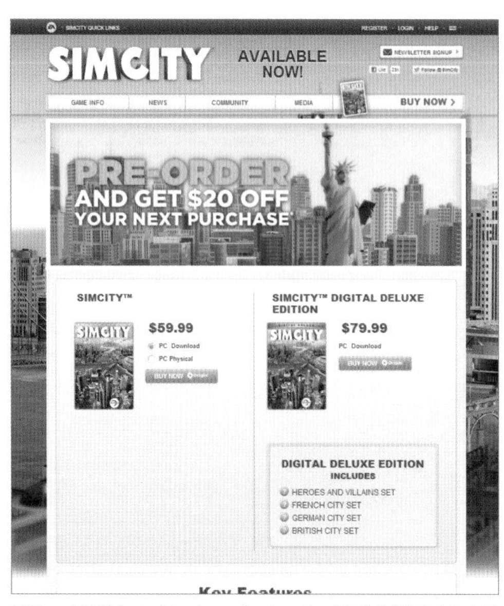

図11　オリジナルパターン:プレオーダー(事前予約)すると次回の購入から$20の割引あり

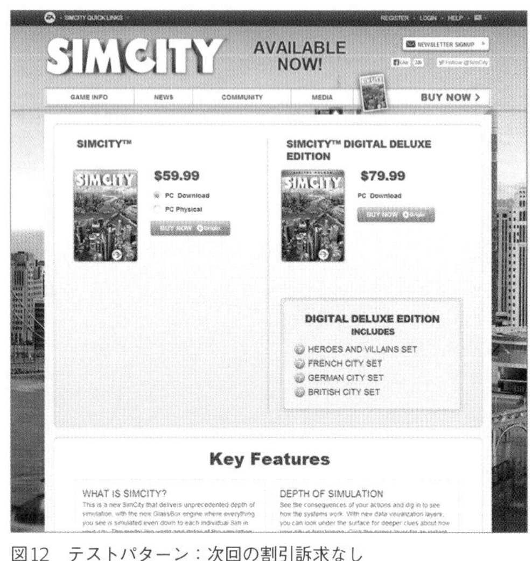

図12　テストパターン:次回の割引訴求なし

Column

アフィリエイトとは?

本コラムでは「**アフィリエイト**」という集客手法についてご紹介します。
アフィリエイトとは、ホームページやブログ、メールマガジンなどの媒体運営者(アフィリエイター)が、広告主の商品やサービスを自分の媒体を使って紹介して、その媒体を見たユーザーが、広告素材のリンクを経由して広告主のサイトでコンバージョンすると、媒体運営者であるアフィリエイターに報酬が支払われる仕組みです。

アフィリエイトは一般的な広告とは違い、「クリック報酬」を設定していない限り、ユーザーが自社サイトに来ただけでは報酬は発生せず、ユーザーが商品購入や資料請求など、**広告主が設定した成果となる行動**を行ってはじめて報酬が発生するため、広告主が利益を出しやすい(費用対効果が高い)広告手法であると言われています。
一般の広告は媒体側が掲載条件を決定し、広告主はそれらの条件を見比べて選択し、条件に合致すれば広告を掲載することができます。

しかし、アフィリエイトで掲載条件を決めるのは**広告主**です。掲載条件とは、「成果報酬10%」「再訪問期間は30日」など、アフィリエイターが成果報酬を受け取るためのルールです。報酬条件を見たアフィリエイターから、広告主へ掲載申請を行い、広告主が「掲載してもよい」と判断して「提携関係」となることで、アフィリエイターは広告を掲載することができるようになります。
提携関係は掲載を約束するものではなく、アフィリエイターが自ら「掲載したい」と思ったタイミングで広告を掲載していきます。つまり、掲載費用を支払えば掲載してもらえるものではなく、**掲載の意思決定はあくまでアフィリエイターにある**のが、他の広告手法との違いです。

アフィリエイトは「成果が発生した時だけ支払いをすれば良い」「たくさん送客してもらっても、売れなければ払わなくても良い」という、費用対効果の高い部分だけが注目されがちです。
ですが、アフィリエイターの立場に立つと、どんなに送客しても成約につながらなければ1円にもならないわけですから、「紹介して、送客だけしてくれればいい」といった対応をしていると、積極的に紹介してもらうことは難しくなります。

多くのアフィリエイターは稼ぎたくて活動しており、広告掲載は成果報酬が大きなモチベーションとなります。アフィリエイターのモチベーションを理解し、維持していくことが、アフィリエイトで成功するために最も必要な活動なのです。

●アフィリエイトを導入するためには
アフィリエイトの運用をスタートするには、3つの方法があります。

- 自社でシステムを開発・機能追加して始める
- Amazonアソシエイトや楽天アフィリエイトのように、モールなどに付属した独自サービスを利用する
- ASP(アフィリエイト・サービス・プロバイダー)を選択する

今回は、ASPを利用した場合でご説明します。

Column

日本国内には多数のASP（アフィリエイト・サービス・プロバイダー）が存在します。多くのASPは**月額固定費＋成果報酬（1件あたり数%）**という利用料金体系です。ASPごとに機能差や、得意なカテゴリーや特徴があり、同業他社が多く登録しているところを選択すれば、そのジャンルのアフィリエイターも多く活動していると考えられます。まずは自社の商品に合ったASPを選ぶことが大切です。

アフィリエイトサービスプロバイダー例1：「A8.net」

アフィリエイトサービスプロバイダー例2：「バリューコマース」

成果を伸ばすために必要なこと

1. 商品の魅力を伝える

アフィリエイターの多くは、自分の持つ媒体に合う商品を選んで掲載します。多くの商品の中から掲載してもらうためには、**商品の魅力をアピール**し、どのような顧客に選ばれているのかを伝えて、「この商品を紹介したら、成果につながりそう」「良い商品だから、紹介したい」と思ってもらう必要があります。そもそも口コミが広まりにくい商品の場合は、アフィリエイトを利用するには不向きといえるでしょう。

Column

2. 適切な成果報酬額を設定する

成果報酬額の設定は、アフィリエイターと提携を進める上で重要な要素の1つです。安易に「とりあえず、このぐらいでいいや」と設定してしまうと、そもそも提携してくれるアフィリエイターが増えない可能性もあります。近しい商材を扱うA社が2%でB社が10%の成果報酬額だったら、より高めに設定されているB社を紹介したくなるでしょう。

報酬額は個々のアフィリエイターと提携時の条件にて契約となるため、設定を失敗した場合すぐに修正はできません。単純に「100円ぐらい」とか「同業より少し高めに」といった理由で決めてしまいがちですが、新規顧客の獲得を期待するなら、新規獲得にかける費用はいくらなのか考えて額を決定すると良いでしょう。

3.アフィリエイターとのコミュニケーション

アフィリエイターに商品やサービスに興味を持ってもらうために、ASPの管理画面で積極的に**告知**を行いましょう。提携アフィリエイターへメールマガジンを送信できる機能が実装されているASPもあるので、商品の訴求方法や季節のおすすめ、どんなお客様に選ばれているのかなど、代理店や販社に対するような情報提供を行うことも大切です。

他にも、アフィリエイターとの商談や、商品説明をする機会を設けているASPもあり、自社単独でアフィリエイターを対象としたセミナー形式の勉強会を企画する、商品体験会を開催するといったことも多数行われています。自社の商品に対するアピールすることで、商品に愛着を持って紹介してもらえるように働きかけることを意識的に行うようにしてください。

例：A8.net主催「A8フェスティバル」

最後に

アフィリエイトは他の広告とは違い、バナー広告のように掲載面を一気に増やすことや、リスティング広告のように開始・終了のコントロールができる手法ではありません。アフィリエイターと関係性を構築していく必要があるので、**中長期的な視点**と、**スタートしたらやりきる覚悟**が必要です。

直接的な効果だけではなく、「アフィリエイターがユーザーになる」「商品を応援してくれるファンを増やしていく」といった付加価値もあります。顧客との関係性を築くことに喜びを感じる人が担当者になれば、成功に近づきますし、数値と結果のみで評価する人には難しい施策といえます。

社内の人材とタイミングを見て、実施判断をすることをお勧めします。

【執筆者紹介】

鈴木 珠世（すずき たまよ）

元ギフトメーカーのネットショップ担当。アフィリエイトASPのファンコミュニケーションズ、リンクシェア・ジャパンの2社でネットショップ運営者に向けた教育・啓蒙活動に従事。代理店でのコンサルティングを経て2016年よりフリー。現在はボーディー有限会社でアフィリエイトの社内運用支援を行う。

Chap 2-3

Chapter 2 ▸ Section 4

ソーシャルメディア

▸ Section 4-1

ソーシャルメディアの目的を定義する

ソーシャルメディアは他の集客施策などと違った特性を持ちます。ソーシャルメディアから自サイトに誘導し、コンバージョンを発生させるというのは、あくまでも目的の1つであり、それがすべてではありません。ソーシャルメディアとは何なのか、そして、改めてメディアとして注目される理由から確認をしていきましょう。

ソーシャルメディアとは

一言でいうと「**情報発信が集約されることで生まれた場**」と定義付けられるのではと筆者は考えております。自分あるいは自分以外が発信したものをまとめて、それを1つの場所として見る。その場自身あるいは、その場の先にあるものへの誘導を通じて活用する……という話になると、昔からブログなどを中心にそういった場はあったのではないと思われる方もいるのではないでしょうか。
そして、その疑問は正しいものです。広義においては、ブログもソーシャルメディアの一種として考えられます。ただ、先程の定義に条件を付け足すとすれば、「**情報発信は一方通行ではなく、双方向である**」ということも言えるのではないでしょうか。そうであればブログのコメント欄やXのリツイートなどもソーシャルメディアを構成する要素として外せないものになります。

本書では代表的なソーシャルメディアとして「Facebook」と「X」を中心に取り上げます。またコラムなどで「LinkedIn」「YouTube」「Instagram」などについても触れていきます。ブログについては、Section 6の「オウンドメディア・コンテンツ」の中で詳しく取り上げることにします。

ソーシャルメディアの特徴

ソーシャルメディアはほかのメディアと何が違うのか？　大きく分けて5つの要素があると考えています。それは「**発信難易度の低下**」「**書き込まなくても意思表明が可能になった**」「情報拡散のしやすさ」「スマートフォンの隆盛による若年層へのリーチ」「発信手段の多様化と低コスト化」です。つまり、誰も情報発信ができるようになり、それを見る人も格段に増えたということです。そのためソーシャルメディアは現在無視できないメディアの1つにまで成長しました。2023年6月現在、代表的なソーシャルメディアはFacebook、X、Instagram、LINE、YouTube、TikTok、mixi、LinkedInなどがあげられます。総務省の調査では、「LINE」の利用率が92.5%（令和3年）になっており、全世代を通して利用率が高いとされています。

https://www.soumu.go.jp/main_content/000831290.pdf

ソーシャルメディアの9つの利用目的

筆者はソーシャルメディアには9つの利用目的があると考えています。
一部の目的は他のメディアともかぶりますが、以下の9つの内容をすべて実現できるのが、ソーシャルメディアです。

ソーシャルメディアの9つの役割

項目名	概要
商品認知	商品に関する宣伝を行い、閲覧者にその内容を理解してもらう
商品開発	閲覧者から商品に関する意見や、アイデアを貰い、商品の開発に活かす
リサーチ	ソーシャルメディア上の情報を確認し、自社・同業他社に関する情報を仕入れて活用する
商品販売	ソーシャルメディア上での販売、あるいは、商品販売ページへの誘導を行い売上を作る
顧客サポート	商品に関する問い合わせや、ご意見に対する回答を行う
決定の後押し	利用者の声や、利用シーンの写真などの情報を元に、購入の判断をしてもらう
ファン化	内容やキャラクターを気に入ってもらい、ブランドや商品に対して好印象を持ってもらう
タイムリーな告知	期間限定のタイムセールや、会場の状況などをリアルタイムで伝える
取り組み認知	慈善活動や、スタッフの思い・こだわりなど取り組んでいることを理解してもらう

上記の項目に関しては、データをある程度取得することができるため、評価を行うことが可能です。
評価や分析方法に関しては次のSectionで紹介いたします。

ソーシャルメディアに関する2つの注意点

ソーシャルメディアを有効活用する上では、以下の2点を意識する必要があります。
Webサイトやメールマガジンを自社で運営するように、ソーシャルメディアも自社での運営が必要となるメディアです。ソーシャルメディアは「**集客ツール**」としての側面もありますが、名前の通り「**メディア**」としての側面が大きいです。発信の手軽さはありますが、Webサイトやメールマガジンと同じように、**ルールや方針を決めて、中長期的に運営をしていく**必要があります。
また、もう1点気をつけないといけないのは、集客ツールとしての側面だけでソーシャルメディアの効果は（他の集客施策と比較すると）**効率が悪い**ということです。リスティングのようにお金を投入すれば人を集められるというわけではないし、自然検索のように安定した流入量を維持し続けるのも非常に難しいです。CPA（コンバージョンあたりのコスト）や売上インパクトで見てしまうと、ソーシャルメディアに時間をかけることは現実的ではなくなってしまいます。ただ間接効果やブランド貢献などには影響を与えるメディアでもあります。前述した9つの利用目的や、中長期的なインパクトも加味した上で、どこまでリソースを割くか考えましょう。

▶ Section 4-2

ソーシャルメディアを分析する

ソーシャルメディアの分析手法を紹介していきます。分析は主に2つの視点から行います。「流入元としての分析」「メディアとしての分析」です。

流入元としての分析

まずは「**流入元としての分析**」です。ソーシャルメディアからWebサイトへの流入量やコンバージョン率・量、売上への貢献を見ることを指します。

ソーシャルメディアからの流入量を確認する

まずは他の集客施策と比較をしてみましょう。GA4では［レポート→集客→トラフィック獲得］を開くと確認することができます。
図1のOrganic Socialを見ると、流入は全体の8%（510÷6,430）程度で、コンバージョン率はサイト全体の平均12.32%と比較すると5.88%と低いことがわかります。

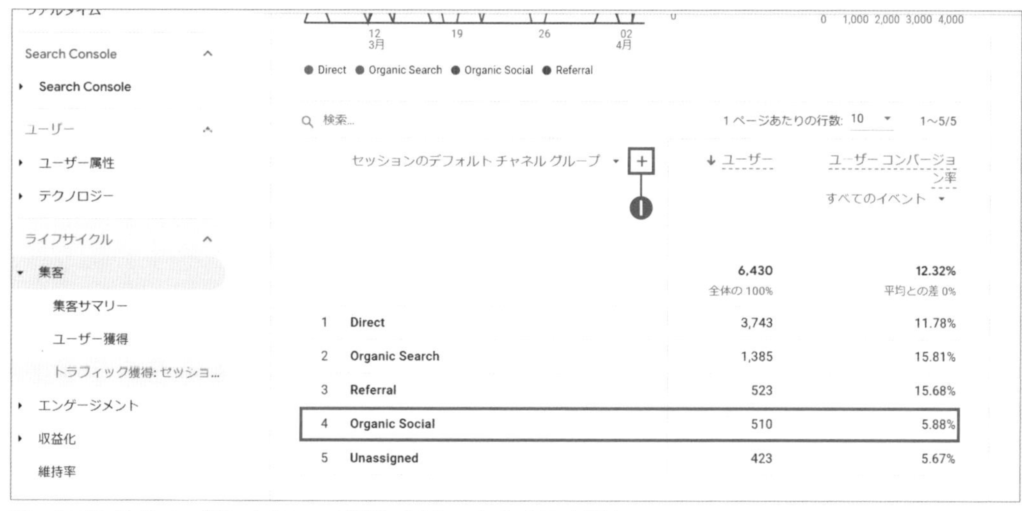

図1　GA4の［レポート→集客→トラフィック獲得］で「Organic Social」を確認

ソーシャルメディアごとに比較する

表のプルダウン「セッションのデフォルトチャネルグループ」の横にある青いプラスボタン（❶）をクリックし［トラフィックソース→セッションの参照元/メディア］を選んだ後に（❷）、上部の検索ボタンから「Organic Social」で絞り込むと（❸）、どのソーシャルメディアからの流入が多いかを確認することが可能です。

Organic Social ❸　　1ページあたりの行数: 10　1〜6/6

	セッションのデフォルト チャネル グループ	セッションの参照元 / メディア ❷	コンバージョン すべてのイベント	合計収益
			7.00 全体の 0.92%	¥0
1	Organic Social	t.co / referral	3.00	¥0
2	Organic Social	instagram.com / referral	0.00	¥0
3	Organic Social	m.facebook.com / referral	0.00	¥0
4	Organic Social	l.facebook.com / referral	4.00	¥0
5	Organic Social	tiktok.com / referral	0.00	¥0
6	Organic Social	facebook.com / referral	0.00	¥0

図2　［トラフィックソース→セッションの参照元/メディア］を追加して「Organic Social」で絞り込み

見ての通り「t.co=X」と「l.facebook.com=Facebook」はコンバージョンに貢献していることがわかりますが、InstagramやTikTokに関してはコンバージョンが発生していないことがわかります。

パラメータを使ってどのリンクが押されたかを確認する

上記の手法は、リンクとメディア上のURLが1対1で結びついている場合は分かりやすいのですが、Xなどに代表されるように、同じURLに複数のリンクが有り、同じランディングページに飛んでくる場合は、どのリンクが押されたかが分からなくなってしまいます。リンク単位での分析を行いたい場合は、広告パラメータ（P.340参照）をリンクごとに生成することで、どのページまでは分からなくても、どのリンクが押されたかを把握することが可能になります。

パラメータを短くするには

ただソーシャルメディア上で広告パラメータを使う際に、1つリスクがあります。それは、URLが長くなってしまうということです。これはXなど発言に文字数制限がある場合は、非常にやっかいな問題です。そこで、**短縮URLサービス**などを利用してURLを短くすると良いでしょう。たとえばXでは、FacebookのURLに関しては、投稿時に自動的に短縮してくれます。

例）

本来のURL

https://www.facebook.com/photo.php?fbid=10201160173028566

X投稿時に変換され、表示されるURL

http://fb.me/6DTgQCKl0

変換を自動してくれるソーシャルメディアは一部かつ、変換されるURLも一部なので、これを自ら作成するという考え方もあります。自社ドメインに実装する方法もありますが、、無料で利用できるサービスもいくつか用意されています。
「Bitly」などがその代表です。
以下は筆者へのブログのリンクを「Bitly」で短縮したものです。

広告パラメータを付与したURL

http://d.hatena.ne.jp/ryuka01/?utm_source=x&utm_medium=social&utm_term=timesale&utm_campaign=timesale20140101

Bitlyで短縮したURL

https://bit.ly/2jyaTcC

長さがかなり短くなっているので、X/Facebookなどに貼りやすくなったのではないでしょうか。この手法はテキストメールでも利用することが可能です。

短縮URLサービスでどのリンクが押されたかを確認する

そして短縮URLサービスでは、サービス上で何回クリックされたかを確認するといった簡易的な解析機能も用意されています。図4はURL短縮サービス「Bitly」のレポートになります。時系列でのクリック回数、エリア別のクリック数などを確認することが可能です。

このように便利な短縮URLサービスですが、2点気をつけないといけないこともあります。

1つは外部サービスなので、**いつサービスが閉じるか分からない**ということです。サービスが閉じてしまうと、そのリンクから自分のサイトに飛ぶことができなくなってしまいます。Xのように過去のリンクがあまり参照されることがないメディアの場合は良いのですが、長年残るものですとリスクが発生します。

また、実はクリック回数に関しては**外部の人でも見ることが可能です**（短縮URLの後に「+」をつけるとクリックレポートを確認できるのです）。そのため外部にクリック回数がバレてしまうという課題もあります。

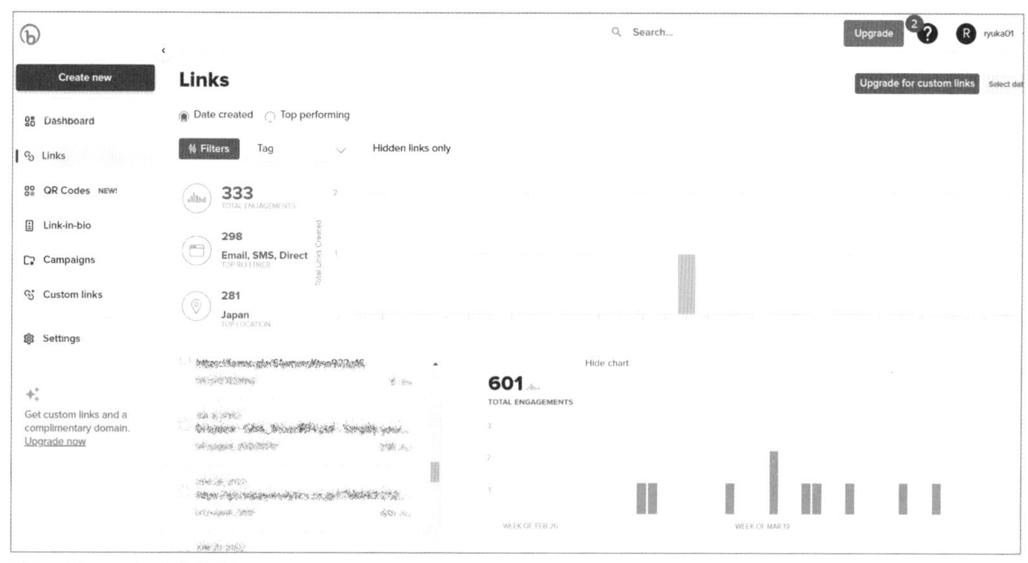

図3　Bitlyのレポート管理画面

短縮URLを自社ドメインで運用するには

そこで、自社ドメインで運用するという仕組みもあります。代表的なのが「Yourls」というサービスになります。自社サーバーへのインストールが必要となるため、少しだけ難易度は高いのですが、使い方に関して筆者が詳しく書いた記事がございますので、興味がある方はぜひ活用してみてください。非常に便利です。

- **自ドメインの短縮URLを取得してクリック分析を行う「Yourls」とGoogle Analyticsの組み合わせ分析！**
  http://markezine.jp/article/detail/13544

メディアとしての分析

では、次にメディアとしての分析を確認してみましょう。**Facebook**、**X**共に公式ツールが用意されており、公式ツールをまずは使いこなせるようになることをオススメします。

Facebookの場合

Facebookで分析できるものは主に2つになります。1つはSection 2-3でも紹介した**Facebook広告**の分析です。そしてもう1つが、これから紹介するFacebookページを分析するための公式ツール「**インサイト**」です。自分が権限を持っているFacebookページにアクセスすると上部メニューに「インサイト」というリンクが表示されるので、そちらからアクセス可能です。

図4　Facebookページ内にあるFacebook「インサイト」

なお分析できるのはFacebookページのみで、個人のタイムラインの分析などはできません。

Point

Facebookページとは

企業や著名人、アーティストやブランド、同好会などが、ユーザーとの交流のために作成・公開したページを「**Facebookページ**」と呼びます。Facebookページの「いいね！」を押してファンになると、そのFacebookページに関する情報をホーム画面で読めるようになります。

―― Facebook NAVI
（https://f-navigation.jp/manual/pages/125/）より

Faceookページの例：
「マイナビニュースFacebookページより」（https://www.facebook.com/mynavinews）

● Facebook公式ツールを利用する

Facebookページを分析する公式ツールは「**インサイト**」と呼ばれ、自分が管理しているページに関してのみさまざまな情報を確認することができます。アクセス解析ツールと違い、**性別や年代など属性に関する情報**も豊富に用意されています。いくつかのレポートを確認してみましょう。

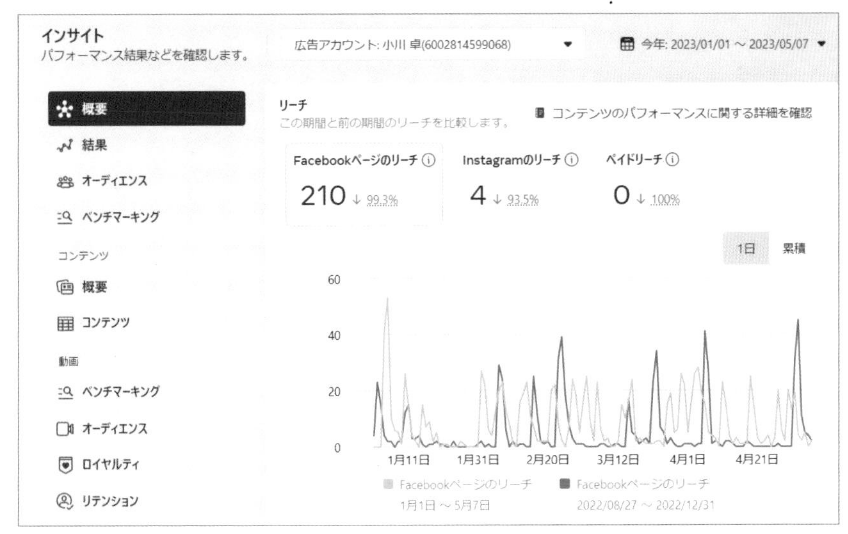

図5　リーチに関する情報

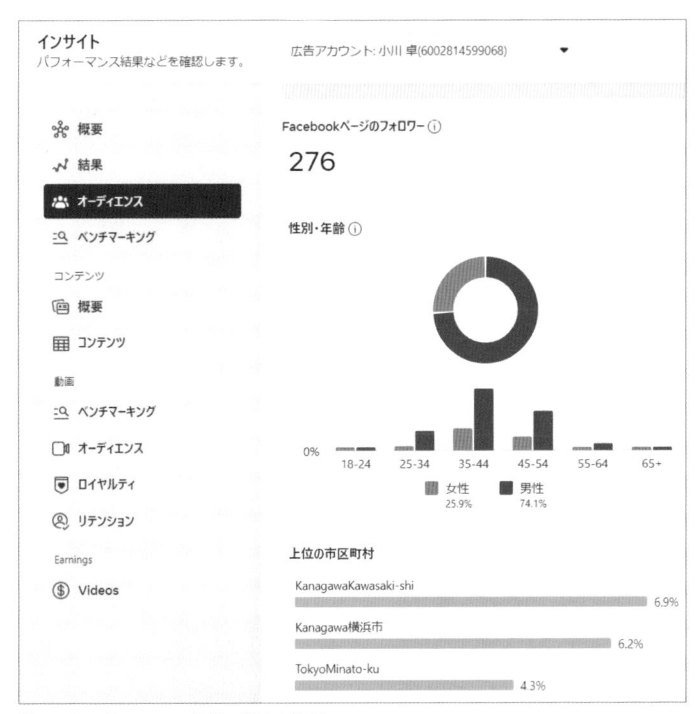

図6　オーディエンスの属性に関する情報

すべてのコンテンツ

最近のコンテンツ ↓	タイプ		リーチ	いいね！とリアク…	スタンプの…	返信	リンククリック	コメント	シェア	結果
ハピアナスタッフです。…	投稿	投稿を宣伝								
【2023/05/13】無料ボードゲーム会		イベント…	478	--	--	--	--	--	--	
ハピアナスタッフです。小川さん…	投稿	投稿を宣伝	71	0	--	--	8	0	0	
おはようございます。ハピアナス…	投稿	投稿を宣伝	52	2	--	--	2	0	0	
ハピアナスタッフです。3月の自…	投稿	投稿を宣伝	50	1	--	--	4	0	0	
ハピアナスタッフです。セミナー…	投稿	投稿を宣伝	39	0	--	--	2	0	0	

図7　投稿に関する評価

どのような投稿に人気があり、どういった属性にリーチできているかなどを分析することができます。投稿を作成する際の参考になるのではないでしょうか。

Xの場合

Xも同じように、まずは公式ツールから利用するのが良いでしょう。Facebookと同じように、自分のアカウントの分析を行うために利用することができ、他のアカウントの分析などは公式ツールでは行うことができません。なお、Xに関しては今後、有償プランの利用が前提となったり、APIで取得できる量が減ったりする可能性がありますのでご注意ください。

Xの公式ツール

Xのアカウントを持っていれば、https://analytics.twitter.com/で、無料で解析画面を確認することができます。「**Xアナリティクス**」という名称で3つのレポートを確認することができます。

1つ目は「**ツイート」レポート**になります。発言ごとのインプレッション数（想定閲覧数）、エンゲージメント数（リツイートやお気に入りなどのアクションの総数）、エンゲージメント率（エンゲージメント÷インプレッション）を確認することができます。また直近28日の各指標もチェックできます。どの発言が共感を得たかを把握することができます。

図8　「Xアナリティクス」のツイートに関する評価

2つ目は「**概要**」のレポートになります。月ごとのサマリーが表示され、その月のトップツイートや、トップフォロワーなど月内で最も良かった内容をいくつかピックアップすると共に、月全体の数値も表示されます。こちらに関しては数年分確認できます。

図9 「Xアナリティクス」の月ごとのサマリー

他にも「**動画**」の分析や「**コンバージョントラッキング**」などを行うことが可能です。前者は動画を投稿した際の再生時間や再生完了率、後者は対象となるコンバージョンページにトラッキングコードを追加することで、ツイート経由のコンバージョン数やコンバージョン率を確認することができるようになります。

図10 「Xアナリティクス」の「動画」レポート

ソーシャルメディアを分析する上で大切なのは、**他の施策と比較してテストがしやすい**ということを理解し、分析を行うことです。どういった発言が大勢の人に読んでもらい拡散してもらえるのか、共感を生みやすいのか、成果につながりやすいのか。取得できるデータは多種多様に渡りますが、分析をしすぎるのではなく、**いろいろな発言をどんどんテストをしてその評価を確認していく**アプローチで取り組みましょう。

ソーシャルメディアは直接的なコンバージョンへの貢献は**他の施策と比較すると小さい**ことが多いです。そのため時間を取ることが難しかったり、ついつい更新をしなくなってしまったりということがおきます。しかしユーザーのことを理解したり、サイト内の改善アイデアを多く得たり、閲覧者をサポートすることができたり、といった形で間接的な貢献は大きいメディアです。ぜひ、楽しみながらさまざまなテストをしてみましょう。

Section 4-3

ソーシャルメディアの活用事例

2つの事例を紹介いたします。1つは自社の国産ソファを販売しているサイト「NOYES（ノイエス）」が今までどのようにソーシャルメディアを活用してきたかという内容になります。もう1つは住宅情報サイト「SUUMO（スーモ）」のXアカウントの分析です。

ソーシャルメディアの9つの活用方法

P.127でも述べましたが、ソーシャルメディアは主に9つの活用手段があると筆者は考えています。その9つとは以下の通りです。

活用方法	概要	計測方法
商品認知	商品の告知や情報、画像などを利用して商品を知ってもらう	ブランド検索回数・言及数・発言のインプレッション数・サイト流入数・ユーザーアンケートなど
商品開発	フォロワーから意見を募ったりコンテストを実施したりして新しい商品を作る	開発商品数・該当開発商品の売上と利益・購入者満足度など
リサーチ	ブランドに関する発言情報などを元に利用者の感じていることや改善ポイントを発見する	リサーチ結果の活用度合い・他リサーチ手法とのコストと質の比較など
商品販売	商品の告知を行いサイトに誘導することで商品の販売を行う（あるいは一部ソーシャルメディアではメディア上での販売を実現する）	流入数・コンバージョン数（コンバージョン率）・売上など
顧客サポート	お問い合わせや意見に関する回答をソーシャルメディア上で行うことで、顧客の満足度を上げる	解決件数・解決率・お問い合わせコストや時間の削減量など

決定の後押し	事例や利用シーンの紹介、セールの告知などを行い検討者に対して購入を促す	流入数・コンバージョン数（コンバージョン率）・売上など
ファン化	発言内容などから、商品やサービスだけではなくブランドや会社を好きになってもらうための取り組みを行う	フォロワー数・RT数・「いいね！」数・アクション率など
タイムリーな告知	緊急のお知らせや障害対策の進捗報告など、リアルタイムでフォロワーに情報を伝える	クリック数・RT数・「いいね！」数など
取り組み認知	行っている社会的な取組を発信し、ブランドイメージや認知を上げる	クリック数・RT数・「いいね！」数など

Chap 2-4

NOYESの事例

NOYESの事例では、上記9つの活用方法の中から、5つの活用方法に関して事例を紹介します。

NOYESは、名古屋に本社を構える国産のソファ専門店になります。名古屋と東京、神奈川、大阪にショールームがあり、オフラインあるいはオンラインでソファを購入することができます。

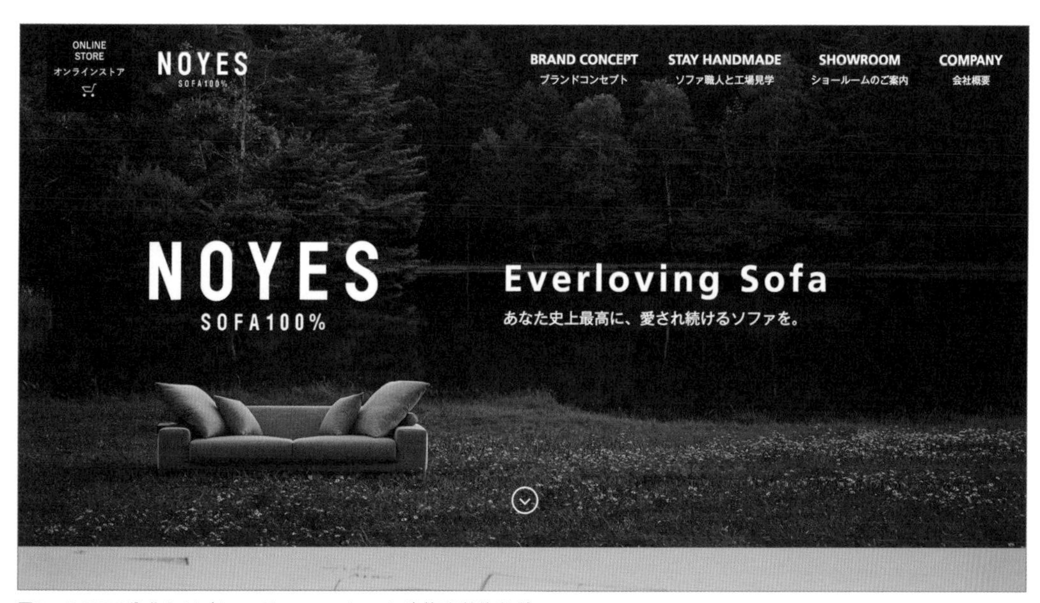

図1　NOYES公式サイト（http://www.ny-k.co.jp/）（初版執筆当時）

XとFacebookの両方を活用しており、また自社サイト内には16,000件（2023年6月時点）を越える**投稿フォト＆レビュー**があり大切なコンテンツとの1つとなっています。

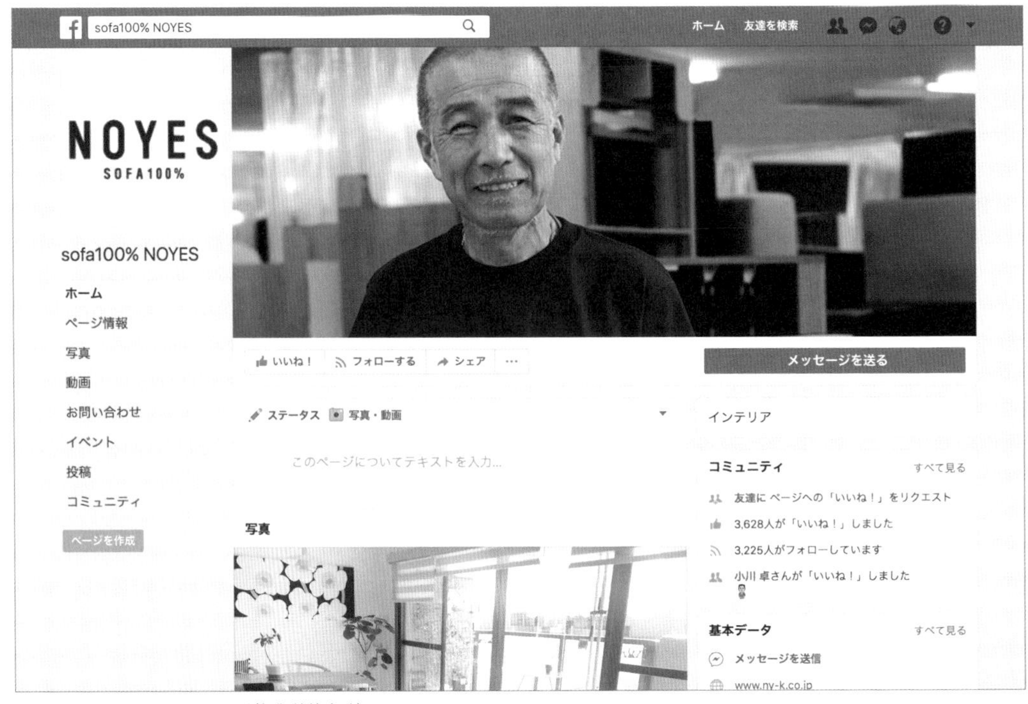

図2　NOYES Facebookページ（初版執筆当時）

商品認知・商品販売

sofa100NOYES sofa100% NOYES
新しくリニューアルしたVolster Sofaですが、早速、ご注文をいただいておりますよ～(。-_-。)うれしいです！
http://bit.ly/hpxZAr
5月13日

sofa100NOYES sofa100% NOYES
Volster Sofaがリニューアルし、午後6時より販売を開始しております。クッションのデザインをマイナーチェンジし、ひじと脚がスリムに、スタイリッシュになりました！気になる価格も従来価格より…嬉しいプライスダウンです＼(^o^)／
http://bit.ly/hpxZAr
5月13日

sofa100NOYES sofa100% NOYES
皆様おはようございます。本日午後6時より、リニューアルしたVolster Sofaの発売が開始します！くわしくはこちらのページでご案内をしております(^_^)　http://bit.ly/m1EhFe
5月13日

図3　NOYES 公式Xアカウント（初版執筆当時）

では、活用方法を詳しく見ていきましょう。
図3は時系列降順となっているため下の発言が古いものになります。最初の発言で新しい製品の販売を告知、開始直後にも告知を行い値段もお安くなっていることをアピール、その後に商品が注文されたタイミングでその事実を告知という形で、常に**最新の情報**を出しています。
商品名を各発言に追加し、実際に**売れているというアピール**にもなっており、Xを上手く活用していると言えるのではないでしょうか。

決定の後押し・ファン化

NOYES
sofa100% NOYES
6月11日

お客様の暮らしに染まったソファを見ると、今まで知らなかったそのソファの一面に気付かされることがあります。職人の手から生まれて、使うお客様に育てられ、唯一無二の一台になっていくのですね。なんだかとても良い気持ちです。
このお写真は、最も人気あるローソファの「Decibel C4」を素敵にコーディネートいただいたお部屋。
思うより、堂々と、落ち着いた、大人びたような表情をするんだなと感じました。ソファも百人十色ですね♪

図4　Xでの紹介例（初版執筆当時）

商品を購入された方の写真やコメントなどを定期的にFacebook/Xで紹介しています。購入を考えている方にとっては、自分が興味あるソファがどのような感じで実際に利用できているのかを把握することができ、**後押し**になる可能性があります。
また、掲載された側も、取り上げてもらえたことによる喜びで、ソーシャルメディア上に確認しにきたり、拡散したりと**ブランド認知やファン化**につながるのではないでしょうか。NOYESではコメントと写真投稿をしていただいたお客様にクッションをプレゼントするという形で、Win-Winになる施策を行っており、その結果、前述した通り16,000件以上の購入者の声を集めることができています。

顧客サポート

NOYES
sofa100NOYES sofa100% NOYES
ご連絡ありがとうございます！水洗いは生地の組成上、縮んでしまう事がありますので、出来ないのですが、ドライクリーニングが可能です。お手数をおかけ致しますが、お近くのクリーニング店におご依頼くださいませ。http://bit.ly/IRAu9c
5月2日

NOYES
sofa100NOYES sofa100% NOYES
オカザキ様おはようございます。先程確認をいたしましたところ、ひじ無しにカスタマイズすることはできますが価格は通常仕様よりも上がるようです…。もし宜しければお見積もりを出させていただきますのでDMまたはoheya@ny-k.co.jpまでメールをお送りください。
2月14日

図5　Xでのサポート例（初版執筆当時）

X上でいただいた質問に対して回答することで、**迅速にサポートを行うことができ**、またフォローしている他の方にもその事実を伝えることができます。たとえば図5であれば、「費用は上がるけどカスタマイズが可能である」という**今まで多くの人が知らなかった事実**をお伝えすることができています。

取り組み認知

sofa100% NOYES
2月23日

本日、13時から名古屋本社ショールームにて「絵本読み聞かせイベント」が開催されました。今回、登場した絵本は全部で3話。
ZIP-FMで活躍する都竹悦子さんに読みきかせいただいたのですが、作者の想いを大切にされており、さすがプロだな～と感心させられました。作者の皆様にもご来店いただき、生み出すことの大変さ、伝えることの大変さをお話されておりました。予想以上のお客様にご来店いただき、お子様も大人の方も楽しくお過ごしいただいたようで、とても充実感に満ちた1日となりましたよ。
ソファ専門のお店ができることとして、もっともっと絵本コンクールが大きく羽ばたいていけるよう頑張ってまいりますので、
是非、次回も楽しみにお待ちくださいませ！ (写真5枚)

図6 「絵本読み聞かせイベント」の告知（初版執筆当時）

NOYESではさまざまな取り組みを行っています。震災時の募金や、工場見学、そして親子でのソファ作成体験会などです。その中の1つとして、ショールームのソファに座りながら絵本を聞くという「絵本読み聞かせイベント」もその1つです。このような**取り組みを告知する**という意味でもソーシャルメディアは相性がとても良いです。

即時告知

セールや在庫切れなどの告知にX/Facebookを利用されています。こちらの例ではアウトレットソファの販売告知だけではなく、商品追加などもお伝えしており、安く商品を購入しようと思っている人は、定期的にチェックしておきたいと思わせることができているのではないでしょうか。

sofa100% NOYES @sofa100NOYES · 2013年4月12日
NOYES アウトレットソファ さきほど2機種追加いたしました！Friscoとnap sofaも併せて好評発売中ですd=(^o^)=b　ぜひご覧ください～　ny-k.co.jp/outlet/

sofa100% NOYES @sofa100NOYES · 2013年4月5日
本日17時より弊社オンラインストアにてアウトレットソファ販売を行っております。最大30%OFF！ソファをお探しの方、ぜひお立ち寄りくださいまし。
ny-k.co.jp/outlet/

図7 アウトレット販売のお知らせ（初版執筆当時）

投稿された内容に関しては、流入数やクリック率を見て、どういった発言が流入につながっているかを確認することもあります。

NOYES sofa100% NOYES
@sofa100NOYES
フォロー

さっき、オフィスでZIP-FMを聞いていたらナビゲーターのジェームスに明日開催のイベント紹介してもらえました＼(^o^)／嬉しい！ジェームス好きの私です。今日は良い一日になりそうです！紹介していただいたイベントの詳細はコチラ→ http://bit.ly/fRR4sy

図8　コンバージョン貢献が高かった発言

NOYES sofa100% NOYES
@sofa100NOYES
フォロー

twitterキャンペーンは終了いたしましたが、NewSugar Standard 10%OFFキャンペーンが開始しております。ソファらしい、まさに「スタンダード」なフォルムが人気です。お財布にもやさしい本キャンペーン、是非チェックを！ http://bit.ly/fGcYKH

図9　コンバージョン貢献が低かった発言

クリック	CV数	発言の種類
668	44	キャンペーンのお知らせA
622	7	取り上げられたラジオのサイトへのリンク
422	2	震災に伴う配送のお知らせ
372	5	オフライン広告の画像へのリンク
318	0	取り上げられたサイトへのリンク
281	2	震災に伴う義捐金のお知らせ
247	10	新商品の案内
245	12	新商品の案内
204	22	プレゼントのお知らせ
202	1	キャンペーンのお知らせB
196	4	キャンペーンのお知らせC
187	20	キャンペーンのお知らせD
162	5	3人掛けソファページへのリンク
150	7	お部屋写真
148	15	お部屋写真

クリック数が多かった発言

SUUMOの事例

「SUUMO」は住宅情報に関する情報を提供している株式会社リクルート住まいカンパニーが運営しているサイトです。

SUUMOでもX/Facebookを運用しており、NOYESとは違い会社のスタッフがつぶやくという形ではなく、**「スーモ」というキャラクターが発言をする**という形式をとっています。そのため物件情報を案内するといった形ではなく、**ブランド認知のための発言**が中心となっています。その中で今回はXに関しての分析事例を紹介いたします。なお今回の分析データに関しては、すべて外部から取得できるデータのみで分析を行っています。

図10　SUUMOのXアカウント(初版執筆当時)

人気がある発言の調査（利用ツール：X Public Data connector）

どういった発言が人気があるかを、リツイート数と返信数、それぞれ別に確認してみました。

Tweet	RT	Imp	Reply
みんなしってた？きょうって5月23日で恋文（5こい 23ぶみ）の日なんだって… スモモちゃんに…書いてみようかな…ぽよん♪http://bit.ly/k5b0s9	42	10,724	10
……スーモだよ RT @…… ：@…… うちで飼ってるまりもが茶色くなりました。どうしたらいいですか	18	13,012	0
おそばをどーぞ♪ もふもふ♪ http://p.twipple.jp/59DZv	17	8,582	0
ととのいました！ 花粉とかけてロングバケーションととく その心は？「どちらもまちにまってます」スモッチです もふもふ♪http://bit.ly/eo5Cwf	15	9,118	0
たくさんのみんなと手をとりあって たくさんのみんながにっこりになればいいな… ぽよん	15	9,077	0
もふーっ！http://p.twipple.jp/kCDfq	13	8,639	10
iphoneの無料アプリゲームで「SUUMO SHOT」がでたんだって♪ 木になってる果実をドモモがもっている箱におとすんだよっ♪ じょうずに入れられるかな～？ もふもふ♪http://t.suumo.jp/cDaNVy	11	9,976	2
んっ？ @…… ：モリゾー派 RT @…… ：スーモ派 RT @suumo みんなは「犬派？」or「猫派？」どっちかな～…ぽよん♪ http://t.co/RwYGXwD	11	9,755	1
あとね、きょうは6（む）16（じゅうろく）の日でもあるんだって ぽよ～んて浮くかなぁ….♪ http://bit.ly/kQT3WU	10	8,709	1
あめザァーザァー まだおそとのひともはやくおうちに帰れればいいな… ぽよん…	10	8,874	1
じーーーっ… http://bit.ly/jj0R2z	10	8,346	10
ちょこん♪ http://p.twipple.jp/hXb4G	10	8,995	0

リツイート数が多い発言

Tweet	RT	Imp	Reply
スモのぼり～ ぽよん♪ http://bit.ly/m8e1nk	4	8,096	13
ぽよん…♪	1	8,053	12
スッモーニン♪ もはようございまスーモ♪ もふもふ♪	0	7,889	12
みんなしってた？きょうって5月23日で恋文（5こい 23ぶみ）の日なんだって… スモモちゃんに…書いてみようかな…ぽよん♪http://bit.ly/k5b0s9	42	10,724	10
じーーーっ… http://bit.ly/jj0R2z	10	8,346	10
もふーっ！http://p.twipple.jp/kCDfq	13	8,639	10
ぽよんっ♪ スッモーニン♪	0	7,892	9
みんなは「犬派？」or「猫派？」どっちかな～…ぽよん♪ http://on.fb.me/kEqnGs	3	8,854	8
スッモーニン♪ もはようございまスーモ♪	2	8,085	8
みんなはどっち？ うどん派 or そば派？ もふもふ♪ http://on.fb.me/bwdyBa	4	8,628	8

返信数が多い発言

Tipsや写真に関する発言がリツイートが多い傾向にありました。Tipsは「へーなるほど」と思った人が**他の人にも知ってもらいたくて拡散する**傾向があるようです。また写真に関しては、写真を見て面白いと**思った人**がリツイートをしてくれているといえそうです。返信数が多い発言に関しては、ちょっとした挨拶や、質問形式のものが返答もしやすいということで、数が増える傾向にあるということが分かりました。

SUUMOあるいはスーモとあわせて発言されている内容（利用ツール：Spout Social）

どのようなブランドイメージを持たれているかを調査するため、Xの発言にSUUMOあるいはスーモと入れている人が、どういう単語を使っているかを確認してみました。

抽出語	出現数
見る	368
不動産	258
サイト	252
笑	234
思う	217
可愛い	215
住宅	206
リクルート	204
物件	198
広告	147

抽出語	出現数
検索	139
言う	126
無料	116
見える	112
今	111
人	111
探す	107
今日	103
フォロー	101
掲載	101

抽出語	出現数
山手線	93
出る	93
欲しい	93
住む	87
緑	86
忍者	84
部屋	82
CM	78
スモモ	75
好き	74

抽出語	出現数
最近	72
ゲーム	71
家	71
似る	71
仲介	71
手数料	70
媒体	70
対象	69

あわせて利用されているワード

大きく分けると**不動産に関するキーワード**（＝赤色の文字）、**キャラクターに関するキーワード**（＝青色の文字）に分かれていることが判明しました。

同業他社とのアカウント比較（利用ツール：Spout Social・KH Coder・Social Insight）

図11では、SUUMO（青色）と同業他社（赤色）での比較を2つ行いました。
この2つのアカウントは約3割のフォロワーが重複しているということで、どのような違いがあるかを発見しようということで分析をしてみました。

1つ目は、フォロワーのプロフィール情報にどのような単語が含まれているかを分析してみました。Spout Socialでデータを取得し、KH Coderという形態素解析ツールを使って単語ごとに分けてみました。その結果が図11の通りです。

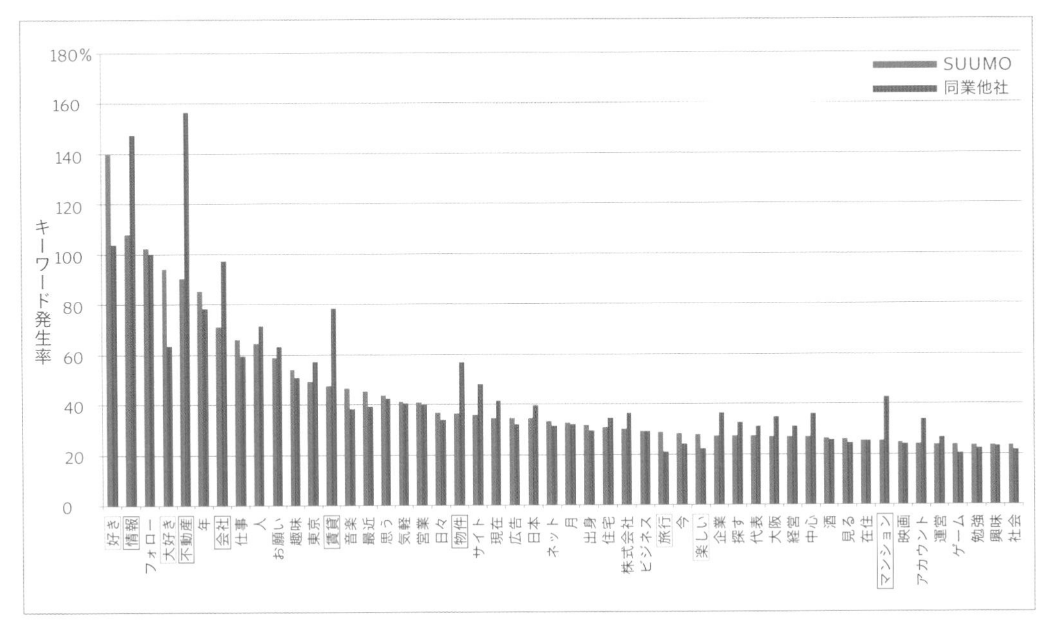

図11　SUUMOと同業他社で、フォロワーのプロフィールを比較

各アカウントのフォロワーのプロフィールに該当するキーワードが全フォロワーの何％に入っていたかという形で比較をしています。青枠で囲っている部分がSUUMOのアカウントで特に高い傾向が見られたキーワード、赤枠で囲っている部分が同業他社のアカウントで特に高い傾向が見られたキーワードとなります。同業他社は**住宅に関するキーワード**が含まれていることが多く、不動産会社や住宅に関わっている方のフォローが多いことが分かりました。逆にSUUMOは「好き」あるいは「旅行」「楽しい」といった形のワードが多く、**住宅に興味がない人も比較的フォローしている**ことが分かりました。

各アカウントのフォロワーが発言しているワードをSocial Insightで分析してみても同じような特徴を発見することができました。
図12がSUUMO、図13が同業他社になります。SUUMOに関しては男女比率で見ると、女性の方がフォロワーが多く、黒枠で囲ったサイトやブランドに関する発言と、赤枠で囲ったキャラクターに関する発言と分かれていることが分かります。特にキャラクターに関する発言はフォロワー数は少ないけれど、**発言数が多い**ことが分かります。逆に同業他社の場合は住宅に関する発言が中心となっており、**フォロワー数と発言数が比例している**という形で、大きくイメージが違うことが分かります。

このような形でアカウントや発言の分析を行うことで、今後の発言の参考にしたり、新しい気づきを発見したり、ブランドに対する認知を理解したりすることができました。
分析結果を元に**発言内容などをテスト**することで、さらに多くの注目を集めることができるかもしれません。

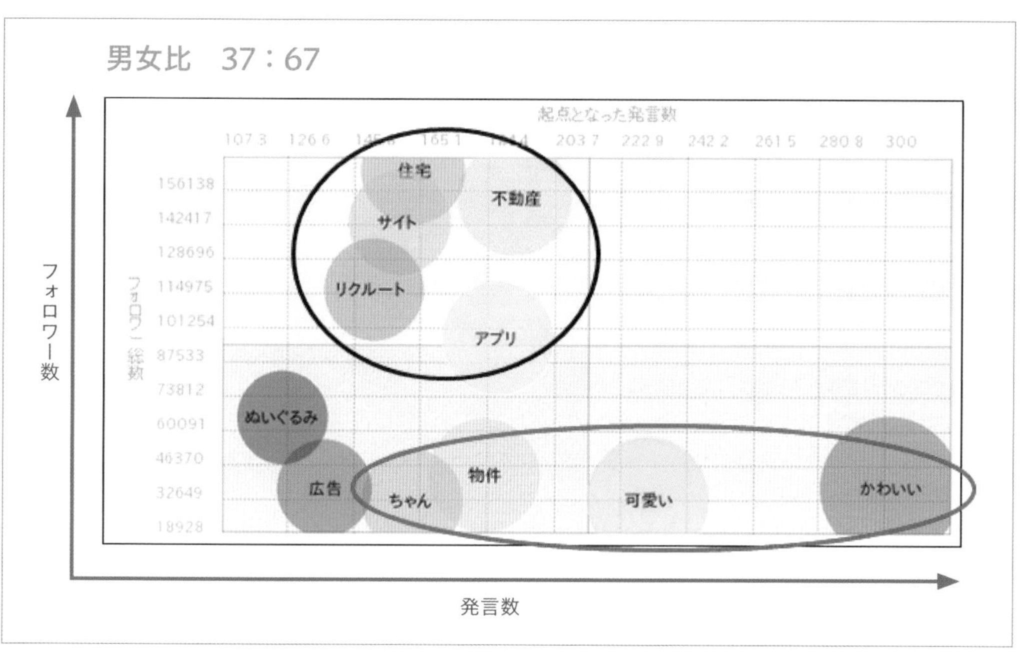

図12　Social Insightでの分析結果（SUUMO）

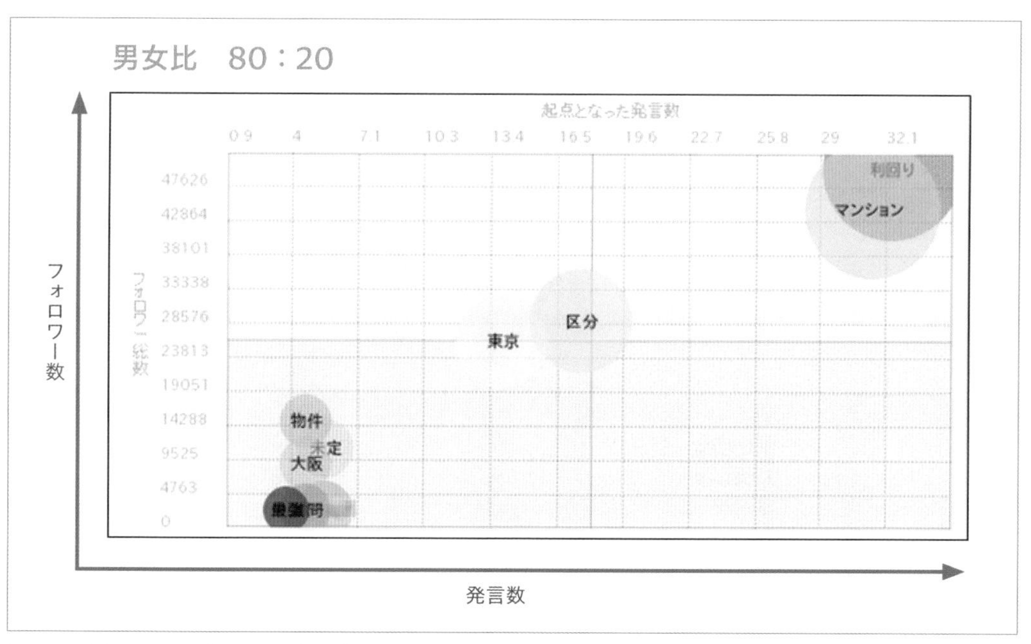

図13　Social Insightでの分析結果（同業他社）

Column

その他ソーシャルメディアの分析ツール

ここまでFacebookとXを中心に紹介してきましたが、YouTube、Instagram、LinkedIn、Lineについても簡単に紹介していきます。それぞれのサービスで公式ツールが用意されているため、これらを利用することになります。

YouTubeの分析方法

動画サービスの分析ということで、他のソーシャルメディアとは違ったユニークな指標を見ることができます。ログインしているアカウントで投稿した**動画**を分析することが可能です。
ログインの上　https://www.youtube.com/analytics　にアクセスすることでさまざまなレポートを表示できます。

チャンネルアナリティクスの「概要」タブでは、視聴回数、再生時間、チャンネル登録者数、また動画ごとの基本的な数値を確認することができます。
全体のトレンドを把握しておきましょう。

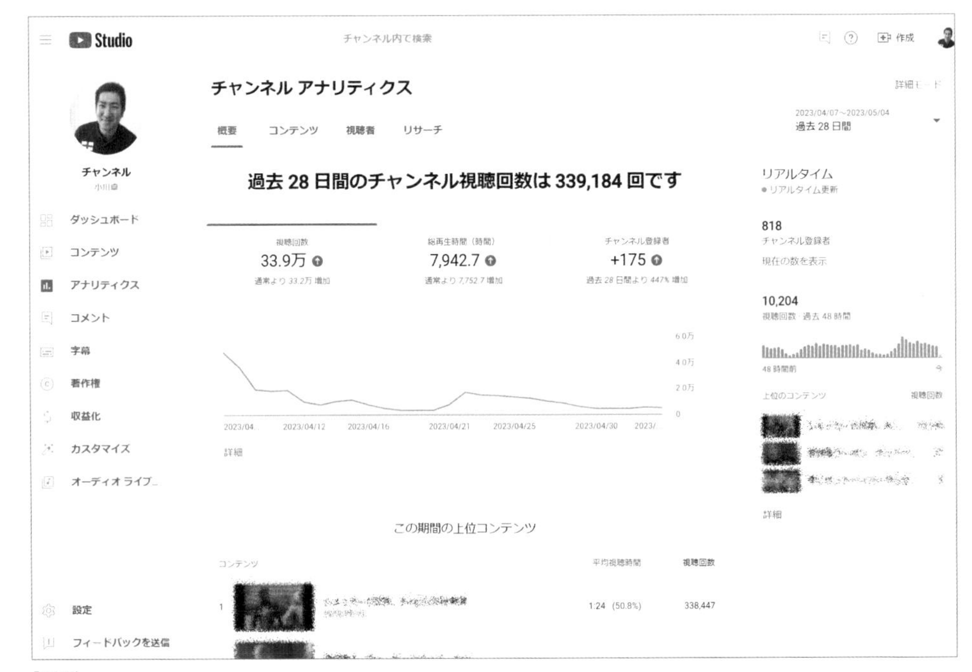

「概要」

「コンテンツ」タブでは、動画に関する情報として、視聴回数、インプレッション数（検索結果などに表示された回数）、インプレッションのクリック率、平均視聴時間を確認できます。
まだどこから動画を見に来たのか？ という流入元やキーワードが分かるので、動画を知ってもらったきっかけを把握できます。

Column

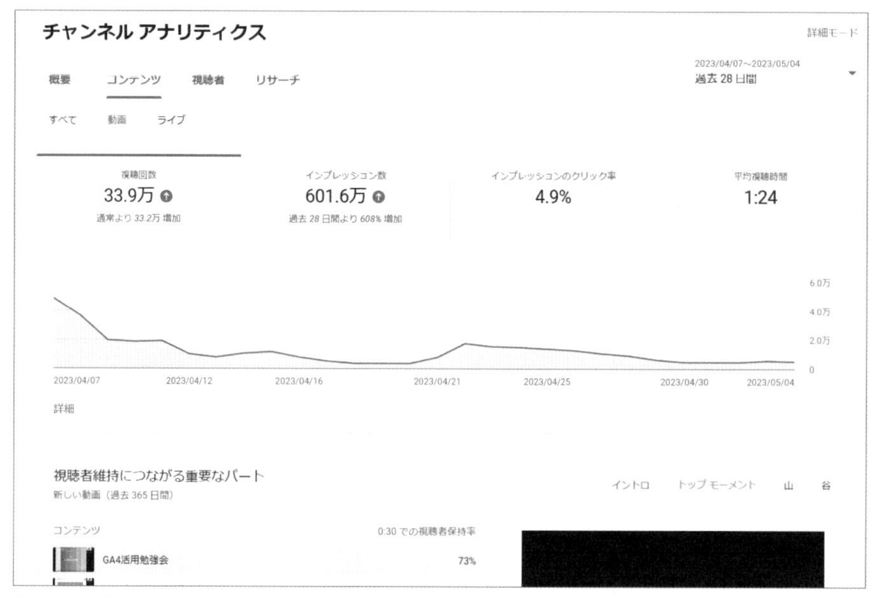

「コンテンツ」

また下部にある「視聴者維持率」のレポートも有用です。動画再生をした100%の人のうち何%が何分まで見たかをチェックでき、動画内での離脱ポイントを特定できます。

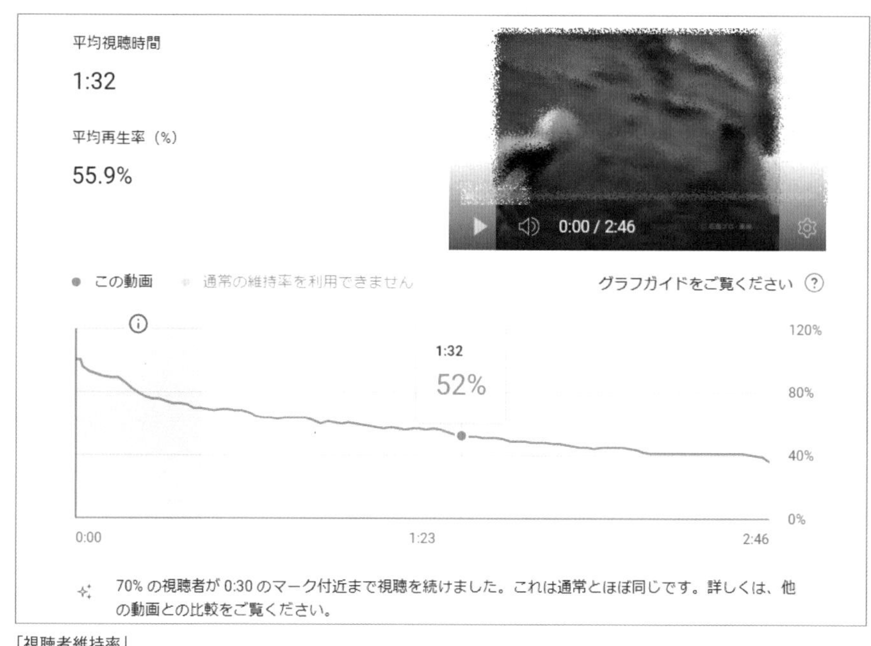

「視聴者維持率」

Column

「視聴者」タブでは閲覧者の属性情報がわかり、リピーターの数や閲覧した人数、見ている時間帯、年齢・性別、他に見ているチャンネルなどがわかり、動画を作成する上でどういった人達がターゲットなのかを把握できます。

「視聴者」

最後に「リサーチ」タブでは、チャンネル視聴者とYouTube全体の視聴者のキーワード情報を確認することができます。動画を投稿する上でのテーマやタイトルを決めるのに役立つでしょう。

「リサーチ」

また右上に「詳細モード」も用意されており、こちらをクリックすると、今まで紹介してきたレポートをかけ合わせて表やグラフ形式で表示でき、データのダウンロードなども可能です。ぜひ深掘りしたい方はチャレンジしてみてください。

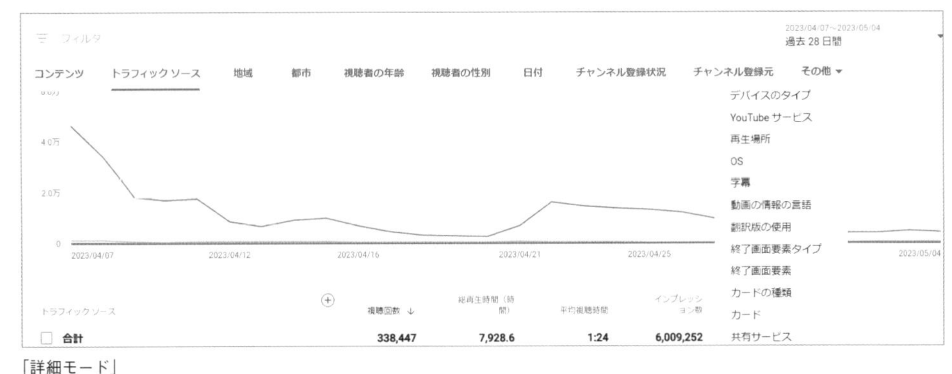

「詳細モード」

Column

Instagramの分析方法

Instagramは自分のアカウントを分析することができますが、分析をする上で注意点が2つあります。

1つ目は**ビジネスアカウント**に切り替えないとレポートが見られないということです。ビジネスアカウントへの切り替えは特にお金がかかるものではなく、自分のアカウントページにアクセスし、「その他」から「設定」を開き、「プロアカウントに切り替える」を選ぶだけです。

また、もう1つの注意点は、レポートの画面はスマートフォンやタブレットのアプリからしか見ることができないということです。レポートは自分のアカウントのページに移動しハンバーガーメニュー内にある「インサイト」で確認ができます。
インサイト内ではどれくらいの人にリーチできているか、および、投稿ごとの反応などを確認できます。

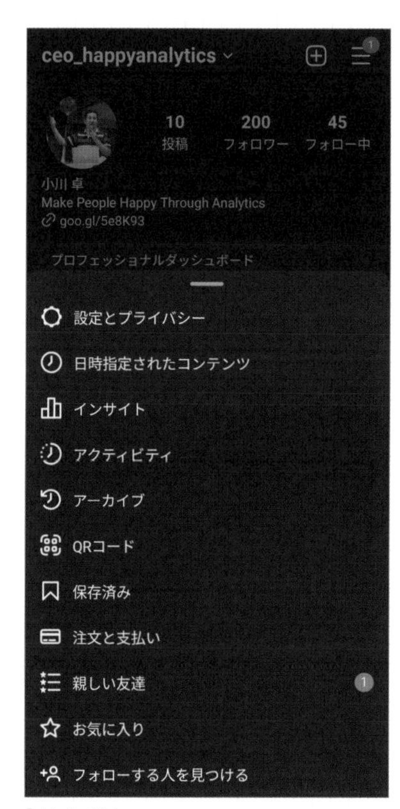

「インサイト」

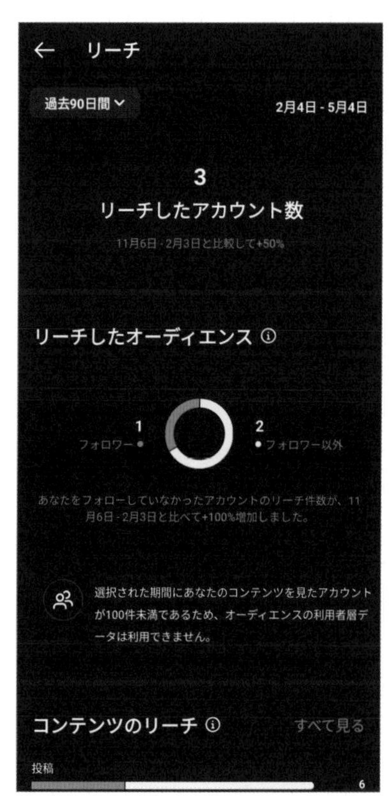

リーチの状況

特に投稿ごとの反応（エンゲージメント）は重要視したい点です。どういった投稿が反応が良いかを研究し、投稿の内容や頻度を最適化していきましょう。
またInstagramは投稿にはURLを入れることができませんが、プロフィールに追加は可能（またフォロワー数が一定量超えるとストーリーに追加可能）なので広告パラメータ（P.340）や短縮URLなどを利用して、サイトへの流入や成果の貢献をGoogleアナリティクス4で確認できるようにしておくと良いでしょう。

Column

LinkedInの分析方法

ビジネス向けのソーシャルネットワーク「LinkedIn」の利用もここ数年で増えてきました。LinkedInも他ソーシャルメディアと同様にレポートを確認することができます。こちらも自分が運用しているLinkedInページのみが分析対象となります(個人のタイムラインは分析対象外です)。

フォロワー数や閲覧数の推移、投稿ごとの結果だけではなく、他にフォローしている競合他社や閲覧者の属性情報なども確認できます。

LinkedInのレポート

LINEの分析方法

LINEでもLINE公式アカウントを作成すると、分析を行うことができます。アカウントマネージャー(https://manager.line.biz/)からログインし、分析のタブを押すと各種レポートがチェックできます。

LINEのレポート(1)

Column

レポートは多種多様にわたり、友達に関する情報（推移や追加の経路）、プロフィールの閲覧、配信したメッセージに対する反応数（開封・クリック・動画再生）、ステップメッセージの配信結果、トークルームやチャットの結果などになります。

LINEのレポート(2)

特にメッセージ配信やステップ配信はサイト流入やコンバージョンに繋がる重要なレポートなので、配信を行ったら結果を確認し、どういった内容やタイミングで配信することが成果アップにつながるかを色々と試してみましょう。

ランディングページ

▸ Section 5-1

ランディングページの目的を定義する

ランディングページとは

ランディングページとは、「**サイトで最初に訪れたページ**」という意味を持ちます。そのため、すべてのページがランディングページになりえます。
また、現在Webの業界ではこの意味とは別に、「**サービスの特徴が1ページで分かり、そこからすぐに申し込みができるページ**」という意味でもランディングページという単語が利用されています。このようなページはメールマガジン・アフィリエイト・バナー広告など、自分でリンク先のURLが設定できる媒体から誘導するページとして利用されています。
本書では両方について触れていきます。便宜上、検索エンジンなどを通じて結果的に入口となったページを「**ランディングページ**」、メールマガジンやバナー広告などで誘導を行い、コンバージョンを第一の目標として専用に用意されたページを「**専用ランディングページ**」と呼びます。

なぜ、ランディングページが重要なのか

ランディングページが重要な最大かつ唯一の理由は、それが「**サイトに対するイメージ**」を決めてしまうからです。いくらお買い得な商品を販売しているお店でも外観が埃をかぶっていたら、奥まで入っていきづらいですよね。あるいは合コンなどで会った異性が、容姿や性格は良いのに身だしなみが汚かったら良い印象を持たないかと思います。
このようにランディングページはサイト内のその後の行動を決めてしまう大切なページなのです。だからこそ、流入が多いランディングページに関しては、利用者からどう思われているかを定量的に（あるいは時には定性的に）分析し、改善を続けていくことが大切です。

ランディングページの目的はそのページによって変わる

広義の意味での「ランディングページ」では、トップページは当たり前として、商品一覧ページや商品詳細ページなどもランディングページになりえます。
これらランディングページの目的は必ずしもそこからすぐにコンバージョンをあげることとは限りません。トップページの次のページでコンバージョンする可能性というのは、ECサイトであれば、非常に低いです。そこでトップページの目的はコンバージョン率を上げることではなく、**離脱を防ぎ、商品を発見する導線に沿って進んでもらう**ことが最も重要な役割となります。
逆に「専用ランディングページ」の場合は、その目的がお申し込みや購入など非常に明確です。多くても3ページ以内の遷移でコンバージョンが達成されるでしょう。
そこで最も重要視される指標は、そのページ経由のコンバージョン率になります。ランディングページがゴールに近いほどコンバージョンを重視し、遠いほど遷移率やエンゲージメント率（P.156で説明）を重視すると良いでしょう。

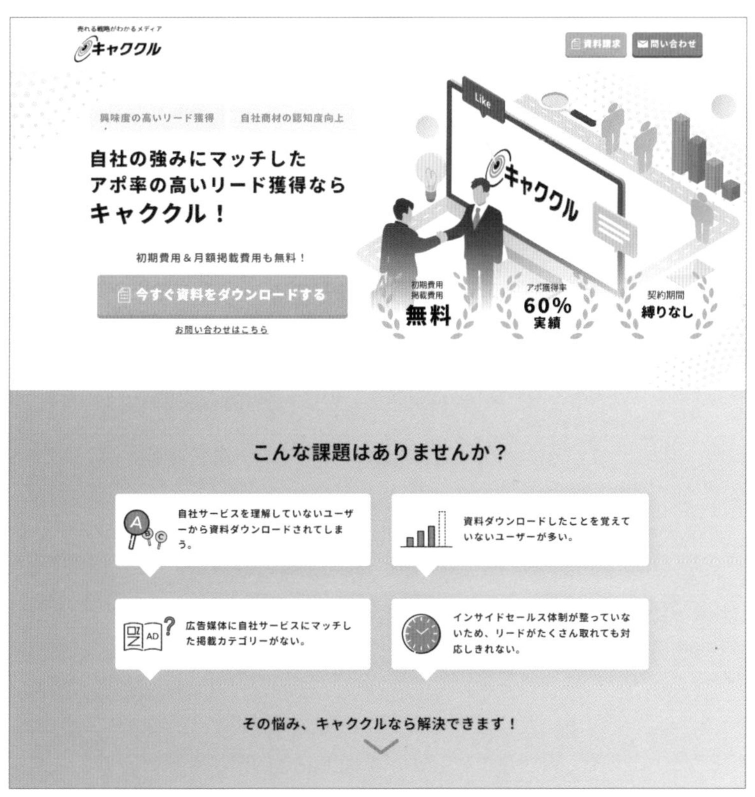

図1 「専用ランディングページ」の例：「キャククル」（https://www.shopowner-support.net/our-service/lead-kyakukuru/）

ランディングページの例は以下サイトで紹介されています。
http://lp-web.com/

なぜ、専用ランディングページを用意する必要があるのか?

サイトのページは、あくまでもサイト内に用意されているため、ヘッダーやナビゲーションなどをサイトの他のページとあわせる必要があります。また、サイト内から遷移することも多いため、特定の流入元やユーザーに向けて内容を最適化することができず、浅く広くを意識したページ作りになってしまいます。しかし、専用ランディングページではこれらを解決することができます。

具体的には、広告の内容にあわせた専用ランディングページを作成することができるため、同じ商品でも品質訴求と値段訴求で内容を変えることができ、**ユーザーにあったコンテンツ**を用意することができます(結果として、コンバージョン率を上げやすくすることが可能になる)。

また、**特定のユーザーが求めている情報を1つのページにまとめることができる**ため、ランディングページのすぐ次のページで購入、あるいは、購入のプロセスに進めさせることができます。つまり、1つの目的とユーザー層に特化したページを作ることができるというのが特徴です。

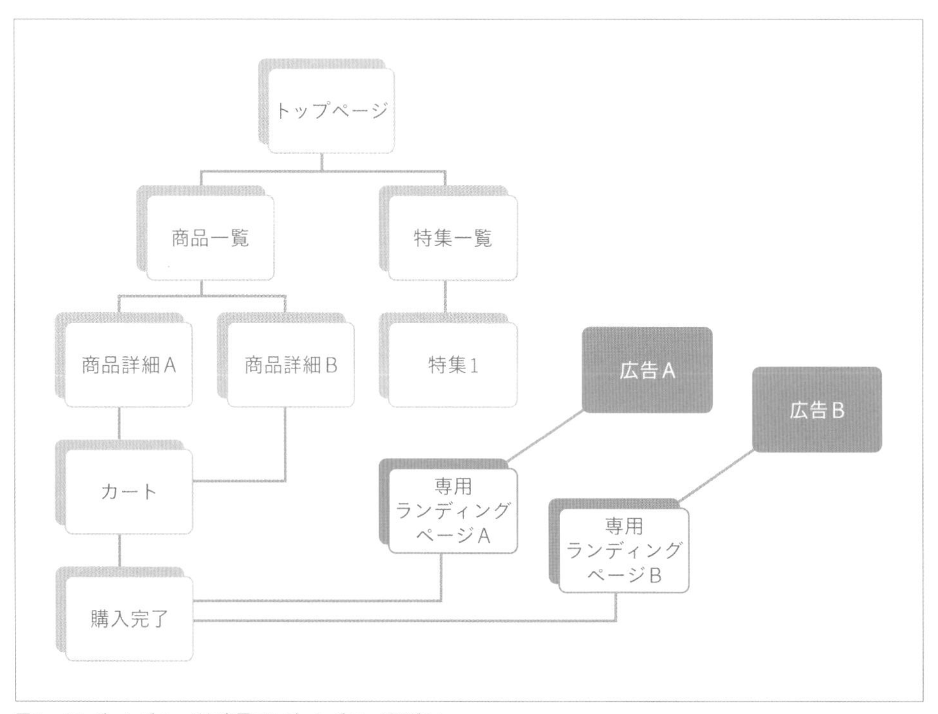

図2　ランディングページと専用ランディングページの違い

ランディングページは目的が明確だからこそ、分析はシンプルですが重要な指標ばかり扱います。次はその分析方法について確認してみましょう。

▶ Section 5-2

ランディングページを分析する

ランディングページは前述の説明の通り、その目的に応じて見るポイントが変わってきます。まずはサイトのトップページや、入口となるページに対して、どのような観点で分析をすれば良いかを紹介しましょう。

そもそも、どのページから流入しているかを確認する

大半のアクセス解析ツールはランディングページのレポートがあります。以下はあるBtoCサイトのランディングページのGA4レポートになります。

図1 ［レポート→ライフサイクル→エンゲージメント→ランディングページ］のレポート。流入が多い順にURLが並んでいる

一番流入が多いページが「ga4-auto-create」となっており、1682セッション（＝流入）があったことがわかります。ランディングしたページだけでサイトのゴールは達成できないので、これらランディングページで情報収集をしてサービスを理解したり、別ページに移動したりしてもらうことが大切になります。

Chap 2-5

「エンゲージメント率」を確認する

ランディングページが効果を発揮しているかを確認するために見るべき指標は「**エンゲージメント率**」です。エンゲージメント率はGA4で初めて導入された新しい指標で、訪問に対して以下3つの条件のうちいずれかが満たされれば「**エンゲージしたセッション**」となります。

1. **2ページ以上閲覧**
2. **10秒以上（管理画面で最大60秒まで変更可能）**
3. **コンバージョンとして設定したイベント（P.321参照）が発生した**

このエンゲージしたセッション数とセッション数を割り算したパーセンテージがエンゲージメント率となります。GA4のレポートで確認してみましょう。

	ランディングページ +	↓セッション	エンゲージのあったセッション数	エンゲージメント率	セッションあたりの平均エンゲージメント時間
		13,215 全体の 62.79%	9,483 全体の 74.91%	71.76% 平均より 19.3% 高い	1分 12秒 平均より 1.3% 低い
1	/ga4-auto-create	1,682	1,463	86.98%	1分 21秒
2	/user-cvr	840	602	71.67%	1分 11秒
3	/related-service/big-query/query-writing	493	330	66.94%	1分 07秒
4	/setting-implementation/ecommerce/ecommerce-implementation	493	308	62.47%	1分 05秒
5	/what-is-ga4/ua-metrics-in-ga4	454	329	72.47%	0分 45秒
6	/measure-flow/app-install	285	222	77.89%	0分 49秒
7	/glossary-help/dimension-list	263	202	76.81%	0分 54秒
8	/data-by-directory	251	165	65.74%	0分 35秒
9	/explore/report-type/recommended-report	245	179	73.06%	1分 12秒
10	/setting-implementation/enhanced-measurement	245	195	79.59%	0分 56秒

図2　図1に対して、画面右上の「レポートのカスタマイズ」で、「セッション」の「エンゲージのあったセッション数」と「エンゲージメント率」を「指標」に追加し、エンゲージメント率が高い順に並び替えたところ

多くのページにとってエンゲージメント率が高いことは良いことです。最低限の情報を確認してくれた、あるいはそこから別ページに移動やコンバージョンを達成しているからです。ユーザーやビジネス双方にとって意味があるページとなります。
この時に大切なのは**エンゲージメント率だけで評価をしない**ということです。流入数である**セッション数**もあわせて見る必要があります。エンゲージメント率が低くても1セッションしかなければサイトへのインパクトは少ないですし、平均値より少し低いくらいでも流入数が多ければちょっとした改善が大きなインパクトにつながります。

つまり大切なのは、

ランディングページとしてセッション数が多い　かつ　エンゲージメント率が低いページから直す

ということです。図2の例で言えば、「3位」くらいのページは66%と悪いわけではありませんが、サイト平均より低く流入も多いため改善案を考えてみる価値がありそうです。どのように改善案を出していけば良いかに関してはChapter2-5-3で詳しく説明をしていきます。

エンゲージメント率が高いページは手をつけなくて良いのか?

大切なのは**エンゲージメント率が低いページを直す**という考え方を紹介しました。しかし流入が多い1位のページのエンゲージメント率をさらに高めることが、一番インパクトがあるのではないか？ と考える方もいるかもしれません。
この考え方は間違っていないのですが、悪いページを普通のページにするより、普通のページを良いページにす方が、難易度が高いのです。理由としてはサイト内では、悪いページを改善するために「エンゲージメント率が高いページ」を参考にできるかもしれませんが、エンゲージメント率が高いページに関しては参考となる情報やヒントがサイト内から見つかりません。外の事例などもあるかもしれませんが、それが自社サイトに有効とは限りません。
まずは**エンゲージメント率が悪いページから改善するる**ほうが、サイト全体の回遊を増やすという観点では効率が良いでしょう。逆にエンゲージメント率が高いページは、ページ内を改善するより、該当ページへの流入数を増やす集客施策を考えたほうが良いです。

「直帰率」という指標はどうなったのか?

本書をご覧の方には「**直帰率**」という単語をご存じの方もいるかと思います。旧Google Analytics含め多くのアクセス解析ツールやマーケティング界隈で利用されてきた指標で「サイトを訪問し1ページだけ見て離脱した割合」を指します。
しかしGA4の登場によりこの直帰率を大切にする考え方が変わってきました。直帰率はあくまでも「1ページだけ見た」という条件で判定を行います。そのため、サイトにきて5秒で離脱した訪問も、コンテンツを下までスクロールして15分読み込んでから離脱した訪問も同じ直帰という扱いになってしまいます。ただ、この2つの訪問は本当に同じ意味合いなのでしょうか？ という考え方により、GA4では直帰率が前面に出ないようになりました。

GA4でも直帰率という指標は用意されているのですが定義として「エンゲージしていない訪問の割合」

つまり「1－エンゲージメント率＝直帰率」になりました。したがって1分見て離脱した訪問は直帰ではなくエンゲージメントに分類されます。
直帰率という考え方がすぐに無くなることはありませんが、今後その重要性や考え方は変わってくるのではないでしょうか。

	ランディングページ	↓セッション	エンゲージのあったセッション数	エンゲージメント率	直帰率
		13,215 全体の 62.79%	9,483 全体の 74.91%	71.76% 平均より 19.3% 高い	28.24% 平均より 29.13% 低い
1	/ga4-auto-create	1,682	1,463	86.98%	13.02%
2	/user-cvr	840	602	71.67%	28.33%
3	/related-service/big-query/query-writing	493	330	66.94%	33.06%
4	/setting-implementation/ecommerce/ecommerce-implementation	493	308	62.47%	37.53%
5	/what-is-ga4/ua-metrics-in-ga4	454	329	72.47%	27.53%
6	/measure-flow/app-install	285	222	77.89%	22.11%
7	/glossary-help/dimension-list	263	202	76.81%	23.19%
8	/data-by-directory	251	165	65.74%	34.26%
9	/explore/report-type/recommended-report	245	179	73.06%	26.94%
10	/setting-implementation/enhanced-measurement	245	195	79.59%	20.41%

図3　図2に対して、「レポートのカスタマイズ」で、「指標」に「セッション」の「直帰率」を追加

エンゲージメント率の平均はどれくらい?

まだエンゲージメント率が登場して数年ということで明確な基準値は用意されていません。ランディングページの種類や広告の精度などによっても変わってきます。ただサイト全体としては3分の2（67%）以上のエンゲージメントを目指したいところです。
ページ単位で見れば違いはあるかと思いますが。広告流入などがないランディングページに関しては上記の数値を参考に、改善優先順位が高いページをピックアップしてみてはいかがでしょうか？

専用ランディングページで見るべき指標

次に「**専用ランディングページで見るべき指標**」について紹介をします。エンゲージメント率を見ることも大切なのですが、最も大切なのは**そのページ経由のコンバージョン率**です。またECサイトのようにサイト上で売上が発生するサイトであれば、該当ページ経由の売上貢献額が大切になります。同じ流入数であれば、エンゲージメント率が80%でコンバージョン率が0.5%のページより、エンゲージメント率が50%でコンバージョン率が1%のページの方がサイトにとっては有益でしょう。

専用ランディングページはその流入元によってもエンゲージメント率やコンバージョン率が変わってきます。訪れる人が、どういう前提知識や思いでサイトを訪れるかによって、ページの評価が変わるからです。Chapter 2-5-3でも詳しく紹介しますが、専用ランディングページのエンゲージメント率・コンバージョン率・売上貢献を流入元ごとに確認してあげることで、改善のヒントを見つけることができます。
また、「**ヒートマップツール**」も改善を行う上では非常に有効です。ヒートマップツールとは、ページ内のどこまでスクロールしてくれたか、どこが注目されていたかを可視化してくれるツールです。サービスの説明ページをしっかり作ったとしても、誰も最後まで読んでくれなければ意味がありません。
Chapter 2-5最後のコラムでいくつかのツールをスクリーンショットおよび分析方法とあわせて紹介します。また本書では詳しくは説明しませんが、GA4で読了率やスクロール率の計測設定を行ってデータを取得する方法もあります（P.177に参照がURLあります）。

複数の応募ボタンごとのクリック数を計測することが大切え方

ランディングページでは内容をスクロールしながら読んでいたときに、興味を持ったらすぐに申し込みができるように、1つのページ内の**複数箇所に「申し込みボタン」を配置している**ケースがあります。
上記のヒートマップと似たような考え方ですが、どのボタンが一番押されているのかを発見することは、**利用者がどこの内容に注目しているか**を発見する有効な方法です。
多くのアクセス解析ツールでは、あるページから違うページに飛んでいるリンクが複数箇所ある場合、区別をつけることができません。しかし、リンクに記述を追加することで、取得できるようになるツールもいくつか存在します。

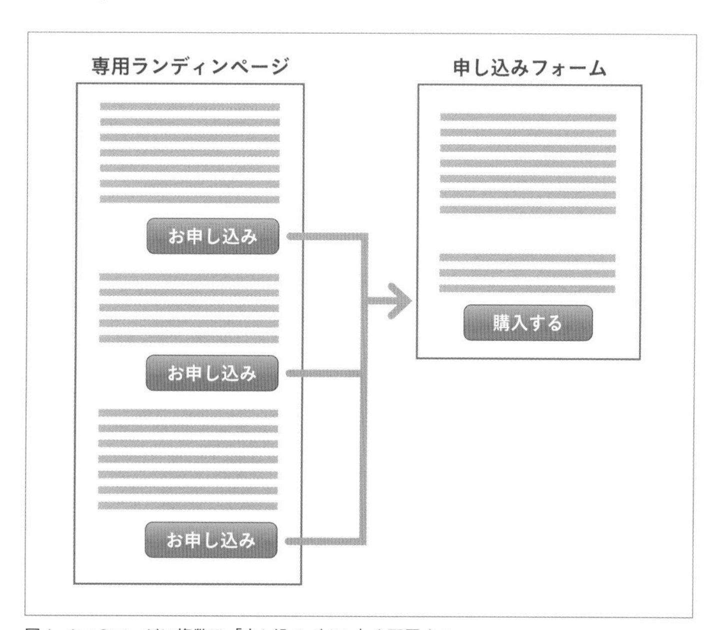

図4　1つのページに複数の「申し込みボタン」を配置する

GA4では、各ボタンにクラス名を記載し、その計測をGoogleタグマネージャーを利用して計測します。詳しい設定方法を確認したい場合は、筆者の以下サイトをご覧ください。

- **カスタムイベントの実装方法**
  https://www.ga4.guide/admin/property/event/custom-event-implementation/

Section 5-3

ランディングページの改善ポイントを見つける

ランディングページで最も大切なのはエンゲージメント率

では早速、ランディングページの改善をするための分析方法を紹介します。「ランディングページ」にしても「専用ランディングページ」にしても、もっとも大切なのは、そのページを見て離脱するのではなく、**次のページに遷移してもらう**ことです。そして、この数値を改善するためにはエンゲージメント率が低いページを確認し、その原因を特定し、改善方法を考える必要があります。
エンゲージメント率を確認する方法は、Chapter 2-5-2で紹介しました。原因を特定をする方法をここでは詳しく見ていきましょう。

エンゲージメント率×流入元を確認する

エンゲージメント率は、その流入元によって変わることが多いです。たとえば、あるブログで皆さんのサイトが紹介されていたとしましょう。そのときの説明文は以下の通りです。

> こちらのサイトのミカンは非常に美味しく、お値段もスーパーで買うときの半額です。
> 特に期間限定品である、〇〇ミカンは小ぶりながら濃縮された味が他のミカンとはひと味違います。詳細はぜひ、こちらのサイトをご覧ください。

内容的には問題なく、好意的に商品が紹介されています。しかし、流入したページでは「りんご」を販売していました。これではミカンが気になってサイトに訪れた人の大半は帰ってしまいます。上記は極端な例ですが、このような形で流入元の内容によっては、いくら作りこまれたランディングページでもエンゲージメント率が低くなってしまいます。

GA4での確認方法

データを確認するためにエンゲージメント率と流入元をかけあわせて見ましょう。GA4での操作方法を説明いたします。
[探索]から「自由形式」を選択し、ディメンションに「ランディングページ」「セッションのデフォルトチャネルグループ」を追加し、指標に「セッション」と「エンゲージメント率」を追加しました。

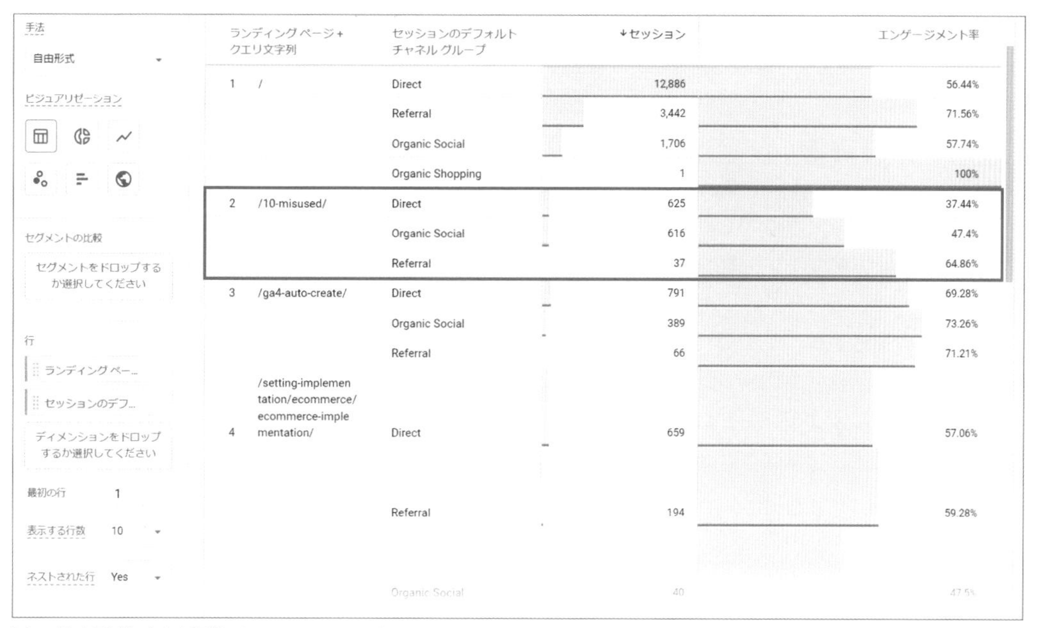

図1 「自由形式」を本文記載のとおりカスタマイズ

こちらのレポートの3位のページ「ga4-auto-create」を確認すると、どの流入元からきてもエンゲージメント率が60%を超えていて高いことがわかります。しかし2位の「10-measured」のページを見るとエンゲージメント率が低いことがわかり、また流入元ごとにエンゲージメント率に差があることがわかります（Directは37%しかないが、Referralは65%と高い）。

エンゲージメント率×流入元の改善方法

このようにエンゲージメント率と流入元をかけあわせると主に2つのケースがあることに気づきます。1つは「どの流入元で見てもエンゲージメント率が低い（あるいは高い）」というケースです。もう1つは「流入元ごとでエンゲージメント率が大きく違うという」というケースです。

どの流入元から来てもエンゲージメント率が変わらない場合

前者について考えてみましょう。この結果が意味することは「**どの流入元から来ようがユーザーのランディングページでの行動に大きな違いがない**」ということを意味しています。この場合は流入元に改善の余地があるというよりは、ページ側のほうを対処する必要があります。特にどこからきてもエンゲージメント率が低い場合は、ページ改善の優先度が高くなります。

直すための考え方としては、**エンゲージメント率が高い他のランディングページを参考にする**ことがまずは良いでしょう。エンゲージメント率が高いページと低いページを自分の目で見比べることで何かしらの共通項が見つかるかもしれません。タイトルの付け方、ページのテーマ、ページの長さ、画像の利用有無、その後に誘導ページの掲載場所や飛び先などが該当します。良い気づきがあれば、それをエンゲージメント率が悪いページに反映してみましょう。

流入元ごとでエンゲージメント率が大きく違う場合

後者は、**流入元によってエンゲージメント率が変わる**というケースです。こちらではエンゲージメント率が高い流入元と低い流入元を確認してみましょう。今回の例では「セッションのデフォルトチャネルグループ」という流入の最も大きな分類を使いました。「セッションの参照元/メディア」や「ページの参照元URL」と差し替えることでより具体的な流入元を確認できますので、実際に該当サイトやページを確認しにいきましょう。

流入元に関しては自分でコントロールできる流入元とできない流入元があります。例えば自社で投稿しているソーシャルメディアやブログ、出稿している広告であればエンゲージメント率の差を元に改善案を考えてみましょう。こちらもエンゲージメント率が高い流入元を参考に文章や画像など差し替えてみましょう。

逆に自分がコントロールできない流入元に関しては、「対応しない」あるいは「その流入元を意識して（特に流入が多い場合）ランディングページ側を合う内容に変更する」という選択肢がとれます。どこまで対策するかは、その流入元の流入比率にもよります。

エンゲージメント率と新規・リピートを確認する

次にエンゲージメント率と新規・リピート流入をかけあわせて見るということを考えてみましょう。ランディングページを訪れている人が、新規の人が多いのか、リピーターが多いのかによってページ内で見せるべきコンテンツの内容や順番が変わってきます。

エンゲージメント率×新規・リピートの確認方法

先程と同じようにGA4でレポートを作成してみました。ディメンションに「ランディングページ」を、指標は「セッション」と「エンゲージメント率」に設定しています。さらにセグメント機能（P.332で紹介）を利用して「新規」と「リピート訪問」にデータを分けています（図2）。

データを読み解いてみましょう。まずエンゲージメント率全体で見ると、新規のほうがリピーターより高いことがわかります（64.07% vs 50.93%）。そしてページごとに見てもその傾向は大きく変わりません。初回訪問のほうがしっかりページを見てくれることがわかります。

しかしリピート訪問と新規訪問の閲覧割合はページによって大きく変わってきます。

例えば3位の「ga4-auto-create」に関しては新規の方が訪問が多く、しかもエンゲージメント率が高い状態となっています。

セグメント	リピート訪問		新規訪問	
ランディングページ + クエリ文字列	セッション	エンゲージメント率	セッション	エンゲージメント率
合計	20,269 全体の 52.38%	50.93% 平均より 12.77% 低い	18,997 全体の 49.1%	64.07% 平均より 9.75% 高い
1 /	8,828	52.1%	9,073	67.7%
2 /10-misused/	624	36.38%	659	49.17%
3 /ga4-auto-create/	318	56.29%	930	75.48%
4 /setting-implementation/ecommerce/ecommerce-implementation/	504	51.79%	392	63.27%
5 /related-service/big-query/query-writing/	539	37.48%	317	61.83%
6 /what-is-ga4/ua-vs-ga4/	463	39.96%	201	61.19%
7 /what-is-ga4/ua-ga4-definition/	339	47.2%	216	57.41%
8 /measure-flow/add-tag/	303	51.49%	214	83.64%

図2 「自由形式」を本文記載のとおりカスタマイズ

新規の人が3倍近く訪れており、エンゲージメント率も高いため新規訪問のエンゲージメント率を改善する上では今後参考になるページです。

6位のページの「ua-vs-ga4」のページに関しては逆にリピーターのほうが、セッションが倍近いにも関わらず、エンゲージメント率が40%を切っております。つまり多いリピーターに向けて最適化されていないページです。リピーターのエンゲージメント率が高いページを参考に改善案を見つけ出してみるのが良いでしょう。

新規向けの改善を行うポイントとしては「サイトを初めて見た人」になるため、サイトの概要や特徴がわかりやすい情報や、それがわかるページへの誘導を積極的に行いましょう。リピーターにとっては新しい情報がほしいため「更新情報」や「キャンペーン情報」などをお伝えしてあげると良いでしょう。

エンゲージメント率だけではなく、遷移率やコンバージョン率も確認しよう

エンゲージメント率は「ちょっとしか見てくれない人」に「少しでも見てもらう」という観点での指標となります。それ以上に大切なのはエンゲージした訪問が、その後複数ページを見てくれたり、コンバージョンをしてくれることです。通常ページのランディングページであれば「遷移率」、専用ランディングページであれば「コンバージョン率」も重要な指標としてレポートで確認を行いましょう。

ランディングページからの遷移率

ランディングページ内に複数のリンクがある時に、どのページに移動したかを把握することはユーザー行動を理解する上でも大切です。リンクの中でもコンバージョンに近づくようなページに遷移してもら

Chap 2-5

うことが、サイト改善においては欠かせません。例えば商品の一覧ページに入ってきた人がトップページに移動するのと、商品ページに移動するのでは後者のほうがコンバージョンに近づきます。

閲覧したページからどのページに移動したかをGA4で確認するには［探索→経路データ探索］のレポートを活用しましょう。指定したページタイトルやページURLから次にどのページに移動したかを簡単に確認できます。望むページに移動しているのか？ またページを直した後にユーザーの遷移先はどのように変わったのか？これらをチェックするために欠かせないレポートです。

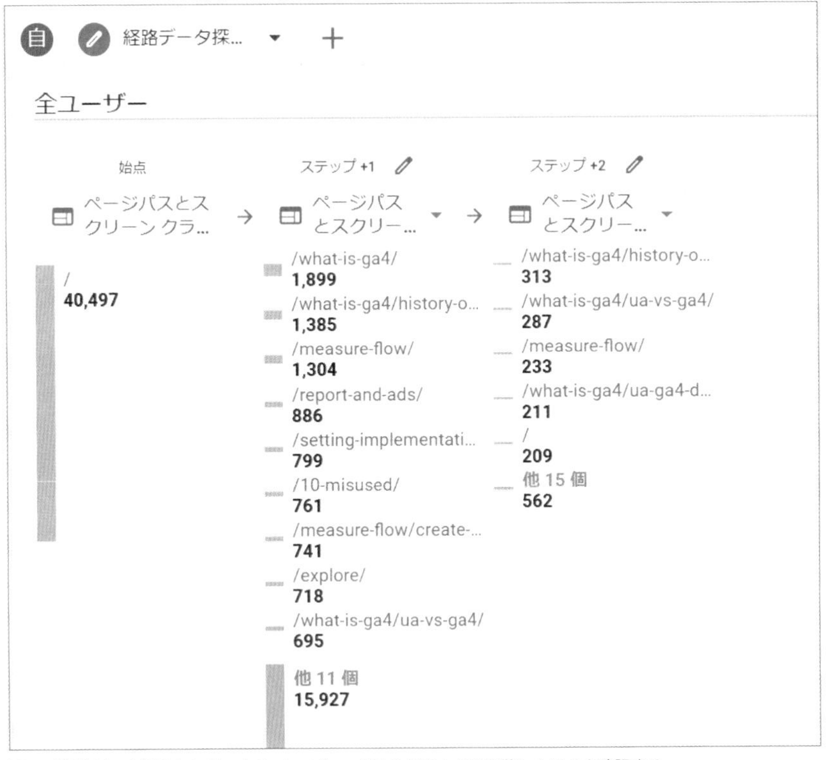

図3 「経路データ探索」レポートで、トップページからどのように遷移したのかを確認する

専用ランディングページからのコンバージョン率あるいは売上貢献

専用ランディングページの場合、その目標はコンバージョンを直接してもらうことです。そのためコンバージョン率が高く、売上への貢献が大きいランディングページが、良いランディングページと言えます。同じようにGA4データを確認してみましょう。
先ほど作成したレポート（図1）に「コンバージョン」と「セッションのコンバージョン率」を追加しました。ECサイトでeコマース計測を実装している場合は「eコマースの収益」の指標もあわせて追加しましょう。

	ランディング ページ + クエリ文字列	↓セッション	エンゲージメント率	コンバージョン	セッションのコンバージョン率
	合計	38,693 全体の 100%	58.38% 平均との差 0%	800 全体の 100%	1.58% 全体の 100%
1	/	17,944	59.96%	518	2.15%
2	/10-misused/	1,279	43.08%	10	0.55%
3	/ga4-auto-create/	1,247	70.57%	5	0.4%
4	/setting-implementation/ecommerce/ecommerce-implementation/	894	57.05%	2	0.22%
5	/related-service/big-query/query-writing/	858	46.5%	8	0.93%
6	/what-is-ga4/ua-vs-ga4/	664	46.39%	10	1.36%
7	/what-is-ga4/ua-ga4-definition/	555	51.17%	10	1.26%
8	/measure-flow/add-tag/	518	64.67%	1	0.19%
9	/what-is-ga4/ua-metrics-in-ga4/	503	63.02%	5	0.8%
10	/business-objective/	490	64.9%	2	0.2%

図4　図1に「コンバージョン」と「セッションのコンバージョン率」を追加

データを見るとコンバージョンにつながっているランディングページや、流入が多くてもコンバージョン率が低いランディングページを発見できます。改善のためには流入が多いランディングページのページ内を改善する、コンバージョン率が高いランディングページへの流入数を増やすことで、コンバージョン数の増加を実現していきましょう。

Column

ランディングページと相性が良い改善方法　ヒートマップツール

ヒートマップツールとは、ページ内のどこを見ているか、どこまでスクロールしているか、クリックした場所はどこか？ などを把握することができるツールです。アクセス解析ではわかりづらい、「**なぜ**」を発見することができるサイト内分析ツールの一種です。ツールによってはサイトを訪れた方の行動を録画しておきプレイバックする機能を備えていたりします。
代表的なツールとして「**Microsoft Clarity**」「**ミエルカヒートマップ**」「**USERDIVE**」「**PtEngine**」「**User Heat**」などがあります。

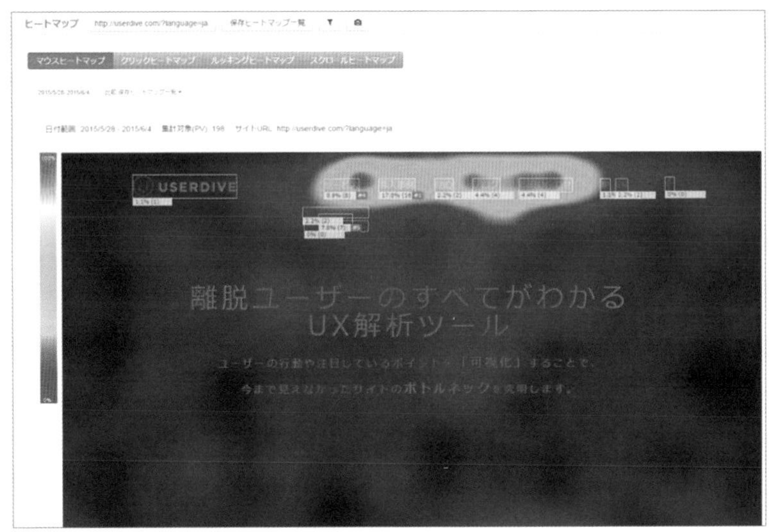

USERDIVEのマウスヒートマップ（マウスの動きを可視化）

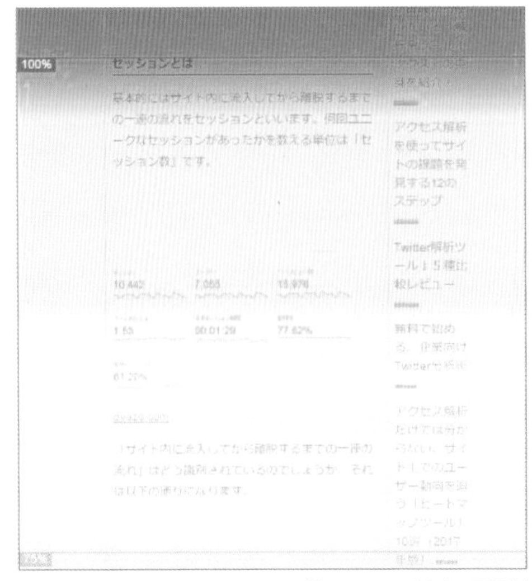

USERDIVEのスクロールヒートマップ（スクロール到達率を可視化）

Column

たとえばランディングページの下部に購入へのリンクがあり、そのクリック率が低かったとしましょう。またページのエンゲージメント率も低いとしましょう。**クリック率もエンゲージメント率も低い**ことはアクセス解析ツールからわかりますが、その原因はわかりません。しかしヒートマップツールを使えば、その理由をある程度特定できます。
クリック率が低い理由は2つ考えられます。

1. そもそもボタンの位置までほとんどの人がスクロールしていない場合です。これはヒートマップツールのスクロールヒートマップを見ることで発見できます。スクロールがされていない場合は、そもそもボタンが目に入っていないためクリック率が低くなっている可能性が高いです。ボタンの位置を見直すなどを考えたほうが良いでしょう。

2. 逆に8割の人がボタンの位置まではスクロールしているのにクリック率が低い場合です。これはボタンの位置ではなく、ボタンで使われている文言やページの内容が原因かもしれません。その場合は位置を変えてもクリック率が上がることはないので、内容を変えてA/Bテストなどを行ってみるとよいでしょう。改善につながるかもしれません。またヒートマップを利用する上で大切なのは、「**セグメント**」を行うことです。全体的な傾向を見るだけではなく、コンバージョンした訪問としていない訪問でヒートマップを比較すると思わぬ気づきがあるかもしれません。たとえばコンバージョンしている人が特に読んでいるコンテンツや、スクロール量に特徴があるケースを筆者はよく発見します。コンバージョンにつながっているページ内のコンテンツがあるのであれば、掲載位置を上に持ってきたり、さらに内容を増やしたり、専用のページを用意したりしてみることでコンバージョン率を改善できる可能性があります。

アクセス解析、A/Bテスト、ヒートマップの3つのツールは組み合わせて利用すると相性が良いツール群です。まず**アクセス解析**を活用して分析をして気づきを発見しましょう。
気づきの原因を探るために**ヒートマップ**を利用し、改善案を考えるヒントにします。
得られた気づきをもとに改善案を**A/Bテスト**で実行し、実行後にアクセス解析とヒートマップを使って評価。このように3つのツールを活用することで、分析・改善の精度を上げることが可能ですので、ぜひセットで利用することを検討してみてください。

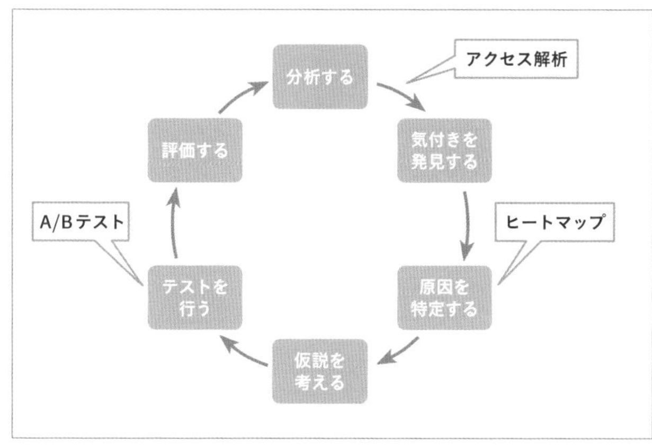

3つのツールを利用して継続的な改善を行う

Chapter 2 ▶ Section 6

オウンドメディア

▶ Section 6-1

オウンドメディアの目的を理解する

本Sectionでは、「オウンドメディア」に関する分析手法や施策の事例を紹介いたします。まずは用語の定義をしておきましょう。「**オウンドメディア**」とは企業が運営する、文章・画像・動画などを中心としたコンテンツ群です。通常は独立したサイト、あるいはページ群として用意されています。オウンドメディアの目的は多岐に渡りますが、最終的な目標は**自社サービスに対するお問い合わせ、会員登録、商品購入など何かしらビジネスのリターンを期待すること**が企業視点でのゴールとなります。メディア単体でバナー広告・広告記事などで収益を直接上げるケースもあります。

図1　オウンドメディアの例。キャッシュバック賃貸が運営する「SINGLE HACK」

オウンドメディアの重要性は例年増しています。多種多様なサイトやサービスがある中で、サイトがあるだけではユーザーはサイトに訪れてくれません。さまざまな集客方法がある中で、オウンドメディアに関しては、他の広告のように別サイトで露出をするのではなく、自社サイト内にコンテンツをためていくことができます。結果として、**自然検索流入との相性も良く、運用をしっかり行うことで安定した流入を期待することができる**ということもあり、自然検索流入の施策の1つとしてメディアを作成する企業も増えています。

オウンドメディアは一夜で成果を生むものではない

オウンドメディアをこれから作成したいと考えている企業やサイトが最初に理解しておくべき重要なことがあります。それは**コンテンツを作成してもいきなり成果が生まれるというわけではない**ということです。
これはユーザーの立場に立ってみるとわかりやすい話です。たとえば皆さんが観光地に関する記事を読んだとしましょう。読んで直後にそのサイトで旅行を予約しますか？　あるいは、デザイナーズマンションの特集記事を読んだとしても、すぐに引っ越しを検討しますか？　もっと言えば、コンテンツがきっかけでそのときにすぐに何かアクションしたことがあるでしょうか？
コンテンツは最終的なゴールは自社サイトやサービスでの「コンバージョン」ですが、ユーザーとしては書かれているコンテンツを見に来ているわけであって、そのゴールにはすぐには到達しません。しかし、繰り返し来てくれたり興味を持ってくれたり、ブランド名を覚えてくれたりすることで近い将来コンバージョンしてくれる可能性はあります。コンテンツがきっかけで商品やサービスに興味を持った例は皆さんもあるのではないでしょうか。
つまり成果を出すために大切なのは、**慌てずに時間をかけて興味関心を持ってもらうことからスタートする**ということです。決してゴールをあきらめるという話ではなく、一歩ずつ進んでいくという話です。

筆者はよく、「オウンドメディアで成果を出すこと」をミネラルウォーターが作られる方法を例にたとえて話をします。
ミネラルウォーターはすぐに手に入るものではありません。まずは山に雨が降り、それらが山の間を通り、川に流れ、最終的に工場で吸い上げられるわけです。雨が降った瞬間にミネラルウォーターができるわけではありません。降った雨が商品になるまで何年・何十年かかるかもしれません。さすがにオウンドメディアはそこまで時間がからないとは思いますが、一朝一夕というわけではないということはご理解いただけるのではないでしょうか。筆者の経験から、（コンバージョンの種類・内容・商材にもよりますが、）**最低でも半年**はしっかりと取り組む必要があるのではないでしょうか。

本書はWeb分析の本のため、コンテンツの作成に関しては詳しくは触れません。ここからは主にコンテンツをどのように評価すればよいか、そしてより成果を出すための改善事例やTIPSを中心に紹介します。

コンテンツをどのように評価するのか?

オウンドメディアにあるコンテンツ。どのコンテンツが「良い」コンテンツなのでしょうか？アクセス数が多ければ良いのか？　多くの人にシェアしてもらえる記事が良いのか？　成果につながりやすいコンテンツが良いのか？　分析の観点で見れば、1つの記事で取得できる情報は多岐に渡ります。

ランディング ページ: ランディング ページ　過去28日間 3月7日～2023年4月3日

/knowledge/　1ページあたりの行数: 10　移動: 1　1～10/35

	ランディングページ	↓セッション	直帰率	ユーザー	新規ユーザー数	セッションあたりの平均エンゲージメント時間
		8,297 全体の 12.58%	45.49% 平均より 13.97% 低い	6,990 全体の 15.77%	6,271 全体の 16.15%	0 分 55 秒 平均より 5.22% 高い
1	/jp/knowledge/44362	1,267	45.07%	1,069	917	1 分 02 秒
2	/jp/knowledge/35714	1,254	50.32%	1,096	1,026	0 分 44 秒
3	/jp/knowledge/56519	1,128	49.82%	999	872	1 分 01 秒
4	/jp/knowledge/57159	661	39.79%	594	489	0 分 59 秒
5	/jp/knowledge/27845	494	38.87%	302	121	1 分 48 秒
6	/jp/knowledge/30748	459	53.38%	334	322	0 分 30 秒
7	/jp/knowledge/57434	283	30.39%	259	206	0 分 45 秒
8	/jp/knowledge/57376	247	52.23%	189	180	1 分 10 秒
9	/jp/knowledge/56844	176	41.48%	158	141	1 分 05 秒
10	/jp/knowledge/24309	175	40.57%	171	170	0 分 29 秒

図2　記事ごとの基本的な指標。GA4の［レポート→エンゲージメント→ランディングページ］を開き、画面右上の「レポートのカスタマイズ」で「指標」に「セッション」の「直帰率」を追加

GA4のランディングページでは上記のような情報が取得できます。それ以外にも設定することで、スクロール率・読了率なども取得できます。他にもGA4では取得できないソーシャルでのシェア数などもあるでしょう。これだけ数値が多いとどのように判断すればよいかが難しくなってしまいます。そこでコンテンツを評価するときに見るべき4つの指標を紹介いたします。

コンテンツを評価する4つの力

コンテンツは4つの視点で評価するとよいでしょう。その4つは以下の通りです。

集客力

訪問を集める力。より多くの人に見てもらえることができるようなテーマや内容になっているのか。また間接的にソーシャルメディアのシェアによる流入などもこの集客の一部として考えられます。

●閲覧力

コンテンツがしっかり読まれているか。主に最低限の文章量の有無、途中飽きさせないような工夫がコンテンツやレイアウト面で行われているかなどが重要になってきます。

●誘導力

コンテンツを読み終わった後に**他のコンテンツやページへの誘導が行われているか**を表します。関連コンテンツへのリンク有無（またはその精度）、それ以外ページへの誘導がわかりやすい位置に置かれているかなどがこの数値に影響を与えます。

●成果力

サイトで設定されている**コンバージョン（目標）の達成率**を表します。コンテンツとサイトのゴール内容がマッチしているか、コンバージョンへの導線が適切に貼られているかなどを評価することができます。

4つの力はファネル（漏斗）のように見るべきものだと考えています。まずは人を集め（集客力）、そしてコンテンツを読んでもらい（閲覧力）、その後に他の記事やページも見てもらい（誘導力）、最終的にゴールにつなげる（成果力）といった形です。そのため、大切なのは「**4つの力」を同列に扱うのではなく、順番に改善していくという考え方**です。最初に紹介したミネラルウォーターが完成するまでの流れと一緒です。

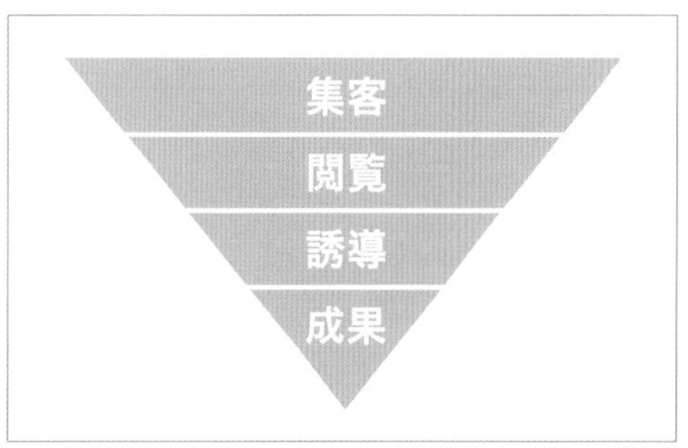

図3　4つの力は順番で考える

サイトを立ち上げた、あるいはコンテンツを作り始めたタイミングでは「**集客力**」を最重要視しましょう。そして集客量や、サイト全体の中で占める訪問の割合が適度（例：10%～20%）になったら次の「**閲覧力**」に進むといった形です。

コンテンツ評価以外にも使える4つの力

オウンドメディアなどの記事評価に使いやすい4つの力ですが、活用はそれに限定されません。Webサイトにある通常のコンテンツ比較にも利用することができます。たとえば、サイト内にある**複数の特集の評価**なども利用できます。
「春の着回し特集」「スタッフオススメカーディガン」「暖かくなってきた時のオススメコーデ」など複数の商品を紹介しているページ同士を比較し、利用者のニーズやそこからの成果を比較するといったことも可能です。

またサイトを初めて分析するときに、**サイトにとって重要なページ**や**課題となるページ**をすぐに確認できます。たとえば「集客力が高いけど誘導力が低いページ」や「誘導力も成果力も高いけど、集客力が低いページ」といった具合です。アクセス解析ツールのデータを眺めるより、効率的に気付きを発見することが可能なのも4つの力の特徴です。
なお、このような比較をする場合は、**似たようなページ同士**を比較しないと意味がありません。たとえばトップページと、カートページを比較してしまうと、カートページの方が成果力は、(ゴールに近いため)必ず高くなってしまいます。コンテンツ同士・商品一覧同士など同じレイヤー(=種類)のページを比較することを意識しましょう。
それでは4つの力、それぞれの計測方法や事例などを紹介していきます。

Section 6-2

「集客力」の考え方

コンバージョンやオウンドメディア内のレイアウトやデザイン変更なども大切ですが、まずは人を集めないと何も始まりません。コンテンツがサイトあるいはビジネスの直接的なゴールにつながることは、(特に最初は)少ないです。コンテンツ戦略を練っていく中で、ゴールを決めて意識することは大切ですが、まずは人を集めないと、成果の対象となる人数も集まらないし、成果に辿り着いた人の分析もままなりません。というわけで、コンテンツの運用を始めたら、**まずは集客力を上げること**を第一の目標にしましょう。
作成したコンテンツをより多くの人に見てもらいたい。そのための集客アップ術や記事などはたくさんあります。それらを参考にして記事を書くというのも良いのですが、一時的なアクセスアップ(「バズらせる」)を狙うのではなく、定期的に一定量のアクセスを増やすことを考えるのであれば、欠かせないのが**SEOと分析の観点**になります。

ソーシャルメディアやソーシャルブックマーク、キュレーションメディアからの流入による大量アクセスは派手でわかりやすいのですが、多くの記事ではその後のサイト定着にはつながっていません。皆さんも利用しているニュースアプリなどから見た記事が、どのサイトだったかを覚えていることはまれだと思います。
しかし、検索エンジンからの流入は、爆発的な威力はないかもしれませんが、利用者が能動的にキーワードで検索をしてサイトに流入しているため、そのキーワード自体に需要があれば、継続的に流入があり、今後紹介していく、「閲覧力」「誘導力」「成果力」も高い傾向にあります。
そして集客力が高い記事は、サイトによって変わってきます。「時事ネタを取り入れればよい」「あおるようなタイトルや○○選のようなタイトルがいい」ということではありません。そこで、まず大切なのは自社サイトのコンテンツで、**どのような記事が集客力を持っているか**を確認することです。

「集客力」の定義

「集客力」に関しては、筆者は2つの数値を見るようにしています。1つは「**流入回数**」、もう1つは「**ユーザー数**」です。名前が似ていますが、「流入回数」は該当記事が**サイト訪問の最初のページ**であった回数です。GA4では「ランディングページ」のレポートの「セッション」で確認をすることができます（前述の図2参照）。
それに対して「ユーザー数」はサイトを訪れたときの最初のページである必要はなく、**トップページから流入し、該当記事にたどり着いた場合**もカウントします。こちらはGA4では「ページとスクリーン」内にある「ユーザー」で確認ができます。

検索...　　1ページあたりの

	ページパスとスクリーン クラス	↓表示回数	ユーザー	ユーザーあたりのビュー	平均エンゲージメント時間
		151,150 全体の 100%	44,811 全体の 100%	3.37 平均との差 0%	1分15秒 平均との差 0%
1	/	21,001	12,509	1.68	0分07秒
2	/jp/	17,749	9,623	1.84	0分32秒
3	/jp/course/wac/	10,617	6,029	1.76	1分14秒
4	/course/exam-wac/	6,374	3,067	2.08	0分13秒
5	/user-login/	6,198	1,960	3.16	0分44秒
6	/course/	6,125	1,995	3.07	0分28秒
7	/course/lecture-wac/	4,891	2,082	2.35	0分18秒
8	/jp/course/wac/textbook/	4,476	2,808	1.59	0分22秒
9	/course/exam-wac/19845/	4,272	2,385	1.79	1分14秒
10	/members/	3,443	1,003	3.43	0分50秒

図1　ユーザー数。[レポート→ライフサイクル→エンゲージメント→ページとスクリーン] を開く

「集客力」の分析

記事がある程度たまってきたタイミングで月に何度か評価を行いましょう。
記事ごとの「**流入回数**」「**ユーザー数**」のランキングを作成します。そして上位に入ってくる記事に何かしらの特徴がないかを確認してみましょう。

特徴を探す上では、以下4つの視点を持っておくとよいでしょう。

- **テーマ：**どういったジャンルの記事が集客につながりやすいのか
- **タイトル：**タイトルの書き方（疑問形・数値を追加するなど）に何かしら特徴はないか
- **文章量や画像量：**文章は大体何文字くらいあるのか？ 画像はどれくらい利用しているのか
- **流入元とのかけあわせ：**該当記事にどこから流入しているかに特徴があるか？（自然検索が多いのか、ソーシャルが多いのかなど）

何かしら特徴が見つかれば、それらを活かして「集客を狙った記事」を意図的に書いてみましょう。SEOの観点で見ると、どういったキーワードを含めて記事を作成するかも大切になってきます。Chapter 2-1の内容を改めて見直していただきつつ、あわせてよく検索されているキーワードを意識して記事を作成することをオススメします。

無料で利用できるサービスであれば「ラッコキーワード」（http://www.related-keywords.com/） などを利用してみるとよいでしょう。

図2　ラッコキーワード（http://www.related-keywords.com/）

また有料にはなりますが、あるキーワードに関連するキーワードをグルーピングしてくれる「MIERUCA」（https://mieru-ca.com/）なども非常に便利です。

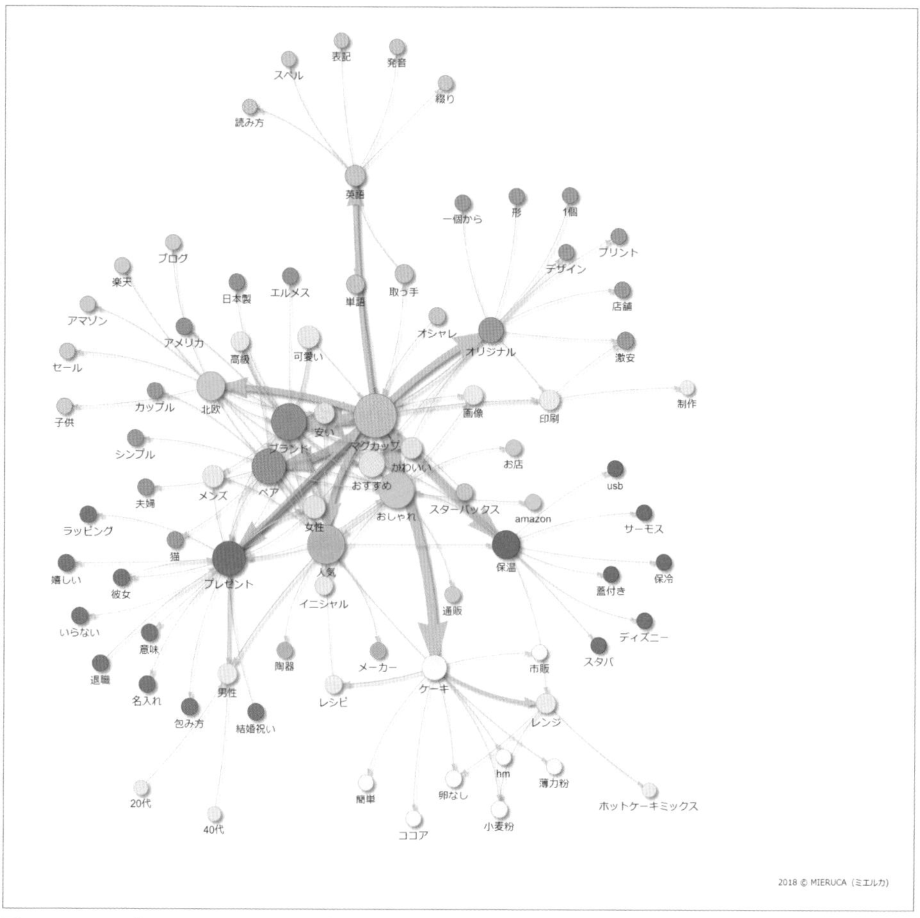

図3 MIERUCA（https://mieru-ca.com/）

「集客力」を増やすためのチェックリスト

集客力を伸ばすために、意識するべきチェックポイントを上げておきました。
ぜひ確認しておきましょう。

- 記事テーマの関連キーワードは記事内に**複数**用意されているか
- 該当テーマは速報性があり、読者が**今欲しい内容**となっているか（旬のニーズを把握しているか）
- あるいは該当テーマは普遍性があり、**継続的なニーズ**が存在するか
- 特にサイトにとって重要なキーワードや情報は**複数視点・複数記事**が用意されているか
- 集客力が高い記事から、他記事への**誘導**が行えているか

- ソーシャルでシェアするためのボタンは**記事上部**と**下部**に用意されているか
- ここだけは世の中のどの記事にも負けないという「**ウリ**」や「**ポイント**」があるか
- 記事には、意見を表明したくなる「**議論ポイント**」「**わかりやすいサマリー**」「**気付き**」が用意されているか
- コンテンツを作成したときに、その内容を**広報**する場所やメディアを用意しているか
  ソーシャルでシェアする場合は**画像**が表示されるようになっているか（OGP設定）
- 今もアクセスがある古い記事はコンテンツのアップデートやより最新の記事への**誘導**が行われているか

Section 6-3

「閲覧力」の考え方

閲覧力は**コンテンツがどれくらい読まれているか**を表す指標となります。
集客してページやコンテンツに人を集めても、読んでもらわなければ「ただ来ただけ」になってしまいますし、閲覧者の態度変容を起こすこともできません。そのため、閲覧力を上げるというのは成果につなげる上でも重要なポイントです。

ただ、すべてのページで閲覧力を上げればよいわけではないことに注意をしましょう。4つの力の中で唯一「**改善することが必ずしも良いことではない**」というのが実は、この閲覧力になります。読んでもらうことを目的とする記事やコンテンツであれば良いのですが、「迷っている（あるいは行き先を探せないから）滞在時間が長い」ということは利用者にとってはよろしくないことです。結果的に、ユーザーにとってサイトにもう来たくないという負の感情を与えてしまう可能性があります。具体的にはトップページや、一覧ページなどがこれらのページに該当します。

「閲覧力」の定義

GA4の通常の設定で取得できる指標を使う場合は「**ページ滞在時間**」を使うとよいでしょう。173ページの図1の「平均エンゲージメント時間」がそれに該当します。しかし、これでは記事の長さなどに依存してしまいます。
そこで可能であればスクロール率や読了率をGA4で実装して、その数値を閲覧力の評価に使うとよいでしょう。本書ではその実装方法については触れませんが、筆者が書いた以下記事にて詳しく触れています。

Googleタグマネージャーを利用したGA4でのスクロール率計測
https://www.ga4.guide/admin/property/event/custom-event-example/#co-index-1

Googleタグマネージャーを利用した特定の要素表示（読了率）の計測
https://www.ga4.guide/admin/property/event/custom-event-example/#co-index-4

またChapter 2-5のコラムで紹介したヒートマップツールを使うのも良いでしょう。

「閲覧力」の分析

閲覧力を改善するために大切なのは、**閲覧力が高い記事と低い記事の違い**を見つけることです。データを取得し、閲覧力が高い上位10記事、下位10記事などを自分の目で見比べてみましょう。データを活用することの良い点は、数値でどの記事が良いか悪いかがわかることです。
比較ポイントとしては一部「集客力」とも重複しますが、「**テーマ**」「**文字量**」「**タイトルの付け方**」「**記事から得られる内容**」「**利用している画像**」などが挙げられます。簡単な比較表を作って、それを埋めていくという方法でも良いかと思います。実際の2つの記事を確認してみましょう。わかりやすくするため数値を偏差値化して表示しています。

閲覧力「88」の記事
http://cbchintai.com/singlehack/3202/

閲覧力「40」の記事
http://cbchintai.com/singlehack/3127/

記事の長さももちろんそうですが、閲覧力が低い記事の方は、文章を読まなくても画像だけ追っていけば内容は理解できるため閲覧力が短いという可能性がありそうです。閲覧力が高い記事に関しては、同じように写真は沢山ありますが、その間の文章や情報を読むことでより理解が促進されやすい文章になっているのではないでしょうか。筆者のブログ記事の例も紹介いたします。

イベントアクション	記事タイトル	完了数	PV数	読了率	離脱率
/entry/20140621/1403361452	ソシャゲ分析講座 基本編（その9）：「カード」と「ガチャ」を理解する（前編）	54	114	47.4%	44%
/entry/20131105/p1	ソシャゲ分析講座 基本編（その1）	190	552	34.4%	52%
/entry/2017/07/04/193954	セミナー講師から見た、こうだったら嬉しい「講演依頼から講演完了」までの流れ	108	376	28.7%	92%
/entry/20131229/p1	ソシャゲ分析講座　基本編（その６）：ソシャゲの「4つのステージとKPI」を理解する	56	196	28.6%	48%
/entry/20140407/p1	ソシャゲ分析講座　基本編（その８）：「イベントの分析」を理解する（後編）	54	196	27.6%	52%
/entry/20100111/p1	アクセス解析を使ってサイトの課題を発見する12のステップ	72	314	22.9%	80%

図1　筆者のブログ記事の例

図1は記事ごとの**読了率**を取得したものです。読了率が高いほど、記事の最後まで読ませることができた記事になります。
記事ごとに読了率が大きく違い、離脱率との相関もあまりないことがわかります。読了率が高い記事と低い記事を見てみると、記事の長さには大きな違いはありませんでしたが、読了率が高い記事では画像や見出しをしっかり用意していることがわかりました。文章だけが続く記事は読了率が低い傾向にあるようです。このような気づきを元に新しい記事を書いて、実際にその仮説が正しかったかを確認するという形で仮説検証が可能になります。

「閲覧力」を増やすためのチェックリスト

- 記事の要約を**最初（ポイント）**と**最後（まとめ）**に用意しているか？
- **段落**や**写真**などを追加し、メリハリがある文章となっているか（画像はセーブポイント・見出しはロードポイント）
- **見出し**や**強調**などが用意され、重要なポイントがすぐにわかるにようになっているか
- 理解を促し共有したくなるような**表**や**グラフ**は用意されているか
- 自分が「書きたい」ではなく、読者が「**読みたい**」と思える文章になっているか
- 記事内の**画像と文章**が補完関係にあるか（画像とテキストに整合性があるか。画像に意味があるか）
- ファーストビューから**スクロール**させるための仕掛け作りはできているか（スクロールすると何があるかを明示できているか）
- **想定読了時間**の提示を行っているか？
- 記事が長すぎる場合は**ページ分割**を行えているか（スクロール率やページ表示時間などを参考に）
- 一文が**適切な長さ**で、一行を読んでいる間に内容が理解できなくなっていないか？

下記2つに関しては少し補足が必要かと思いますので、記載をしておきます。

- **段落や写真などを追加し、メリハリがある文章となっているか（画像はセーブポイント・見出しはロードポイント）**

こちらですが、**段落や写真をセットで効果的に活用**することが大切です。見出しがあり、その後に文章があり、最後に写真があり、また次の見出しが始まるといった感じです。
画像はそこまで読んだ文章を理解し休憩するための「**セーブポイント**」で、見出しから「よし次を読むか！」と思わせる「**ロードポイント**」です。このように適度な休憩や切り替えを入れることが、記事途中での離脱を防ぎます。

想定読了時間の提示を行っているか？

これは最近いくつかのブログやメディアで見るようになりましたが、「**この記事を読むのに大体5分くらいかかります**」といったような案内を出す方式です。出しておくことにより、「よしこれなら最後まで読んでもいいかも」と思ってもらい、読むことに対する心構えをしてもらいます。
3サイトほどで試しましたが（特に長い記事）に関しては、効果が出ています。サンプル数が少ないため、絶対効く！とまでは言えないのですが、JavaScriptのプラグインなどで簡単にできるので、試してみて損はないでしょう。

【参考例】

JavaScriptで記事本文の読了予測時間を自動で表示するjQueryプラグインを自作した
https://hapilaki.net/wiki/jquery-plugin-dokuryo-yosoku-jikan

筆者ブログでの実装例
http://analytics.hatenadiary.com/entry/2015/05/16/211518

図2　筆者のブログでの実装例

Section 6-4 「誘導力」の考え方

誘導力はコンテンツやページを閲覧した後に、他のコンテンツやページにどれくらい**回遊**（移動）をしたかを表すための指標です。購入完了ページや会員登録完了ページなど、サイトのゴールを達成するページでない限り、利用者の方が離脱することはサイト運営者が望んでいることはないかと思います。もちろん利用者側での事情で離脱することをあるかと思いますが、**コンテンツやページのレイアウトなどが原因で離脱をしている**場合（たとえば、興味があるのに他の記事へのリンクが用意されていないなど）は、サイト運営者にとっても利用者にとってもうれしいことはありません。
利用者がせっかくもっと同じテーマの記事を読みたいと思っており、サイト側でもそのような記事が提供されているにも関わらず、正しく提示することができていなければ、それはお互いにとっての機会損失です。

「誘導力」の定義

誘導力は「**エンゲージメント率**」（流入数に対してそのページだけ見て離脱した割合）と「**離脱率**」（訪問の最後のページだった回数÷該当ページのページビュー数）で評価を行います。エンゲージメント率は高いほど、離脱率は低いほど誘導力が高いということになります。この数値も他の指標と同じように、GA4の「レポート→ライフサイクル→エンゲージメント→ページとスクリーン」のレポート内で確認が可能です。
筆者のブログでも、これらの数値を算出し、誘導力が高い記事と低い記事をピックアップしてみました。

【誘導力が高い記事】

ソシャゲ分析講座　基本編（その2）：「DAU」を理解する
　http://analytics.hatenadiary.com/entry/20131111/p1

アクセス解析やTwitter分析など、3年間でレビューした100個のツールをまとめた『ウェブ分析ツール大全』を公開！
　http://analytics.hatenadiary.com/entry/20110102/p1

【誘導力が低い記事】

Googleアナリティクスの「セッション」を正確に理解する
　http://analytics.hatenadiary.com/entry/2015/04/26/135534

サイトへのリンク元の種類 及び それらの計測方法と特徴
　http://analytics.hatenadiary.com/entry/20080902/p1

そしてそこから得られた気づきは以下の3つでした。

- **インパクトがある画像**を最初に用意し、**見出しを適切に入れる**ことで途中での離脱を防止する（ことにより誘導力が高くなる）
- ページの**下部**だけではなく、**上部**にも**関連記事のリンク**を入れる（ページ下部に関連記事があるのはブログの運営者しか知らないので、最初にも用意しておく）
- 単純な解説系の記事は、**関連するキーワードへの誘導**を行わないと、誘導力が低くなる

このような気づきが挙げられます。そして、このような学び（自社サイトならではの「**虎の巻**」）を発見することができれば、効果の悪い記事のリライトや、新しい記事を書く際の参考にすることができます。

筆者のブログも、2013年1月にこのような分析から改修を進めた結果、2013年1月には1.18だったページ/セッションも、現在ではコンスタントに1.5をキープするようになりました。これによって同じ訪問数だったとしても、ページビュー数は27%伸びることになります。

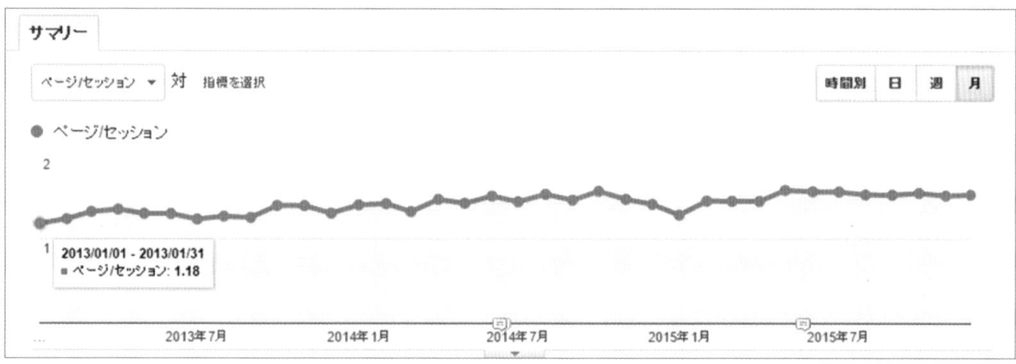

図1　筆者のブログの「ページ/セッション」推移(以前のバージョンの画面のため、現在とは少し異なります)。GA4では［探索→空白］を開き、「ビジュアリゼーション」で「折れ線」を選び、値に「指標」の「ページ／スクリーン」から「セッションあたりのページビュー数」を設定すると近いデータが確認できる

「誘導力」を増やすためのチェックリスト

- **次に見てもらいたいページへの導線**は分かりやすい位置に掲載されているか（記事の最後あるいは直下）
- ファーストビューを**読まない・興味がない人向けの導線**は用意されているか
- 次に見てもらいたい記事は、現在のページと**関連**がある内容になっているか
- 次に見てもらいたい記事は、リンクを押さなくても**どういう内容か明示**されているか
- トップページのカテゴリートップなど、**1つ上の階層**にいつでも戻れるか？(追尾型ヘッダー、パンくずリストなど)
- **関連記事やランキング**など複数の視点のコンテンツ提案を行い、**クリック率が高いもの**を優先順位高く並べているか？
- 必要に応じて、記事内で**関連記事へのリンク**を行っているか
- 関連記事へのリンクは、**画像つきなど読まなくてもわかるもの**も用意されているか？
- 新着記事などは**「NEW」などのアイコン**をつけ、読者に伝わりやすくなっているか？
- サイトに初めて流入した人にとって、**どういうサイト**かわかるようになっているか（あるいはリンクが用意されているか）
- 記事が複数ページに渡る場合、ページ上部と下部で**リンク**が用意され、次ページに関しては**見出し**などが記載されているか
- 記事⇒**誘導したい本体サイト**などへのリンクは必ず用意されているか
- リンクはただのテキストではなく、**目立つための工夫やボタン化**などは行われているか？

- 画像は**クリック可能**であることが分かる状態になっているか（例：画像下部にテキストリンク追加や枠をつける、マウスオーバーで変化する）
- 過去の記事でアクセスが多い記事は、**最新記事へのリンク**が用意されているか
- アイコンを利用している場合、その**アイコンの意味**が読者に伝わる内容となっているか？（必要であればテキストも追加）

▶ Section 6-5

「成果力」の考え方

Chap 2-6

成果力とは**サイトにおけるビジネスゴール**を指します。
つまり、コンテンツを作成して人を集めその結果、サイトとして「実現したいこと」と言えるかもしれません。ECサイトであれば**商品の購入**、オンライン上のサービスであれば**会員登録**、BtoB企業であれば**お問い合わせやホワイトペーパーのダウンロード**なども該当するかもしれません。成果を決めずにオウンドメディアを始めている企業は少ないかもしれません。
もし成果を決めていなかったとすれば必ず決めておき、GA4などに登録しておきましょう。

「成果力」の定義

成果力は該当コンテンツを経由して**成果にたどり着いた回数あるいは割合**で見ます。コンバージョン数やコンバージョン率と同じ考え方です。
しかし、サイトによってはコンバージョン数が少ないというケースも多いのではないでしょうか。その場合、ほとんどのページが成果に貢献していないという風に見られてしまうこともあります。そのために大切なことが2つあります。

1つは「**中間成果**」を設定することです。たとえばお申し込みがゴールだとしても、そこまでたどり着いてくれる人が少ない場合は「商品の詳細を見てくれた」「導入事例を読んでくれた」など最終成果に関係がある行動を成果として設定するという方法です。
もう1つは成果を「**直接効果**」と「**間接効果**」で、見るということです。こちらに関しては詳しく確認をしておきましょう。

「直接効果」と「間接効果」

その前に、1つ大切な考え方を紹介しておきます。それは「**直接効果**」および「**間接効果**」に関する内容です。「直接効果」とは**該当コンテンツのみが目的達成に影響を与えた**というケースを指します。たとえば「ランディングページでコンテンツを見て、その次のページに申し込みフォームがあり、入力を完了した」というケースなどが直接効果に該当します。サイト内の他の内容に影響を受けず目標を達成したことから、ランディングページが「直接」影響を与えたと言えます（外部で得られた情報による影響はあるかもしれませんが、こちらは後述）。

逆に「ランディングページを見たが、その後に別のページを見て、そのページから申し込みを行った」あるいは「ランディングページを見た後にサイトを離脱し、翌日はサイトのブランドワードでトップページに流入し、申し込みを行った」というケースもあります。この場合は、ランディングページから直接申し込みをしたわけではなく、**他のページからのあるいは再訪があって初めて目標を達成した**ということになります。この場合、ランディングページの影響は直接的ではなく、「間接的」なものになります。

直接効果に関しては、「コンテンツ⇒そのコンテンツ内あるいは次のページくらいにゴールにつながるアクションが存在」するという形くらいでしか存在しません。「直接効果」に関しては、一般的には「**コンテンツを閲覧した訪問内でコンバージョンした場合**」を指すことが多いです。次の段落で紹介する内容は、こちらの定義を元にした考え方になります。

従コンテンツのデータ取得方法

主コンテンツと同じように**セグメント**（P.332参照）を利用して設定を行う方法を紹介いたします。今回は以下のようなセグメントを作成いたします。

まず、「直接的」な貢献を見る場合の方法です。

図1　GA4のセグメント作成画面で、「セッションセグメント」を選び、1つ目の条件として［ページ/スクリーン→ランディングページ＋クエリ文字列］で該当のランディングページを設定し、「同じセッション内」で設定する。2つ目の条件は「イベント→purchase」（事前に「purchase」イベントの実装が必要）を選びイベントを作成する

「間接的」な貢献を見る場合は、以下の通りです。

図2　図1と同じように設定するが、1つ目の条件で「全セッション」とする

その結果は図3の通りとなりました。

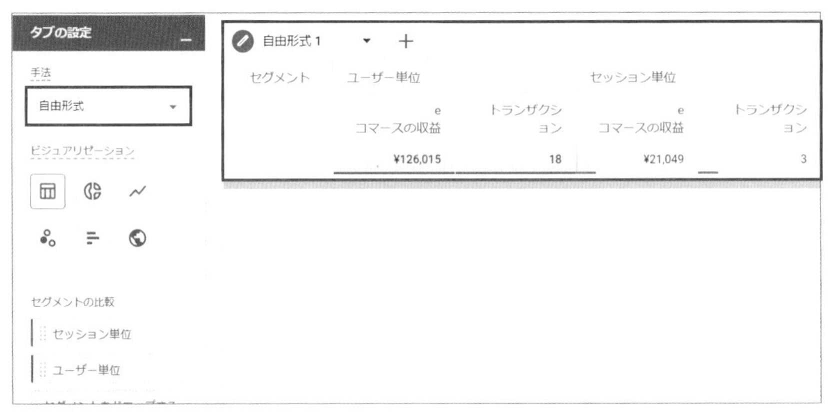

図3　GA4の［探索→自由形式］で、「セグメント」に図1と図2で作成した2つのセグメントを設定し、「指標」に［eコマース→eコマースの収益］と［eコマース→トランザクション］を設定する。左側が「間接的」な貢献、右側が「直接的」な貢献の数値

ランディングページから入ってきた人がその訪問内で購買したのが184回・269万円の売上、その訪問に限らず設定されている期間の間で購買したのが493回・677万円ということになります。ランディングページ同士を比較したり、トップページと比較したりして相対的な評価を行うことができます。
なお、このセグメントとレポートを利用する上でいくつかの注意点があります。

- 間接的効果の中には**直接的効果も含まれます**。ランディングページを見た訪問時に購買が発生した場合、直接・間接両方でカウントされます。
- ユーザー単位の場合は、ランディングページを見た後に購買が発生したユーザーを抽出しています。そのため、ランディングページを見るのは**必ずしも初回流入とは限りません**（例：2回目にランディングページを見て、3回目にコンバージョンする）。初回流入に絞りたい場合は、条件に追加をしましょう。
- どちらもそのコンテンツに触れた訪問、あるいはユーザーがその後にコンバージョンしたかという観点で評価を行っているため、実際にそのコンテンツが確実に影響を与えたかを断定することはできません。しかし、コンテンツが与えた影響という意味では比較が可能です。大切なのは売上金額そのものというよりは、他のランディングページやトップページなどと比較をしたときに、❶**直接と間接の数値にどれくらい差があるかということ**と、❷「**(間接−直接)÷間接で算出できる間接割合**」の比較になります。
- 間接効果に関してはGoogleアナリティクスでは最大で**90日先**までしか確認をすることができません。通常は30日単位で見るのが良いでしょう（さすがに30日を超えたら利用者はそのコンテンツのことを覚えている可能性が少ないのではという仮説に基づいています）。

ちょっと理解するのに時間がかかる指標かもしれませんが、売上への貢献を数値化して見る上では大切な考え方なので、ぜひ直接・間接の違いとあわせて理解をしておきましょう。繰り返しになりますが、売上金額はあくまでも「**そのコンテンツに触れた人が発生させた売上**」であり、コンテンツそのものの売上の力ではありません。

「成果力」を増やすためのチェックリスト

- 該当ページは、**成果への理解促進**に役立つ内容となっているか
- 成果につながるページ（例：入力フォーム、カート）への**導線**は用意されているか
- 再度、該当ページやサイトに**戻ってくるための機能**は用意されているか（ブックマーク、メルマガ、PUSH通知など）
- ブランドや商品などを覚えてもらうために、コンテンツと企業サイト側は**統一したレイアウトや色使い**などを遵守しているか

Column

ユーザー軸の評価指標を考えよう

ここまで紹介してきた4つの力で評価するという考え方は、あくまでも企業目線での目標設定になります。ビジネスを成功させるという点において欠かせない4つの指標ではありますが、これだけではユーザー側の気持ちを無視した施策が生まれてしまいます。
大切なのは、ユーザーに対してまずは**価値を返すこと**です。つまりまず問うべきことは「皆さんのコンテンツは(企業視点ではなく)ユーザーに対してどのような価値を提供しているのか」ということです。コンテンツを閲覧した結果、ユーザーにどのように感じて欲しい、行動して欲しい、そういったことを整理することが大切です。

ビジネス側からの指標はどの会社でもそう変わりません。しかし、ユーザーに対して何を提供しようとしているのかは、メディアの本来の目的や指針にも関わる部分です。まずはこれを改めて整理する、あるいは確認しましょう。
そしてそのメディアはビジネス上の成功を目指すと共により多くのユーザーに対して「**価値を提供する**」必要があります。また、可能であればそれらを計測することができれば、評価を行うこともできます。では、どのような指標で評価をすれば良いのでしょうか？

まず指標の単位に関しては「ユーザー数」あるいは「閲覧ユーザー数に対しての割合」になります。つまり、今月は「3,000人の人に価値を提供できた」あるいは「訪問者の20%に対して価値を提供できた」という評価になります。こちらに関しては記事単位でも良いですし、オウンドメディア全体で見ても良いかもしれません。

では具体的な指標自体はどんなものが考えられるのでしょうか？これはサイト指針に密接に連動するので1つの答えがあるわけではありません。筆者の過去の経験からもし候補を挙げるとすれば「**ソーシャル等でシェア(共有)してくれた人数**」「**口コミやコメント、評価をしてくれた人数**」「**月に特定の訪問回数以上来てくれる人数**」などが挙げられます。

ぜひ4つの力とは別に、ユーザーに価値を提供するという意味で、もう1つ新しい指標を設定してみてはいかがでしょうか？

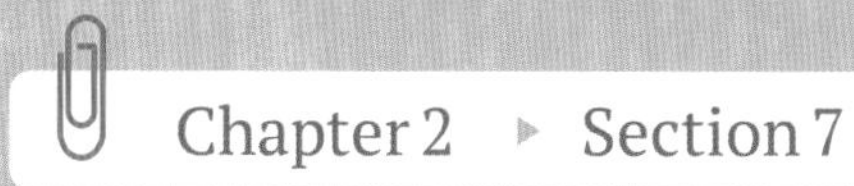

カート・入力フォーム

カート・入力フォームの目的を定義する

カート・入力フォームの特徴

カートとは、ECサイトなどで用意されている機能で、商品のカートへの投入および購入を行うための機能になります。スーパーマーケットなどでの「**カゴ**」と同じような役割を担っています。

図1　メンズファッションプラスの「カート」

そして、**入力フォーム**はECサイトに限らず、コンバージョンを達成してもらうために、**何かしらの情報を書いてもらうための仕組み**を指します。多くの場合はコンバージョン（購買や資料請求）などの直前に用意されています。
そして、このコンバージョン直前に用意されているという事実が、サイト改善においてカートや入力フォームの重要度を上げています。

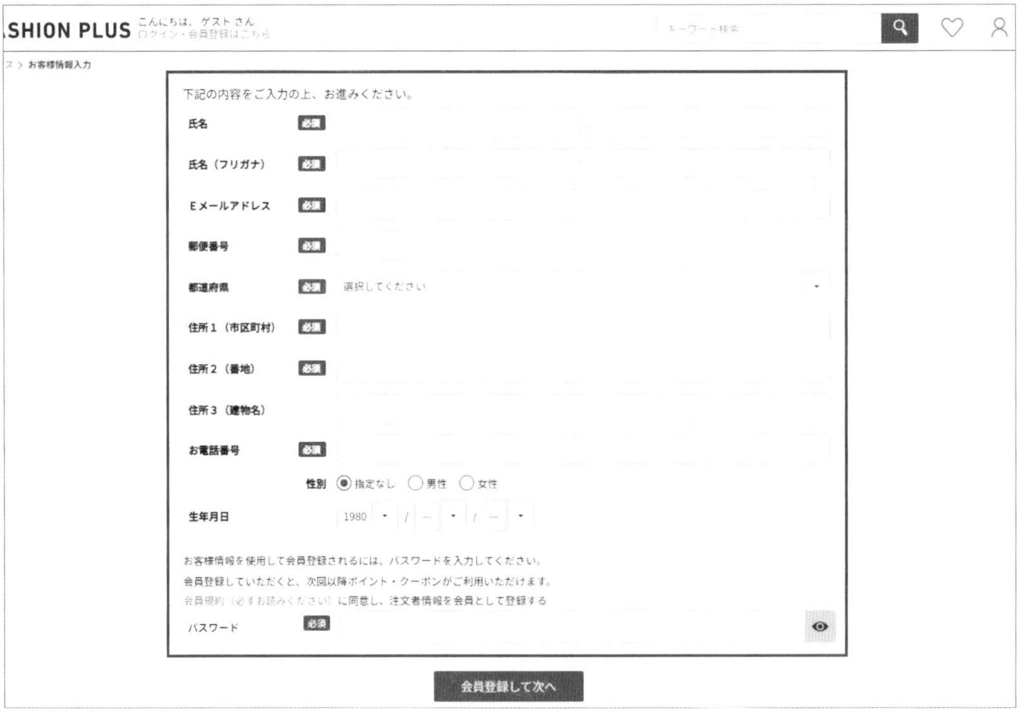

図2　メンズファッションプラスの「入力フォーム」

なぜ、カートや入力フォームが大切なのか？

それは、「カートや入力フォームは、その**改善効果が売上に効きやすい**」という事実が、改善をしていく上で、最大のポイントになるからです。
たとえば「トップページから商品ページへの遷移率を10%改善」と「入力フォームから確認画面への遷移率を10%改善」した場合、どちらの改善が売上へのインパクトは大きいでしょうか。
これは、ほぼ間違いなく、後者になります。トップページから商品ページへの遷移率を改善しても、次のページ以降が今までと同じ遷移率で進むとは限らず下がってしまうリスクもあります。しかし、入力フォームから確認画面への遷移率が10%改善すれば、売上は10%近く改善するでしょう。これは、確認画面の後には購入完了画面があるだけで、そこで離脱することは非常に少ないからです。
このように**ゴールに近い場所での改善**は、他のページと同じ改善率でも売上へのインパクトは変わってきます。この部分に関しての改善を行ったことがない場合はぜひチャレンジしてみてください。

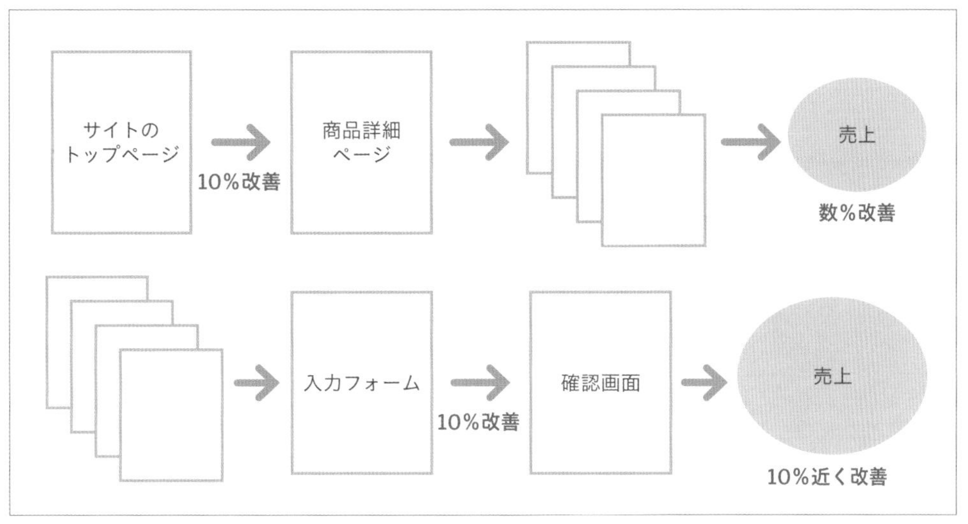

図3　入力フォーム改善のインパクト

カートや入力フォームを改善することの難しさやリスク

カートや入力フォームは、ランディングページやトップページと比べると**変更の難易度は高くなります。** 最大の理由は、ページを作ればいいというだけではなく、**システム面で変更が入ることが多い**からです。ですので、誰でも簡単に変更できるというわけではないのです。そして中小規模のサイトであれば、自前の仕組みではなく、外部のサービス（ASP）を利用していることもあるかと思います。この場合は、ASPが許している範囲内での修正しかできません。

たとえば入力項目の追加・変更・削除は自由にできても、入力規則の設定やレイアウトの変更は非常に限られているかもしれません。この場合は、できる範囲での改善になってしまいます。

また、売上にダイレクトに影響しやすいということは、逆にちょっとした変更が売上ダウンにつながってしまうかもしれません。改善のために実施したことが、実は逆効果になってしまうということも十分にありえます。ですので、思いつきで気軽にテストをできる場所ではないという側面もあります。

そのため施策を行う場合は、事前にしっかり**プランニング**を行い、小さいところからテストをしてみるのが、良いのではないでしょうか。

スマートフォンとPCで比較をすることが大切

フォームの入力率はスマートフォンやPCで大きく変わってきます。特にスマートフォンに関してはPCと同じデザインやレイアウトのフォームを利用していると入力のしにくさから完了率が大きく変わってきます。次はPCとスマートフォンで同じレイアウトを利用している場合のカート投入から購入までの遷移です。

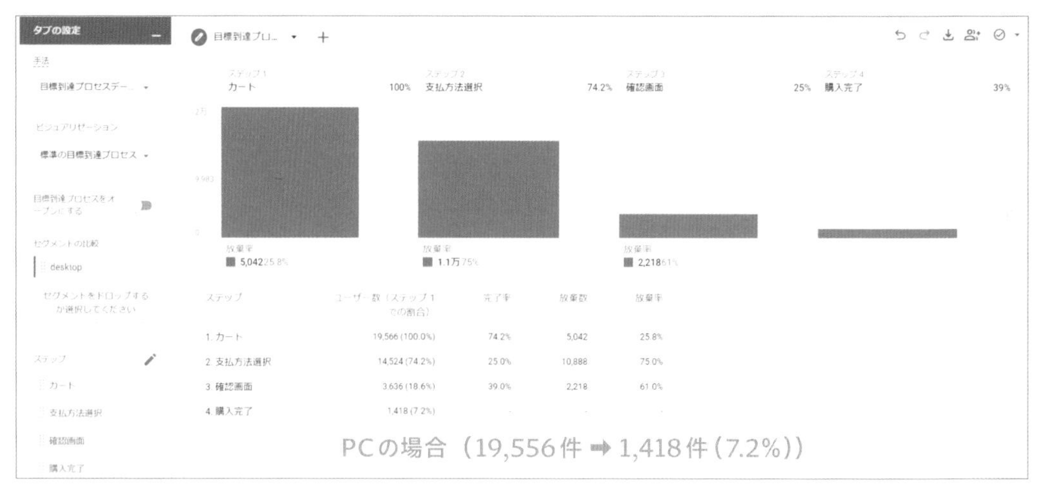

図4 ［探索→ファネルデータ探索］で4ステップ（ここではファイルパスを条件に設定）追加し、「desktop」でセグメント

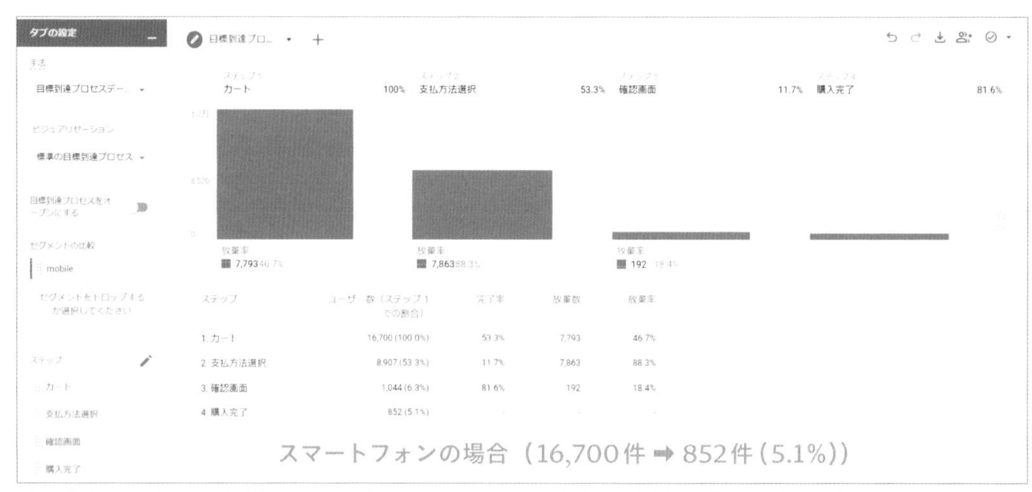

図5 ［探索→ファネルデータ探索］で4ステップ（ここではファイルパスを条件に設定）追加し、「mobile」でセグメント

7.2%と5.1%と違いがあるのがわかります。PCとスマートフォンで同じレイアウトのため、スマートフォンで使いにくいか改めて確認してみるなどが必要となります。それでは具体的な分析方法について次のSectionで見ていきましょう。

▶ Section 7-2
カート・入力フォームを分析する

では、具体的に分析するポイントを紹介していきます。基本的には「遷移」をいろいろな「**セグメント**」で分析する形になります。まずはカートから確認していきます。

カートの分析

全体の遷移をまずはチェックしてみましょう。以下のような形になります。

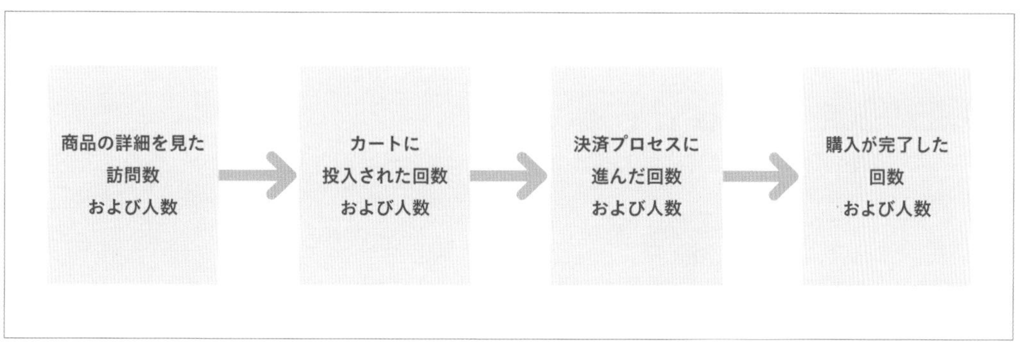

図1　カートの遷移

回数と人数の両方を見るのには、理由があります。それは「カート」に入れておいたけれど、そのときには購入せず、**次の訪問で購入する**といった行動の割合を把握するためです。商品の値段や必要な緊急度に応じて、カートに入れた商品を何度目の訪問時に購入するかが変わってきます。

カートに一回入れておいて、その後の訪問で購入した場合も、カートからの購入率という意味ではカウントした方が良いと筆者は考えています。

では、これらのデータをどのように見れば良いのでしょうか？

遷移率の確認方法

GA4での確認方法を紹介いたします。

●ファネルデータ探索を利用する方法

P.190の図4や図5のように「ファネルデータ探索」を利用して各ステップの訪問回数と遷移率を確認いたします。ファネルデータ探索を利用する方法のメリットとしては、最大10STEPまで追加することが可能で、しかも各STEP間の遷移数や率を簡単に見ることができるということです。

ただ注意が必要なポイントとしては、単位は「**ユーザー」単位である**ということです。つまり、カート追加からの購入を同一ユーザーが2回行った場合、ファネルデータ探索ではそれぞれ1人ずつとしてカウントされます。従って1回購入した人も、5回購入した人も同じ扱いになってしまいます。
コンバージョンを1回しか行わないようなケースの場合は問題ないのですが（例：会員登録）、複数回コンバージョンを行うようなケースの場合（例：購入）は理解して利用する必要があります。

「ファネルデータ探索」ではいくつかの追加オプションがあります。1つが「**ファネルをオープンにする**」という設定です。この設定をONにすると、途中のステップから開始したユーザーもカウントされます。つまりSTEP1は通過していないけど、STEP2やSTEP3から始まったユーザーも集計対象となります（デフォルトの設定ではオフ）です。

また「経過時間を表示する」を選択すると、各STEP間の平均移動時間を見ることができます。検討期間などを把握できるので参考にしてみてください。

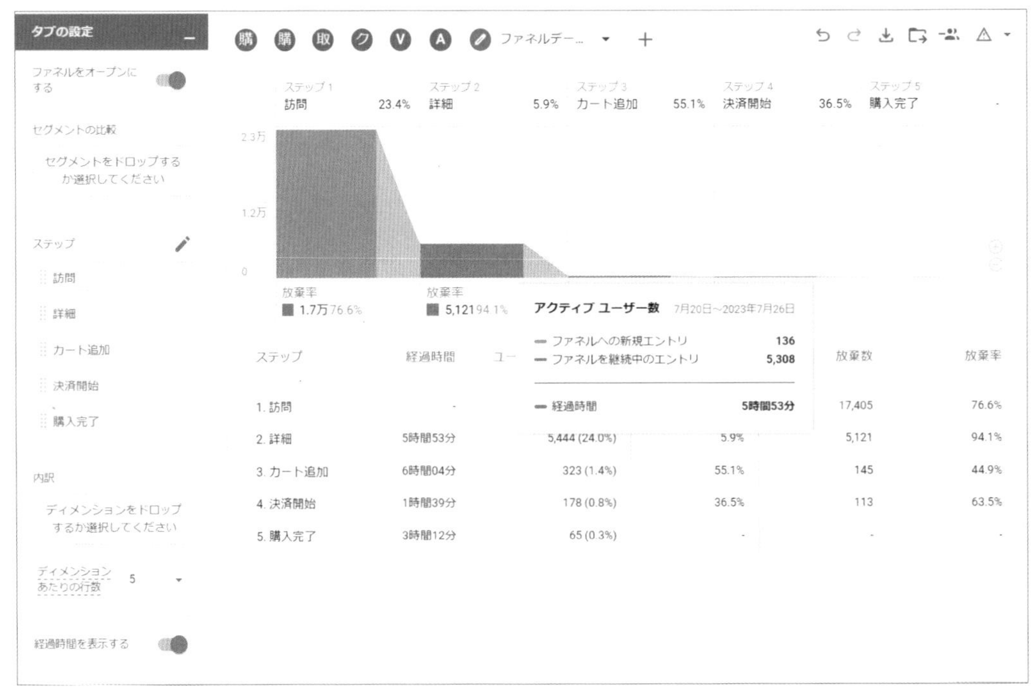

図2 「ファネルをオープンにする」と「経過時間を表示する」を選択したケース。「ファネルへの新規エントリ」と「経過時間」が追加される

いずれにせよ、改善ポイントになるのは遷移率が最も少ないステップが最優先となります。

●セグメント機能を利用した方法

セグメント機能を利用すると各STEP間の遷移を見ることができないというデメリットはありますが、ユーザー単位だけではなくセッション単位でデータを見たり、該当するSTEPをたどった場合に、他に閲覧したページや流入元などとかけあわせが可能です。

セグメントの作成画面を見てみましょう。

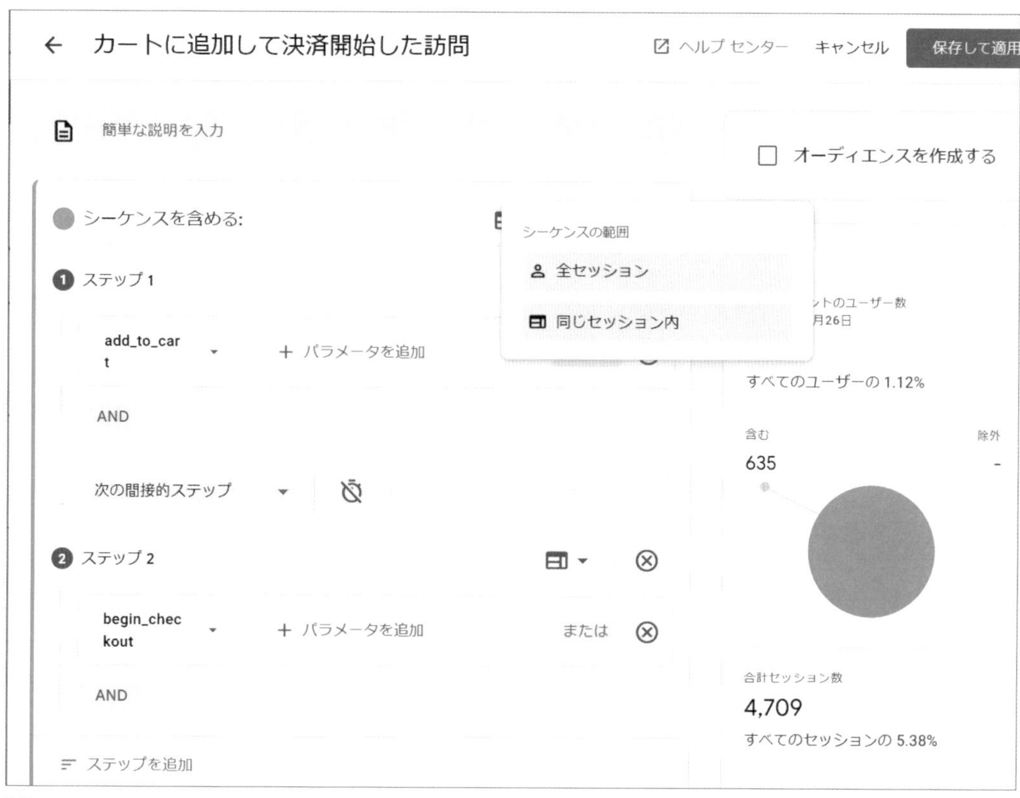

図3

ここではステップ1としてカートに追加した条件を指定し、そしてステップ2で決済を開始したという条件を指定しています。
またシーケンスの範囲として「同じセッション内」を選ぶことで、同一訪問内に実施したことを表しています。

該当セグメントを反映したページ閲覧レポートが以下の通りとなります。

タブの設定

セグメントの比較
カートに追加して...
セグメントをドロップするか選択してください
ピボット
最初の列
行
ページパスとスク...

自由形式 1

	セグメント	カートに追加して決済開始した訪問
	ページパスとスクリーン クラス	表示回数
	合計	68,301 全体の 100.0%
1	/pages/launches	26,924
2	/collections/restock	13,526
3	/cart	2,738
4	/collections/all	2,552
5	/	1,804
6	/search	1,789
7	/account/login	1,584
8	/account	1,406

図4

このように作成したセグメントを他のレポートに利用することで、より深い分析が可能となります。

カートを改善する上で大切なポイント

以下の5点は特に気をつけた方が良い内容です。

- 同業他社を比較しながら、大きな機能不足がないかを確認する
- 購入プロセスに進んでもらうことが最大の目的なので、購入プロセスにすぐに進めるように分かりやすいリンクを配置する
- カート ➡ 購入プロセス開始のときに、会員登録をあまり目立たせず、会員・非会員の導線がなるべく分かりやすいようにする
- 数量の変更・削除などが簡単に行えるようにする
- どのページからもカートにアクセスできるようにする

買い物かごの中身確認 ▶ 必要項目・配送先入力 ▶ 送信内容確認 ▶ お申し込み完了

現在の買い物かごの中身

商品番号	商品名	サイズ	数量	金額(円)	削除	追加
9759	[illegible]	M	1	2,980	⊟	⊞
				小計(円)		2,980

※金額は税込です。

ショッピングを続ける　お会計 初めてご利用になる方　お会計 以前ご利用になった方

必要項目・配送先入力画面にお進みいただく前に、必ず個人情報保護方針をご一読ください。

以前に利用したことがある方はメールアドレスとパスワードを入力してください。

メールアドレス：

パスワード：

パスワードを忘れた方は　→こちらをクリックしてください。

前回注文後、メールアドレスが変わった方は　→こちらをクリックしてください。

次へ進む(購入手続きへ)

図5　さまざまなリンクが画像が同じようなテイストで存在するため、購入の際にどこをクリックすれば良いかが分かりにくくなっている

入力フォームの分析

入力フォームに関しても基本的には「遷移」を見るのですが、特に「**セグメント**」単位で見ることで気づきを発見することができます。主に見ておくセグメントは以下の通りになります。

- **デバイス別(PC／ガラケー／スマートフォン／タブレット)**
- **OSのバージョン別(特にiOSとAndroidの比較)**
- **購入経験あり、あるいは購入経験なしでの比較**
- **会員あるいは非会員での比較**
- **購入しようとしている、あるいは購入した商品の種類・カテゴリでの比較**

こちらに関しては次のChapter 2-7-3の分析事例でも詳しく紹介いたします。

また、フォームは売上に直結する重要な改善ポイントということで、専用の解析ツールも用意されています。

これは、「**EFO（Entry Form Optimization）ツール**」と呼ばれるもので、各項目の入力率・入力にかかった時間・エラーの発生率などを詳しく確認することができます。

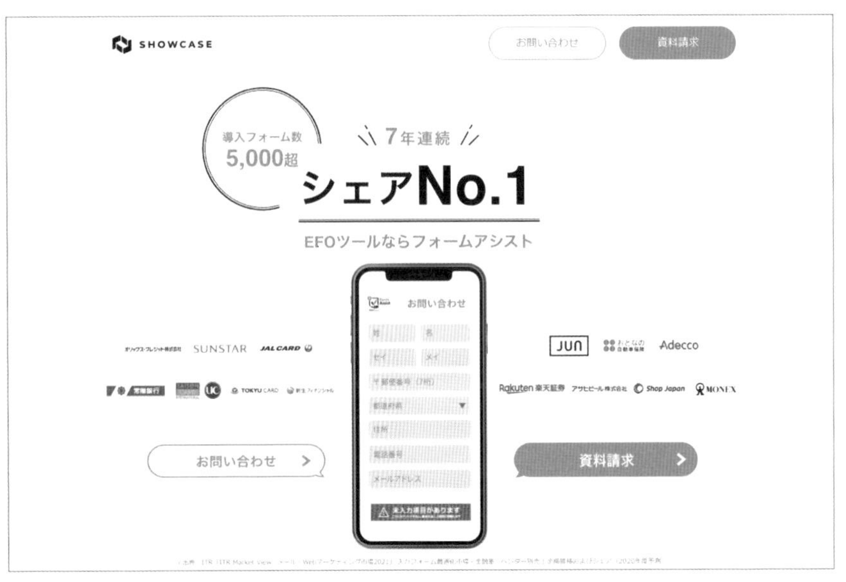

図6　ナビキャスト フォームアシスト

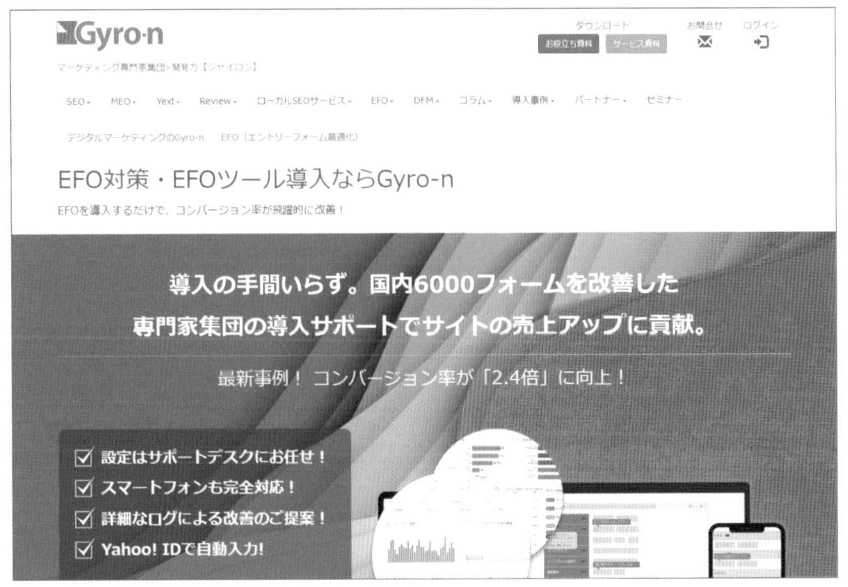

図7　Gyro-n EFO

代表的なツールには以下のようなものがあります。

ナビキャストフォームアシスト
https://efo.showcase-tv.com/formassist/

Contentsquare
https://contentsquare.com/clicktale/

Gyro-n EFO
https://www.gyro-n.com/efo/

EFOツールを活用する上で最も大切なのは、課題となる入力ページや項目を見つけた後に、仮説を立てて該当部分を修正して反映すること。
そして数値に変化が訪れるかを確認するという検証プロセスを繰り返していきましょう。

▶ Section 7-3
カート・入力フォームの分析事例

今回は2つの事例を紹介いたします。
1つはあるECサイトの入力フォームの分析事例とそこから得られた施策の事例です。もう1つは会員登録というプロセスにおける分析および改善事例です。

入力フォームの分析事例

こちらのECサイトでは日用品というよりは、年に1回あるいは2回程度購入するタイプの商品を販売しています。まずは**遷移率**を確認してみましょう。

図1が、カートから購入完了の遷移率になります。
今回のステップで課題と感じたのが、「支払い方法選択 ➡ 確認画面」の47.58%という数値です。支払方法選択画面では、選択以外にも住所などの情報を書く、いわゆる入力フォームとなっています。このページの遷移率を改善できないかということで、分析を進めていくことにしました。

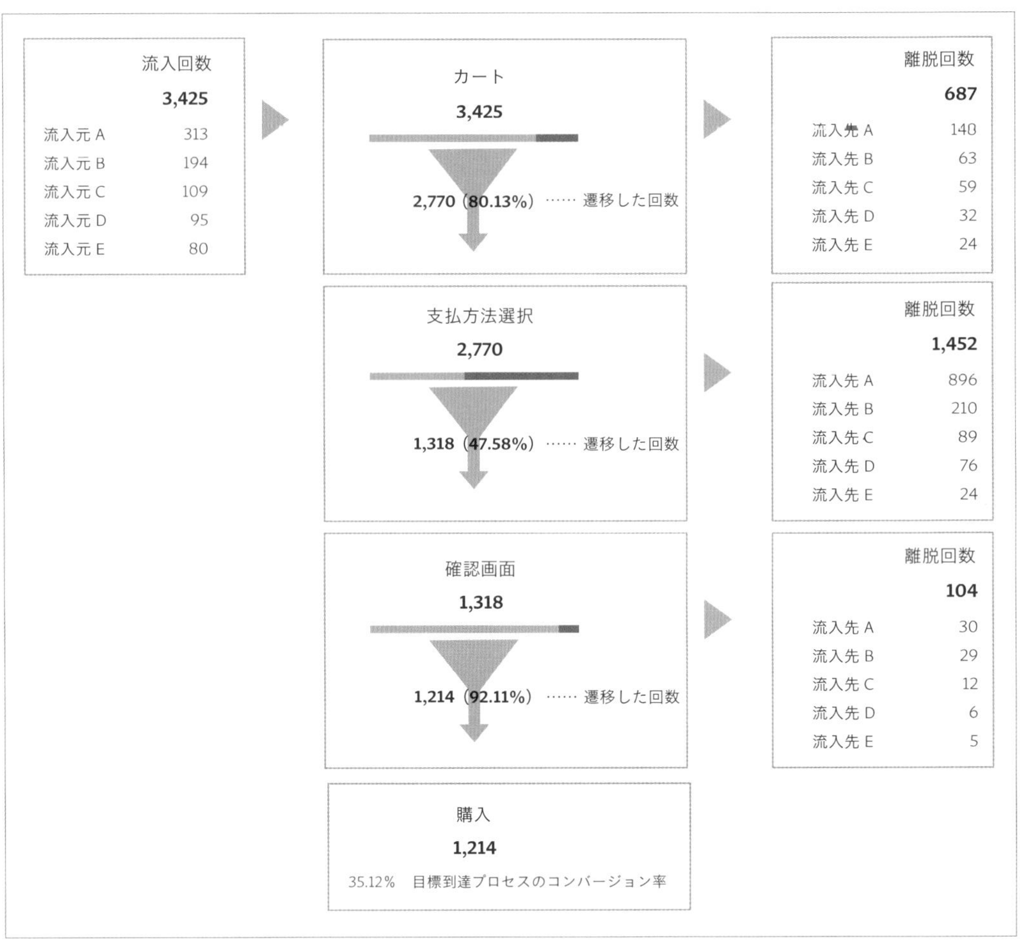

図1　カートから購入完了前の遷移率

問題点を見つける

まず、どのような理由で**遷移率**が低いのかを確認するために、商品カテゴリごとの遷移率を確認してみました。しかし、数値に大きな変化はありませんでした。そこで、今度は**デバイス別の数値**を確認してみたところ、図2のような数値となりました。

デバイス別に確認をすると、平均でサイトから離脱したのが7.74%なのですが、PCでは3.38%、モバイルだと13.72%と大きく数値が違います。購入の意思があり、支払いプロセスに進んでいるのに、7人に1人が、入力フォームで諦めて離脱をしているのです。

「支払い方法選択 ➡ 確認画面」をデバイス別で見た場合にも、PC 58.9%・タブレット 52.2%・モバイル36.6%と大きな開きがあり、**モバイルデバイスでの離脱が高い**ことが分かります。

ページ	ページビュー数	ページ別訪問数	平均ページ滞在時間	閲覧開始数	エンゲージメント率	離脱率
すべての訪問	11,984 全体に対する割合：5.15%	3,151 全体に対する割合：2.13%	00:02:13 サイトの平均：00:00:59	403 全体に対する割合：0.98%	62.78% サイトの平均：55.21%	7.74% サイトの平均：17.68%
PCのみ	6,693 全体に対する割合：2.88%	1,473 全体に対する割合：1.00%	00:01:48 サイトの平均：00:00:59	86 全体に対する割合：0.21%	94.19% サイトの平均：55.21%	3.38% サイトの平均：17.68%
タブレット トラフィック	504 全体に対する割合：0.22%	162 全体に対する割合：0.11%	00:02:54 サイトの平均：00:00:59	19 全体に対する割合：0.05%	63.16% サイトの平均：55.21%	8.73% サイトの平均：17.68%
モバイル トラフィック	4,787 全体に対する割合：2.06%	1,516 全体に対する割合：1.03%	00:02:48 サイトの平均：00:00:59	298 全体に対する割合：0.72%	53.69% サイトの平均：55.21%	13.72% サイトの平均：17.68%

図2　カートからの離脱率（一番右の列）

ここで、実際にスマートフォンを使って入力ページを確認してみました（図3）。そうすると、スマートフォン対応していないということもあり、PCと全く同じ画面が出てきました。
右側のスクロールバーから見てとれる通り、約3～4画面分の長さがあり、PCにのみ最適化されているため、**文字が小さく入力がしにくい**です。
また、選択のしにくさからスマートフォンには向いていないラジオボタンやチェックボックスなどもいくつか使われており、離脱したくなるという気持ちが分かります。
ちなみにこちらのECサイトでは、サイト全体がスマートフォンに最適化されていないため、元々スマートフォンでのカートへの投入率も低いのです。それでも頑張ってたどり着いた人が、入力フォームで離脱してしまうのはもったいないと言えるのではないでしょうか。
サイトの売上規模や数値などを加味すると、PCと同じくらいの遷移率にもっていければ、売上は毎月50万円ぐらい以上の改善が見込めます。

図3　スマートフォンで表示された入力画面

改善施策を考える

フォームにおける改善施策にはいくつかのお約束があります。まずは以下のチェックポイントを元に、自社のフォームがどこまで最適化されているかをチェックしてみましょう（SPとついている項目はスマートフォン固有です）。

- 任意項目は極力減らす、あるいは隠しておきクリックすれば表示できる形にしておく（見た目の負担を減らすことが可能）
- 入力項目が20項目以上など多い場合は、複数ページの分割を検討する

- ページの上部（ヘッダー）や下部（フッター）は外しておく。余計なリンクがあることで離脱を促進してしまう。あるいはスマートフォンの場合は間違えてタップしてしまう
- （SP）各入力項目のinput_typeを指定することで、項目を選んだ時に入力時に適切なキーボードが出るようにしておく
- （SP）ラジオボタンやチェックボックスは押しにくいため利用しない。押しやすいようにボタン化する
- 次ページや確認などに進むボタンは大きくわかりやすい位置に置く。「戻る」ボタンは通常必要ないが、入れる場合はテキストなどで小さく用意し、誤クリックを防ぐ
- 入力例をボックス内に表示することで、入力イメージをつかんでもらう
- 必須項目は「必須」と記載しボックスの色などを変える。「※」などは使わない
- 入力エラーは極力入力したタイミングで表示させ、「次へ」や「確認」ボタンのタイミングはできる限り避ける
- 入力フォームの上部に電話番号（と受付時間）を記載しておく。入力が手間だと感じた人に別の選択肢を用意する。特にスマートフォンにおいては重要

会員登録プロセスの改善事例

2つ目の事例は、あるサービスの会員登録プロセスになります。サイト内で直接お金を使う機会がないため、このサービスにおいて会員登録は、1つの大きなゴールとして認識されています。以下のような導線となっています。

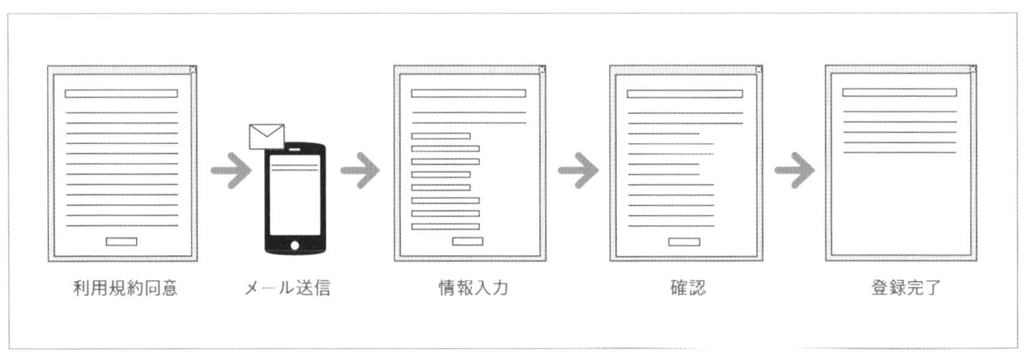

図4　会員登録プロセス

全体のコンバージョン率（登録完了÷利用規約同意画面閲覧）は20％で、利用規約の同意ページまでは来ているので興味を持ってもらっているけれど、コンバージョンにつながっていないという課題がありました。

問題点を見つけ、改善施策を考える

各ステップの遷移率は以下の通りとなっています。

図5　ステップごとの遷移率

Chap
2-7

見ての通り、メール送信をした後に、メールに記載されているリンクをクリックしてサイトに戻ってきてもらい、情報を登録してもらうという流れなのですが、メールからのリンクで戻ってこないということが課題になっています。数値の確認とヒアリングから以下の気づきを発見することができました。

1. 現在のメールを利用した登録プロセスは変えたくない
ヒアリングから見えたきたのですが、メールを利用した登録をなくすこと自体は行いたくないとのことでした。というのはメール登録をなくせば登録率が上がることは分かるのですが、多重登録などにもつながってしまうため、残したいとのことでした。

2. Facebook/X/Googleなどの認証システムを利用することはない
認証システムを利用することで、登録プロセスをシンプルにできるのですが、属性や性別・年齢などの情報も取得する必要があるので、それらは使いたくないとのことでした。

上記の成約の中で、改善できるポイントを3つ発見することができました。

1. 入力フォーム自体の改修
入力率は高いものの、いくつかスマートフォン回りで改善の余地がありました。**入力時のキーボード設定**や、**直接入力を少しでも減らす**といった部分です。またデバイスに限らず、エラー表示の仕方をより分かりやすいものに変更するという施策もでてきました。

2. 送られてくるメールの件名を改修
「登録確認メール」というぱっと見わかりにくい**件名**になっており、この内容に関しては変更の余地があるのではということになりました。そこで「サービス名：登録の手続きを進める」といった形でサービス名を入れることで、認識しやすいように変更しました。

3. 登録プロセスの順番を入れ替える

これは仮説に過ぎないのですが、**情報入力とメール送信の順番を入れ替える**ことによって、コンバージョン率が上がるのではという内容です。他の似たようなサービスを見ていたときに気づいた事実です。こちらに関しては、「せっかく情報を入力したし、後はメール内のリンクをクリックすればすぐに完了するから（すぐに完了することが分かることは入力フォーム内で記載しておく）メールの開封とクリック率も高いのでは」という考え方です。
何かしらのデータを持っていなかったので、実際に同様サービスの登録プロセスを提示した上で、修正をしてもらうことになりました（A/Bテストも検証したのですが、一気に変更することを了承いただきました）。

上記3点を実施した結果、図6のような遷移となりました。

図6　メール送信からの戻り率が18ptアップ、情報入力が12ptダウンも、トータルでは6pt改善

上記の改善を行うことで、19.7%から25.9%まで改善することができました。この結果、登録完了率は1.3倍に増えました。今回はシステムの都合上行えなかったのですが、利用規約の同意を情報入力画面に追加することでさらなる改善が期待できます（たとえば「利用規約に同意する」というチェックボックスを入力画面内に用意）。それにより、理論上は利用規約同意から情報入力への遷移の86.2%を実質100%にすることができます。

今回紹介した2つの事例はどちらも、遷移率を元に、原因を特定するためにセグメンテーションを行い、見つかった課題に対して施策を考えるという、一番大切かつ基本的なものです。
カートや入力フォームに限らず、いろいろな場所で使える分析＆改善手法ですので、ぜひチャレンジしてみてください。

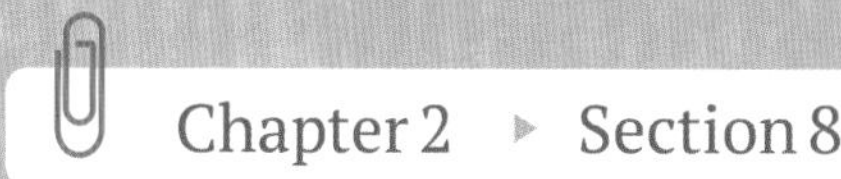

Chapter 2 ▸ Section 8

ECサイト

▸ Section 8-1

ECサイトの目的を理解する

Chapter 2-8では**ECサイト**に関する分析手法や施策の事例を紹介いたします。
ECとは「Electrnoic Commerce（電子商取引）」の略称で、オンラインで商品やサービスの販売（つまり決済）が発生するサイトを総称します。「Amazon」や「ZOZOTOWN」のような商品を販売しているサイトや、「mora」や「honto」のような音楽や電子書籍の販売サイトなども含みます。広義においてはシステムやサービスなどを販売しているBtoB（Business to Business）サイトやオークションなどのCtoC（Customer to Customer）サイトもECサイトに含まれるのですが、大多数は**BtoC**（Business to Customer）サイトとなっています。

ECサイトの特徴

最大の特徴は定義の通り**オンラインで決済が発生する**ということです。
資料請求・お問い合わせ・会員登録のようにユーザーから直接売上が発生せず、広告収入やオフラインでの契約という形で売上が発生するサイトとは違い、サイトそのものがどれくらいの売上をあげているか直接把握することができます。従ってビジネスのゴールがオンライン上で完結するため、分析も比較的行いやすいです。
売上を把握できるということは、集客の費用対効果を確認したり、サイト内で行った改修がどれくらい売上につながったかを確認したりすることができます。そのためWeb担当者の取り組みがより可視化されるというメリット（時にはデメリット）があります。
また売上に大きく影響を与える要素として、集客やサイト内のレイアウトやデザインだけではなく、**商品の魅力や在庫**にも大きく左右されます。適切な商品選びや開発、仕入れの管理などWebサイトに依存しない部分にも気を使う必要があります。いくら使いやすいサイトで大量の集客をしたとしても、商品の在庫数以上に売ることはできません。
そして売上がいくら増えても、それ以上にコストがかかってしまっては意味がありません。ECサイトの最大の目標は売上をあげることですが、コスト・利益に関しても必ず確認をし、売上を維持しつつコストを削減する施策についても考えていくことが大切です。

モールと自社サイトの違い

ECサイトには2つの販売場所があります。1つ目が**モール**と呼ばれる、他のサイトで自社サイトの販売ページを構築したり、商品を販売したりといった形式です。代表的なものは「楽天」「Amazon」「Yahoo!ショッピング」などが挙げられます。自社でWebサイトを構築する必要がなく、手軽に商品の販売を始めることができます。2つ目が**自社でサイトを構築する**形式です。サーバーを用意する（あるいはレンタルして）、ECサイトやショッピングカート構築サービスなどを利用してサイトを立ち上げるという形です。どちらにもメリット・デメリットがあります。以下の表にまとめてみました。

項目名	モール	自社サイト
構築費用（初期費用）	低	中～高（規模による）
運用費用	低	中～高（規模による）
集客コスト	低（元々集客力があるサービスが多い）～高い（その中でも広告出稿をする場合）	同じ集客量を集めようとしたら、モールと比較して高い場合が多い
立ち上げに必要なスキルや時間	低	中～高（実装やサイトデザインなどを含むため）
取得できるユーザー情報	低～中（基本は最低限の情報のみで、アクセス解析ツールなどを実装できない）	低～高（アクセス解析などの実装次第）
他社依存	高（同じ商品を他のサービスでも取り扱っている場合）	中
リピーターや購入者へのアプローチ	低（メールを自由に送ることができないなど）	高

主な特徴として、モールは「**立ち上げや運用のしやすさ、ある程度の集客力がある**」ことが特徴で、自社サイトは「**分析やユーザー情報の取得＆アプローチが自由にでき、デザインも自分たちで作ることができるが、立ち上げの費用や必要なスキルはモールと比べて高い**」といったところでしょうか。たとえるなら、モールはデパートへの出店、ECサイトは店舗を構えるといったところです。
本書は分析に関する書籍なので、アクセス解析ツールなどを導入できる自社サイトを中心に紹介いたします。GA4に代表される多くのアクセス解析ツールでは、売上を取得することができます。しかし、そのためには実装が必要となります。購入完了ページにおいて、追加の記述を行う必要があり、その中に商品名・商品個数・売上などの情報を指定しないと計測ができません。サイトのエンジニアの方に相談をして実装を行いましょう。より分析が行いやすくなります。
また「MakeShop」「futureShop」「Eストアーショップサーブ」を始めとするECサイトやショッピングカートの構築サービスでは、GA4で売上を計測するための機能「eコマース分析」におおむね対応しています。サービス側で計測記述の追加が自動で行われるよう設定することが可能です。

図1　ECサイト構築サービス「futureShop」(http://www.future-shop.jp/)

ECサイトにおける購買プロセスを確認する

ECサイトにおける購買プロセスは以下の通りとなります。

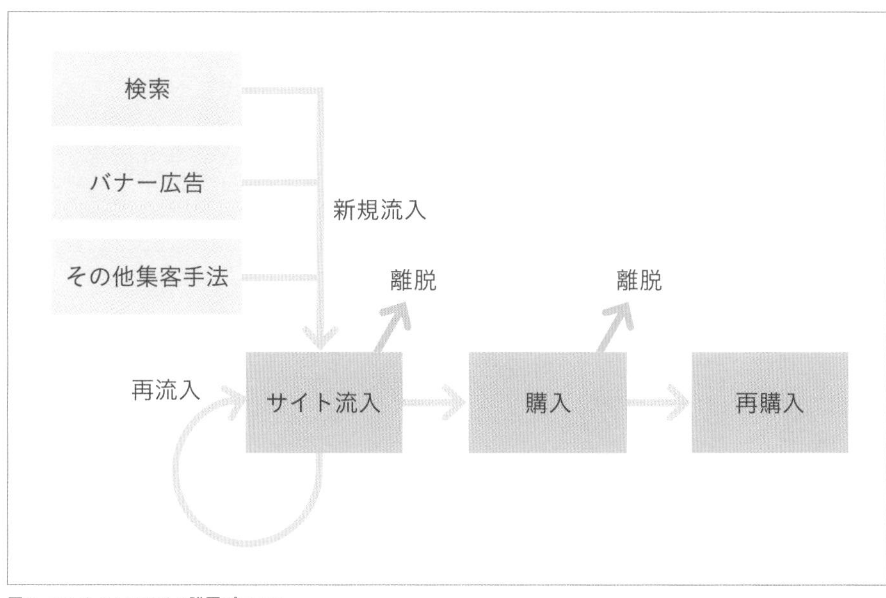

図2　ECサイトにおける購買プロセス

検索エンジンで商品を検索したり、別のサイトに掲載されていたバナーやリンクをクリックするなどの方法で皆さんのサイトに人が訪れます。その中で一部の人はそのまま商品を購入してくれますが、大多数の人は購入せずに離脱します。離脱した後に、二度とサイトに来なくなるか、あるいは再訪問が行われます。そして再訪問時（あるいは複数回訪問後）に購入をします。購入した人は1回だけ購入して二度と購入しないか、複数回購入を行います。

上記が大きな流れになります。従ってECサイトを改善する上で大切なのは「**たくさんの人に来てもらう**」「**再訪問をしてもらう**」「**再購入をしてもらう**」の3点に集約できます。人に来てもらう部分はChapter 2でも自然検索・リスティング・バナー広告などの項目で考え方と手法を紹介してきました。Chapter 2-8では主に「再訪問をしてもらう」そして「再購入をしてもらう」ことを中心に説明をいたします。

▶ Section 8-2

ECサイトにおける新規とリピーターの獲得の重要性

なぜ、再訪問と再購入が重要なのか?

サイトを初めて訪れる人を増やすことは、ECサイトをリリースした当初は非常に大切なのですが、同じくらいに、**再訪問**や**再購入**の人を増やすことも大切です。その一番の理由は再訪問や再購入の方が「効率が良い」からです。

以下は筆者が分析を行ったことがあるいくつかのサイトに関するデータになります。

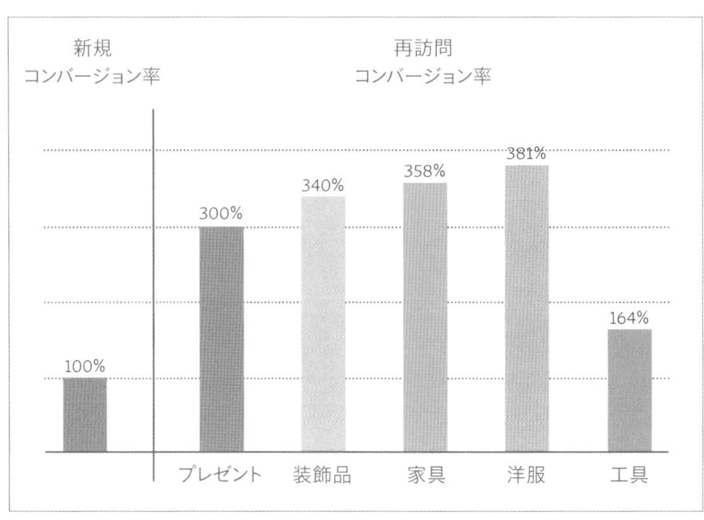

図1　最訪問者のコンバージョン率。各サイトにおける新規訪問者のコンバージョン率を100%としたとき

図1は、5種類それぞれのサイトの新規の人のコンバージョン率（＝購入率）を100%としたときに、**再訪問の人のコンバージョン率**を相対的に表示しています。どのサイトにおいても、**再訪問の人の方が購入する確率が高い**ことが分かります。特に商品の種類数が多く指名買いではない場合、あるいは購入単価が高い商品に関しては検討期間が長いということから、このような傾向が出やすくなります。

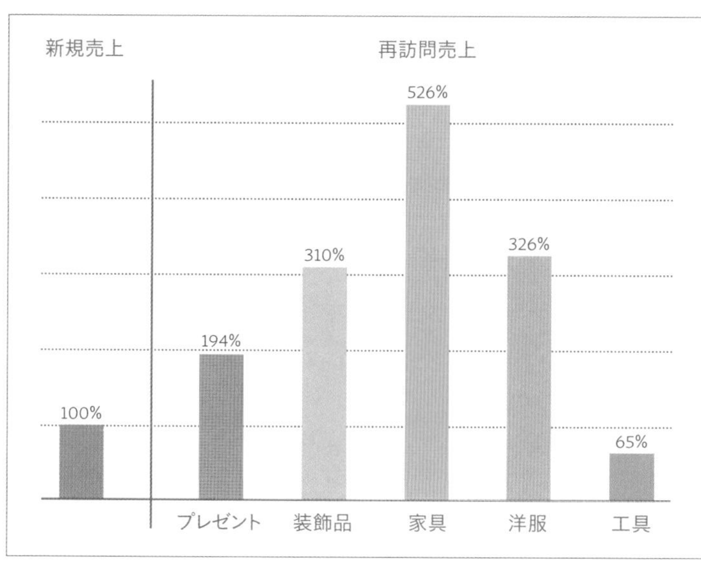

図2　再訪問者の売上。各サイトにおける新規訪問者による売上を100%としたとき

図2は、各サイトにおいて初めて訪れた人が作った売上を100%としたとき、再訪問している人がどれくらい売上を作っているかを表したものです。指名買いがおきやすい工具以外のサイトでは、**再訪問による売上が大きい**ことが分かります。このように再訪問をしてもらえれば購入する確率が上がり、また売上にもつながることが分かります。それでは同じように再購入の重要性を確認してみましょう。

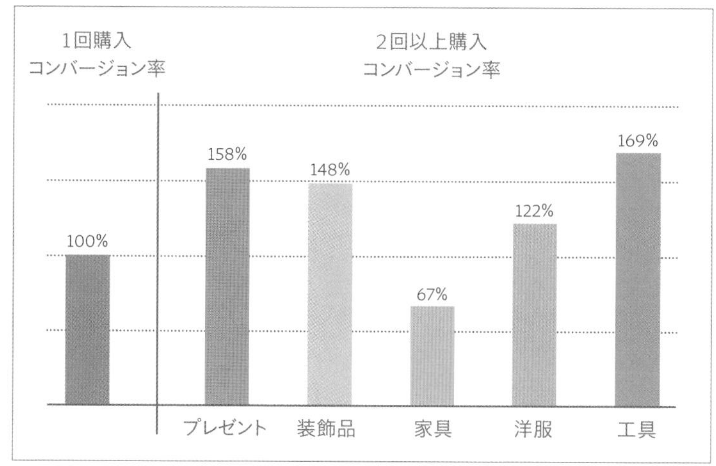

図3　2回以上購入する人のコンバージョン率。各サイトにおける1回目購入のコンバージョン率を100%としたとき

図3は、1回だけ購入する人のコンバージョン率を100%としたときに、2回以上購入する人のコンバージョン率を表示しています。単価が高く購入頻度が低い家具以外は、2回以上購入の方が高いことが分かります。この事実が意味していることは、購入したことがない人が初めて購入する確率より、**1回購入した人が2回以上購入してくれる確率が高い**ということです。サイトに情報を登録したことにより次回から入力の手間が省けたり、1度購入したことによりブランドを認知し、次回もまずは同サイトを見てくれたりなどの要因が考えられます。
米国のECサイトを対象に行われた調査※1でも、1回購入した人のうち27%がサイトを再度訪れ、2回購入した人は45%がサイトを再度訪れ、3回購入では54%、4回購入では59%とその数値がどんどん上がっていくことが分かります。
従って購入をしてくれた人は、再度の購入や来訪を行いやすくなると言えるでしょう。
また、いくつもの調査でリピーターの獲得費用は新規の獲得費用と比べて格段に安いことが分かっています。

新規顧客を獲得することは、既存顧客に売るよりも5〜10倍もコストがかかる
https://www.business.com/articles/returning-customers-spend-67-more-than-new-customers-keep-your-customers-coming-back-with-a-recurring-revenue-sales-model/

新規の顧客を獲得するには、既存顧客を維持するのに比べて7倍以上のコストがかかる
https://www.invespcro.com/blog/great-customer-experience/

既存顧客は、初回の購入客よりもコンバージョンする率が高い
https://blog.smile.io/repeat-customers-profitable/

ユーザーが見えるような方程式を作成する

売上を分解するときに、以下の式がよく利用されています。

売上 = 訪問 × コンバージョン率 × 平均単価

つまりサイトの売上は、何回訪問があり、そのうち何%の人が購入を行い、購入したときに平均いくら利用されたかということになり、これは間違っていません。しかし、この分類方法では再訪問や再購入などを加味することができません。
また改善施策を考える際も「人を増やす」「購入する確率を上げる」「平均単価を上げる」という漠然としたものになってしまい、施策を考える難易度が上がってしまいます。

※1 https://www.openaccessbpo.com/blog/why-call-centers-focus-making-repeat-customers-happy/

ユーザーのことを加味した式を考える必要があります。そこで以下の式を考えてみました。

売上 ＝（未購入人数×初購入の割合×平均単価）＋ sum（リピート購入のユーザー分類別の売上）

という内容です。前半の部分はサイトを訪れている、購入をしたことがない人数のうち、何％が実際に購入をしてくれるか、そして購入時の平均単価を掛け合わせたものです。この分け方であれば「**未購入人数を増やす**」そして「**初購入の確率を上げる**」という形で、よりターゲットを絞った施策を考えることができます。

後半の部分は購入するユーザーをいくつかの分類に分けて、その分類ごとの売上を確認して足し上げるというものです。この部分を理解するには「顧客」と「個客」という考え方を理解する必要がありますので、まずはこの2つを確認していましょう。

顧客と個客と分類

顧客というのは、サイトに訪れるすべての人を表した総称です。

ECサイトでは訪れた人に商品を提案したり、特集を行ったりしています。基本的には同じ内容を全員に表示していることが多いです。

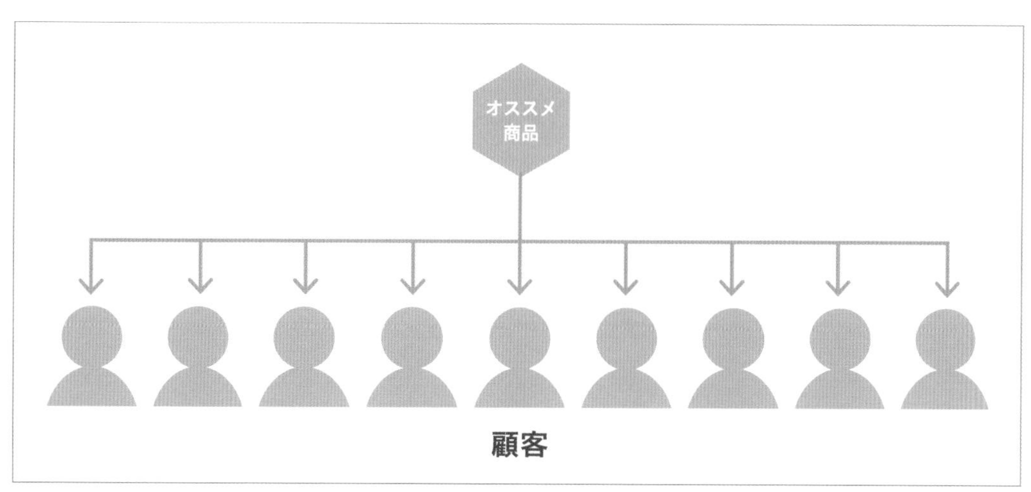

図4　同じ商品を全員に提示する

しかし、オフラインの店舗では、店員が訪れた人にあわせて**個別の提案**を行うこともあります。顧客を一人ずつ別の人として考えていることを「**個客**」といい（造語です）、その人に合ったオススメ商品を提示できたら、より正確な提案ができ、売上をさらに増やすことができるのではないでしょうか。

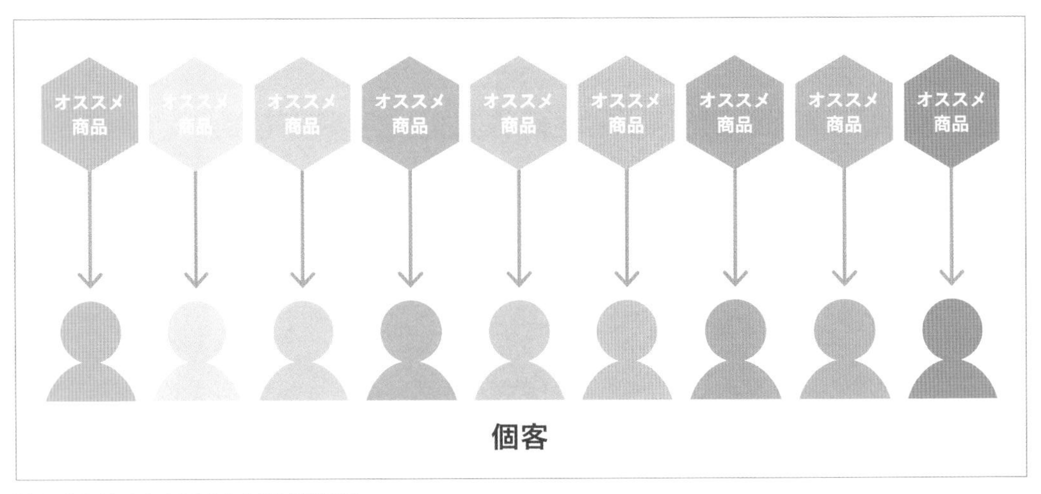

図5　その人に合わせてオススメ商品を提案する

しかし、オンライン上ではすべての人に別の提案をするというのは難易度が高いです。
店舗であれば、その人が着ている洋服や買い物袋のブランド名、過去の購入履歴、コミュニケーションの内容にもとづいて、新規の人からリピーターまで自由に提案を行うことができます。そこで、個客ごとに提案をするのではなく、何かしらの特徴により個客を分類し、その分類に合った提案を行うというのが「**分類**」の考え方です。

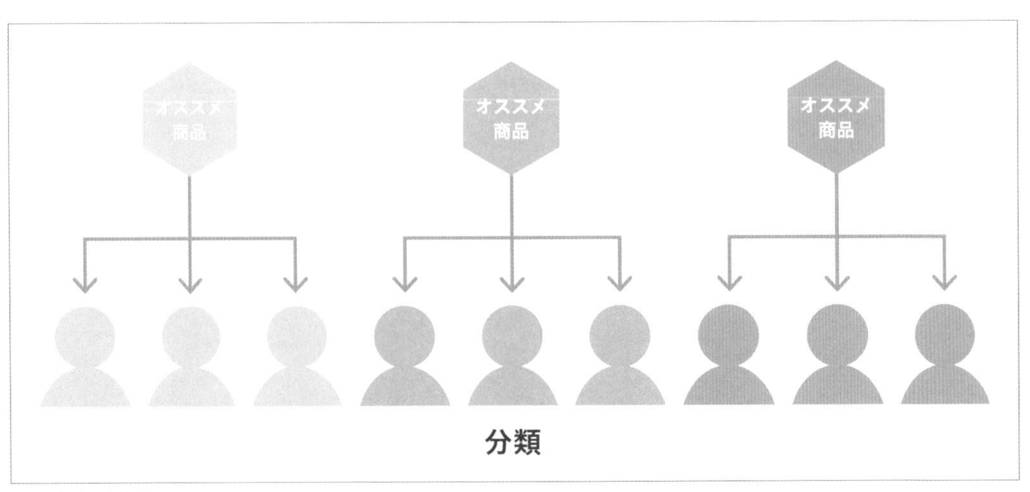

図6　個客を分類する

この分類ごとの売上が先程の式の後半部分になります。では、どのようにユーザーを分類すれば良いのか。いくつか例を見てみましょう。

基本的な分類の考え方

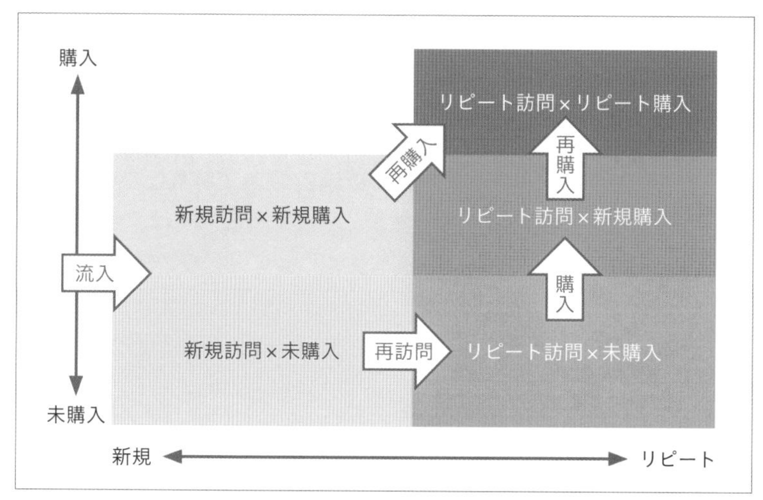

図7　分類のためのマトリックス1

一番シンプルな考え方は、新規・リピートと未購入・購入によるマトリックスを使った分類です。
図7は個客を5種類の層に分類しています。下段2つの分類（「新規訪問×未購入」と「リピート訪問×未購入」）に関してはこの段階では売上に含まれません。しかし2つに分類することで、「新規訪問×未購入」の人にいかに再訪問をしてもらうか、そして「リピート訪問×未購入」の人にいかに購入をしてもらうかということを考えることができます。中段の2つの分類はいかに再購入を促すかという軸で施策を考えることができます。
購入者をさらに分類する方法もあります。図8は自然・健康食品を販売している「やずや」の分類になります。購入ユーザーを5つの層に分けて名称を付けています。

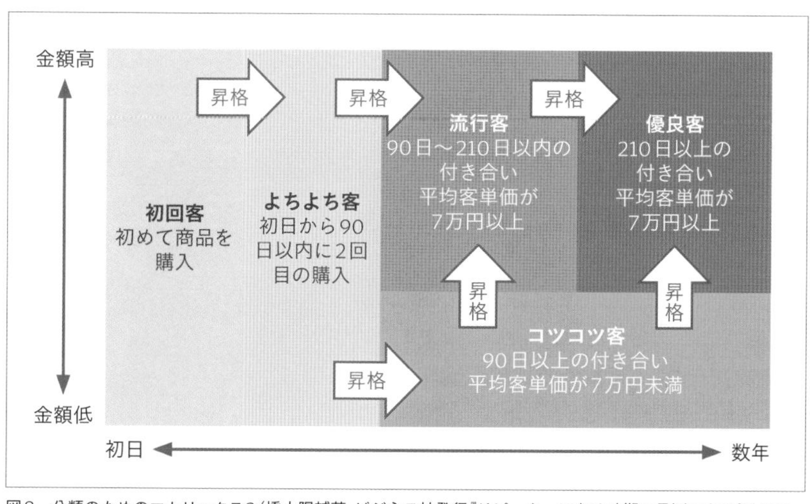

図8　分類のためのマトリックス2（橋本陽輔著、ビジネス社発行『リピーターになる時期は予測できる』を元に、編集部作成）

最も左に初めて購入した人の分類があり、右に進むにつれ利用期間が長くなり、上に進むほど購入金額が高くなります。後はそれぞれの層に対して施策を行い、ファン客を増やすということを実現しています。

注意点1：分類した人数を計測・分析できるようにしておく

このような分類を作成する上で注意点が2つあります。1つ目は「**その分類の人数を計測して分析できる必要がある**」ということです。せっかく分類を行っても、該当する人数が分からなければ、現状把握もできませんし、施策を行ったときにどれくらい改善したかも把握できません。アクセス解析ツールや顧客データベースに含まれているデータを使って分類を行いましょう。

たとえば、図9はGA4のセグメント機能を利用して、2回以上購入した人を抽出しています。

図9 ［探索］のセグメント作成画面で、「purchase」（要実装）のイベント数が1より大きい（＝2回以上）の条件を設定

GA4のセグメントを使って分類を行えば、分類ごとの数値や貢献を確認することができます。

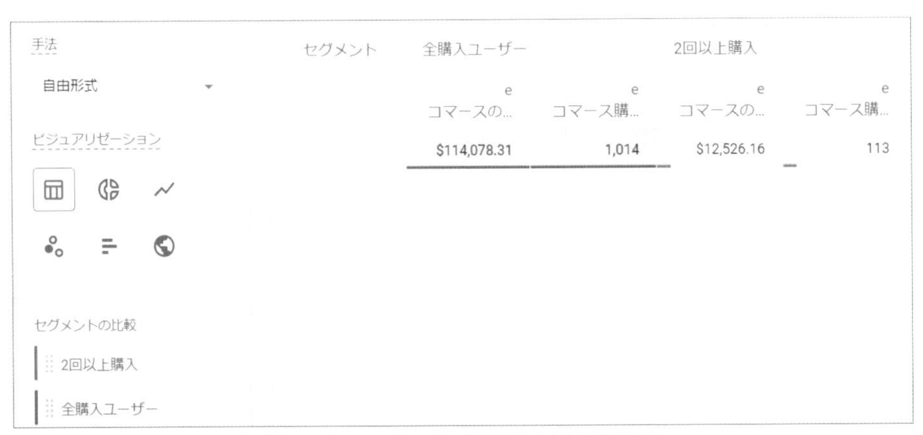

図10 全購入ユーザーと2回以上購入ユーザーのセグメントで購入回数や売上貢献を見る

注意点 2: 分類に対して施策が行えるか

2つ目の注意点は「**その分類に対して施策を行えるか**」ということになります。せっかく分類をしたとしても、打ち手が打てなければ改善することができません。
たとえば「直近3ヶ月以上購入をしたことがない人」という分類を作ったとしましょう。その人たちを抽出してメールでクーポンを送付することが可能か否かといった観点になります。作った分類に対して施策を行えるかしっかり検討をしてみましょう。
また行える施策は多ければ多いほど良い分類と言えます。たとえばメールの配信を行うのであれば、メール配信サービスの機能を利用すると良いでしょう。

図11 （例）RFM分析とターゲットを選択してのメール配信が可能なCuenote FC
（https://www.cuenote.jp/utilization/rfm-analysis.html）

新規獲得と再訪問・再購入の考え方

Chapter 2-9ではここまで再訪問と再購入の重要性を伝えてきましたが、再訪問や再購入の施策だけを行っていれば良いという意味ではありません。新規獲得には3つの重要性があります。
「立ち上げ時はリピートする人がいないので、まずは新規顧客を増やすことが最優先」「リピート施策は売上を一気に伸ばすのが難しいが、集客は適切な予算と内容で（すぐに）大きく売上を伸ばすことができる」「既存顧客は必ず減っていくため、新規流入施策は定期的に行う必要がある」という3点になります。大切なのは**新規とリピート施策の優先度をタイミングによって変えていく**ということです。

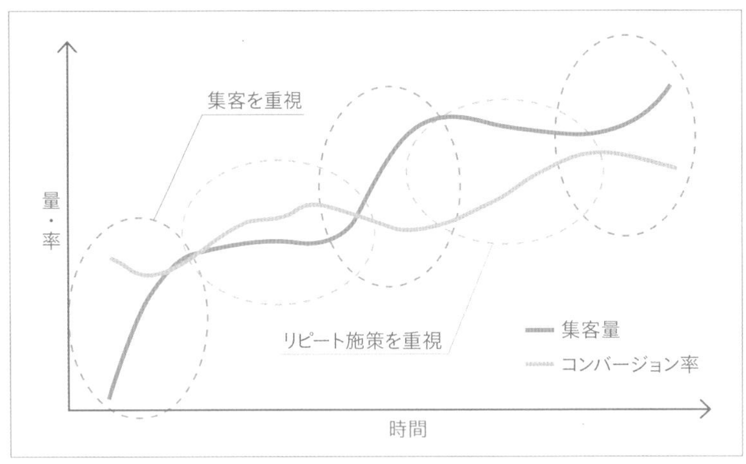

図12
集客量とコンバージョン率の推移

立ち上げ時は集客を重視し（赤丸）、コンバージョン率が落ち始めたら今度はリピート施策を重視（青丸）してコンバージョン率を上げ、上がってきたら、集客をさらに行ってといった形が良いのではと筆者は考えています。もちろん同時に実施しても良いのですが、「穴があいたバケツに水を注ぎ込んだり（コンバージョン率が低いのに集客を行う）」「誰も来ないお店に設備を増資したり（人がいないのにコンバージョン率改善施策を行ったり）」ということにならないように**数値を見ながら優先順位を変更**していきましょう。

最後に、米国で行われた調査[※2]で、新規あるいはリピート獲得のために有効な施策をまとめたものを紹介いたします。

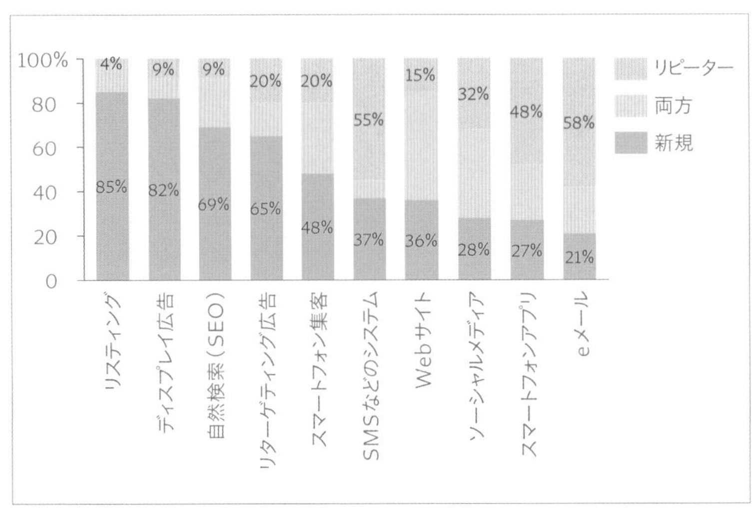

図13
新規あるいはリピート獲得のために有効な施策

※2 https://econsultancy.com/blog/63321-companies-more-focused-on-acquisition-than-retention-stats

Chap 2-8

新規獲得には「リスティング」「ディスプレイ（バナー）広告」「自然検索」「リターゲティング広告」などが向いており、リピーター獲得には「eメール」「SMS（LINEやメッセージングサービス）などのシステム」「スマートフォンアプリ」「ソーシャルメディア」などが向いていることが分かります。

次のSection 9-3では、主に再訪問や再購入につながる改善施策の事例をいくつか紹介いたします。

▶ Section 8-3

ECサイトの改善施策事例

レコメンド

ここでは、ECサイトの改善事例の1つとして、「**レコメンド**」を紹介します。
レコメンドとは「おすすめの提案」という意味を持ち、商品を何かしらの条件によって提案するという意味を持ちます。その手法は多岐に渡り、「ランキング」「スタッフのオススメ」「あわせて購入した方が良い商品」などがその一部です。
たとえばアマゾンでは「この商品を買った人が買った商品」「よく一緒に購入されている商品」などのレコメンドを行っています。

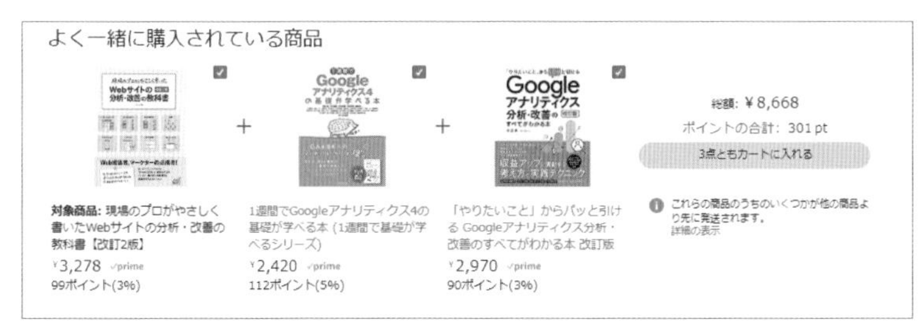

図1、図2　アマゾンで商品の下に表示されるレコメンド

レコメンドは単一の商品を1個ずつ紹介するよりは、複数の商品を購入する可能性が高くなり、購入率や平均単価を上げるのに優れた手法です。

レコメンドの実施方法

レコメンドは「スタッフのオススメ」のように手動で行う方法もありますが、ランキングなどをはじめとする多くの手法はシステムを使った方が良いでしょう。
自社で構築する方法もありますが、レコメンドのロジックの作成と表示などは難易度が高くなってしまいます。

レコメンデーションの種類を理解する

レコメンデーションは大きく分けて3種類に分類することができます。
まず一番シンプルなのが、**実績をベースにしたもの**です。主にランキングや商品の組み合わせを手動で提案する場合に利用されます。商品の売上を確認し、それを順位が高いものから並べるといった形式です。一番シンプルな考え方ですね。
次が**アイテムベース**のレコメンドです。組み合わせでよく利用される仕組みを機械的に集計し、商品Bと商品Dの相性が良いのであれば、商品Bのページでは商品Dを合わせて告知するという方法です。こちらも比較的シンプルな考え方です。
最後にレコメンデーションというと、この内容を指すことも多い**ユーザーベースのレコメンド**です。あるユーザーに対して類似したユーザーを探し出し、その類似しているユーザーが見ている商品や、購入している商品を提案するというものです。こちらの方法であれば、ユーザーの行動によって、あるときは商品Aを見ている人に商品Bが提示され、あるときは商品Aを見ている人に商品Cが提案されるといった形になります。先程のアマゾンの事例もこのユーザーベースのレコメンドを活用しています。
この類似度は、ユーザーが検索しているワードや閲覧・購買履歴、年齢・性別などの属性情報、あるいは利用者が自ら登録した情報が利用されることが多いです。これらの行動や属性を元に類似度を算出し、おすすめの商品を勧めます。

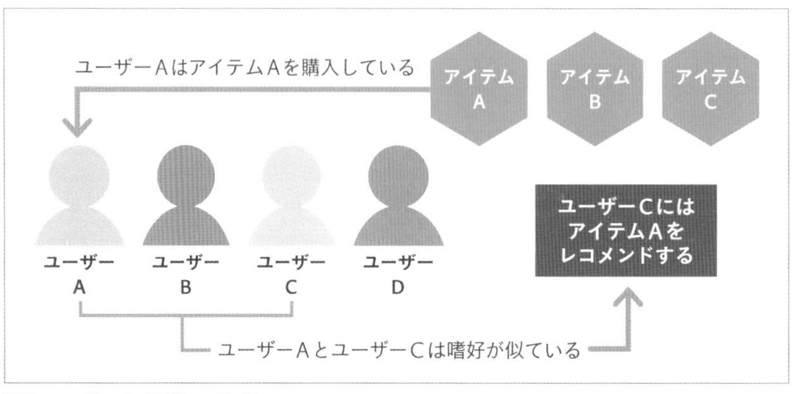

図3　ユーザーベースのレコメンド

実際にどのような類似度を算出しているかに関しては統計学の世界になってしまうのですが、興味がある人は「**協調フィルタリング**」で検索をしてみましょう。詳しいロジックなどを確認することができます。
レコメンド施策が成功するか否かは、**どのレコメンドを使うか・その内容をどこに表示するか・レコメンドロジックの精度**に関わってきます。いくら良いレコメンドの仕組みを入れたとしても、誰も見ていないところに掲載しては意味がありません。レコメンドを活用する場合は、これら3点を加味して判断を行いましょう。

購入単価を上げるための販売戦略

レコメンドというのは、商品をオススメすることで、購入を検討している人に、実際に購入をしてもらうための販売戦略です。そのため基本的には、**購入率を上げる**ために利用される施策です。ここを取り違えないようにいたしましょう。レコメンドシステムを導入したことによって、購入率は上がったけど、平均単価が下がってしまったということはよく見かけます（結果的に売上が上がっている可能性も充分ありますが）。
しかし、サイトによっては購入率ではなく、購入単価を上げるための販売戦略を取りたいというケースもあるのではないでしょうか。そのときに有効なのが「**クロスセル**」と「**アップセル**」という考え方です。これについても簡単に紹介しておきましょう。

クロスセルとアップセル

「クロスセル」は**購入した商品と合わせて別の商品を提案して購入していただく**という考え方です。ハンバーガーを購入したら「ポテトも一緒にいかがですか？」と勧めるという考え方ですね。レコメンドエンジンによってはこのシステムを兼ね備えているものもあります。他にも「あと2,000円買えば送料無料。2,000円で購入できる商品はこちらになります」などもクロスセルの一種になります。

「アップセル」は購入を検討している商品より性能が良くて値段が少し高い商品をオススメするというものです。家電などを中心に、似たような商品が複数ある場合に利用されます。例えば録画機であれば、「この10万円の商品であれば2番組同時に録画できますが、14万円の商品であれば6番組同時に録画できますよ」といった形の販売手法です。逆に高すぎて購入を躊躇してしまうような商品に対して、安い商品を提示して平均単価ではなく購買率を上げるための施策として「**ダウンセル**」という考え方もあります。

どちらの方式を利用するにせよ、提案する内容がユーザーにとって明確なメリットを作ることができるかがポイントになります。なぜ別の商品を勧めるのか（＝送料が無料になるから、2つ一緒に買うと少し安くなるから、ユーザー体験が高まるから）、なぜ高い製品を薦めるのか（差分の機能を実現するために別の製品を購入したら割高になるから）を考えた上で提案する内容を決めましょう。

チェック機能

次に再訪問につながる「**チェック機能**」についての事例を紹介します。
住宅情報サイト「SUUMO」では、会員登録しなくてもさまざまな内容を「**保存**」することが可能です。物件探しのように検討期間が長く、同業他社が多いサイトでは、**いかに物件探しを楽にするのか**が大切です。その中で再訪問の施策として、自分が行った行動を「保存」することで、次に訪れたときに一から再検索などをする必要がなくなります。
では、実際にどういう内容が保存できるのか、再訪問につながるような施策を行っているのかを確認してみましょう。

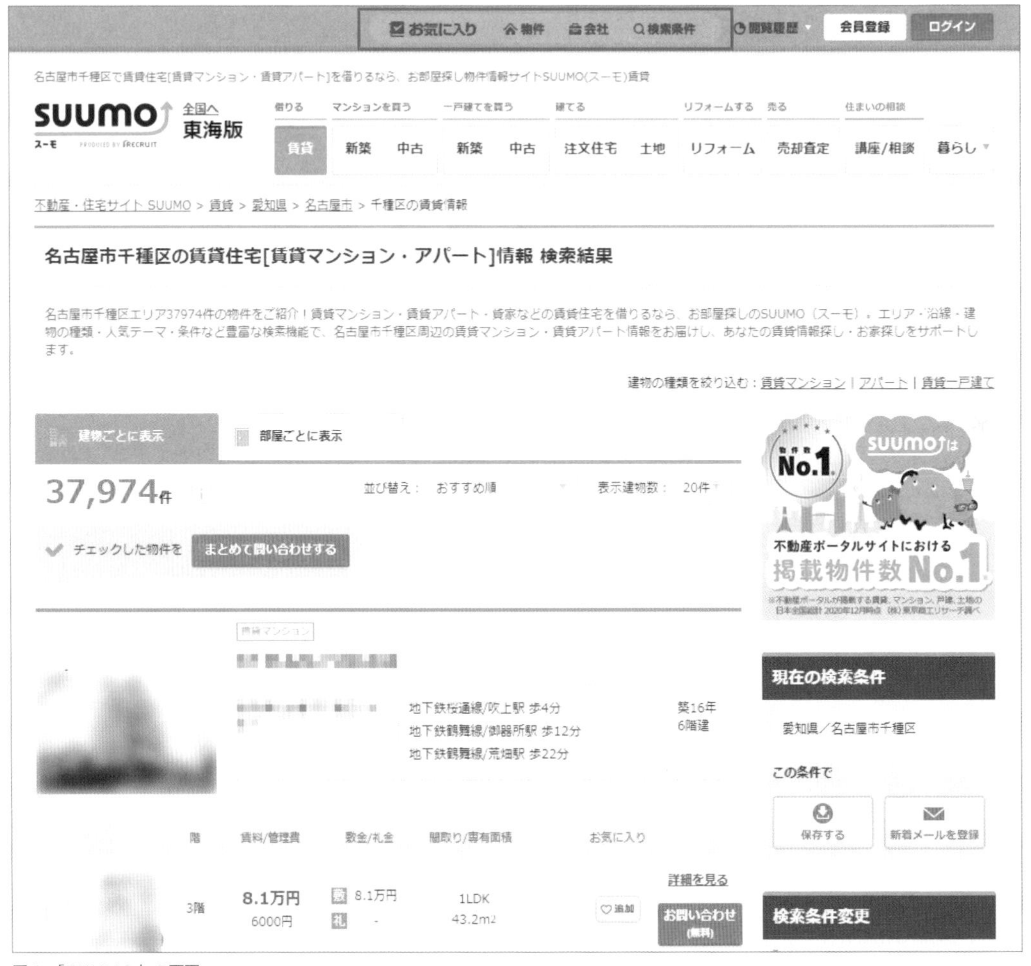

図4 「SUUMO」の画面

最上部には次の3つの「保存機能」を備えたリンクがあります。

・「お気に入りに追加する」というボタンを押して登録した物件を確認するための「物件」ボタン
・不動産会社を登録し、その不動産会社を確認できる「会社」ボタン
・検索結果の画面で「保存する」ボタンを押して保存した検索条件をいつでも再利用できる「保存した検索条件」

これらはすべて**再訪問時にも利用できる**ような機能となっています。他にも今まで見た物件が一覧で表示される右上にある「**閲覧履歴**」、検索条件に対して新しい物件が増えたときにその情報が送られてくる「**新着メールを登録**」、RSSリーダーなどでいつでも最新情報が確認できる「**RSS登録**」などもその対象です。1つの画面で、利便性を上げて、再訪問を促す箇所がたくさんあることにお気づきいただけたのではないでしょうか。

メールマガジン

メールマガジンは再購入を促すための代表的な施策とも言えます。
以下の図は、Gmailに自動配信や予約配信システムを追加するサービス「boomerang」からのメールです。内容としては「確定申告日は大変だよね。だからその苦労を少しでも和らげるために、今から24時間以内に年間契約を更新したら30%割引にしますよ」という内容です。米国における確定申告日という、ビジネスをしている人（＝本サービスの対象者）にとって嬉しくない日を上手く逆手にとった形のアプローチとなっています。

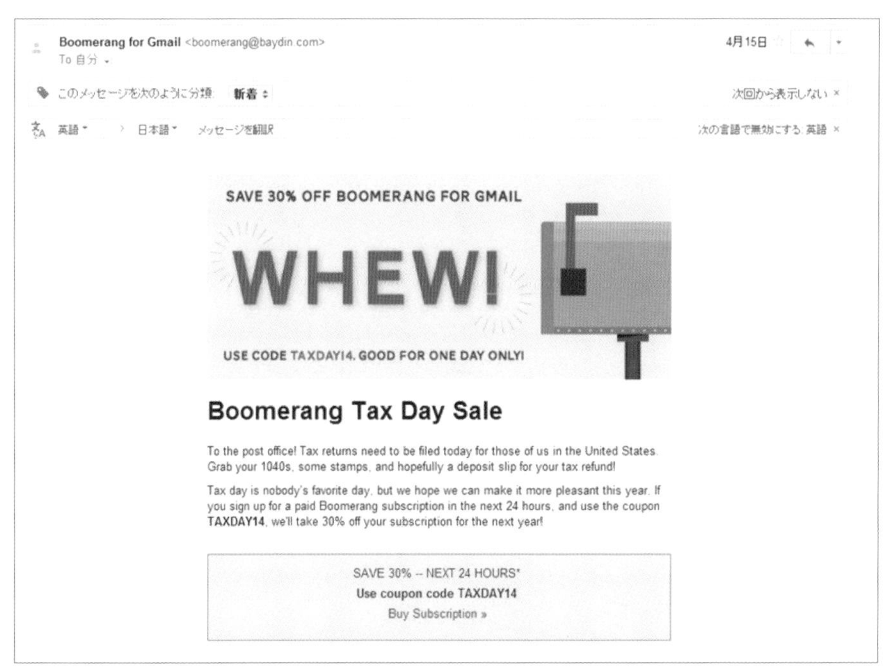

図5 「boomerang」からのメール例（初版執筆時）

次に紹介するのは、メールの内容そのものではなく、**再訪問につながるような**、メールマガジンの登録の部分の事例です。
P.96でも紹介している内容ですが、商品を購入するときにメールマガジンの購読の有無を確認する質問が設定されており、デフォルトで「はい」が選択されていることが多いかと思います。しかし、意識せずに登録した人は、その後受け取ったメールを開いてくれる可能性も低く、あまり意味がありません。デフォルトでは「いいえ」が選択されていて、「受け取る」を選択するとどういう内容のメリットがあるかを記載することで、利用者が納得して「受け取る」を選択するのではないでしょうか。配信数ではなく、**開封につながるメールアドレス**を取得することを重視しているからこその見せ方だと感じました。

図6　メンズファッションプラスの購買入力フォーム(初版執筆時)

ECサイトあるいはECサイト以外でも活用できる改善事例を紹介してきました。それぞれのサイトで効果があった（と思われる）施策ばかりですが、皆さんのサイトでそのまま使えるかというと必ずしもその限りではありません。
ユーザーの分類やニーズにあった施策を考えて実施をしていきましょう。すべてのサイトに必ず効く改善施策はありませんが、今回紹介した内容は改善施策を考えるヒントにはなったのではないでしょうか。

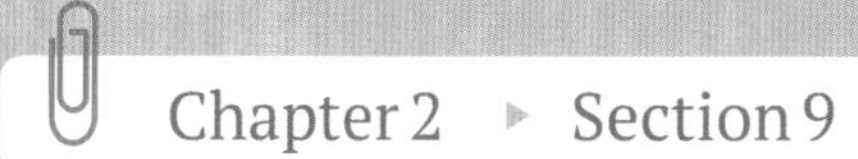

BtoBサイト

BtoBサイトの特徴

Webサイトで何かしらの収益を上げる際には、**コンシューマー（利用者）から売上をいただく**方法と、**企業から売上をいただく**方法があります。前者を**BtoC**（Business to Customer）といい、Amazonや楽天などのサービスはこれらに該当します。また後者は**BtoB**（Business to Business）といい、システムやサービス、工業製品などを販売している会社がこちらに属します。本書は主にBtoCを意識して書いてきましたが、読者の方にはBtoBのサイトに携わっている方もいらっしゃるかもしれません。BtoBサイトに関しては、独自の分析方法がいくつかあります。Chapter 2-9ではBtoBサイトだからこそ気をつけないといけない点や、分析のポイントなどを紹介します。

BtoBサイトの大前提

多くのBtoBサイトでは、**Webサイト上でビジネスのゴールが発生することは少ない**です。たとえばある会社が請求書送信サービスや有料アクセス解析ツールなどを導入したいと考えている場合、まずは資料請求をサイト上で行い、その後に実際に打ち合わせや商談の場などを持って契約を締結します。そのため、オンライン上で直接売上が発生しません。そのため、Webサイトの成果を計測しにくいといった課題があります。

また、BtoCサイトと比較すると、**対象とする人数や企業数が少ない**ことが多いです。家電商品を扱っているBtoCサイトであれば、家電商品の購入を検討しているすべての人が対象となりえますが、サポートセンターの管理システムであれば、ある程度の規模のサポートセンターを用意している企業のみが対象となります。そのため、BtoBサイトで大切なのは、大量のユーザーを連れてくることではなく、見込み客（あるいはもっとも厳密には見込み企業）の来訪を増やすことになります。興味がない、あるいはそもそも販売対象外の人を多く連れてきても意味がありません。

そして、BtoCと比較すると商品購入に向けて、Webだけで営業活動を行っているということは極めてまれです。既存顧客へのアプローチ、新規顧客に向けての電話営業、セミナーの開催、イベントへの参加、営業による訪問などその経路はさまざまです。Webだけではなく、**全体を通しての最適化・最大化**が必要になります。この辺も留意しておく必要があります。

Webサイトの役割を明確にする

BtoBにおけるプロセスは、サイトに訪れた消費者がそのまま商品を購入するといったシンプルなものではありません。筆者が以前関わっていた、アクセス解析ツールの導入プロセスでは、以下のようなプロセスをとり、ツール決定から導入までを進めていました。

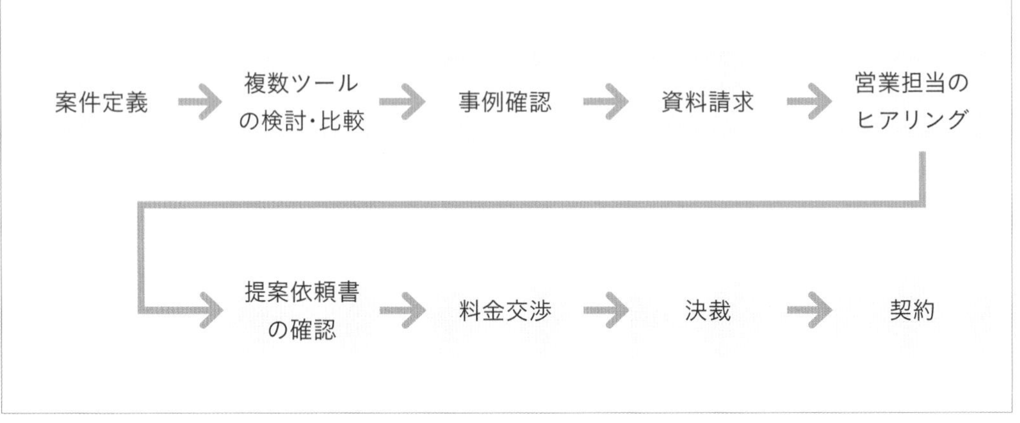

図1　アクセス解析ツール導入までのプロセス

見ての通り複数のプロセスがあり、その中の一部でWebを利用しています。この場合は、主に検討段階で利用するという形でした。すでに購入する商品が決まっており、値段に大差がない場合は、Webサイトで直接購入するというケースもあるでしょう。あるいはサービス提供側の意図として、詳しいサービスの紹介は説明会で行うため、まずは説明会に参加してもらうことを目的として設定していることも考えられます。このようにさまざまな役割を担う可能性があるのが、BtoBサイトの特徴になります。

BtoBでは、**サイトの役割を明確**にし、それにあった**コンテンツを作成**したり、**指標を設定**したりする必要があります。すべての要件を1つのサイトで満たそうとすると量が多くなってしまう可能性もあります。また、たとえば「業種別事例」と「お問い合わせ」は別のサイトにした方が分かりやすいケースもあります。たとえば検討初期段階である「資料請求」と検討中期〜後期段階である「見積依頼」は利用するタイミングも状況も大きく違います。

ビジネスロードマップを作成しよう

Chapter 1で紹介した**ビジネスロードマップ**はBtoBサイトにおいて非常に大切なダイアグラムになります。Webサイトだけでは完結しないからこそ、どういうプロセスがあり、どこに課題があるかを可視化するために非常に有効です。BtoBサイトの分析に取り組む方は、ぜひビジネスロードマップの作成を行ってみてください。往々にして、最大の課題はWebサイト上ではなく、その前後にもあったりします。次のSectionからは、BtoBならではの分析手法をいくつか紹介いたします。

▸ Section 9-2

BtoBサイトを分析する

BtoBサイトを分析する上で改めて、BtoBサイトのポイントを整理し、それにあった分析手法を紹介していきます。

項番	特徴	見るべきデータ
1	大切なのは訪問者やPV数ではなく、来訪企業数	訪問企業数のデータを見るためのツールの活用
2	さまざまな目的でサイトを訪れている	要件別の人数や利用率などを把握し、サイト構造を最適化する
3	主にオフラインが最終コンバージョン(収益)のポイント	Web上での成果を中間成果として金額換算する必要がある
4	問い合わせの質が大切	成果に対して量だけではなく質での評価も行うようにする

では、1つずつ確認をしていきましょう。

来訪企業数を計測する

来訪企業を計測する方法はいくつかあります。その中でおすすめのツールを3つ紹介いたします。
1つは無料で利用できる株式会社ユーザーローカルのスマートフォン解析ツール（http://smartphone.userlocal.jp/)です。アクセスしてくれた組織や今までの累計訪問回数などを見ることができます(図1)。その他にも、ユーザーの年代性別の推定や、地域別の詳細、リアルタイムなどの情報も確認することができます。

次に紹介するのは有料ですが、企業分析の機能が豊富な株式会社Geolocation Technologyが提供している「**らくらくログ解析**」です。こちらは同社が持っている企業リストにマッチングすることで、会社名だけではなく、業種や売上高、上場区分なども分類をしてくれるスグレモノのサービスです（図2)。その他にも**アクセスしてきた企業のリスト抽出機能**（API利用可能）であったり、**レコメンド**や**動画分析**などの機能も用意されており、こちらも非常に特徴があるBtoB向けのツールとなっています。少し古い記事になりますが、筆者のブログでもレビュー記事を書いてありますので、よろしければ参考にしてみてください(http://analytics.hatenadiary.com/entry/20101104/p1)。

図1　企業アクセスに関する情報（ユーザーローカルのスマートフォン解析ツール）

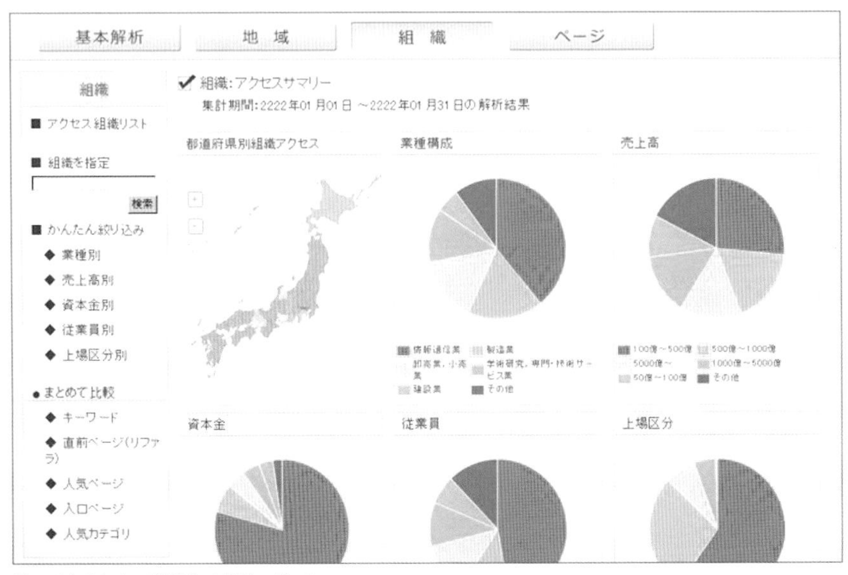

図2　「らくらくログ解析」の組織レポート

最後に紹介するのは、Googleアナリティクス上のレポートで企業名を見るための方法になります。この機能を提供している代表的なサービスとしては、上記の「らくらくログ解析」を提供している株式会社Geolocation Technologyの「**どこどこJP**（https://www.docodoco.jp/usage/ga/）」や、パワー・インタラクティブ株式会社が提供している「**企業情報解析ツール**（https://www.powerweb.co.jp/service/lbc/plan/google-analytics.html）」などがあります。

いずれも計測用の記述を追加すると、GA4上で企業に関する情報を確認することができます。GA4で用意されている「セグメント機能」などももちろん利用できるので、会社ごとに、**どこから流入して、どのページを見ているか**などを詳しく分析することが可能です。
企業アクセス情報を見る目的は主に2つあります。
1つは新しい**営業先としての開拓**です。今までコンタクトがとっていない会社からのアクセスがあれば、そこにはビジネスチャンスがあるかもしれません。アプローチの方法は会社やサービスによって違うかもしれませんが、思わぬ企業からのアクセスがあるかもしれません。
もう1つの活用方法は、セミナーや電話でのオフライン営業を行った企業が、**その後サイトを訪れてくれたか**を確認するという使い方もあります。
また見ているページなどを分析することによって、検討においてどのステージにいるのかなど「進捗」を確認することもできます。進捗によってアプローチの仕方も変わるのではないでしょうか。

要件別の人数や利用率を確認して最適化に活用する

BtoBサイトにおいてはさまざまな利用目的があります。資料請求から事例確認、お問い合わせなど多岐に渡ります。先程の企業情報ともあわせて、サイトに訪れている人や企業は**どういったコンテンツにニーズがあるのか**を確認しましょう。
他のコンテンツと比較して「事例」に対するアクセス割合が高ければ、事例を充実させてより説得力を増すということができるかもしれません。「同業他社との比較」がよく見られているということであれば、営業資料において同業他社との比較を充実させても良いでしょう。オンラインでの利用者の行動をオフラインでの活動の参考にしてみましょう。
また、検索キーワードやサイト内検索ワードも企業が抱えている課題や疑問を発見するためには有効です。
図3、図4は、あるECサイトの流入キーワードとサイト内検索ワードになります。

クエリ: Google のオーガニック検索クエリ

	Google のオーガニック検索クエリ	Google のオーガニック検索のクリ ク
		7,4 全体の 10
1	ウェブ解析士	2,3
2	web解析士	4
3	上級ウェブ解析士	3
4	web解析し	2
5	ウェブ解析士 試験	1
6	ウェブ解析し	1
7	ウェブ解析士協会	1
8	ウェブ解析士 テキスト	1
9	waca	1
10	ウェブ解析士マスター	1

図3　流入キーワード［レポート→Search Console→クエリ］の画面を加工しています

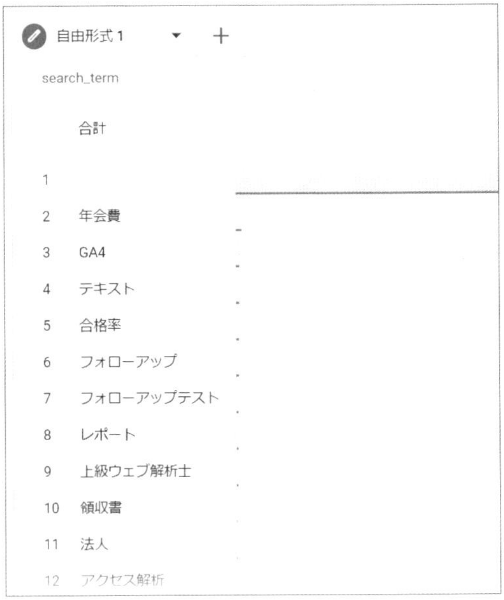

自由形式 1

	search_term
	合計
1	
2	年会費
3	GA4
4	テキスト
5	合格率
6	フォローアップ
7	フォローアップテスト
8	レポート
9	上級ウェブ解析士
10	領収書
11	法人
12	アクセス解析

図4　［探索→自由形式］で作成。セグメントを「イベントセグメント」で作成し、「イベント→view_search_result」で設定

Chap 2-9

見ての通りキーワードが大きく違うことが分かります。サイトに流入するときはブランドや会社名で流入してきていますが、サイトに入った後は商品の種類や特徴などで検索していることが分かります。集客時とサイト内で、どういうニーズがあるかを把握できるのではないでしょうか。

中間成果の設定を行う

BtoBにおける最後のゴールは**成約**あるいは**契約**になります。しかしこれはオンラインで行われることはほとんどありません。売上はオフラインで発生する場合がほとんどです。しかし、この状態のままではWebサイトの集客にいくらまで予算がかけられるか、あるいは、サイト内で行った施策が売上にどれくらいインパクトがあったかを算出することができず、Webサイトの効果を可視化したり最大化したりすることが難しくなってしまいます。
そこで大切なのはWebサイトにおけるゴールを「**中間成果**」として定義をし、コンバージョンを取得できるようにして、金額を設定するということになります。
BtoBサイトであれば何かしらの問い合わせ手法があるかと思います（多くはフォームを利用したもの）。このアクションをまずは「中間成果」として設定し、アクセス解析ツールなどで取得できるようにしましょう。
その後に大切なのはこの中間成果に対して、**1コンバージョンあたりの価値**（金額）を設定することです。

中間効果算出の例

あるサービスを例にこの数値を算出してみましょう。以下があるサービスにおけるWebでのお問い合わせ以降の結果になります。

> お問い合わせに対して、実際に打ち合わせにつながるのが25%
> そこから契約につながるのが20%
> 契約あたりの売上は800万円
> 契約あたりの利益は10%

こういった情報があるとしましょう（この割合や単価に関しては現場の営業の方が把握されていることが多いです）。では、この場合1お問い合せあたり、いくらまでコストをかけることができるでしょうか。これは逆算することで算出できます。

> 1契約あたりの利益＝800万円×10% ＝ 80万円
> 1契約を確保するために必要な商談数＝1÷20% ＝5件
> 1契約を確保するために必要なお問い合せ数＝5件÷25%＝20件

つまり20件のお問い合わせがあれば、80万円の利益を生むことができます。
従って、お問い合わせ1件あたり、**80万円 ÷ 20 ＝ 4万円** 以内のコストであれば黒字、それ以上であれば、赤字ということになります。
後はこの金額を目標設定時に設定すれば（GA4の場合）完了です。

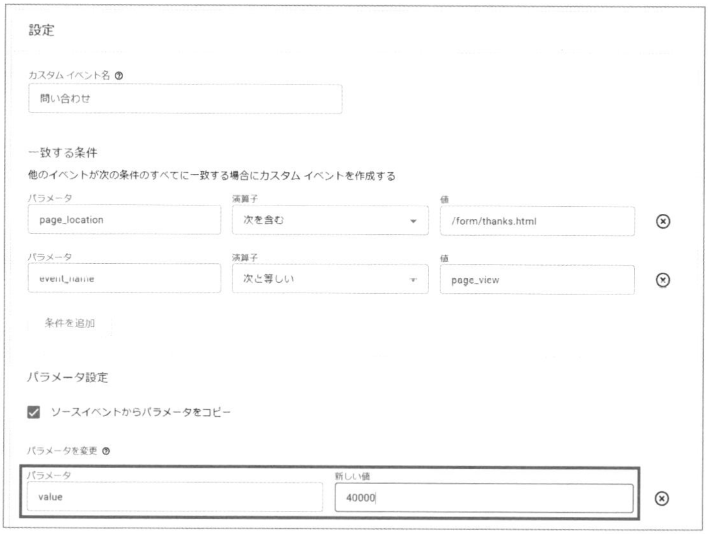

図5　GA4でイベント設定時に「value」のパラメータを追加し、値を設定

1コンバージョンあたり「4万円」という設定があれば、広告やサイト内の改善に伴い増えたコンバージョン数を金額換算することができ、施策の評価を（たとえ、コンバージョンがオフラインだとしても）金額で伝えることができるようになります。また、広告予算の管理なども圧倒的に行いやすくなります。

問い合わせの質が大切

では、上記を踏まえたときに、以下の2つのケースであれば、どちらのパターンの方が営業にとって嬉しいか確認をしてみましょう。

❶ お問い合わせが5件、すべての別の会社から
❷ お問い合わせが10件、2社から複数の人が送付

件数だけ見ると❷になりますが、最終的な成約および売上につなげることを考えると❶の方が嬉しいのではないでしょうか、また、以下のようなケースも考えられます。

❶ 求人申し込みが100件。履歴書の志望動機の記入の質が低い
❷ 求人申し込みが20件。志望動機がしっかりしている

このようなケースでも、後の成約率を考えると数ではなく**質**が大切になってきます。また、すでに（他の流入チャネルから）お問い合わせが十分あるようなサービスであれば、お問い合わせは少なくてもよいから、セミナーの申し込みを増やして欲しいという営業の意図があるかもしれません。
単純にコンバージョンの数で見るのではなく、**企業数**や**コンバージョンの内容**（資料請求・お問い合わせ・セミナー参加など、どれが今、重要度が高い成果なのか）も加味した上で、**質が高いコンバージョン**を効率よく獲得できるようになれば、Webサイトの担当者も営業担当者も嬉しいでしょう。求めているコンバージョンやそこにかけられる金額は常に変わってきます。月や四半期くらいの間隔で見直しを行ってみましょう。

▶ Section 9-3

BtoBサイトの改善事例

BtoBサイトの改善の考え方

BtoBサイトの利用は、ECサイトと比較すると非常に明確です。同業他社とオンラインおよびオフラインの双方で比較を行いながら、最終的には稟議を通して発注をするという形になります。この確率を上げるためにWebサイトで何ができるかを考えてみましょう。

コンテンツの網羅性

上記のプロセスに則ったコンテンツを分かりやすくサイトに載せておく必要があります。たとえば検討段階において必要なのは「導入事例」や「導入実績」、あるいは商品をさらに詳しく知ることができる「セミナー」や「資料請求」「ホワイトペーパー」かもしれません。このようなコンテンツを用意することで、まずは**検討の候補に上がる**ことが大事です。検討者が上司の承認をもらうための資料作りをサイト側が一部実施できているとなお良いでしょう。

候補に入った後は、**同業他社に勝ち抜くためのコンテンツ**が必要になります。「同業他社との比較」「気になる疑問に対する回答集」「価格例やオンラインでの見積もりシステム」「導入そして導入後のプロセス」が分かりやすく説明されているものがあると助かるでしょう。
筆者も6年ほど前にアクセス解析ツールの導入に携わったのですが、初期段階では「導入実績」と「機能の豊富さ」を重視しました。候補に上がったツールから発注をするまでは、「無料トライアルの有無」「サポートの充実度合い」「運用も含めたコストの見積もり」などを重視しました。もし自分がサービスを選定して導入するとしたら、どういうプロセスが必要で、どういう情報が必要なのかを書き出して、**自社サイトのコンテンツが必要充分か**をチェックリスト形式で確認してみましょう。

相手にとって必要な資料を用意する

米国では、ビジネスセミナーに参加したい人が、どうやって上司を説得するべきかという資料などが用意されている場合もあります。
日本ではあまり見ないのですが、どういうメールを送るべきかのテンプレートや、理由をまとめたものなので、ダウンロードできます。これをBtoBのビジネスでアレンジしたら面白いのではないでしょうか。

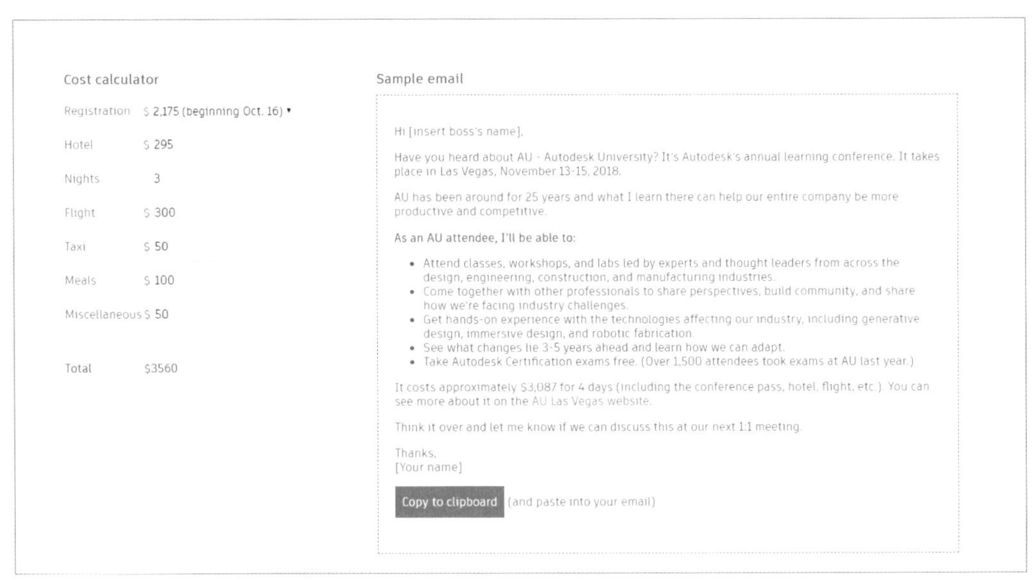

図1　AUTODESK UNIVERSITY 2018（http://au.autodesk.com/las-vegas/convince-boss）（初版執筆当時）のページより。上司に送るメールのサンプル（イベント概要、参加するメリット）や、かかる費用を計算するカリキュレーターがある

また日本でも、コミュニケーションツール「Chatwork」のサイトでは、プレゼン資料作成などに役立つ資料をパワーポイント形式で誰でもすぐにダウンロードできるようになっています。

図2　「Chatwork活用支援ナビ」の記事（https://bit.ly/46QAnIN）

事例掲載に関する注意点

BtoBサイトで最も多く読まれているコンテンツは「**機能紹介**」と「**導入事例**」です。この「導入事例」に関しては注意点が3つほどあります。

1つは「**導入事例のバリエーションをできるだけ豊富にする**」ということです。特に問題なのが、大企業あるいは中小企業のどちらかしか事例を載せていない場合です。事例はその内容だけではなく、導入している企業の予算感や規模などもチェックされます。大企業の事例ばかりでは「うちのような中小企業にとっては高すぎるんだろうな」と感じてしまいますし、中小企業の事例ばかりでは「うちのサービス規模だと負荷に耐えられないのでは」などと考えてしまいます。会社規模だけではなく、さまざまな業種の事例を掲載できるような努力は必要です。

もう1つは、「**事例の文量が多すぎる、あるいは少なすぎる**」という注意点です。多すぎると、読んで満足してしまい、そこから資料請求などをしなくなってしまいますし、少なすぎてはそもそもどう活用しているのか分からないという風になってしまいます。同業他社のサイトも比較しながら、「あと、もうちょっとだけ知りたい」というコンテンツ量を用意しましょう。逆に事例の内容を選定することで、お問い合わせをする顧客を絞り込むといった逆の発想も可能です。

最後の注意点は**事例の内容や見せ方を工夫する**ということになります。ただの数値の羅列ではなく、どうしてそのような数値を出すことができたかという「背景」を、検討企業は必要としています。「数値がそこまで改善するかは会社によって違うよね」という最低限の認識は皆さん持っているかと思います。その中で、どうやったらツールやサービスを有効活用できたか。どういう環境や体制があったのかを知ることができると便利です。その中で特に伝わりやすいのは「インタビュー」形式ではないでしょうか。サービスを提供している会社が作った文章ではなく、会話形式であれば本当にその人がそう思っていることがよく伝わります。

図3　内田洋行は顧客のインタビューを載せ、導入時の困りごとや導入による変化など、わかりやすく掲載している（https://www.uchida.co.jp/education/case/setagaya01/index.html）

Chap 2-9

関係性維持のためのコンテンツやコミュニケーション手法

用意するコンテンツは、課題解決のためのコンテンツだけでは不十分です。すでに**契約された企業**や、**一度商品を購入された企業へのアプローチ**も大切になります。アプローチには「アプローチする理由」と「アプローチ手法」の両方がセットで必要となります。
「アプローチする理由」の例としては「新しい事例の掲載」「新しいサービスや商品の案内」「セミナーの案内」「何かしらお得な内容のご連絡」「サポートの品質に関する調査」などさまざまなものが考えられます。そして「手法」も多岐に渡ります。代表的なものは「メール」ですが、他にも「電話」「手紙」「営業によるアポイントメント」「口頭（セミナーや会合などでお会いする）」といったものが考えられます。
関係性維持と売上アップのために、上記を戦略的に行う必要があります。またアプローチの手法は**顧客ランク**（利用いただいている金額）などによっても変わってくるかもしれません。この部分がしっかり事前にプランニングできている企業ほど、維持率が高いのではと筆者は考えています。
特にオススメしたい方法は、**定期的に顧客が見に来るコンテンツ**やサービスを用意しておくことです。またその中でコミュニケーションができるとなお良いでしょう。筆者が昔、関わったBtoBのサービスでは、月に数回、**利用者のトレンドや特徴**を分析したレポートをアップロードしたり、毎週新しい**Q&Aを追加**したり、定期的に**業界のニュース**をお伝えしたりする会員制サービスを運営していました。サービス利用者の60%が毎月訪問してくれており、新しい商品やサービスの告知は、まずこのサイトで行うことで、既存顧客への周知が低コストかつ高スピードで実現できていました。

多種多様なお問い合わせ手法を用意すること

1つのフォームですべて賄おうとしてはいけません。電話で直接聞きたい人もいるでしょうし、業界によってはFAXがまだ主流のところもあります。お問い合わせフォームも1つである必要はありません。複数種類のお問い合せがある場合は、それぞれごとにフォームを用意することで、それぞれ最低限の入力項目でお問い合わせができるようにしましょう。
ヒーター製品を取り扱っている株式会社スリーハイでは、お問い合わせに関する情報を1箇所にまとめています（図4）。

図4　株式会社スリーハイのWebサイト上部メニュー（http://www.threehigh.co.jp/）

また、非常にユニークな取り組みとして、**お問い合わせ件数や来社人数**を毎日掲載し、多くのお客様がお問い合わせをしていることをアピールしています。

図5　前日のお問い合わせ件数や、来社人数を表示

最後に：Webだけで考えない

BtoBサイトの大半は、オンラインで受注・発注が行われません。Web上で資料請求やお問い合わせを行ったり、セミナーの参加を申し込んだりして最初のコンタクトが生まれます。しかし、実際の契約は営業が商談を行い、そこで決まるといった形になります。この場合、Webサイトの貢献が可視化しにくいという課題があります。

また、営業から見ると、お問い合わせが多くても、その大半が契約につながらない場合は時間の無駄になってしまい、「質の低いお問い合せはいらない」と言われてしまうかもしれません。

Webサイトの目的が「とにかく効率良くお問い合わせ数を増やす」という風になってしまっていると、その後のコストが膨れ上がってしまい、利益が減ってしまいます。お問い合わせが足りないときは、お問い合わせを増やすという戦略で良いのですが、対応できない程度のお問い合わせ量になってきた場合は、「**契約につながりやすいお問い合わせ**」の母数や割合を上げていく必要があります。

この場合、集客の仕方やコンテンツの作り方も大きく変わってくるでしょう。契約をしたお客様へのアンケートや、データ統合などにより、契約をする会社は、どのようにサイトやサービスのことを発見し、どういったコンテンツや差別化ポイントが、自分の会社のサービスを選定するに至ったかを把握しましょう。そこで得られた気づきをWebサイトに反映していくことが大切です。

Chap 2-9

Chapter 2 ▸ Section 10

BtoCサイト

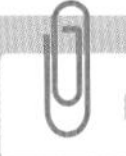

▸ Section 10-1

BtoCサイトの特徴

本書はBtoCサイトを想定した内容を中心に書いてきましたが、改めてBtoCならではの考え方や分析手法、改善事例を紹介していきます。

BtoCサイトと言われると皆さんどのようなサイトをイメージするでしょうか？ その内容は人によって大きく違うかもしれません。商品を販売しているECサイトも広義においてはBtoCサイトです。あるいは区役所のページなど情報発信をしているサイトもBtoCサイトと言えそうです。

本書では少し定義を狭めて「複数のサービス・情報・商品などから1つを選び、それに対して申し込む」というサイトを例にBtoCを考えてみたいと思います。代表的なサイト例でいえば「結婚式場を探すサイト」「レストランや飲食店を探すサイト」「求人案件を探すサイト」「おすすめの保険を探すサイト」などがあげられるのではないでしょうか。

これらのサイトの特徴は、**複数の情報からユーザーに目的の物を見つけてもらう**ということにあります。そのためECサイトと似た点でいうと、一覧や詳細などがあることがほとんどです。サイトの構造としては以下のような形になっているのが一般的でしょう。

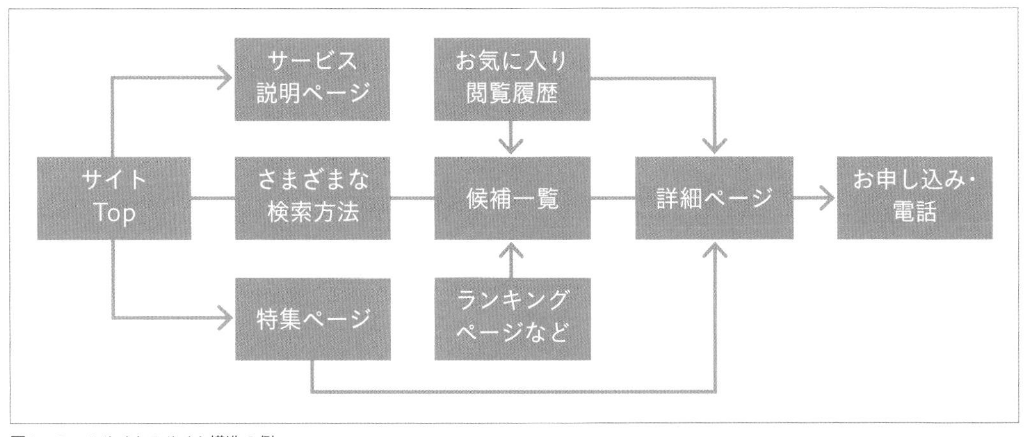

図1　BtoCサイトのサイト構造の例

サイトのゴールとしては、**一覧**や**詳細**などからユーザーが求めているものを選択し、お申し込みや電話などのオンラインでのコンバージョンに少しでも多くつなげるという形になります。
オンライン上でECサイトのように直接売上が発生することはなく、売上は主に「クライアントなどに掲載をしてもらい掲載料をいただく（例：求人案件・美容院など）あるいは自社サービスの案内をし、最後にオフラインでコンバージョンしてもらう（例：語学留学・中古車の購入）という形が多いです。
皆様が普段利用されている、あるいは携わっているサイトにはこのような形式のものも多いのではないでしょうか？

図2　BtoCサイトの例：おすすめのアプリを探すためのサイト「Appliv」

たとえば上記のサイトでは、さまざまなアプリが紹介されています。カテゴリごとに分かれており、口コミやスタッフのレビュー紹介などがあります。サイトを利用する方は、自分が好みのアプリを見つけ、興味があるアプリがあればリンクをクリックしてAppleストアやGoogle Playでダウンロードするという形のBtoCサイトです。
このサイトでのゴールは、訪問数やページビュー数を増やし、ユーザーに興味があるアプリを見つけてもらい、ダウンロードしてもらうことになります。収益はPR記事や広告掲載料などで賄っています。そのため、可能であれば複数のアプリを見てもらうことが広告視認やクリックのきっかけにつながります。

Section 10-2

BtoCサイトを分析する

BtoCサイトを分析する上で大切なのが、前述した**サイト構造**になります。BtoCサイトで大切なのは少しでもユーザーに奥に進んでもらい（検索→一覧ページ→詳細ページ）、またその中で自分が望んでいるものを見つけ、コンバージョンしてもらうことです。

そのため分析に関しても、可視化するべき点は2つです。1つは「**どうやったらユーザーが次のステップに進んでもらえるのかを知ること**」、そしてもう1つは「**どういった行動がコンバージョンにつながりやすいのか**」を見つけるということです。

それぞれの分析方法について詳しく見てみましょう。

1：導線を分析して穴を発見する

GA4の**セグメント機能**を使うことで、各STEP間の遷移率を確認することができます。たとえば以下のセグメントは、一覧ページから詳細ページに遷移したというセグメントを作成しました（URLはサイトによって違うので要注意）。

図1　セグメントを作成（P.332参照）

Chap 2-10

Googleアナリティクスでセグメントを作成する際に「**シーケンス**」の機能を使うと、あるページを見た後に、あるページを見たというセグメントを作成することができ、このような遷移をした人の訪問が何回あったかを把握することができます。このような形で集計を行うと以下のようなアウトプットを作成することができます。

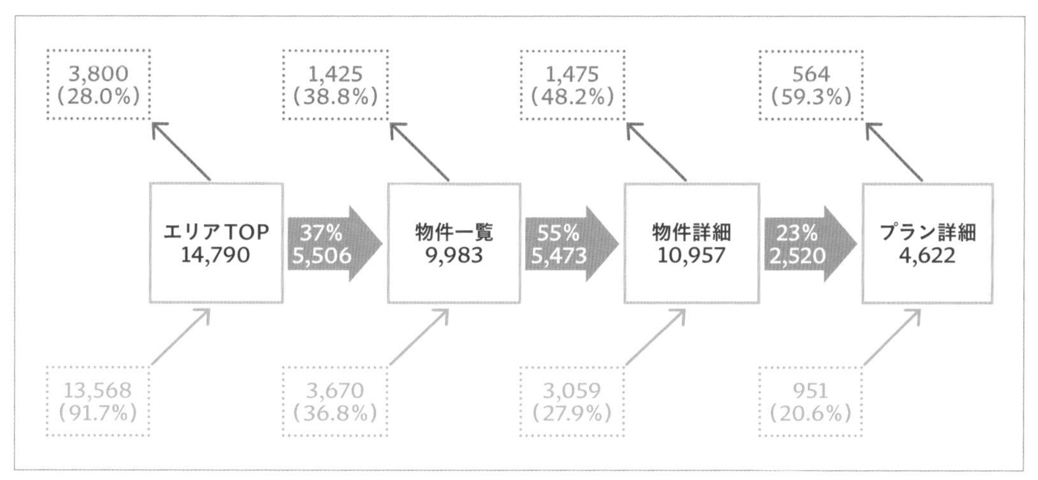

図2　ページの遷移率

ここではエリアTop ⇨ 物件一覧 ⇨ 物件詳細 ⇨ プラン詳細という遷移をチェックしています。緑の矢印と数値は、該当ページが**入口ページ**（最初のページ）だった割合と数を意味し、赤い矢印と数値は該当ページが**出口ページ**（最後のページ）だった割合と数を意味します。青い矢印が次に進んだ件数と割合です。この図を見ると、物件詳細からプラン詳細に移動する訪問が23%しかいないことが分かります。また物件詳細とプラン詳細の離脱率が他のページより高いことも分かります。まずサイトを改善するのであれば、物件からプランへの**遷移率を上げる**施策を考えたり、**離脱率を減らしたりする**ための工夫が必要かもしれません。

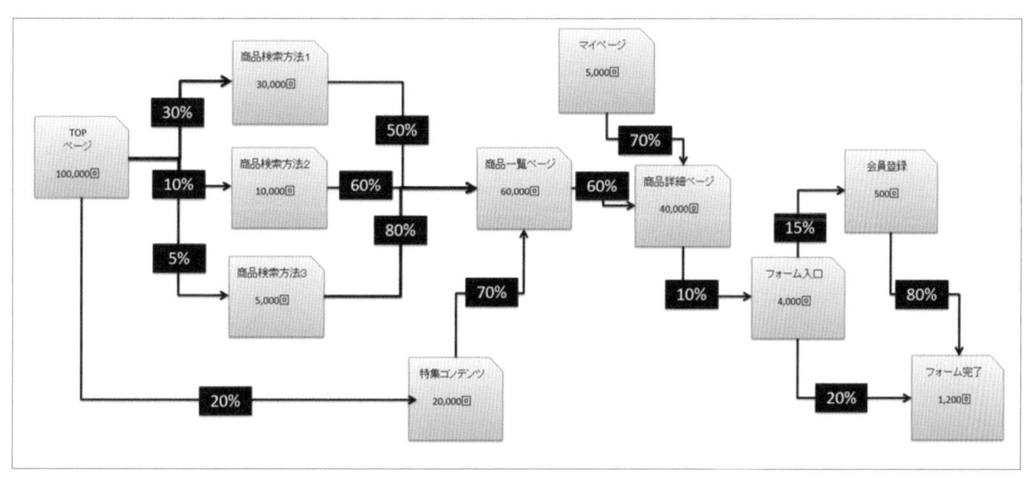

図3　ページの遷移率をサイト全体でみたもの

Chap 2-10

前ページの図2ではシンプルな一直線の例を表示しましたが、周辺のページもあわせて確認したい場合は、以下のようなもう少し複雑な構造になるかもしれません。ぜひ図3を元に皆さんだったら、どのページや導線を改善するべきか考えてみてください。

2：どういった行動がコンバージョンにつながるのかを分析する

Webサイトでコンバージョン数を増やすために有効な考え方が、「**コンバージョンする人の特徴を見つけ、それを他の訪問者にもなるべく実現してもらう**」というものです。たとえば求人案件ページへの到達方法が3種類あったとしましょう。その中で、特定の方法で到達してもらう（例：エリア検索）とコンバージョン率が他の方法と比べて高いのであれば、ユーザーになるべくその方法を利用してもらうことが良いのかもしれません。
あるいは特定の機能を利用してもらう（例：検索履歴機能）とコンバージョン率が高くなる傾向がある、あるいは商品を3つ以上見ると1つしか見ない人の3倍のコンバージョン率になるのであれば、そのような行動を促進するというのも1つの手です。
BtoCサイトをこの観点で分析する際、以下の6つの仮説を検証してみることをオススメします。

A：訪問回数とコンバージョンの関係

訪問回数が多いほうがコンバージョンにつながりやすいのか？ あるいは特定の訪問回数でコンバージョン率のピークがあるのか？ サイトの種別やコンバージョンの種類によって大きく変わってきます。

訪問回数	ユーザー数	申込数	コンバージョン率
1	45,884	321	0.7%
2	12,376	198	1.6%
3	6,396	128	2.0%
4	4,055	93	2.3%
5	2,830	45	1.6%
6～7	3,686	81	2.2%
8～10	3,204	54	1.7%
11～15	3,027	51	1.7%
16～20	1,623	28	1.7%
21～30	1,596	10	0.6%
31以上	5,265	32	0.6%

図4　訪問回数とコンバージョン率

Chap 2-10

図4の例では、1回目のコンバージョン率は低く、2回目以降はコンバージョン率が高いのですが、21回以上になると減ることが分かります。この傾向は多くのサイトで見られ、回数がとても多い人はウィンドウショッピングに来ていたり、情報収集だけをしていたりといった可能性もあります。自社サイトでは、**何回目の訪問がコンバージョン数やコンバージョン率のピークなのか**を確認しておきましょう。それによって集客施策の優先順位なども変わってきます

B:商品を複数見ることがコンバージョンにつながるのか?

図5の場合は、**閲覧数が増えれば増えるほどコンバージョン率が上がる**傾向にあり、閲覧数が1個から3個に増えるとコンバージョン率が約倍になります。ただ1個しか見ていない割合が、訪問数の67.9%を占めるため、複数閲覧のためにページのレイアウト変更やレコメンドをより目立たせてみても良いかもしれませんね。レストランを複数見て比較検討あるいは迷っている人の方が予約につながりやすいのか？それとも特定の1つのレストランだけを見ている人の方が予約につながりやすいのか？そんな疑問を解決することもサイト改善を進める上では大切です。

閲覧数	訪問	訪問割合	CVR
1	953,985	67.9%	1.46%
2	276,051	19.7%	1.95%
3	90,685	6.5%	2.86%
4回以上	83,954	6.0%	4.57%

図5　レストラン閲覧数とコンバージョンの関係

もし複数のレストランを見てもらうことに価値があるのであれば、**レストラン同士の移動がしやすい**ようにしておく必要がありますし、1つの方が良いということであれば**あまり迷わせるのではなく**、一直線にゴールに向かってもらえるようなレイアウトが大切かもしれません。

C:どのコンテンツがコンバージョンにつながっているのか?

特集ページやランキング、新着、スタッフのオススメなどサービスを案内する方法は多種多様です。どういったコンテンツを見てもらえるとコンバージョンにつながりやすいのか？ このような分析も非常に大切です。
分析をする際に気を付けなければいけないのは、**目的が違うコンテンツやページ同士を比較しても意味がない**ということです。たとえば「商品のランキングページ」と「初めての方へページ」はどちらも目的が違います。**似たようなページ同士で相対的な優先順位を見つける**ようにしましょう。

ジャンル	訪問	訪問割合	エンゲージメント率	CV率
趣味	2,407,727	33.7%	65%	2.54%
ゲーム	1,067,535	15.0%	73%	2.26%
生活・暮らしの便利	631,110	8.8%	71%	2.67%
カスタマイズ	308,782	4.3%	60%	2.06%
勉強・教育	268,631	3.8%	68%	2.81%
スポーツ・アウトドア	258,910	3.6%	72%	2.83%
SNS・コミュニケーション	218,931	3.1%	66%	1.77%
ビジネス	157,612	2.2%	65%	1.97%
恋愛	146,913	2.1%	67%	2.83%
医療・健康管理	138,169	1.9%	69%	2.76%
マップ・ナビ	131,986	1.9%	64%	2.32%
美容・ファッション	96,926	1.4%	64%	3.83%
ショッピング・クーポン	57,810	0.8%	65%	1.85%
ニュース	53,611	0.8%	67%	2.83%
本	40,122	0.6%	68%	2.59%
グルメ	26,547	0.4%	72%	2.47%

図6　特集のジャンルとアプリのダウンロード率

該当特集を見た訪問とコンバージョン率（アプリのダウンロード）を現した表です。どのジャンルが人気か、どのジャンルの特集がコンバージョン率につながるかを把握することができます。

たとえば、「カスタマイズ」というジャンルは4番目に訪問が多いですが、エンゲージメント率は低いですがCV率は高く、改善の余地がありそうです。逆に「スポーツ・アウトドア」に関してはエンゲージメント率もCV率も高いということが分かります。

このように**似たようなページ同士を比較し、良いページ・悪いページの違いを見つけて**、より成果につながるページへの流入や誘導を図ってみましょう。

D：入力フォームでユーザーが離脱していないか？

入力フォームが複数ステップある場合、各ステップの遷移を確認することは必須です。ここで離脱してしまっては、せっかく意欲を持ってくれたユーザーを逃がしてしまうことになります。入力ページが複数に渡る、途中でログインがある、途中でメール認証が入るなどがある場合は、「導線を分析して穴を発見する」（P.236）で紹介した方法を活用し、「コンバージョンにつながっていないページ」を見つけましょう。

図7の例では、7ステップ（最終ステップが完了ページ）あるフォームの次ステップへの遷移率や離脱率を確認してみました。いくつか課題のページ（1・4・6）などがありそうなことが、お分かりいただけるかと思います。入力項目が多いのであれば、可能な限り減らしてみる、あるいはページ分割してみるなどが必要かもしれません。フォーム改善に関しては、Chapter 2-7でも触れているので、あわせて確認してみましょう。

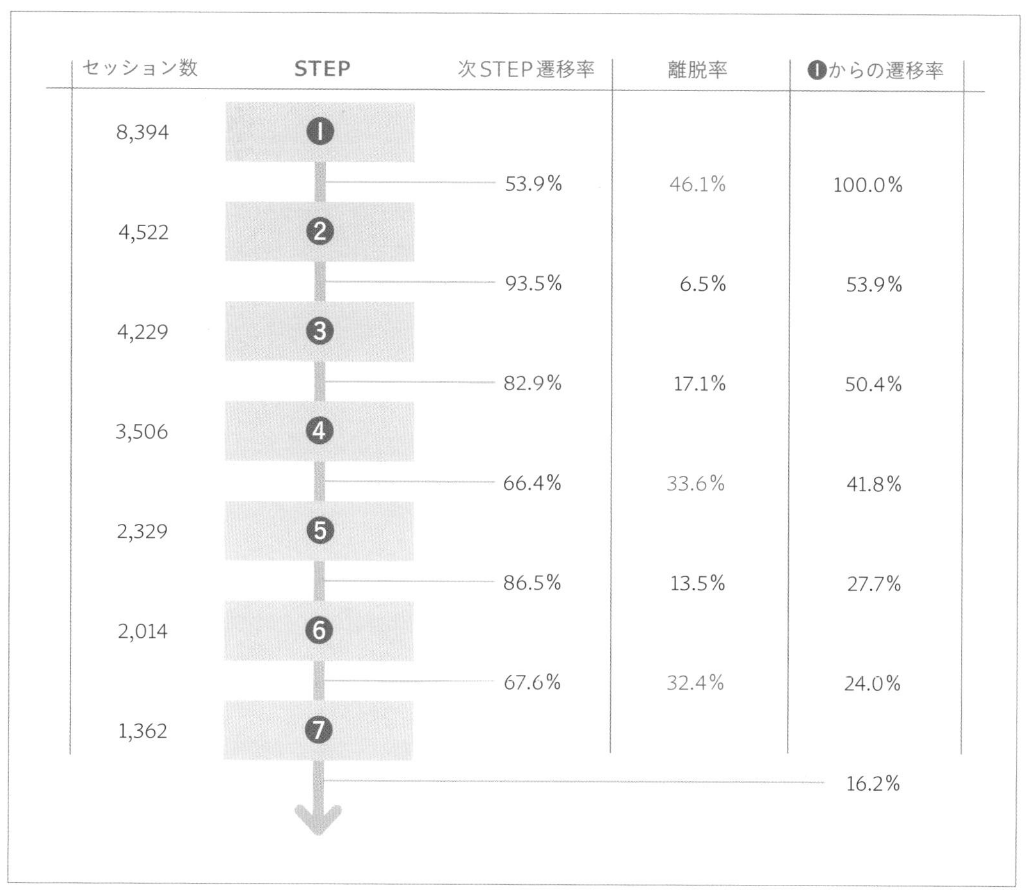

図7　次ステップへの遷移率や離脱率の確認例

E:離脱ページを特定する

どのサイトにおいても、**離脱ページの把握**は大切です。離脱が多いページは、そこからユーザーが抜けていることを指します。離脱をしても良いページ（例：購入完了やお問い合わせ完了）以外では、離脱は極力防ぎたいものです。そのため離脱律が高いページが改善優先順位が高いページとなります。
GA4の［探索］で、ページ、表示回数、離脱数の項目を追加した表を作成して課題ページを特定しましょう。

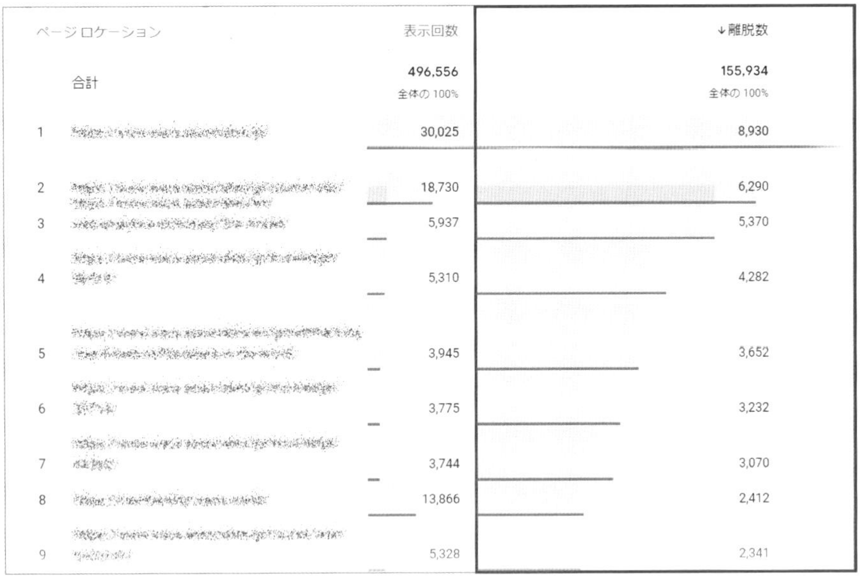

	ページロケーション	表示回数	↓離脱数
	合計	496,556 全体の 100%	155,934 全体の 100%
1	[illegible]	30,025	8,930
2	[illegible]	18,730	6,290
3	[illegible]	5,937	5,370
4	[illegible]	5,310	4,282
5	[illegible]	3,945	3,652
6	[illegible]	3,775	3,232
7	[illegible]	3,744	3,070
8	[illegible]	13,866	2,412
9	[illegible]	5,328	2,341

図8　GA4では［探索→空白］を開き、「ディメンション」の「ページ／スクリーン」から「ページロケーション」を「列」に設定し、「指標」の「ページ／スクリーン」から「離脱数」と「表示回数」を「値」に設定

離脱レポートであれば、離脱数が多いページから順番に確認し「離脱しても仕方がないページ」なのかを判断しましょう。そうではない場合は、エンゲージメント率や流入元なども確認した上で、「回遊されていない理由とその対策」を考えてみましょう。リンクが分かりづらいのか、読み終わった時に次にどのページに行けばよいか明示されていないのか、何かしらの可能性が見つかればA/Bテストなどを活用して離脱数を防げないか改善案を実行してみましょう。

▶ Section 10-3

BtoCサイトの改善事例

BtoCサイトの改善の考え方

BtoCサイトは分析のセクションでも触れた通り、「少しでも奥に進んでもらう」そして「コンバージョンにつながる行動を促進する」という考え方が大切になります。その視点で実行された改善案をいくつか見てみましょう。

改善例 1：次に進むページを想像し、導線を用意する

皆さんのサイトに「**行き止まり**」のページは存在しませんか？
ページを見た後に「次にどこにいけばよいか分からない」ページは沢山あります。

たとえば図1の画像は、ある住宅の間取りページです。情報も整理されていて見やすいページなのですが、このページにサイト内の別ページからたどり着いた人、あるいは検索エンジンなどから直接流入した人は次に行くところがありません。

ページ下部に「印刷」と「閉じる」ボタンしかありません。他には来場予約や資料請求といったアクションボタンしか存在しません。他の号地を見たい、あるいは他の物件を見たい人は困って離脱してしまうのではないでしょうか？

ページを作成するときに大切なのは、「そのページに必要な情報」だけを用意するのではいけないということです。

閲覧した人が次にどのページに移動したいのかを想像し、その選択肢を用意してあげることが大切です。

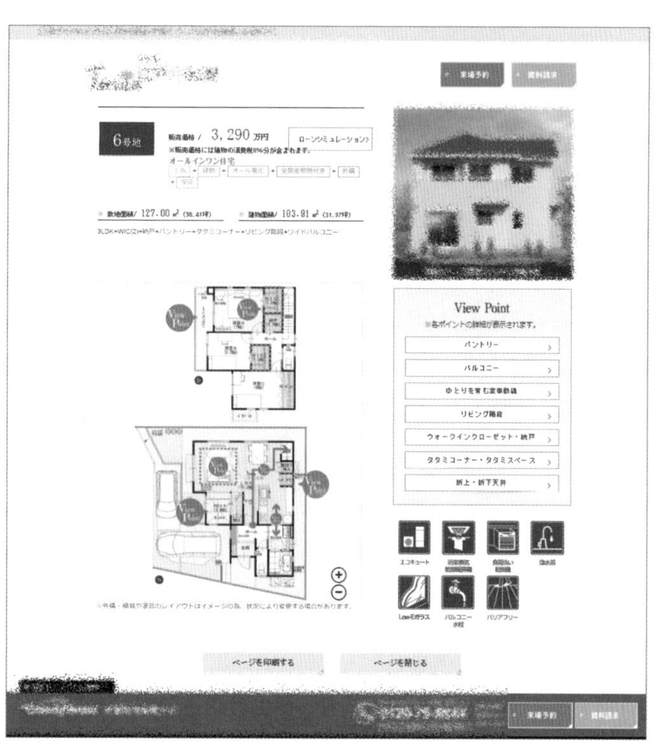

図1　ある住宅の間取りページ

たとえば皆さんが、結婚式場の挙式を執り行う「教会」のページを作るとしたらどのような要素を入れますか？

教会のページを紹介するので、教会の説明文は必要でしょう。また他にもさまざまな角度からの写真やフォトギャラリーがあるとよいかもしれません。また分かりやすく「3つの魅力」などを箇条書きで紹介するのも分かりやすそうです。

しかし、この考え方ではページに必要な内容の半分しか用意できていません。大切なのは、読み終わった人に**次にどのページを案内するか**を考えてあげることです。たとえば必要なのは、教会の次に見てみたいページへのリンクかもしれません。たとえばレストランや披露宴会場への案内があるとよいでしょう。また挙式に関するFAQなどもよさそうです。より詳しいことを知りたい人向けの導線になります。そして最後に、実際に見てみたいと思った方にはフェアや見学予約などのコンバージョン導線を用意してあげましょう。

このように次のことも考えて初めてページは完成します。実際には以下のようなページになるのではないでしょうか？　多くのページは左側だけのことが多いのです。これでは奥に進んでもらうということが行われず、離脱につながりやすくなります。

図2 「教会」のページ：左下と右上はつながっている

以下のような表を作成し、ページの構成を考える癖を身につけましょう。

ユーザーの気持ち
ページで提供する情報
ページのコンテンツ
教会の写真
どんな場所かを具体的にイメージしたい
さまざまな角度から撮影した教会内外の写真
3つの魅力
他との差を分かりやすく知りたい
特に重要な3つの魅力を文章と画像で紹介
次に見るページの提案
披露宴の案内
教会は良いことがわかった！ 披露宴の方はどうだろう？
披露宴会場の簡単な案内と詳細ページへのリンク
よくある質問
もうちょっと詳しいことが知りたい。不安を解消したい
よくある質問のリンク集を用意。回答はQ&Aページにて確認

図3　次に案内するページについて、ユーザーの気持ちと提供する情報を考える

改善例 2：リンクに一工夫入れる

BtoCで大切なのは、ゴールに向かっての誘導です。特に入力フォームに来てもらうことは欠かせません。そこで色々な工夫をして、遷移してもらうような仕掛けを用意しましょう。フォーム内の遷移率を上げるための施策はChapter 2-7「カート・入力フォーム」をご覧ください。

たとえばこちらの式場サイトでは、ページの下部で案内している資料請求や見学予約のボタン上部にある文章をページごとに変えています。

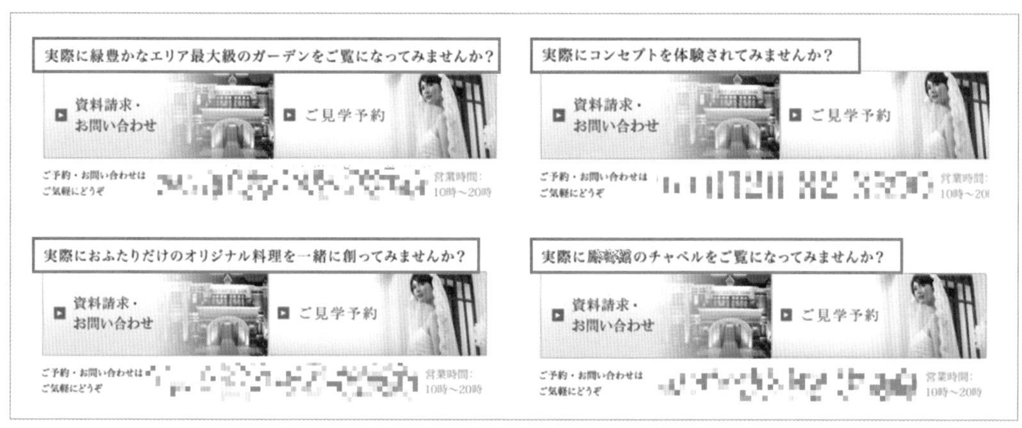

図4　ボタン上部の文章をページごとに変更

左上は「ガーデン」、右上は「コンセプト」、左下は「レストラン」、右下は「チャペル」のページです。このように誘導1つ行うにも、ちょっとした1行を入れてあげることで「**あっ！　私のことだ**」と思っていただけることが可能です。このようにそのときのユーザーの状態を意識したリンクの見せ方は非常に大切です。
以下の2つの画像を見比べてみましょう、右のボタンの画像の方が、押しやすいのではないでしょうか？

図5　文言を変えた2つのボタン

進む前に「**何ステップかかりそうなのか**」「**そもそも次は何をしなければいけないのか**」「**どれくらいかかりそうなのか**」というのがボタンを押す前に確認することができます。またサイトの種別によっては「（無料）」を入れるのが有効な場合もあります。
最後に紹介する例は改善例1と改善例2を組み合わせた改善案です。筆者がコンサルティングを行っている賃貸情報サイト「キャッシュバック賃貸」の、物件詳細ページの例です。このページでは2か所の改善を行っています。

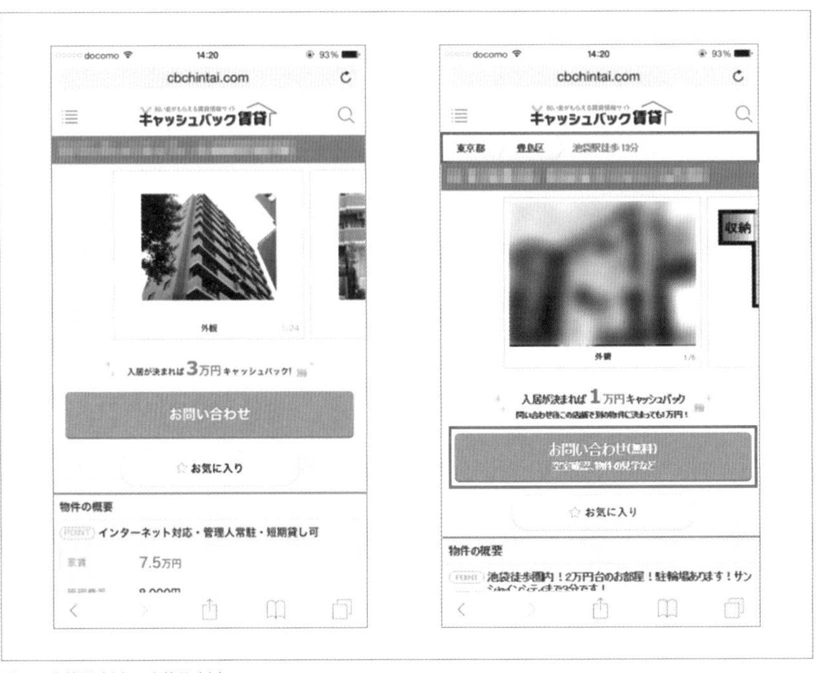

図6　改善前（左）・改善後（右）

改善点の1つ目はページ上部に「**パンくずリスト**」を追加しています。サイト外から来た人が、この物件はちょっと違うけど、同じエリアで他の物件を見てみたいと思ったときに、パンくずリストがないとまた検索エンジンに戻ってしまいサイトから離脱してしまいます。そこでパンくずリストを入れることで、上部リンクをクリックして物件一覧に行けるようにしました。
またもう1つの工夫は「**お問い合わせ**」ボタンです。「お問い合わせ」だけでは殺風景で、何をお問い合わせして良いのかわからないので、文言を追加しています。これらの施策により、離脱率やエンゲージメント率が10%改善し、お問い合わせへの遷移率も数%増えました。

改善例3：良い意味で焦らせる

迷っている方を後押しするための工夫もサイトによっては有効です。たとえば、以下サイトでは**現在閲覧している人数**を出しています。

図7　閲覧人数の表示

これを見ると、他にも興味を持っている人がいるから人気であるという印象を受け、またそだからこそ早く予約しなければという気持ちになるかもしれません。
図8の画像はさらに色々な情報で決断を迫っているサイトの例です。

ここでは「残り1部屋」「セールの案内」「最後に予約されたのが10時間以内」など多種多様な情報を出しています。人によっては邪魔と感じる方もいるかもしれませんが、迷っている方に決断してもらうという意味では効果的な施策かもしれません。

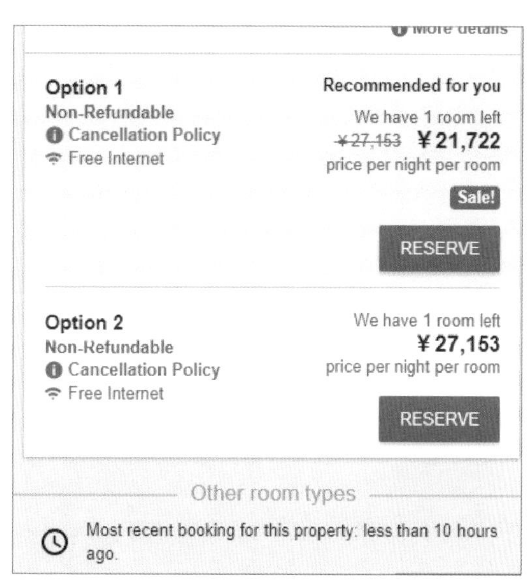

図8

改善例4:口コミ件数や評価点数

BtoCサイトに限らずですが、しっかり運用できるのであれば「口コミ」は判断をする上で非常に大切なコンバージョンへの後押しになります。口コミに関しては大きく2つの観点があります。1つは「口コミの数」そしてもう1つは「口コミの評価点数」です。それぞれが、どのようにコンバージョンに影響を与えているのか。筆者が分析したサイトを例に紹介いたします。

03 ユーザーレビュー数	セッション	(目標3のコンバージョン率)
1. 0	602,564 (16.16%)	31.40%
2. 1	519,394 (13.93%)	34.76%
3. 2	378,633 (10.16%)	38.24%
4. 3	261,093 (7.00%)	39.01%
5. 4	193,121 (5.18%)	38.35%
6. 5	163,210 (4.38%)	36.38%
7. 6	159,862 (4.29%)	39.95%
8. 10	118,645 (3.18%)	42.34%
9. 7	113,968 (3.06%)	38.93%
10. 8	89,637 (2.40%)	35.61%

図9　口コミ件数とコンバージョン率の関係

口コミ件数が0件から2件に増えるとコンバージョン率が31%から38%と1.2倍くらいに増えます。しかし、それ以上多くてもあまり増加がないことが分かります。
評点が高くなれば高くなるほどコンバージョン率が上がる傾向がありますが、特に点数が低い場合のコンバージョン率の低さが顕著です。また3.5点を超えた後は大きくコンバージョン率が変化しません。皆さんもアプリをダウンロードなどされる際、評点をこのような見方で使っているのではないでしょうか?
運用が行えるのであれば口コミは非常に強力な後押し施策となります。

最低点	最高点	平均CVR
1	1.5	1.6%
1.5	2	1.8%
2	2.5	4.5%
2.5	3	5.4%
3	3.5	6.6%
3.5	4	8.0%
4	4.5	8.4%
4.5	5	9.2%

図10　口コミの点数とコンバージョン率の関係

分析結果の活用方法

Chapter 3 ▶ Section 1

分析結果を改善に活かす

Chapter 2ではさまざまな分析方法や事例を紹介してきました。Webサイトやビジネスの改善において大切なのは、分析を行うことではありません。分析を行った上で、それを施策につなげることです。そこでこのChapter 3では、分析結果を徹底的に活かすための方法を詳しく紹介していきます。分析結果をどのようにまとめるべきか、そして分析結果を活用するためのPDCAサイクルと事例、そして後半では、筆者が普段どのような仕事をしているかについても紹介いたします。

分析結果を活用するというのはどういうことか？

具体的な方法を紹介する前に、もう少し「**活用**」に関して考えてみましょう。活用というのはどういう状態を指すのでしょうか。ここで言う活用とは、**データから得られた気づきをビジネスの改善に役立てる**ということを示します。これには主に4つの考え方があります。

1. サイトの悪いところを改善する

1つ目は「**サイトの悪い所を見つけてそれを改善する**」という方法です。データから「このページはエンゲージメント率が低い」「この流入元はお金をかけているのに、全くコンバージョンにつながっていない」といった、ビジネスゴール達成に悪影響を与えている項目を見つけることができるかもしれません。サイトに対してやみくもに施策を行うのではなく、課題となっている箇所を特定することで、その部分にフォーカスした施策を考えることができます。分析結果を活用するという意味では一番分かりやすく、実際の活用例も多いと言えます。

2. サイトの良いところを伸ばす

2つ目は「**サイトの良い所を見つけてそれを伸ばす**」という方法です。まずデータから「このメールマガジンのコンテンツや件名は、流入とコンバージョンにつながった」あるいは「ある特集記事を見ている人は、サイトを再度訪れる割合が他の特集と比べて3倍以上ある」といった形の気づきを得ます。
良い所を伸ばすためには、「**該当箇所へのアクセス数を増やす**」あるいは「**同じような状態を他の場所で作る**」という方法がオススメです。ビジネスにとって良い影響を与える状態を発見し、その量を増やすということでサイトの良い所を活用することができます。こちらはサイト内に、参考になる成功事例が見つけやすいので、活用がしやすい考え方と言えます。

3. トレンドを活用する

3つ目は「**トレンド**[※1]**を発見し、そのトレンドを活用する**」という方法です。分析を進めていくと、**時系列における特定の傾向**などを発見することがあります。特定の曜日や時間帯あるいは期間において通常とは違った気づきがあるというものです。たとえば「金曜日の18時〜21時が時間帯で見るともっとも訪問数が多い」あるいは「毎年1月の第3週から特定のキーワードでの流入が増える」といったものが考えられます。アクセス数が増えたり、減ったりするタイミングが事前に分かっていれば、それを加味した上で、サイト側でコンテンツや施策を用意することができます。あるいは、その前提でより精度が高い目標設計を行えるのではないでしょうか。

4. 目標に対しての進捗を確認して、原因を探る

4つ目は「**目標に対しての進捗とその原因を特定する**」という方法です。事前に設定した**目標**や**KPI**に対して進捗を確認し、達成している場合・達成していない場合、それぞれで**何が要因になっているか**を分析することは非常に大切です。達成につながっている施策があれば、それを今後も活用することができます。逆に達成していない場合は、その原因を特定することで改善ができるかもしれません。また、すぐにその箇所が改善できない場合は、過去の成功事例や目標到達したときに行った施策などを反映することが考えられます。
いずれにせよ、設定している目標期間の直前になって気付くのではなく、進捗の確認とその原因を早い段階で特定しておくことで、打ち手を打つチャンスを作り、成功につながる可能性を増やすことができるようになります。
分析と**施策**は、設定した目標を達成するために行うものであり、**常にセットで考える**必要があります。つまり、「今、行っている分析は施策につながるものなのか」そして「行おうとしている施策はKPIや目標の達成に貢献できるものなのか」という視点をセットで考えるということです。

では、このように発見して気づきを活用するために重要な、分析におけるPDCAサイクルを見て行きましょう。

分析を活用するためのPDCAサイクル

「**PDCA**」という略語を聞いたことがある方も多いかと思います。
P（Plan）、**D**（Do）、**C**（Check）、**A**（Action）の略で、事業活動の改善を行う際に習うと良いプロセスです。分析を通じた改善活動においても固有のPDCAサイクルが存在します。

※1　トレンドについてはChapter 1-5で説明しています。

図1　PDCAサイクル

Plan

それぞれのプロセスを簡単に説明します。「Plan」では**Webサイトを改善するための施策**を考えます。考える際に大切なのは、**その目的をまずは明確にする**ことです。つまり最終的なゴールは、**売上**あるいは**サイトの目的達成回数**を増やすことです。行おうとしている施策はどのKPIを改善するために行うのかを、施策を実施する前に決めておきましょう。目的からずれた意味がない施策を行ってしまうことを防ぐことができます。

Do

「Plan」が終わったら次は「Do」の部分になります。サイトのコンテンツを作ったり、機能を追加したり、レイアウトを変更したりといった内容ですね。
Planした通りにいかないこともありますが、大切なのは**Planした目的や意図からは決してぶれない**ようにするということです。ぶれてしまうと、なんのために施策を行ったのか、そしてその評価を行うことができなくなってしまいます。

Check

「Check」は施策を行い、その結果を確認するところです。**施策によって望むような結果が得られたのか**を確認します。チェックがおそろかになってしまうと、施策が良かったか悪かったかも分かりません。

Action

最後に「Action」ですが、**得られた結果を次のステップに活用する**という部分になります。ここではサイトに関わる関係各位で、結果を元に情報交換を行います。何が良かったのか、悪かったのかを議論し、**次の施策につながる材料**がないかを確認しましょう。最後に、得られた気づきを元に次の施策を考えるという「Plan」に戻ってPDCAサイクルが初めて一周します。

PDCAサイクルを回す頻度

PDCAサイクルを回す**単位**は、対象者や施策の内容によって変わってきます。施策を行う現場では**日**や**週**単位でPDCAサイクルを回し、責任者への報告や目標達成の進捗に関しては**週**や**月**単位で回します。そもそものサイトの方向性やKPI・目標などの変更を行い、改善の仕方を大きく変えるという意味では**四半期**や**年**単位になるかもしれません。

いずれにせよ、複数の大きさのPDCAが存在し、それを回すということを意識するだけでも、「分析だけして施策につながらない」「あるいは施策を行ったまま放置する」といったたぐいのことはかなり減らすことができます。

PDCAサイクルを活用するべき3つの理由

以上がPDCAの概要になります。PDCAサイクルがなぜ有効なのでしょうか？
3つの理由を紹介いたします。

1. 行った施策を定量的に評価することで、良かった施策・悪かった施策を理解し、今後の施策実行スピードと精度を上げることができる

施策は得てして単発で終わってしまうことが多いです。また、一回目の施策が成功する可能性は100%ではありません。しかし、サイクルを意識し、前回の結果を次に活かして施策を行うことで、**成功の確率を少しずつ上げていく**ことが可能です。失敗したにせよ、成功したにせよ、実施したことにより新しい気づきを得ることができます。
また、PDCAサイクルを回すことで、**施策を行うときに気にしないといけないポイント**や、**考え方**が分かるようになります。最初の1回目は、単発の施策より少し時間がかかってしまう可能性もあります。しかし、繰り返しサイトを改善していくことを前提に考えれば、「急がばまわれ」という慣用句がまさに当てはまります。過去の経験を元に、いくつかのステップをショートカットできるようになったり、精度を上げたりできるようになります。

2. 評価を定期的に行うことで、作成に関わった人の貢献が可視化され評価につながる

PDCAサイクルの大切なポイントは、CheckとActionの部分になります。実施した上で、その結果がどうだったのかを確認し、次に活かすというのは、**行ったことが可視化される**という側面も持ちます。特に改善効果があった場合、その作成に関わった人が評価されることは非常に大切です。
コンテンツや機能を作成したデザイナーやエンジニアさんは、自分たちの行ったことが、**どのようにビジネスに貢献できたのか**を気にする人も多いのではないでしょうか。良い結果をもたらしたことを伝えてあげたり、称賛したりすることで、**モチベーションやその人の理解を上げる**こともできます。たとえ、失敗したとしても、その内容を隠すのではなく、その事実を元に「(失敗の経験もあるし) 次こそは成功させる」というきっかけになってくれれば、今まで以上に多くの施策をスムースに回せるようになるのではないでしょうか。

3. プロセスを理解し進めていくことによって、ミスや抜け漏れをなくし、品質を保証した改善を行うことができる

PDCAサイクルでは、その通りに進めることによって、**施策を行う際に発生しがちなミスを減らす**ことができます。施策を行ったけど効果測定ができなかった、あるいは、同じ失敗を複回繰り返すということもなくなっていきます。
それぞれの人の考え方で施策を行っていては、その人の能力に大きく依存してしまいますし、人が変わったときにまた一から進め方を考えないといけなくなってしまいます。しかし決まった考え方や進め方に取り組み浸透させておくことで、**最低限の品質そして継続性を担保する**ことができます。
サイトの改善を行い、ゴールに近づくための近道はありません。継続的に施策を行い、**サイト改善を定期的に進めていく**ことが大切です。従って、何かしらの施策をサイトで常に実施している状態が大切になります。そのためにも、このPDCAサイクルは活用できるのではないでしょうか。
PDCAを継続的に行うことでビジネスやサイトが改善することは保証できませんが、取り組むことによって、**成功する確率**は確実に高めることができます。PDCAに取り組むことで、**打席数 (=施策の数)** そして**打率 (=ヒットを打つ確率)** を上げることができます。打席が多くてヒットする確率が上がれば、それだけ改善につながる可能性が高いのではないでしょうか。

PDCAサイクルはどこから始めれば良いのか?

PDCAという順番で説明をしてきましたが、必ずしも「P」から始める必要はありません。図2の通り、PlanあるいはDoなど、**どこから始めても大丈夫です。**過去の施策を元に新しい施策を考えても良いですし、感性を元にいきなり施策を始めても良いです。

どの順番から開始し、どのように回していくかはサイトのその時々の状況によって変わってきます。サイトを立ち上げる前あるいは立ち上げ当初はデータがなく (少なく) 分析をすることができません。こ

のようなときには、データがない状態で「**想定されるユーザーのニーズ**」や「**ゴールをより達成できると思われるアイデア**」を元に施策やコンテンツを考えてサイトに反映していきます。大切なのは、PDCAサイクルにある通り、**実施した結果がどうなったかをしっかり確認する**ことです。

逆にサイトのアクセス数も多く、数々の施策を行っている場合は、それらの結果を元に**サイトの課題を特定するAction の部分から始めて**、その気づきを元にPlanを行うと良いでしょう。
さらに筆者のようなWebアナリストがサイト分析を依頼された場合は、いくつかの仮説を元に**Checkから入り**、その原因を特定し、新しい施策を提案するためのPlanを考えます。

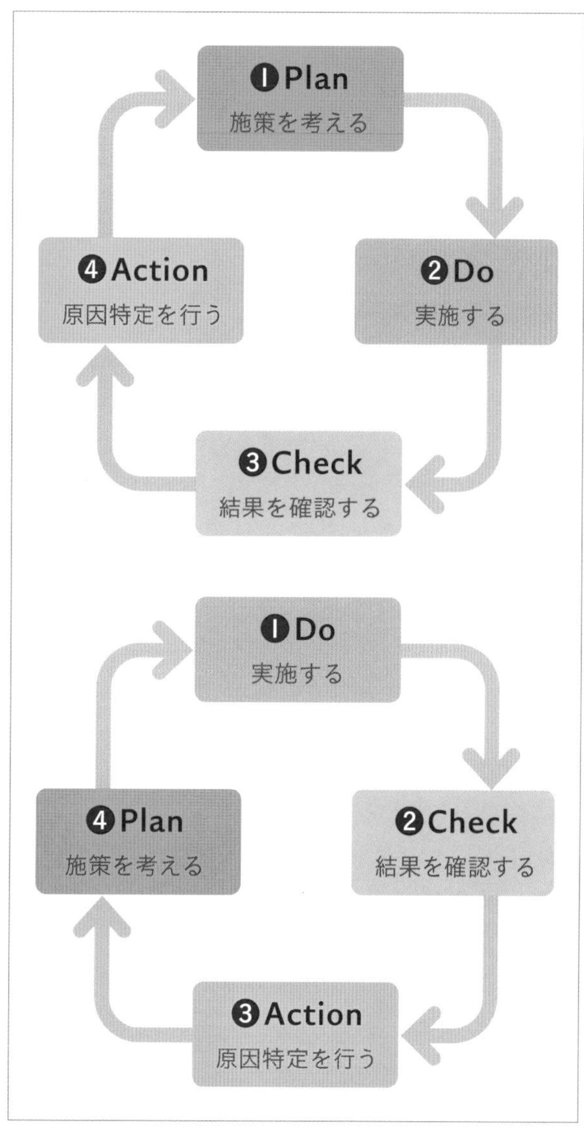

図2　PDCAサイクルはどこから始めても良い

Chapter 3 ▸ Section 2

PDCAサイクルの見直し

PDCAサイクルはサイト改善における必勝法ではありません。あくまでもビジネスゴールに到達するための、打数と打率を上げる方法になります。従って、PDCAサイクルそのものの見直しも定期的に行う必要があります。このSectionではそういった見直しのポイントを紹介していきます。

PDCAサイクルの見直しの必要性

PDCAサイクルを回していく上では、**サイクルを定期的に見直す**必要があります。今の進め方がベストなのか、より良い方法はないのか。次に施策を行う際には、何かしらの新しい取り組みを考え（＝Plan）、それを実施してみて（＝Do）、評価をして（＝Check）次に活かす（＝Action）ことも必要でしょう。今よりスピードアップできるところはないか、結果の共有と次の施策を考えるための会議自体を見直せないか、そもそものゴール設計は問題ないだろうか、あるいはサイトリニューアルのような大きな打ち手が必要なのだろうか。考えることは多数あります。ぜひ、「**PDCAサイクルそのものの、PDCAサイクル**」を行ってみると良いでしょう。
では、このPDCAサイクルを回すために、どのようなことを行い、気をつけなければいけないのか。各ステップの詳細と落とし穴、そしてその対策を見ていきましょう。

各プロセスの具体的な考え方 ── Plan

「Plan」は、施策を考えるプロセスです。Chapter 3-1の最初で紹介した「悪い箇所を直す」「良い箇所を伸ばす」「トレンドを活用する」「目標に対する進捗を確認する」といった観点から、目標およびKPI改善につながる施策を考える部分になります。
たとえば、メールマガジンからの流入とコンバージョン率に大きなばらつきがあり、メールマガジン経由の売上が安定しないという課題があったとしましょう。この場合は、コンバージョン率が高いメールマガジンの特徴を見つけ、効果が悪いメールマガジンの**内容**や**件名**、**配信タイミング**などを見直して配信してみるというのが施策になります。
あるいは、特定のキーワードでの流入がキーワード流入全体の2割を占めるにも関わらず、エンゲージメント率が10%を下回っていて、コンバージョンやサイト回遊につながっていないとしたら、**ランディングページの改善**が必要かもしれません。

分析を進めていくと、多くの気づきが発見できます。それを次の実行につなげるためには、いくつか気をつけないといけないポイントがあります。

Planにおける落とし穴

Planにおける落とし穴は主に3つあります。それぞれの特徴と対策を紹介していきます。

気づきが見つからない

1つ目は、「**そもそも分析からどう気づきを発見すれば良いか分からない**」というものになります。これに関しては本書でさまざまな施策に関する分析方法を紹介してきたので、ぜひ参考にして分析を進めてもらえればと考えています。あるいは、より体系的に分析を学びたいということであれば、拙書『ウェブ分析論：増補改訂版（ソフトバンククリエイティブ社）』もオススメです。
基本的な考え方はChapter 1で紹介したように、**セグメント**と**トレンド**を活用してデータを見ることが大切です。そしてデータを見る以上、必ず仮説を持ってデータを確認しましょう。なぜ、そのデータを見る必要があるのか、そして、その結果が**A**だったら、こういう意味を持ち、**B**だったらこういう意味を持つということを、データを見る前に考えてみるということです。なんとなくすべてのレポートを見ても気づきはほとんど得ることができません。

施策が思いつかない

2つ目は、「**得られた気づきから施策が思いつかない**」というものになります。解析に取り組み始めた人、あるいは解析から取り組み始めた人はここでつまずくことが多いのではないでしょうか。
その数値に対して、何をすれば改善する可能性があるのか。ここは、経験が必要な部分でもあります。しかし、他にもいくつか施策を思いつくための手法があります。まずオススメしたいのは、**同業他社のサイトを徹底的に確認する**ということです。課題と感じている箇所やページに対して、同業他社ではどのような取り組みを行っているのか、参考になることが多いかと思います。

次ページの図1は、あるECサイトの入力フォーム改善のために行っていた調査の1つで、同業他社の購買フォームの入力項目と、その順番をまとめたものです。
また、図2〜4に同業他社を確認して良いあるいは悪いと思ったポイントをスクリーンショットとあわせてまとめています。

項目	サイトA	サイトB	サイトC	サイトD	サイトE	サイトF
名前	1	4	1	1	1	1
振り仮名	2		2	2	2	2
生年月日					3	9
性別					4	8
会社名・学校名				3		
メールアドレス	3	5	7	8	9	3
メールアドレス確認	4		8		10	4
電話番号	5	8	6	7	8	8
郵便番号	6	6	3	4	5	5
住所検索	7		4	5	6	6
住所	8	7	5	6	7	7
お届け先設定	9		9		11	11
お支払方法	10	1	10	9	13	13
クーポンコード					14	
お届け日時	11	2	11		12	12
備考	12	3	12			14
メルマガ購読						10

図1　他サイトのフォームの入力項目の順番をまとめた表

の項目は必ず入力してください。
「①」「Ⅱ」「㈱」などの機種依存文字は入力できません。

お名前	必須	姓 小川　名 卓 (例)山田　太郎
フリガナ	必須	オガワ　タク (例)ヤマダ　タロウ
郵便番号	必須	(例)153 - 0052 ※ 国外の方は 000 - 0000 と入力してください。 住所検索　郵便番号から住所を自動入力できます
都道府県	必須	東京都 (国外)「国外」を選択
郡市区(島・国名)	必須	(例)目黒区/八丈島　※国外の場合は「国名」を選択
それ以降の住所	必須	

図2　他サイトのフォーム。オーソドックスではあるが、シンプルなレイアウトと最小限の注釈にとどめている

お客様の情報をご入力下さい

お名前	
フリガナ	
会社名	
会社名(ふりがな)	
郵便番号(半角数字)	-
ご住所	
電話番号	- -
FAX番号	- -
お支払い方法	選択してください

クレジット決済についてはこちらを必ずご参照ください
代金引換の場合は、配送伝票を持って領収書と代えさせていただきます。

メールアドレス(半角英数)

図3　シンプルな入力フォームですが、入力必須と任意の違いが分からず、個人購入の場合はどのように入力をして良いかが分からない

図4 他サイトのフォーム。すっきりとした色使いとレイアウト。カード申し込みでの割引金額を表示し、その部分をアピールするというのを利用者にとって大切な「金額が安くなる」という部分で分かりやすく訴求している

施策の優先順位が決められない

3つ目の課題は「**複数の施策が出てきたときに、どの内容から実施するべきかが分からない**」という点です。より効果が出る施策を行いたいと考えるものですが、必ずしも「期待効果」だけで優先順位を決めないように気をつけましょう。

優先順位を決める上で大切なポイントは「**目的に対しての適応度**」「**期待値**」「**工数**」の3つになります。Chapter 1で紹介したビジネスロードマップにおけるKPI設計と考え方は似ています。

目的に対しての適応度

まず、実施しようとしている施策が、**ビジネスゴールに本当につながるものなのか**を改めて確認しましょう。ビジネスゴールにあまり関係ないような施策、あるいは相関があるかもしれないけど、因果関係がないものを実施しようとしていませんか。

たとえば「滞在時間」は多くのサイトでは、「滞在時間が長い訪問＝コンバージョン率が高い」という傾向がでます。では、サイトに来た人の滞在時間を増やすことが大切なのでしょうか。筆者は必ずしもそ

うは考えません。利用者の立場に立ってみれば、サイトに長く滞在したいわけではなく**目的としていることをできるだけ短い時間で行える**ことが良いのです。滞在時間が長いのは、主にフォームを入力したり、購入前に本当にこれで良いのかを考えたり確認したりするためです。特にトップページや一覧ページのような、ナビゲーションの役を担うページに関しては、長く滞在しているということは、逆にナビゲーションが分かりにくいことも意味します。

期待値

期待値に関しては、経験がものを言う部分でもあります。つまり、施策内容を見て**これが当たるのか外れるのか**を判断する必要があるためです。PDCAサイクルを繰り返し回すことによって、その精度は上げることができます。しかし、経験がなくても2つの方法で判断することができます。
1つは改善しようとしている箇所の**ボリュームが大きければ大きほど、改善したときの効果が大きい**ということです。月に10件アクセスがあるページと、1,000件あるページではどちらから直した方が効果が大きいのかはすぐに分かるかと思います。
もう1つは、**利用者の行動にどのような影響を及ぼすか**です。より大きな影響を及ぼす方が改善効果が大きくなる可能性があります。ボタンの色を変えたときと、フォームの入力項目としやすさを見直した場合。どちらの方が利用者の行動に影響を与えるでしょうか。

工数

工数は、必ず考慮しないといけない内容です。考えた施策は放っておいても実施されるわけではありません。機能を作ったり、コンテンツを作ったり、デザインやイラストを用意したりといった行動が発生します。
ここが難しくて、時間がかかればかかるほど、そもそも実施できる可能性が減ってしまいます。作成に関連する人たちと情報交換をしながら、工数の見積もりを行うようにしましょう。使える時間は有限であり、**その限られた時間を何に当てるのか**を決めるのは大切です。
場合によっては、工数がかかるけれど効果が大きく見込めるものであればチャレンジしてみるのも良いでしょう。しかし、大きな取り組みを行っている間、サイトは放ったらかしになってはいけません。自分自身あるいは、大きな取り組みに特定のタイミングでは関わってはいない人と、一緒に施策を考えて1つでも実施するようにしましょう。そのため、サイト改善のスケジュールや工数管理は大切になります。

各プロセスの具体的な考え方 ── Do

「Do」は、施策をサイトに反映して行うプロセスです。Doにおいて大切なのは、内容を作成することもそうですが、分析に携わる人としては、次のCheckに備えて、**評価項目を事前に決めておく**ことです。
行おうとしている改善施策に対して、**事前に現状の数値を把握**し、どこまで**数値を改善するのか**を決めておく必要があります。このプロセスを行うことによって「ビジネスゴールに関係ない指標を改善しようとしていないかをチェックする」「改善幅を事前に想像して設定することで、施策の成功判断が行える」といったことが可能になります。

以下の3つの数値は必ず確認し、設定しておきましょう。

Doで確認・設定しておくべき項目

・改善しようとしている箇所の現在の数値
例) エンゲージメント率20%、遷移率 25%、CVR 0.4%

・改善目標の数値
例) エンゲージメント率20%→60%、遷移率 25%→40%、CVR 0.4%→0.5%

・該当箇所が改善したことによって、ゴールにどのような影響を与えるか
例) 売上1400万円/月→1800万円/月

この中で設定がもっとも難しいのは2つ目の項目かもしれません。1つ目は現在の数値が確認できれば良く、3つ目の数値は2つ目の数値が決まれば、そこから算出することができます(該当箇所が変わり、その他の部分が変わらない前提で計算を行います)。

改善するラインを決めておく

では、行った施策によって、どこまで改善するのか。筆者は主に2つのラインを設定することが多いです。1つは**最低限ここまで改善しないと、施策を行った意味がない**というラインです。これは「かけたコストや工数に対して、ここまで改善してくれないと利益を生まない」という考え方のときもありますし、「誤差の範囲内に収まらない箇所(=筆者の場合は、通常は元の数値に対して2割の改善で見ます)」という考え方のこともあります。
事前に分かっている数値や情報によって変わってきます。可能であれば、**コストに見合うライン**で設定する方が良いでしょう。
もう1つのラインは、過去の施策を元に「**これくらい改善するはずだ**」という期待値のラインです。去年同様の施策を行った際に売上が100万円上がったとしましょう。今回もその施策を行うが、対象となっているページの訪問者数が1.5倍で、なおかつ改善内容もブラッシュアップされているのであれば、ラインとして150万円あるいは180万円くらいを設定します。

施策が想定通りに行われるかを確認する

Doに関して、数値の部分を説明してきましたが、**施策が思った通りに行われるか**を確認しておくことも大切です。工数やスケジュールの関係で施策の内容が狭まってしまったり、実現できなかったりということもよくあります。あるいは急に対応しないといけない別の案件が入ってくることもあるでしょう。このようなときにどのように考えて対応すれば良いのか。もっとも大切なのは「**設定しているゴールからずれない**」ということです。

すべての機能が実装できなかったり、対象としていた10ページのうち5ページしか適用できなかったりしても、改善しようとしている指標に対して施策が行えるのであれば、実施した方が良いでしょう。しかし遷移率を改善しようとしていたのに、遷移率が改善できないような施策に変わってしまいそうな場合は、その施策を停止した方が良いでしょう。
何かしらの変化をサイトに与えることは大切ですが、**変化を与えること（あるいは施策を行うこと）が目的ではありません。**

各プロセスの具体的な考え方 ── Check

「Check」は、行った施策に対して、**その結果を確認し、原因を特定する**というプロセスです。結果を確認する部分に関しては、事前に数値を設定しておけば、問題ないかと思います。行った施策を管理するために、施策の実施日を記録しておく、あるいは、アクセス解析ツールのメモ機能などを使って残しておくと、今後、過去の結果を確認するときにも、「数値上がっているけど（下がっているけど）あのときって何をしていたっけ？」と思い返す必要がなくなります。

どのように原因を特定するか

本プロセスにおける最も難しい部分は、**原因特定**の箇所ではないでしょうか。施策を行って、その数値が上がった場合や、下がった場合は、仮説が当たっていたか外れていたかという最初の判断は行うことができます。
しかし、数値が変わらなかったり、「なぜ」上がったのか、「なぜ」下がったのか、というのを探ろうとするところで止まってしまって、結局よく分からなかったとなってしまうこともあるのではないでしょうか。原因特定はそれなりに手間がかかるプロセスで、さらに分析をしたからといって必ずしも原因が見つかるわけではありません。
筆者は行った施策に対して、30分〜1時間くらい分析して理由が発見できない場合は、それ以上は深入りしないように気をつけています。データだけでは分からないことも多々あります。

セグメントによる分析

では、30分〜1時間の間にどのような分析を行っているのかを紹介いたします。といっても、難しいことは特に行っておらず、基本的には**セグメント**を利用した分析を、施策の実施前と後の期間で行っています。
たとえば、あるサイトでランディングページのエンゲージメント率を改善するための施策を行ったとしましょう。実施前のエンゲージメント率は30%、実施後は31%とほとんど変わりませんでした。
このような場合の分析方法は、Chapter 2-5で紹介した「ランディングページ」の分析方法をそのままなぞれます。**流入元や新規・リピートでのセグメントを行い**、セグメントに分けた場合でもエンゲージメント率に変動がないかを、実施前と実施後の期間で確認します。たとえば、先程の例で出したエンゲージメント率が、セグメントごとに見た場合、次のような結果だったとしましょう。

	エンゲージメント率	新規エンゲージメント率	リピートエンゲージメント率
実施前	30%	20%	38%
実施後	31%	28%	32%

新規のエンゲージメント率が8pt上がり、リピートのエンゲージメント率が6pt下がっていることが分かります。そのため、新規の人にとっては離脱しにくいページになったが、リピーターにとってはかえって分かりにくくなってしまったことが分かります。
ただし、サイトのアクセス数や数値の変化が必ずしも大きくないことから、これが**誤差**であることも考えられます。では、これが誤差なのかを確認するため、施策を行う前の直近3ヶ月の新規とリピートのそれぞれの最大と最小のエンゲージメント率を確認してみましょう。

	エンゲージメント率	新規エンゲージメント率	リピートエンゲージメント率
最大のエンゲージメント率	22%	18%	28%
最小のエンゲージメント率	36%	32%	42%

上記のような結果で、実施後のエンゲージメント率に関しては、**過去の最大と最小の範囲内に収まってしまっています。**過去の期間において何かしら施策を行っていないとしたら、今回の結果は**誤差の範囲内に収まっている**と言えるかもしれません（筆者注：本書では触れませんが、有意差検定などの統計的手法を利用して、数学的に判断することも可能です）。
一見効果があった、効果がなかったという風に見えても、セグメントを行って数値を確認することで、**特定の人たちや条件に対して効いている**、あるいは**効いていない**ということを発見できれば、それは新たな気づきや、原因特定につながります。
他にもコンバージョン率を流入元ごとに確認したり、同じ売上でも購入された商品や、購入人数と単価に変化がないかなどのセグメントも原因特定には有効でしょう。

●定性面の情報にも気をつける

また、定量的な気づきだけではなく、**定性面**での気づきや情報も参考になります。同僚に意見をもらったり、**アプリのレビュー**や**ブログのコメント**なども活用したりしましょう。数値には現れなかったことが発見できたり、あるいは違う軸でのセグメントを思いついたりすることができるかもしれません。
筆者もあるページのデザイン改善を提案して実行してもらったときに、**逆に数値が改悪してしまう**という結果を発生させてしまったということがありました。スマートフォンのサイトだったので、デバイスなどのセグメントも確認したりしたのですが違いが現れませんでした。そこで、ブログのコメントを見て気づいたのは、**ページの表示が遅くなっている**のではということでした。
実際に施策前後で確認をしてみたところ、ページの読み込み時間が4秒も増えており、これが**離脱率の増加**につながっていました。利用していたアクセス解析ツールではページ表示時間も見ることができたのですが、その観点でデータを見ようと思っていなかったのです。

実施した内容の記録を残す

Checkに関して、もう1つ大切な要素があります。それは**Checkした内容を記録として残しておくこと**です。行った施策は1ヶ月もすればその詳細は忘れてしまいますし、3ヶ月も経てばいつ施策を行ったのかも思い出せなくなるでしょう。
記録を残しておかないと、次のActionにも活かせないですし、サイクルを回すことのメリットの1つでもある、**過去の結果を元により精度が高い施策を行う**こともできなくなってしまいます。
施策を管理し、その結果を記録するためのドキュメントを用意し、施策ごとに入力して保管しておきましょう。

右ページの図5と図6は、筆者が以前作成した管理シートのサンプルになります。必要な要素だけを抽出した形になっていますので、カスタマイズして利用してみてはいかがでしょうか。

各プロセスの具体的な考え方 ── Action

「Action」のステップでは、得られた気づきを元に、次のPlanにつなげるために、**結果と原因を振り返る**というプロセスを行います。具体的には、結果の共有とそこからの施策の検討という形になります。

周囲の人を巻き込む

自分自身で次の施策を考えてすぐに行っても良いのですが、筆者としてはぜひ**同僚や上司にその結果をまずは報告**してほしいと考えています。行った施策に関わった人に、そのフィードバックを行うことは、**解析のことを理解してもらったり、貢献を可視化したりする**という意味でも大切なアクションです。
1人でできることには限界があるので、**少しでも多くの人を巻き込むと良いでしょう。**
また、巻き込むのにはあと2つ理由があります。それは、**結果と原因特定に関してズレがないか**を確認してもらうということと、**次の施策を一緒に考えてもらう**ということです。
分析した結果について、違った視点を与えてくれるかもしれませんし、良い結果であればそれを他の場所でも試したいと思う人も出てくるかもしれません。特には思わぬ横槍が入ったり、ケチがついてしまうかもしれません。
しかし、そのようなケースは逆にチャンスだと筆者は考えています。少なくとも、自分が行った施策や分析には興味を持ってもらえているのです。可能であれば、**さらなる分析やコミュニケーションを通じて、その人を味方につけてしまいましょう。**PDCAサイクルを回す上で大きな力になってくれるかもしれません。

メルマガプレゼントキャンペーン

基本項目

キャンペーン実施日　2023/1/15〜2023/1/31　予算　50万円（30万円分の図書カード＋20万円コンテンツ制作費）　担当者　小川

キャンペーン概要　メールマガジン経由で流入した人に対して抽選で100名に3,000円分の図書カードをプレゼント。該当メールマガジンは1/15に配信。購入期間が1/15〜1/30

キャンペーン目的　メールマガジンで掲載している特選商品の売上増加。メールマガジンの開封率増加。

キャッチフレーズ　まだまだ寒いけど、春はもうすぐ到来！ 今のうちに準備をしておこう！

関連キャンペーン　2022年7月に同じようなキャンペーンを実施。想定以上の効果があったため、今回が第2弾となる。

評価指数と数値				
メルマガ経由の流入数	5,000（通常の2倍）	評価時期	2022/2/1
特選商品の売上額	200万円（通常の3倍）	評価時期	2022/2/14
メルマガの開封率	22%	評価時期	2022/2/1

成果

指標	達成数値	達成率	達成/未達成の要因
流入数	**5450**	**109%**	○開封率が目標を越えたため、流入量がそれに応じて増加
売上額	189万円	95%	▲商品の特集ページは見てくれるのだが、そこからの遷移率が思ったほど上がらなかった。そのため売上額は若干ショート。
開封率	**24%**	**109%**	**○想定より高めに。要因はタイトルの分かりやすさと、開封タイミングが高い日時を狙ったことにあると思われる。**

知見と今後の対策

知見　　今後の対策

図5　Check項目の管理シート作成例1

施策名：　　集客

ステータス：　　担当者

目的

施策概要

施策案の背景

実施日

期待効果　　day　　month

評価指標

	Android			iOS			合計
	クリック数	想定DL数	想定登録数	クリック数	想定DL数	想定登録数	登録数
12月15日							
12月16日							
12月17日							
12月18日							
12月19日							
12月20日							
12月21日							

スクリーンショット

結果

結論

考察

今後の打ち手

図6　Check項目の管理シート作成例2

コミュニケーションを大切にする

Actionのプロセスは、放っておいても実現されるものではなく、**自らが動く**ことが最も大切なプロセスになります。自分から**報告の場を儲けたり、相談しにいったり**ということが必要です。筆者はアクセス解析を中心とした業務を行っていますが、分析に使っている時間は実はそれほど多くありません。Actionに代表されるような**コミュニケーションや施策を考える部分**がもっとも大切だと考えているし、そこに時間を使うべきと考えています。もちろん、自分の手柄が欲しいという側面はありますが、自分が提供して気づきや分析によって、他の人が施策を考え、それが実行され成果を生むのであれば、全く問題なく、むしろとっても嬉しいです。
従ってActionにおける最大の落とし穴は、**情報共有不足**や、**コミュニケーション不足**によってもたらされます。また、前述のCheckで書いた通り、行った施策をそもそも記録しておかなければ、コミュニケーション自体がままならないので、こちらも忘れずに実施しておきましょう。
ActionからPlanにつながったときに初めて、サイクルが回り始めていることを実感できるのではないでしょうか。

PDCAサイクルを回すための具体的な取り組み

PDCAサイクルの必要性や、その各ステップを詳細に紹介してきました。言うは易し行うは難しで、実際にこのような取り組みを始めると、思ったようなスピードで進まなかったり、いろいろな所で引っかかってしまったりということをすぐに実感すると思います。あるいは、実施する前からすでに課題の多さに頭を抱えてしまうのではないでしょうか。筆者もいくつかの起業やコンサルティング案件で、このPDCAサイクルを回すための取り組みを行ってきましたが、どの会社でもすんなりとはいきませんでした。そこで、実際に筆者(あるいは筆者が在籍していた部署)がどのような取り組みを行い、PDCAサイクルを加速させてきたか。このSectionでは 8つの事例を紹介いたします。

事例1:PDCAの体制をまずは整理する

PDCAに取り組んだことがない場合、まずは**体制**や**フロー**などを整理する必要があります。「誰に承認を得られれば施策が実行できるのか」「どういった場で行った施策の評価を行うのか」こういったルールや進め方が決まっていないと、そもそも始まりません。
そのために関係各位とどういったプロセスにするのかを整理し、そのプロセスに対する合意を得ましょう。簡単なフロー図を作成してそれを元に議論するのが良いでしょう。ドキュメントを用意することで、今後新しく入ってくる人にも参考となる資料になります。

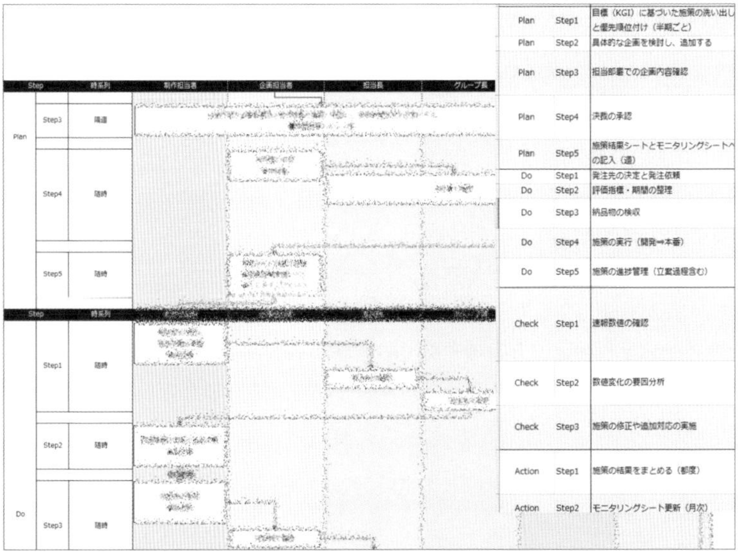

Step		時系列	制作担当者	企画担当者	担当長	グループ長
Plan	Step3	隔週				
	Step4	随時				
	Step5	随時				
Do	Step1	随時				
	Step2	随時				
	Step3	随時				

Plan	Step1	目標(KGI)に基づいた施策の洗い出しと優先順位付け(半期ごと)
Plan	Step2	具体的な企画を検討し、追加する
Plan	Step3	担当部署での企画内容確認
Plan	Step4	決裁の承認
Plan	Step5	施策結果シートとモニタリングシートへの記入(週)
Do	Step1	発注先の決定と発注依頼
Do	Step2	評価指標・期間の整理
Do	Step3	納品物の検収
Do	Step4	施策の実行(開発⇒本番)
Do	Step5	施策の進捗管理(立案過程含む)
Check	Step1	速報数値の確認
Check	Step2	数値変化の要因分析
Check	Step3	施策の修正や追加対応の実施
Action	Step1	施策の結果をまとめる(都度)
Action	Step2	モニタリングシート更新(月次)

図1 ステップの確認と、どういった人が関わるかを表したフロー図の作成

事例 2：Planの段階において、事前に予測を立てるためのドキュメントを用意

施策を行う前に必ず見立てを行い、想定される効果を記入しておくというプロセスを取り入れることで、実施前に施策同士を比較して、どの施策から取り組むかを判断することができるようになります。

図2は施策を事前に入力するエントリーフォームの例になります。

施策エントリーフォーム

記入日	○○○○年○月○○日
エントリー日	○○○○年○月○○日
承認日	○○○○年○月○○日

施策タイトル	
起案者	（部署名）　（氏名）
施策の種類	□集客拡大　□サイト内改善　□機能改善　□A/Bテスト　□商品改善 □コスト削減　□その他（　）
重要度・緊急度	□A：緊急性が求められる致命的なエラーや即時性が大切な施策 □B：売上インパクトが大きい・早い段階での実施が必要 □C：改善要望・競合優位・カスタマ満足度アップなど □D：実施は必須ではないが、改善に繋がる案件
評価指標	□KPI　□売上　□コスト　□リーチ　□回遊　□その他（　）
改善指標1	KPI名：（　）　実施前（　）　実施後（　）
改善指標2	KPI名：（　）　実施前（　）　実施後（　）
改善指標3	KPI名：（　）　実施前（　）　実施後（　）
売上・コストインパクト	円/月　円/年
想定工数	エンジニア（　）人日 デザイナー（　）人日 ディベロッパー（　）人日 その他工数
施策概要	
リリース予定（希望）日	□未定　□決定（　年　月　日）

施策管理番号	
承認者	

本ファイルは以下のディレクトリーに保存の上、エントリーシートに行を追加してから、決裁会議へのエントリーをお願い致します

図2　施策のエントリーフォーム

図3は売上を達成するための基本的な指標を決めるために利用しています。

売上を、「**訪問×コンバージョン率×平均単価**」としたときに、どの訪問・コンバージョン率・平均単価の組み合わせで目標売上を達成するかを決定するためのものです。

それぞれの組み合わせで実際の売上を出し、過去の実績や施策の種類などから、バランスよく指標をあげるのか、特定の指標に注力するかを数値を見て決めます。ポイントはどのシナリオが一番現実性があるかを見定めることです。

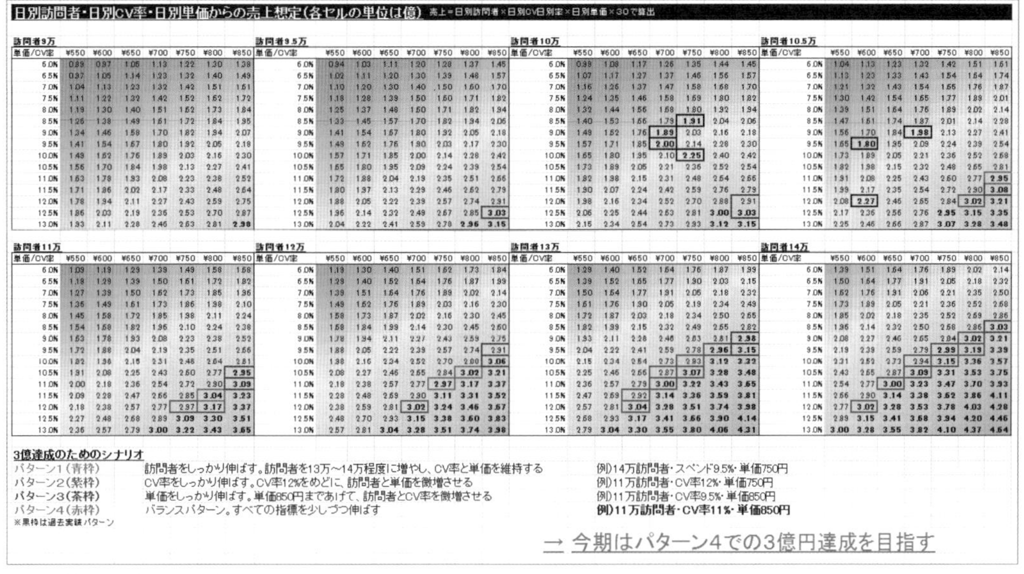

日別訪問者・日別CV率・日別単価からの売上想定（各セルの単位は億） 売上＝日別訪問者×日別CV日別率×日別単価×30で算出

訪問者9万

単価/CV率	¥550	¥600	¥650	¥700	¥750	¥800	¥850
6.0%	0.89	0.97	1.05	1.13	1.22	1.30	1.38
6.5%	0.97	1.05	1.14	1.23	1.32	1.40	1.49
7.0%	1.04	1.13	1.23	1.32	1.42	1.51	1.61
7.5%	1.11	1.22	1.32	1.42	1.52	1.62	1.72
8.0%	1.19	1.30	1.40	1.51	1.62	1.73	1.84
8.5%	1.26	1.38	1.49	1.61	1.72	1.84	1.95
9.0%	1.34	1.46	1.58	1.70	1.82	1.94	2.07
9.5%	1.41	1.54	1.67	1.80	1.92	2.05	2.18
10.0%	1.49	1.62	1.76	1.89	2.03	2.16	2.30
10.5%	1.56	1.70	1.84	1.98	2.13	2.27	2.41
11.0%	1.63	1.78	1.93	2.08	2.23	2.38	2.52
11.5%	1.71	1.86	2.02	2.17	2.33	2.48	2.64
12.0%	1.78	1.94	2.11	2.27	2.43	2.59	2.75
12.5%	1.86	2.03	2.19	2.36	2.53	2.70	2.87
13.0%	1.93	2.11	2.28	2.46	2.63	2.81	**2.98**

訪問者9.5万

単価/CV率	¥550	¥600	¥650	¥700	¥750	¥800	¥850
6.0%	0.94	1.03	1.11	1.20	1.28	1.37	1.45
6.5%	1.02	1.11	1.20	1.30	1.39	1.48	1.57
7.0%	1.10	1.20	1.30	1.40	1.50	1.60	1.70
7.5%	1.18	1.28	1.39	1.50	1.60	1.71	1.82
8.0%	1.25	1.37	1.48	1.60	1.71	1.82	1.94
8.5%	1.33	1.45	1.57	1.70	1.82	1.94	2.06
9.0%	1.41	1.54	1.67	1.80	1.92	2.05	2.18
9.5%	1.49	1.62	1.76	1.90	2.03	2.17	2.30
10.0%	1.57	1.71	1.85	2.00	2.14	2.28	2.42
10.5%	1.65	1.80	1.95	2.09	2.24	2.39	2.54
11.0%	1.72	1.88	2.04	2.19	2.35	2.51	2.66
11.5%	1.80	1.97	2.13	2.29	2.46	2.62	2.79
12.0%	1.88	2.05	2.22	2.39	2.57	2.74	2.91
12.5%	1.96	2.14	2.32	2.49	2.67	2.85	**3.03**
13.0%	2.04	2.22	2.41	2.59	2.78	**2.96**	**3.15**

訪問者10万

単価/CV率	¥550	¥600	¥650	¥700	¥750	¥800	¥850
6.0%	0.99	1.08	1.17	1.26	1.35	1.44	1.45
6.5%	1.07	1.17	1.27	1.37	1.46	1.56	1.57
7.0%	1.16	1.26	1.37	1.47	1.58	1.68	1.70
7.5%	1.24	1.35	1.46	1.58	1.69	1.80	1.82
8.0%	1.32	1.44	1.56	1.68	1.80	1.92	1.94
8.5%	1.40	1.53	1.66	1.79	**1.91**	2.04	2.06
9.0%	1.49	1.62	1.76	**1.89**	2.03	2.16	2.18
9.5%	1.57	1.71	1.85	**2.00**	2.14	2.28	2.30
10.0%	1.65	1.80	1.95	2.10	**2.25**	2.40	2.42
10.5%	1.73	1.89	2.05	2.21	2.36	2.52	2.54
11.0%	1.82	1.98	2.15	2.31	2.48	2.64	2.66
11.5%	1.90	2.07	2.24	2.42	2.59	2.76	2.79
12.0%	1.98	2.16	2.34	2.52	2.70	2.88	2.91
12.5%	2.06	2.25	2.44	2.63	2.81	**3.00**	**3.03**
13.0%	2.15	2.34	2.54	2.73	2.93	**3.12**	**3.15**

訪問者10.5万

単価/CV率	¥550	¥600	¥650	¥700	¥750	¥800	¥850
6.0%	1.04	1.13	1.23	1.32	1.42	1.51	1.61
6.5%	1.13	1.23	1.33	1.43	1.54	1.64	1.74
7.0%	1.21	1.32	1.43	1.54	1.65	1.76	1.87
7.5%	1.30	1.42	1.54	1.65	1.77	1.89	2.01
8.0%	1.39	1.51	1.64	1.76	1.89	2.02	2.14
8.5%	1.47	1.61	1.74	1.87	2.01	2.14	2.28
9.0%	1.56	1.70	1.84	**1.98**	2.13	2.27	2.41
9.5%	1.65	**1.80**	1.95	2.09	2.24	2.39	2.54
10.0%	1.73	1.89	2.05	2.21	2.36	2.52	2.68
10.5%	1.82	1.98	2.15	2.32	2.48	2.65	2.81
11.0%	1.91	2.08	2.25	2.43	2.60	2.77	**2.95**
11.5%	1.99	2.17	2.35	2.54	2.72	2.90	**3.08**
12.0%	2.08	**2.27**	2.46	2.65	2.84	**3.02**	**3.21**
12.5%	2.17	2.36	2.56	2.76	**2.95**	**3.15**	**3.35**
13.0%	2.25	2.46	2.66	2.87	**3.07**	**3.28**	**3.48**

訪問者11万

単価/CV率	¥550	¥600	¥650	¥700	¥750	¥800	¥850
6.0%	1.09	1.19	1.29	1.39	1.49	1.58	1.68
6.5%	1.18	1.29	1.39	1.50	1.61	1.72	1.82
7.0%	1.27	1.39	1.50	1.62	1.73	1.85	1.96
7.5%	1.36	1.49	1.61	1.73	1.86	1.98	2.10
8.0%	1.45	1.58	1.72	1.85	1.98	2.11	2.24
8.5%	1.54	1.68	1.82	1.96	2.10	2.24	2.38
9.0%	1.63	1.78	1.93	2.08	2.23	2.38	2.52
9.5%	1.72	1.88	2.04	2.19	2.35	2.51	2.66
10.0%	1.82	1.98	2.15	2.31	2.48	2.64	2.81
10.5%	1.91	2.08	2.25	2.43	2.60	2.77	**2.95**
11.0%	2.00	2.18	2.36	2.54	2.72	2.90	**3.09**
11.5%	2.09	2.28	2.47	2.66	2.85	**3.04**	**3.23**
12.0%	2.18	2.38	2.57	2.77	2.97	**3.17**	**3.37**
12.5%	2.27	2.48	2.68	2.89	**3.09**	**3.30**	**3.51**
13.0%	2.36	2.57	2.79	**3.00**	**3.22**	**3.43**	**3.65**

訪問者12万

単価/CV率	¥550	¥600	¥650	¥700	¥750	¥800	¥850
6.0%	1.19	1.30	1.40	1.51	1.62	1.73	1.84
6.5%	1.29	1.40	1.52	1.64	1.76	1.87	1.99
7.0%	1.39	1.51	1.64	1.76	1.89	2.02	2.14
7.5%	1.49	1.62	1.76	1.89	2.03	2.16	2.30
8.0%	1.58	1.73	1.87	2.02	2.16	2.30	2.45
8.5%	1.68	1.84	1.99	2.14	2.30	2.45	2.60
9.0%	1.78	1.94	2.11	2.27	2.43	2.59	2.75
9.5%	1.88	2.05	2.22	2.39	2.57	2.74	2.91
10.0%	1.98	2.16	2.34	2.52	2.70	2.88	**3.06**
10.5%	2.08	2.27	2.46	2.65	2.84	**3.02**	**3.21**
11.0%	2.18	2.38	2.57	2.77	**2.97**	**3.17**	**3.37**
11.5%	2.28	2.48	2.69	2.90	**3.11**	**3.31**	**3.52**
12.0%	2.38	2.59	2.81	**3.02**	**3.24**	**3.46**	**3.67**
12.5%	2.48	2.70	2.93	**3.15**	**3.38**	**3.60**	**3.83**
13.0%	2.57	2.81	**3.04**	**3.28**	**3.51**	**3.74**	**3.98**

訪問者13万

単価/CV率	¥550	¥600	¥650	¥700	¥750	¥800	¥850
6.0%	1.29	1.40	1.52	1.64	1.76	1.87	1.99
6.5%	1.39	1.52	1.65	1.77	1.90	2.03	2.15
7.0%	1.50	1.64	1.77	1.91	2.05	2.18	2.32
7.5%	1.61	1.76	1.90	2.05	2.19	2.34	2.49
8.0%	1.72	1.87	2.03	2.18	2.34	2.50	2.65
8.5%	1.82	1.99	2.15	2.32	2.49	2.65	2.82
9.0%	1.93	2.11	2.28	2.46	2.63	2.81	**2.98**
9.5%	2.04	2.22	2.41	2.59	2.78	**2.96**	**3.15**
10.0%	2.15	2.34	2.54	2.73	2.93	**3.12**	**3.32**
10.5%	2.25	2.46	2.66	2.87	**3.07**	**3.28**	**3.48**
11.0%	2.36	2.57	2.79	**3.00**	**3.22**	**3.43**	**3.65**
11.5%	2.47	2.69	2.92	**3.14**	**3.36**	**3.59**	**3.81**
12.0%	2.57	2.81	**3.04**	**3.28**	**3.51**	**3.74**	**3.98**
12.5%	2.68	2.93	**3.17**	**3.41**	**3.66**	**3.90**	**4.14**
13.0%	2.79	**3.04**	**3.30**	**3.55**	**3.80**	**4.06**	**4.31**

訪問者14万

単価/CV率	¥550	¥600	¥650	¥700	¥750	¥800	¥850
6.0%	1.39	1.51	1.64	1.76	1.89	2.02	2.14
6.5%	1.50	1.64	1.77	1.91	2.05	2.18	2.32
7.0%	1.62	1.76	1.91	2.06	2.21	2.35	2.50
7.5%	1.73	1.89	2.05	2.21	2.36	2.52	2.68
8.0%	1.85	2.02	2.18	2.35	2.52	2.69	2.86
8.5%	1.96	2.14	2.32	2.50	2.68	2.86	**3.03**
9.0%	2.08	2.27	2.46	2.65	2.84	**3.02**	**3.21**
9.5%	2.19	2.39	2.59	2.79	**2.99**	**3.19**	**3.39**
10.0%	2.31	2.52	2.73	2.94	**3.15**	**3.36**	**3.57**
10.5%	2.43	2.65	2.87	**3.09**	**3.31**	**3.53**	**3.75**
11.0%	2.54	2.77	**3.00**	**3.23**	**3.47**	**3.70**	**3.93**
11.5%	2.66	2.90	**3.14**	**3.38**	**3.62**	**3.86**	**4.11**
12.0%	2.77	**3.02**	**3.28**	**3.53**	**3.78**	**4.03**	**4.28**
12.5%	2.89	**3.15**	**3.41**	**3.68**	**3.94**	**4.20**	**4.46**
13.0%	**3.00**	**3.28**	**3.55**	**3.82**	**4.10**	**4.37**	**4.64**

3億達成のためのシナリオ

パターン1（青枠）	訪問者をしっかり伸ばす。訪問者を13万～14万程度に増やし、CV率と単価を維持する	例）14万訪問者・スペンド9.5%・単価750円
パターン2（紫枠）	CV率をしっかり伸ばす。CV率12%をめどに、訪問者と単価を微増させる	例）11万訪問者・CV率12%・単価750円
パターン3（茶枠）	単価をしっかり伸ばす。単価850円まであげて、訪問者とCV率を微増させる	例）11万訪問者・CV率9.5%・単価850円
パターン4（赤枠）	バランスパターン。すべての指標を少しづつ伸ばす	**例）11万訪問者・CV率11%・単価850円**

※黒枠は過去実績パターン

→ 今期はパターン4での3億円達成を目指す

図3　訪問、コンバージョン率、平均単価をさまざまに組み合わせて試算した表

事例3：中長期での施策をPlanするための手法

施策単位でPDCAサイクルを回すことも大切ですが、半年や1年といった**中長期プラン**も大切になります。そこで、月単位の目標設計や重要な施策を把握できるレポート作成が必要になります。何をゴールとして設定し、どのようにその目標を達成していくのか。設定を行い振り返るためのレポートはPDCAにおいては欠かせません。図4は、月別の取り組みや目標を管理するための「戦略カレンダー」です。

訪問者数（月）×平均訪問回数（月）×コンバージョン率（訪問）×平均単価（購入）＝売上　で算出している

区分	項目	2017年1月	2017年2月	2017年3月	2017年4月	2017年5月	2017年6月	2017年7月	2017年8月	2017年9月
KGI	売上	¥5,385,641	¥5,330,916	¥10,520,137	¥13,403,811	¥15,082,200	¥20,671,200	¥23,587,500	¥20,349,000	¥40,320,000
	販売管理費	¥2,487,902	¥2,261,747	¥3,261,687	¥6,000,937					
	販売管理費（割合）	46.2%	42.4%	31.0%	44.8%	0.0%	0.0%	0.0%	0.0%	0.0%
施策	施策									
構成要素	訪問者数（月）	254,290	224,453	336,151	320,812	350,000	360,000	370,000	380,000	400,000
	平均訪問回数（月）	1.34	1.34	1.39	1.42	1.52	1.65	1.70	1.70	2.00
	コンバージョン率（訪問）	0.11%	0.13%	0.17%	0.22%	0.21%	0.24%	0.25%	0.21%	0.28%
	平均単価（購入）	14,116	13,678	¥13,584	¥13,359	¥13,500	¥14,500	¥15,000	¥15,000	¥18,000
関連指標	トランザクション数	372	434	961	1,262					
	平均訪問者数（日）	9,578	9,369	12,979	12,872	14,000	14,400	14,800	15,200	16,000
	詳細→購入のコンバージョン率	0.45%	0.67%	0.84%	0.99%					
	リピート率（訪問）	37.1%	38.8%	40.4%	43.0%					
	リピート率（購入）									
	累計2回以上購入 ÷ 累計1回以上購入	14.0%	16.2%	15.9%	16.8%					
	単価20,000円以上の購入割合	18.5%	15.9%	16.0%	15.8%					

施策（全体）：
- メルマガ（4月から週2回にアップ）
- ●●を買った人には▲▲がオススメメール配信
- 購入1か月後DM送付
- 配送ダンボールの見直し
- 仕入ツールの最適化
- 返品のお客様へのお詫びDM
- amazon出店

図4　戦略カレンダー

このレポートにおいて大切なのは、**重要な数値目標の設定を行う**こと、そしていつどのタイミングで施策を行おうとしているのかを整理しておくことです。施策の実行スピードが早い会社であれば月単位ではなく、週単位でもよいでしょう。

事例 4: Doした施策の記録を残しておく

行った施策はアクセス解析ツール上に記録を残しておくと良いでしょう。半年後や一年後に数値を振り返ったときに、なぜこの時期に特定の指標が減ったり増えたりしたかを覚えていくのは至難の業です。担当の変更などがあった場合なども記録を残しておかないと、謎のままで終わってしまいます。

進捗	担当者	プロジェクト	施策名	施策内容	改善指標	テストタイプ	成功基準	開始日	終了日	報告予定日	報告資料URL	予想売上改善額 ¥28,344,832
失敗	[illegible]	[illegible]	[illegible]	全戸プランLPを改修	CVR	ABテスト	Aに対しBのCVRが80%以上の有意確立で改善される	2017/02/28	2017/03/29	2017/03/30	[illegible]	¥248,111
失敗	[illegible]	[illegible]	[illegible]	リテラシーの低いユーザーや乗り換えユーザーに対して、UQ mobileの理解度を高めお申込み意欲を向上させるページを作成する。	フォーム遷移率	前後比較	フォーム遷移率が3.74% ⇒ 3.90%に改善する	2017/03/25	2017/04/07	2017/04/14	[illegible]	未算出
失敗	[illegible]	[illegible]	[illegible]	SPサイトの新規作成	CVR	前後比較	3/22〜4/19 の期間で、CVR 6.07% 以上 ・クリック数のところは日報で確認できるCPC経由のもの ・Web CV数は日報の数字：アフィリエイトのCV で算出 ・TELは切り分けできないのでちょっと有利になる	2017/03/22	2017/04/19	2017/04/19	[illegible]	¥714,315
成功	[illegible]	[illegible]	[illegible]	完結フォームの1STEPを改修し、2STEP目のページへの遷移率を向上させる。	2ページ目への遷移率	ABテスト	80%の有意度で2ページ目への遷移率が改善する	2017/03/08	2017/03/20	2017/04/06	[illegible]	¥351,850
成功	[illegible]	[illegible]	[illegible]	完結フォームの1STEPを改修し、2STEP目のページへの遷移率を向上させる。	2ページ目への遷移率	ABテスト	80%の有意度で2ページ目への遷移率が改善する	2017/03/08	2017/03/20	2017/04/06	[illegible]	¥1,023,295
成功	[illegible]	[illegible]	[illegible]	リテラシーの低いユーザーや乗り換えユーザーに対して、UQ mobileの理解度を高めお申込み意欲を向上させるページを作成する。	フォーム遷移率	前後比較	フォーム遷移率が2.90% ⇒ 3.10%に改善する	2017/03/25	2017/04/07	2017/04/14	[illegible]	未算出
成功	[illegible]	[illegible]	[illegible]	完結フォームを作成する。	WebCVR 完結率	前後比較	WebCVRが0.17% かつ、完結率が17.65%以上になる	2017/03/27	2017/04/09	2017/04/12	[illegible]	未算出
成功	[illegible]	[illegible]	[illegible]	完結フォームを作成する。	WebCVR 完結率	前後比較	WebCVRが0.26% かつ、完結率が15.38%以上になる	2017/03/27	2017/04/09	2017/04/12	[illegible]	未算出
失敗	[illegible]	[illegible]	[illegible]	SPシミュレーションの役割強化 シミュレーション経由での回遊率を上げる [illegible]	シミュ経由 CVR	ABテスト	シミュレーション経由のCVRが有意差80%以上で改善される 総合CVRが低下していない	2017/04/04	2017/04/25	2017/04/28	[illegible]	-¥526,157
失敗	[illegible]	[illegible]	[illegible]	引越しユーザー向けのLPを作る	CVR	前後比較	7日間のCV目標を25とした場合、CVR1.0%以上	2017/03/30	2017/04/28	2017/04/28	[illegible]	¥0

図5　施策管理シートの例

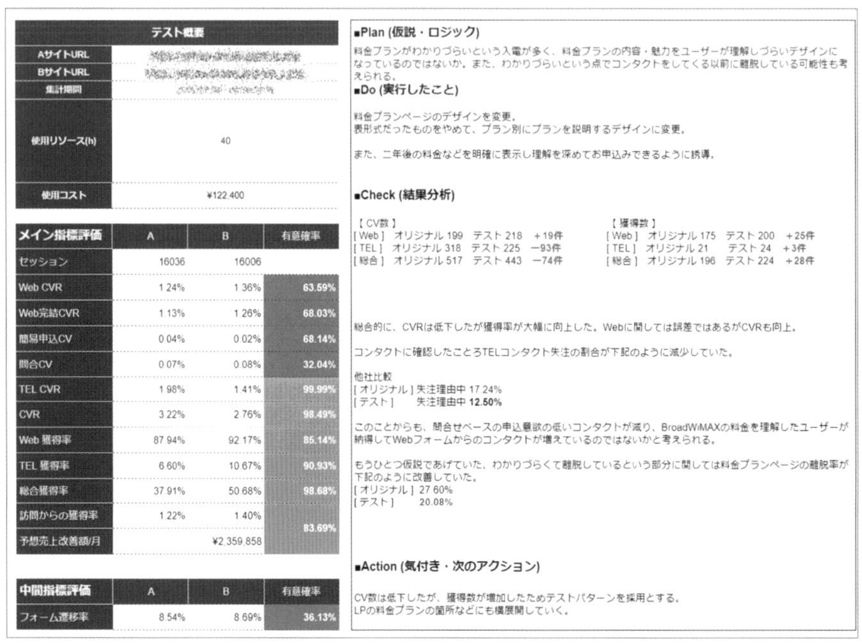

テスト概要	
AサイトURL	[illegible]
BサイトURL	[illegible]
集計期間	[illegible]
使用リソース(h)	40
使用コスト	¥122,400

メイン指標評価	A	B	有意確率
セッション	16036	16006	
Web CVR	1.24%	1.36%	63.59%
Web完結CVR	1.13%	1.26%	68.03%
簡易申込CV	0.04%	0.02%	68.14%
問合CV	0.07%	0.08%	32.04%
TEL CVR	1.98%	1.41%	99.99%
CVR	3.22%	2.76%	98.49%
Web 獲得率	87.94%	92.17%	85.14%
TEL 獲得率	6.60%	10.67%	90.93%
総合獲得率	37.91%	50.68%	98.68%
訪問からの獲得率	1.22%	1.40%	83.69%
予想売上改善額/月		¥2,359,858	

中間指標評価	A	B	有意確率
フォーム遷移率	8.54%	8.69%	36.13%

■Plan (仮説・ロジック)

料金プランがわかりづらいという入電が多く、料金プランの内容・魅力をユーザーが理解しづらいデザインになっているのではないか。また、わかりづらいという点でコンタクトをしてくる以前に離脱している可能性も考えられる。

■Do (実行したこと)

料金プランページのデザインを変更。
表形式だったものをやめて、プラン別にプランを説明するデザインに変更。

また、二年後の料金などを明確に表示し理解を深めてお申込みできるように誘導。

■Check (結果分析)

【CV数】
[Web] オリジナル 199 テスト 218 +19件
[TEL] オリジナル 318 テスト 225 −93件
[総合] オリジナル 517 テスト 443 −74件

【獲得数】
[Web] オリジナル 175 テスト 200 +25件
[TEL] オリジナル 21 テスト 24 +3件
[総合] オリジナル 196 テスト 224 +28件

総合的に、CVRは低下したが獲得率が大幅に向上した。Webに関しては誤差ではあるがCVRも向上。

コンタクトに確認したところTELコンタクト失注の割合が下記のように減少していた。

他社比較
[オリジナル] 失注理由中 17.24%
[テスト] 失注理由中 **12.50%**

このことからも、問合せベースの申込意欲の低いコンタクトが減り、BroadWiMAXの料金を理解したユーザーが納得してWebフォームからのコンタクトが増えているのではないかと考えられる。

もうひとつ仮説であげていた、わかりづらくて離脱しているという部分に関しては料金プランページの離脱率が下記のように改善していた。
[オリジナル] 27.60%
[テスト] 20.08%

■Action (気付き・次のアクション)

CV数は低下したが、獲得数が増加したためテストパターンを採用とする。
LPの料金プランの箇所などにも横展開していく。

図6　施策ごとの結果記録

解析ツールが対応していない場合は、Excelでの管理などを行っておきましょう。

事例5：Checkを強化するための勉強会の実施

行った施策がどうなっているのかを確認するのは必ずしも自ら行う必要はありません。できれば、**より多くの人にデータを見てもらえる**ようになると良いでしょう。データを見る人が増えれば、データに興味を持つ人も増えますし、PDCAサイクルの促進にもつながります。
筆者はよく**解析ツールの勉強会**を社内で開催したり、データの出し方や見方についてアドバイスを行ったりしています。分析に興味がある人を一人でも増やすためにも大切な取り組みだと考えております。
株式会社リクルートにいた頃は約2年間、毎月勉強会を行い、500名以上の方にアクセス解析ツールの使い方を教えてきました。また株式会社サイバーエージェントでも担当しているサイト以外に、10サイト以上の分析やKPI設計の相談に乗ってきました。
基本的なツールの使い方から、データ取得や分析に課題をかかえている人に対して相談に乗ったりと、その内容は多岐に渡ります。アナリストを目指すのであれば、まずは社内に「**分析をする人です」というのをアピール**しておくことも大切だと考えています。

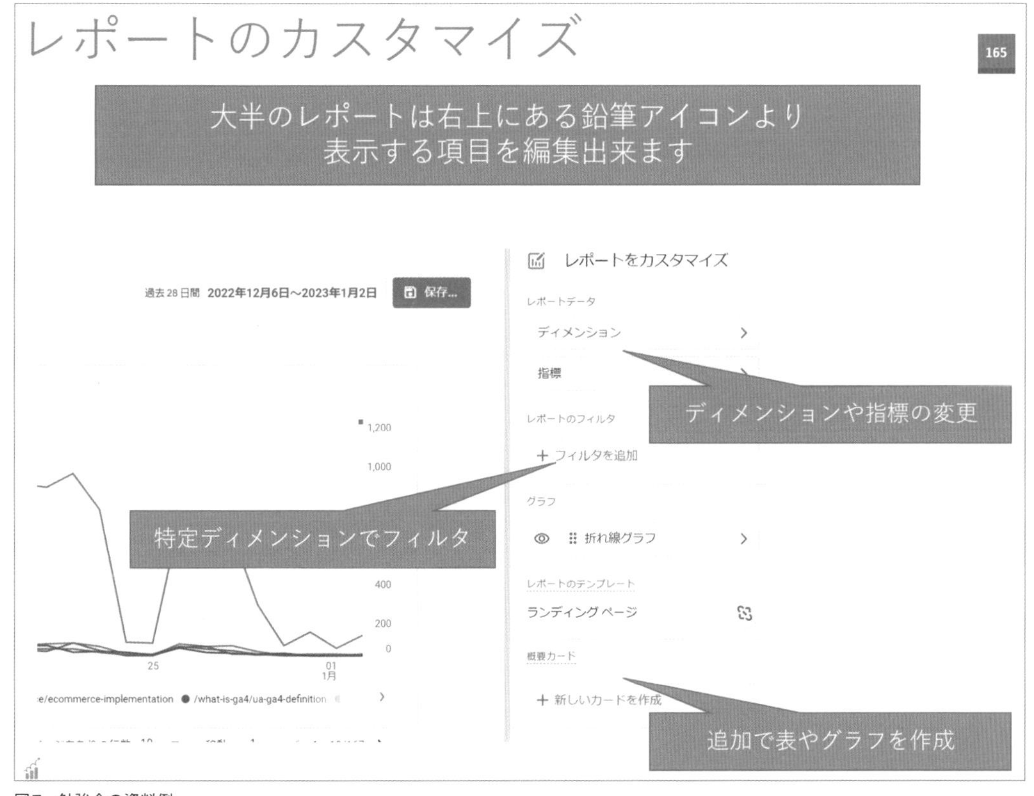

図7 勉強会の資料例

Point

良い勉強会を行うための注意事項

- ツールの使い方ではなく、気づきを発見するためのデータの見方を説明します。そのため、レポート画面が主軸ではなく、「流入元別にコンバージョン率を見たい」「デバイスごとの特徴を発見したい」といった課題や仮説ベースで説明をしていきます。
- 可能であれば、実際に画面の操作をしてもらう時間を設けると良いでしょう。そのために、いくつかのワークを勉強会の中で用意すると良いです。その際には操作説明だけではなく、ワークの回答画面も用意しておきましょう。
- 必ず資料は印刷して配布、あるいは事前にファイルを共有しておきましょう。スクリーンを見て欲しい、話に集中して欲しいと発表者は思うかもしれませんが、それは発表者側のわがままです。少しでも参加者にとって、分かりやすい形で資料を用意してあげましょう。
- ワークを行う際、ログインするところで詰まってしまうケースも多々あります。勉強会前にアカウント発行やログインの確認などは終わらせておきましょう。
- 勉強会は短ければ短いほど参加者にとっては嬉しいものです。最大でも2時間で収める方法をぜひ考えてみてください。
- 勉強会の後にアンケートを取りましょう。できればWebフォーム、難しければアンケート用紙にその場で記入してもらいましょう。後での記入は入力率が大きく落ちてしまいます。得られた結果を元に次の勉強会に向けて改善を進めましょう。
- 個別の課題や内容に困っている人は、その後に直接話をしたり、打合せをしたりしてフォローしてあげましょう。

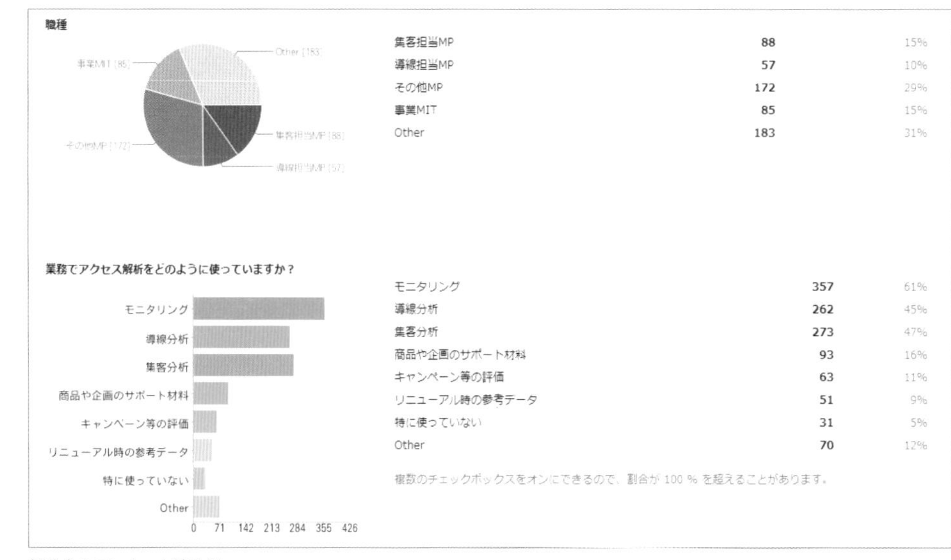

勉強会のアンケート結果例

事例 6：サイト関係者の理解を促進するためのサマリーシートの作成

サマリーシートとは、1枚3分で週や月単位でのサイトの振り返りと次のステップがわかるレポートになります。サマリーシートには3つの作成メリットがあります。

1. 短時間で説明できる

数十枚のレポートを説明するのは数十分必要です。そのために時間を確保することが難しかったり、聞いている人が興味なくなったりしてしまうかもしれません。説明の時間を短縮するためのサマリーシートは有効です。

2. 重要なポイントが伝わりやすい

数十分間、報告を聞いても「結局何が言いたかったのか？ このレポートを元にどうすればよいのか？」ということが伝わらなければサイト改善や理解促進にはつながりません。重要なポイント（のみ）を1枚にまとめることで伝わりやすさは大きく変わります。

3. 共有・拡散させやすい

数十枚にわたる資料を印刷・配布するのは大変です。またファイルサイズも大きくなりがちです。筆者は以前在籍していた企業ではサマリーシートのみを印刷し、全員の机に置いておくことでサイトに対しての現状理解の促進を行っていました。

サマリーシートの例はChapter 3-4（P.285）で紹介しています。ぜひ自社でも「もし自分たちのサイトの状況をA4、1枚にまとめて、3分で説明する」としたらどのようなレポートを作成するか考えてみてください。

事例 7：施策を振り返り次のアクションにつなげる「KPT」の取り組み

KPTとは「Keep」「Problem」「Try」の略称で、行った施策を振り返るための仕組みとして株式会社サイバーエージェントで実施している取り組みになります。実施した施策の中で今後も継続的に行っていくべき「**Keep**」、実施した上で解決しないといけない問題である「**Problem**」、そして、今回の内容を受けて次にチャレンジするべき「**Try**」です。

その内容を報告用の資料にまとめ、そのサービスや企画に携わっている全員に対して報告会を行います。これはプランナーだけではなく、エンジニア、デザイナーなど、関わった人は全員参加しています。前半に発表者はその内容を発表し、後半で参加者から意見をもらって次回の施策を練っていきます。

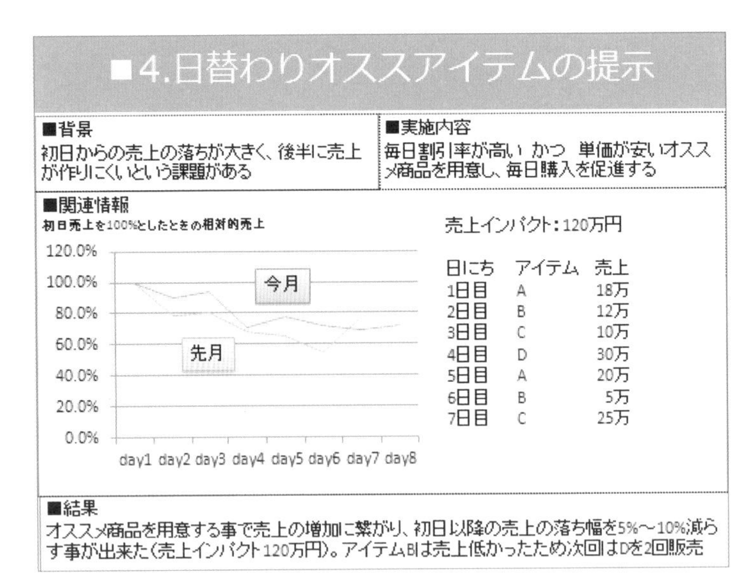

■4.日替わりオススアイテムの提示
■背景
初日からの売上の落ちが大きく、後半に売上が作りにくいという課題がある
■実施内容
毎日割引率が高い かつ 単価が安いオススメ商品を用意し、毎日購入を促進する
■関連情報
初日売上を100%としたときの相対的売上
120.0%
100.0%
80.0%
60.0%
40.0%
20.0%
0.0%
今月
先月
day1 day2 day3 day4 day5 day6 day7 day8
売上インパクト：120万円
日にち アイテム 売上
1日目 A 18万
2日目 B 12万
3日目 C 10万
4日目 D 30万
5日目 A 20万
6日目 B 5万
7日目 C 25万
■結果
オススメ商品を用意する事で売上の増加に繋がり、初日以降の売上の落ち幅を5%～10%減らす事が出来た（売上インパクト120万円）。アイテムBは売上低かったため次回はDを2回販売

図8　KPT資料からの抜粋（サンプル）

報告会を行う上でのポイントは、**より多くの人に意見をもらう**ことです。**数値には表れにくい感想や定性的な意見**を促すようにしています。また似たような施策を繰り返し行うことも多いので、このタイミングで方向性自体は決めてしまい、**関係者全員をそのプロセスに巻き込む**ようにしています。資料を作成する側も作成する上で考えが整理できます。
参加者も自分達が関わった施策がどのような結果になったかを確認し、改善案を伝えられる場なので、社内で解析を浸透させる方法としては非常に有効です。
サイバーエージェントではさらに他のサービスのKPTにも自由に参加できるよう、ホワイトボードにスケジュールが常に書かれていました。他にもサイトやサービス横断の事例共有会なども別途、毎週開催しています。
取り組みのための資料の作成や準備は大変なのですが、次の施策を考える上では非常に効果が高く、また参加者にとっても自分の意見の場を伝えられる場所があるのは良いことではないでしょうか。

また事例共有会に関しては自社のサービスだけではなく、他社の事例なども積極的に情報交換が行われていました。変化が激しい業界やサービスを提供している会社なので、最新の情報を常にキャッチアップしておくことは非常に大切でした。

図9　KPTの様子。筆者が担当サービスのメンバーに施策の振り返りを行っています

事例８：ActionからPlanにつなげるための施策管理と共有の仕組み

行った施策を管理するためにさまざまな事例をまとめておくことは非常に大切です。新しい施策を考えるときの参考にもなりますし、過去の失敗を繰り返さないですみます。自分の中だけで残しておいても、他の人が利用することができません。そこで、**実施した施策をまとめておき**、その結果を他の人が参照できるようにしておきましょう。こちらもいくつかの方法やフォーマットがありますので、紹介をいたします。

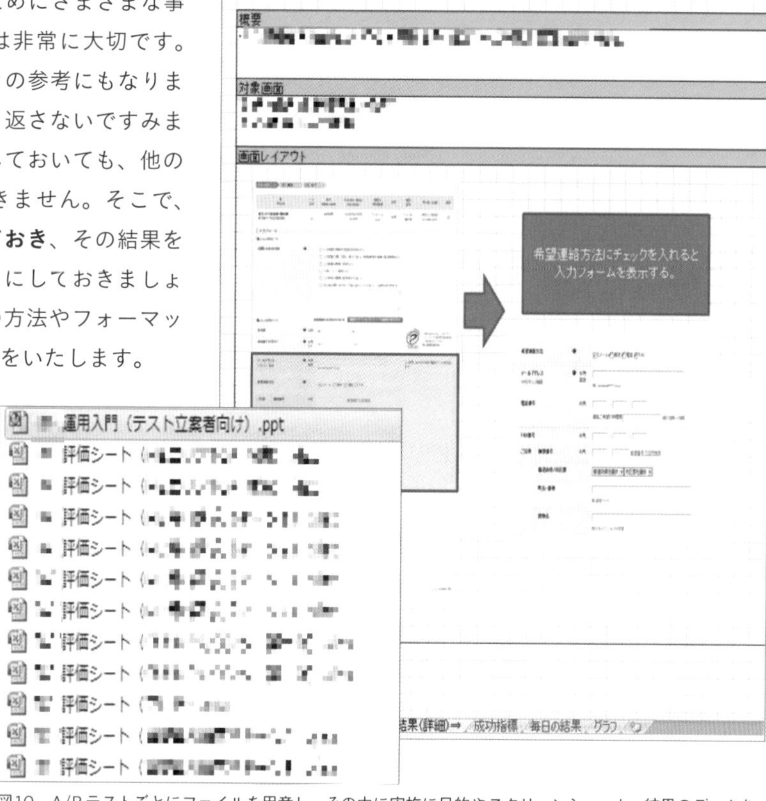

図10　A/Bテストごとにファイルを用意し、その中に実施に目的やスクリーンショット、結果のデータをまとめていました

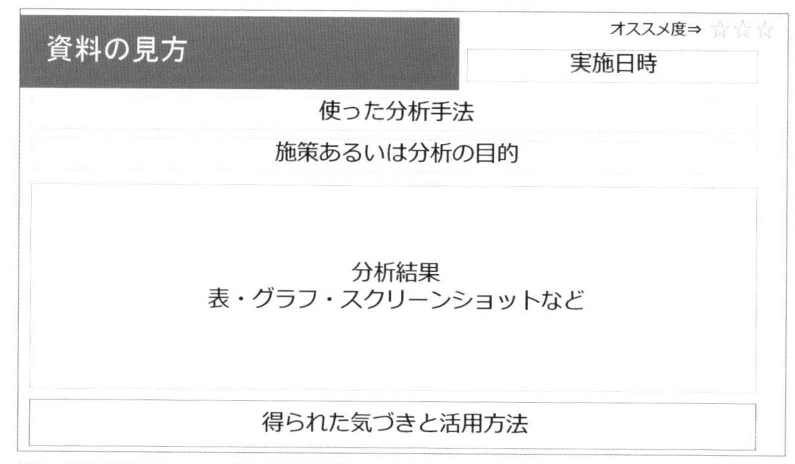

図11　施策管理のフォーマットとその記入例1

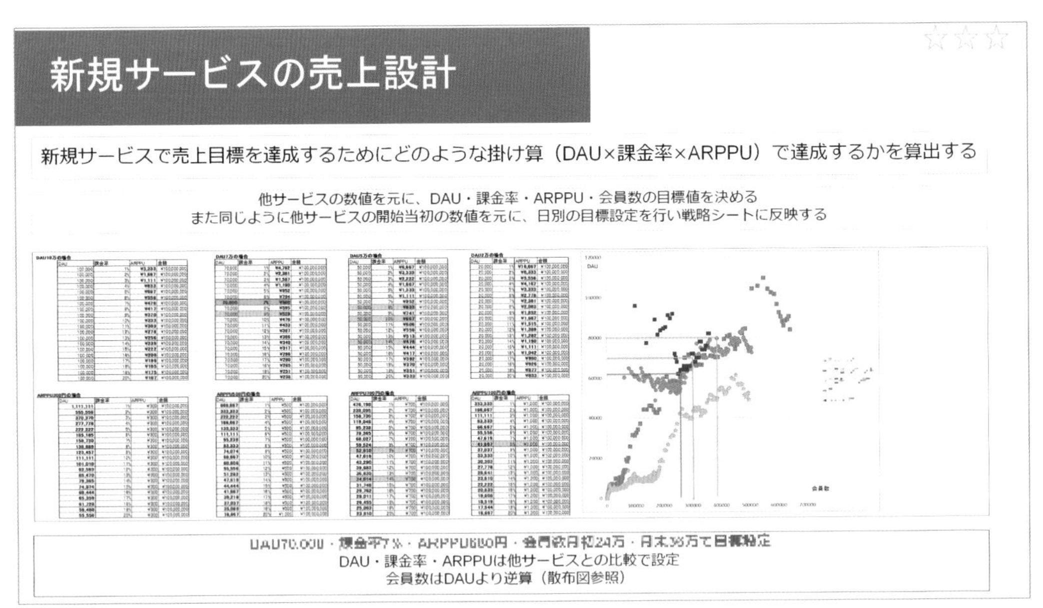

図12　施策管理のフォーマットとその記入例2

筆者が今まで取り組んできた事例を紹介しましたが、企業によってPDCAへの取り組み方や手法は多岐にわたります。「THEO」「ベネッセ」「@nifty不動産」「AbemaTV」の4社あるいはサービスの事例を筆者がインタビューした記事群がございますので、そちらもあわせて参考にしてみてください。

小川 卓の高速PDCA入門

http://www.itmedia.co.jp/author/211566/

Chapter 3 ▸ Section 4

Webアナリストのお仕事

Section 4では、実際に筆者がどのような取り組みを行ってきたか、そして行っているかを具体的な事例を交えて紹介いたします。筆者はWebアナリストとして、リクルート・サイバーエージェント・アマゾンなどで働いた後に独立してさまざまな会社の分析・改善サポートを行っております。今回紹介するのは、3つの事例です。1つ目は独立したコンサルタントとしての取り組み、2つ目は株式会社リクルート(現：リクルート住まいカンパニー)の住宅情報サービスである「SUUMO」時代の取り組み、そして最後に株式会社サイバーエージェントでソーシャルゲームなどのアナリストとして行っていた業務ないようになります。それぞれの業務や見ているデータは大きく違いますが、すべて「Webアナリスト」としての仕事の範疇に含まれます。

3つの事例を紹介いたします。1つ目はコンサルティング案件のときにどのような活動を行っているか。2つ目は株式会社リクルートの住宅情報サービスであるSUUMO事業部にいたときの取り組み、最後は株式会社サイバーエージェントでアナリストとして行っている業務内容になります。それぞれの業務や見ているデータも大きく違いますが、すべて「アナリスト」の範疇としての仕事だという風に考えています。

コンサルティング案件の場合

時々、**コンサルティング**の案件をお引き受けすることがあります。ご依頼いただく方は個人だったり、企業としてECサイトを運営されていたり、あるいは制作会社やSEOなどを行っている会社、NPO法人など多岐に渡ります。コンサルティングでお受けする案件は主に2つです。
1つは**アクセス解析や分析の仕方を教えて欲しい**というもの。こちらに関しては、勉強会やワークショップでそのノウハウや手法をお伝えする形式を取ります。もう1つは、**自社サイトあるいはその企業のクライアント様のサイトの分析依頼**という形になります。今回は後者についてお話をしてみたいと思います。

最初に確認する10項目

特定の企業サイトの分析の場合は、継続して1つのサイトを分析し提案を行う形を取ることが多いです。進め方としては、まずは対象サイトについて詳しくヒアリングを行わせていただきます。**サイトの目的**や**現状の課題**などを中心に確認します。
少なくとも以下の10項目に関しては必ず確認するようにしています。

- **ビジネスおよびサイトのゴール**
- **現状抱えている課題や実現したいこと**
- **目標やKPI設定の有無と、設定をした背景**
- **現在行っている施策および過去に行った施策とその結果**
- **運用体制。何名が担当していて、それぞれがどのような役割を果たしているか**
- **外注先の有無や外注先とのやりとり内容**
- **該当する業界の現在のトレンド**
- **同業他社の有無と、該当するサイト名**
- **導入しているあるいは利用している分析関連のツール**
- **レポート作成の有無と、その内容**

上記10項目以外も含め、筆者がヒアリングしている項目を以下URLにて公開しております。
http://bit.ly/0712a2i

施策や課題の洗い出し

ヒアリングを行った後に、**現在行いたいと考えている施策や課題**の洗い出しを話し合いながら決めていきます。その上で、その施策の実施や課題解決のために分析と施策提案の資料を作ることになります。あわせて、先方から上がってきたお題以外にも、特に重視するべきポイントなどを見つけるために、**サイト全体の分析**も行います。
たとえばサイトにおける課題が、「現状の売れ筋商品以外にも新しいジャンルを開拓して強めていきたいが、どのような商材や商品群が良いか分からない」という課題と「SEOやランディングページの改善を定期的に行ってきたが、このまま続けるのが良いのか、サイトの他の部分を改修すれば良いかが判断付かない」といったものがあるとしましょう。
この場合は、いただいた課題について分析を行うだけではなく、サイト全般の分析を行い、新たな課題やチャンスもあわせて発見しにいきます。たとえばメールマガジンあるいは入力フォームの改善などが可能かもしれません。あるいは、PCとスマートフォンにおける行動の違いなども探ることもあります。

分析を踏まえての提案

そして、分析を行ったら**施策とあわせて提案**を行います。このときに大切なのは、分析だけで終わらせないことです。ご依頼いただいている企業は別に分析結果を聞きたいわけではありません（分析手法を学びたいということもあるので、必ずしもというわけではないのですが）。それよりは、**どこをどのように改善すればサイトが改善できるか**ということを知りたいのです。たくさんのレポートを見せるのではなく、まずは最初に課題をどのように解決すれば良いか、そして施策がどれくらいの売上貢献を生むのかを提示しましょう。

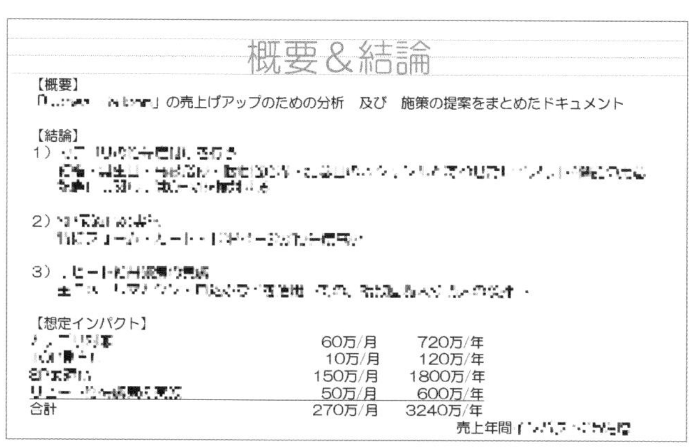

図1　提案資料の1枚目の内容

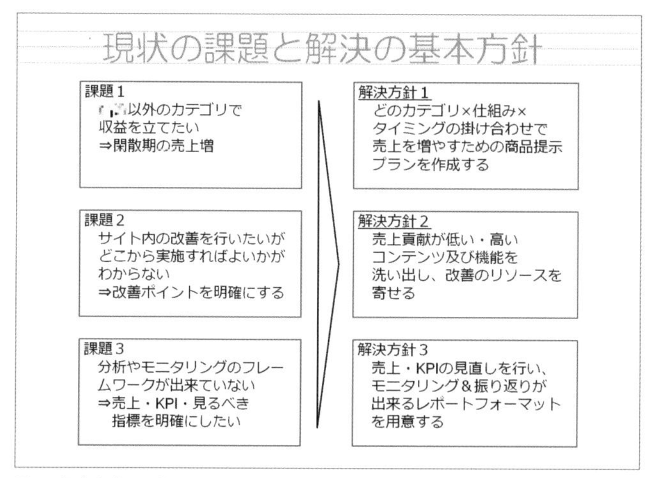

図2　提案資料の2枚目の内容

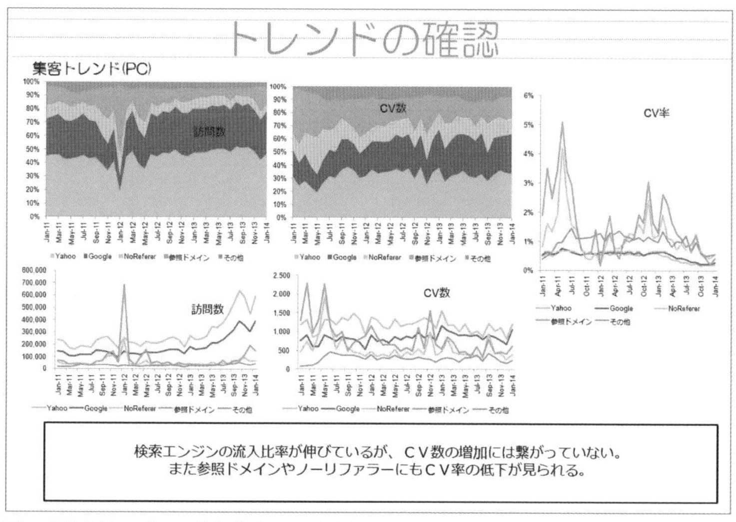

図3　提案資料の4枚目の内容（集客の現況把握）

分析の結果を報告し、施策の提案を行った後に、またディスカッションを重ね、更に分析を進めたり、あるいは、施策を行ってもらったりといった次のアクションを決めます。大体1時間〜2時間くらいの打ち合せで内容を詰めていきます。
具体的な分析プロセスや作成しているレポートの例に関しては、本書の注力内容ではないため割愛いたしますが、興味がある方は拙著『Googleアナリティクス 分析・改善のすべてがわかる本 改訂版（ソーテック社：2020年刊行）』を手にとっていただければ幸いです。

コンサルティングを行う上での注意点

この打ち合わせですが、思い通りに進むこともあれば、全く違う方向に話が進むこともあります。お互いに不幸にならないためにも、コンサルティングを行う上で私自身は以下の3点を大切にしています。

立場をはっきりさせておく

まずは、自分の役割を最初に明確にしておくことです。私自身からクリエイティブの提案や参考にしてもらうためのワイヤーフレーム（ページ作成の元となる設計書）を作ることはありますが、コンテンツを作成することはありません。このように**自分ができる・できない範囲**を明確にしておきましょう。

宿題を明確にする

次に打合せ時には必ず次回までに（あるいはいつまでに）どのような内容をお互いに実施するかという宿題を明確にしておくことです。お互いに想定と違った内容を実施してしまっては意味がありません。

実現性を考慮する

最後に**実現性を考慮した提案**を行うことです。そのために事前のヒアリングはとても重要です。サイトやビジネスにおいてすぐに改善できる範囲や、どうしても手を出せない所を明確にしておきましょう。**実現性がない提案ほど意味がないものはありません。**またたくさんの提案をすることに意味があるとも思えません。分析を行っていくと、さまざまなレポートや施策を提案したくなります。しかし、そこをぐっと我慢して、分析や提案資料に関しては不必要なものは削っていきましょう。大切なのは資料の量ではなく、その内容が受け入れられ、サイトに反映されるかです。
このような形で施策の提案から実施、振り返りを複数回繰り返していきます。基本的に1つの案件にずっと入り続けることは少なく、ある程度改善が終わったタイミング、あるいは、クライアント側で自らPDCAを回せる状態になったら、終了時期を相談するようにしています。
またここ数年では、勉強会や分析と改善提案以外にも、ゴールやKPI設計を一緒に行う、PDCAを回すための取り組みや体制作りなどにご協力することも増えました。クライアントにとって一番必要なものを見極めながら提供することが大切です。

筆者のコンサルタントとしての取り組みは、以下の記事が参考になるかもしれませんので、興味がある方はご覧ください。仕事の内訳、稼働時間、収入等を記載しております。

【2021年版】

【ウェブアナリストの稼働時間・収入・業務内容】2021年のお仕事を振り返る
https://analytics.hatenadiary.com/entry/2021/12/29/150610

【2022年版】

【ウェブアナリストの稼働・収入・業務】売上1億円を超えた2022年を振り返る
https://analytics.hatenadiary.com/entry/2022/12/28/135849

SUUMOにおけるアナリストの役割

筆者は約2年間、住宅情報サイト「SUUMO」のWebアナリストを担当していました。そのときに、どのような業務をどういう方法を使って行っていたかを紹介いたします。
私の役割は主に3つありました。1つ目はSUUMOにおける**KPI**と**レポート設計**、および**取締役会での報告**。2つ目は分析依頼を受けて、**分析を行い施策の提案**をするという内容。3つ目は**アクセス解析全般**に関連する対応で、主に教育・実装サポート・問い合わせ対応などを行っていました。それぞれの業務を詳しく紹介いたします。

KPIとレポート設計

SUUMOにおける目標は**売上**になります。では、この売上を上げるために、どのような戦略を取るのか。そのためにもKPIの設計は非常に大切になります。SUUMOというのは広告掲載型のサイトであるため、サイト内で直接売上が発生することはありません。しかし、**サイトの訪問者**や**資料請求の割合**などを上げていくことは必要になります。難しいのは、売上とこのようなWebサイト上でのアクションが必ずしもつながっていないという部分にあります。サイトで資料請求した賃貸物件とは別の物件を契約することもあるでしょうし、そもそもサイトを見た上で、電話でお問い合わせすることもあります。

アクションに対する想定売上金額を設定する

そこでSUUMOでは各アクションに対して、**想定売上金額**というものを設定しています。これは、**広告掲載料**とそれに見合った**送客件数**によって決まっています。また、賃貸と新築マンションではその価値も違いますし、エリア（例：北海道・東北・関東など）によっても変わってきます。まずは**ゴールに関連するコンバージョン価値**を設定するところから始まります。

目標コンバージョンを計算し、現状の差分を確認する

また、売上は**物件の種類**と**エリア**ごとに目標が設定されています。そこで、上記の計算を行った上で、各物件の種類とエリアでどれくらいの**コンバージョン量が年間で必要か**を算出します。そこから過去のデータを確認し、現状のままだった場合のコンバージョン件数を確認し、**目標に対しての差分**を確認します。

下記は、どの物件種類とエリアが目標に到達しているか、していないかを把握するために作成したシミュレーションシートです（詳細がお見せできず申し訳ありません）。集客量やコンバージョン率を変更すると、それに対応してシミュレーション結果が変わるように設計されています。

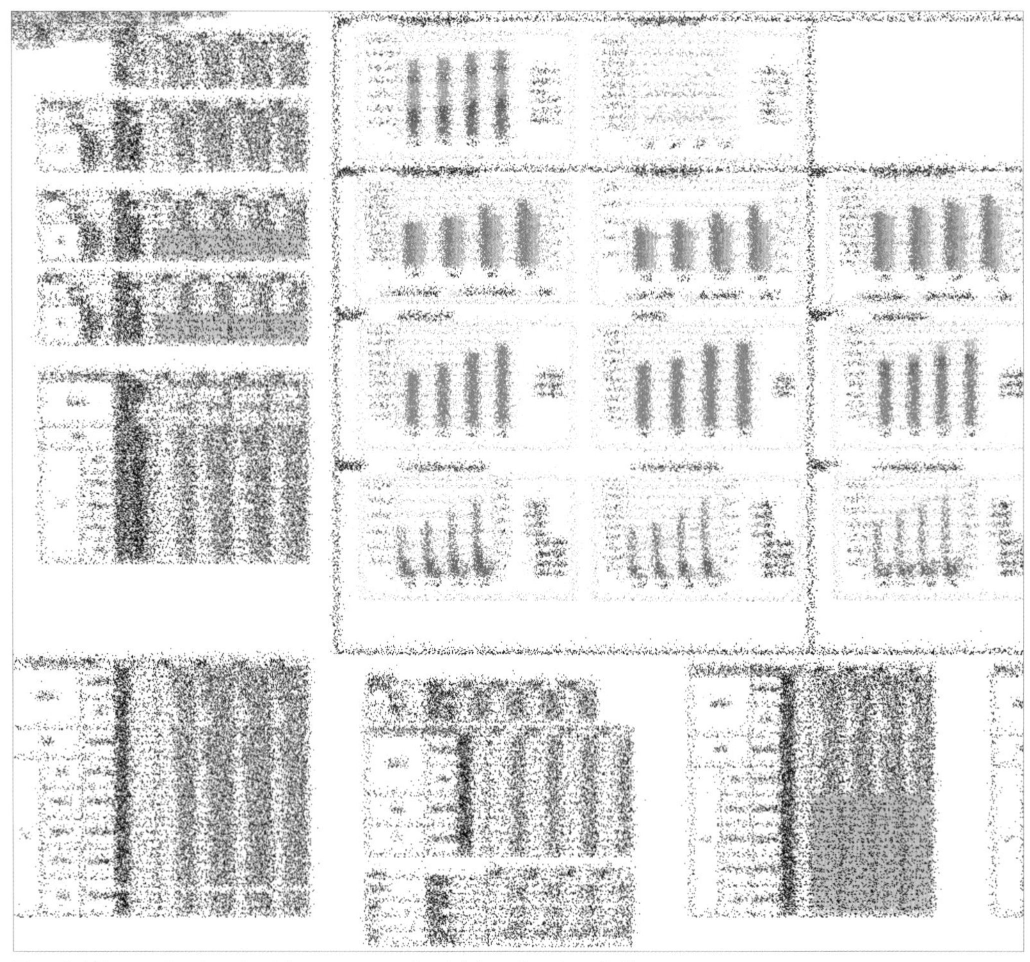

図4　集客量やコンバージョン率でシミュレーションできる表（ぼかしをかけています）

ビジネスロードマップ上で改善ポイントを洗い出す

ここからがKPI設計の出番です。目標達成のためにどの指標をどれくらい改善する必要があるのかを検討していきます。

基本的な考え方はChapter 1で紹介した**ビジネスロードマップ**を利用しています。主要な導線と、それぞれの**現在値**を確認し、**改善できそうなポイント**を洗い出していきます。

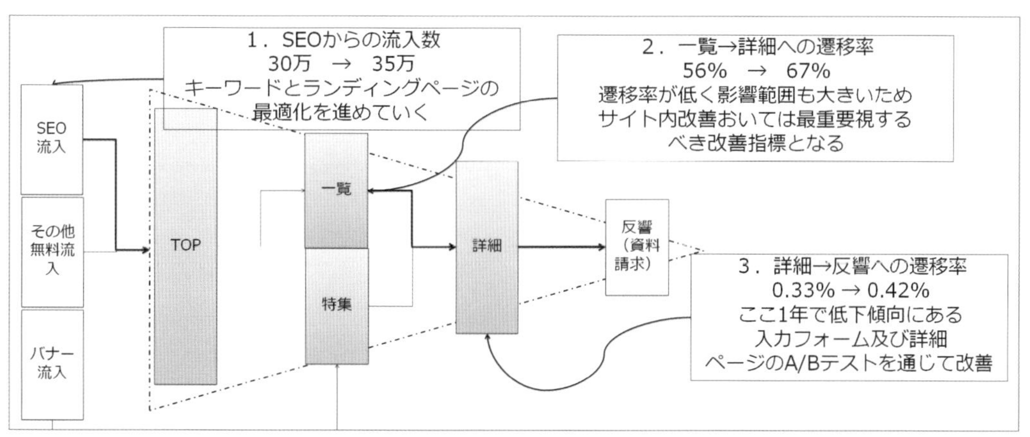

図5 KPIとして設定するポイントを絞り込んでいく（数値は仮）

関係各所との調整を行う

KPI設計を行ったら、後は**関係各所との調整**を行います。KPI運用を進めていくことに同意を得られなければ、設計をしても誰も改善しようというモチベーションは働かなくなってしまいます。施策に関してもこのKPIを改善するために行っていくということを約束しておく必要があります。
担当している業務や部署によっては利害関係が一致しないことも多々ありますが、そこは上司にも協力をいただきながら、同意を取っていく作業が必要です。

月・週単位に施策を落とし込む

KPIを設計したら終わりではありません。目標に対して、**月あるいは週単位の施策の落とし込み**が必要なります。あわせて、**設計したKPIおよび関連する数値をレポートにしていく**というところも必要になります。
このレポート設計は、現在の進捗を共有し、関係各位で共通認識を持つ上でも非常に大切な業務になります。SUUMOのときには、主に月単位で取締役会への報告を行っていました。

レポートを設計する

そのためのレポート作成と発表を担当することになった筆者は、まずどのような形でレポートを作成するかの設計を行いました。
また報告は月単位になりますが、数値は日あるいは週単位で見たいということもあるでしょう。まずは、それぞれのレポートの基本方針を決めていきました。
その上で、特に月次レポートに関しては、**盛り込む内容やデータの取得方法**、**表示するフォーマット**などを細かく決めていきます。

モニタリングを行う上で

2：データの頻度によってアウトプットの形やルールを設定します
知見の追加や、データ取得後の加工など、行う後工程により提供出来るスピードが変わるため、アウトプット体系を頻度によって変えます。

	データ加工	グラフ作成	コメント（事実）	コメント（理由）	フォーマット	編集
日次	無し	無し	無し（※御相談）	無し	メール添付PDF	不可
週次	最小限	最小限	最小限	無し	Excel形式	可
月次	あり	あり	あり	あり	PPT	可
スポット	あり	あり	あり	あり	Excel形式	不可

★メールの件名を考える・HTMLメールで送る
日次のアウトプットフォーマット：SiteCatalystの「ダッシュボード」を定期的にメール配信する　ボードメンバー＋営業部長＋MPの情報共有ML
目的：日々の変化を素早く察知し、必要に応じて緊急のアクションを打つ
アウトプット例：★訪問者数・詳細数・★反響数（日単位だとPV・週単位ならWebクエリ）・新規/リピート・領域横断率（要確認）
※翌日配信

週次のアウトプットフォーマット：Excelで最低限の加工をしてメール送付（データを入れれば、グラフが出来る状態）
目的：月の目標の達成具合を確認し、必要に応じて施策へのテコ入れを行う。また来月以降に向けた施策の参考にする
アウトプット例：A数・集客の内訳・領域別のデータ）
※毎週木曜日配信（水曜日～火曜日のデータを水曜日に加工、木曜日送付）
※SiteCatalystでは複数の指標を一つのグラフで表示したり出来ないので、Excelが必要。データ取得はExcelclientを利用）
事実ベースのコメント追加は可能。
⇒目標との連動性は低い。商品のほうが売上連動なので目標を持っている。
⇒SUUMOオールとしての目標を持っていない（施策と紐づいていない）

月次のアウトプットフォーマット：現行のフォーマットを見なおして作成。特にいらない物・追加する物を精査する
目的：年間目標の達成状況を確認し、必要に応じて全体の方向性を変える材料とする。また現在のサイトの健康状態を理解するために活用する
アウトプット例：目標達成率・需要予測
項目は半分に減らし・気づきを2倍にしてレポーティングスピードも2倍にしたい。本当に必要なものだけ、変化があるものを基本的には残す。
見て終わるのではなく、次に繋がるものを提供する事を目標とする。

提供時期は翌月中を目指し、数値を使った簡単な数字増加・減少の分析を行います
需要予測モデルが完成したら、こちらを追加していきます。

図6　レポートの種類と基本方針を整理していきます

下記は、取得項目の一例です。列は左から右に向かって「項番」「レポートの掲載ページ番号」「提案内容」「PC・モバイル」「比較期間」「文章記入（事実）の有無」「文章記述（理由）の有無」「データ元」データ取得方法」「備考（担当者や注意点など）」「日別・週別・月別・それ以上の期間での利用有無」となっています。

項番	Page	概要	PC/モバイル	比較	文章記入（事実）	文章記入（理由）	データ元	取得方法	備考	日別	週別	月別	それ以上
1	3	純粋想起率		前月・前年	○	×				×	×	×	○
2	3	流入数（月間訪問者数）	PC	前月・前年	×	△				○	○	○	○
3	3	流入ユーザーの質（検索エンジン率）	PC	前月・前年	○	×				○	○	○	○
4	3	横断遷移率（領域UU÷全体UU）	PC	前月・前年	○	×				○	○	○	○
5	3	コンバージョン率（全体PC＋モバイル）	PC+MB	前月・前年	×	○				○	○	○	○
6	3	アクション数（週平均）		前月・前年	×	△				?	○	○	○
7	3	リピート率	PC	前月・前年	○	×				○	○	○	○
8	4	流入数（月別トレンド・前期比較）	PC	月別2年間	○	×				○	○	○	○
9	5	競合UU（ADPlannerから比率計算）	PC	月別6ヶ月	○	×				×	×	○	×
10	6	[illegible]	PC	月別過去1年	○	×				×	×	○	×
11	7	流入内訳（PC）	PC	月別過去1年	○	△				○	○	○	○
12	8	流入数（モバイル）	MB	月別過去1年	○	△				○	○	○	○
13	9	流入数内訳（モバイル）	MB	月別過去1年間	○	△				○	○	○	○
14	10	検索の流入比率（PC）	PC	月別2年間	○	×				○	○	○	○
15	11	SEO計測（[illegible]	PC	月別1年間	○	○				×	×	○	○
16	12	検索の流入比率（モバイル）	MB	月別2年間	○	×				○	○	○	○
17	13	SEO流入詳細（PC）	PC	月別2年間	○	△				○	○	○	○
18	14	ビッグワードの流入順位（PC）	PC	隔週数ヶ月	○	○				○	○	○	○
19	15	ビッグワード×エリア・駅の掛け合せ（順位の内訳）（PC）	PC	隔週数ヶ月	○	○				○	○	○	○
20	16	ビッグワードの流入順位（モバイル）	MB	隔週数ヶ月	○	○				○	○	○	○
21	17	ビッグワード×エリア・駅の掛け合せ（順位の内訳）（モバイル）	MB	隔週数ヶ月	○	○				○	○	○	○
22	18	領域横断遷移率（各領域のUU）	PC?	月別1年間	○	×				○	○	○	○
23	19-25	領域横断アクション率	PC?	月別2年間	○	×				?	?	?	?
24	26	コンテンツ送客	PC	月別2年間	○	×				○	○	○	○
25	27	記事カテゴリ・コンテンツ別アクション貢献	PC	週別1年間	○	×				○	○	○	○
26	28	コンバージョン率	PC	月別2年間	○	×				○	○	○	○
27	29-30	コンバージョン数と率（領域別）	PC	月別1年間	○	×				○	○	○	○
28	31	滞在時間と反響の相関	PC	月別1年間	○	×				○	○	○	○

図7　レポートに掲載するために取得する項目の管理表

●レポート作成フローとスケジュールを整理する

また、このタイミングで**レポート作成フロー**と**スケジュール**を整理していきます。レポートを作成するのに必要な時間や工数、また誰がどのデータをいつ出すのかを整理していきます。この時点で初めて、前月の結果をいつレポーティングできるかが見えてきます。そして上司や関係各位と調整をしながら、項目やスケジュールを確定していきます。

●決めたことに沿って運用する

後は実際に**レポートの作成**と**運用**のフェーズになります。月次レポートを作るのに、大体作業時間としては15時間ほどかかっていました（筆者＋データ取得者2名の合計工数）。また、レポートを作るタイミングで原因特定のために、さらなる分析を行ったり、関係者へのヒアリングも行っていたりしたため、報告は大体翌月中旬になっていました。速報に関しては、アクセス解析ツールから日次で配信していたので、その内容を確認してもらっていました。

レポートは大体50ページ前後となっていましたが、最初の数枚ですぐに現状と今後にむけての対策が分かるように**サマリーシート**を用意して、その内容を中心に説明していました（発表時間は大体5分～10分程度だったため）。

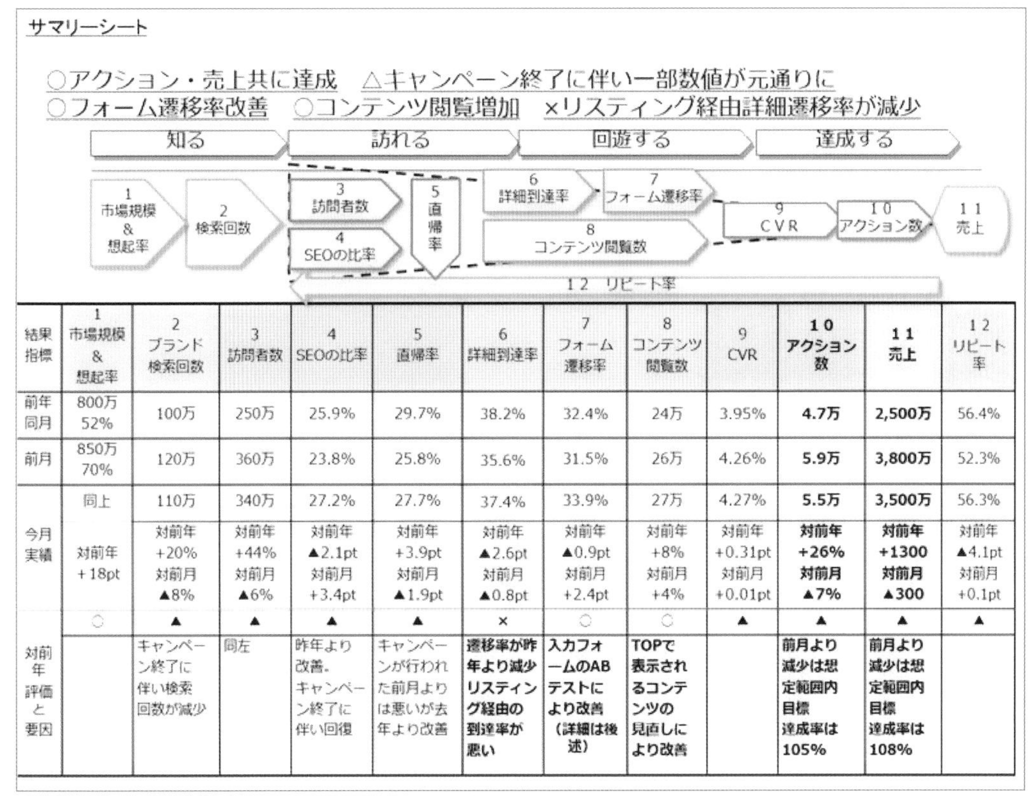

結果指標	1 市場規模&想起率	2 ブランド検索回数	3 訪問者数	4 SEOの比率	5 直帰率	6 詳細到達率	7 フォーム遷移率	8 コンテンツ閲覧数	9 CVR	**10 アクション数**	**11 売上**	12 リピート率
前年同月	800万 52%	100万	250万	25.9%	29.7%	38.2%	32.4%	24万	3.95%	**4.7万**	**2,500万**	56.4%
前月	850万 70%	120万	360万	23.8%	25.8%	35.6%	31.5%	26万	4.26%	**5.9万**	**3,800万**	52.3%
今月実績	同上	110万	340万	27.2%	27.7%	37.4%	33.9%	27万	4.27%	**5.5万**	**3,500万**	56.3%
	対前年 +18pt	対前年 +20% 対前月 ▲8%	対前年 +44% 対前月 ▲6%	対前年 ▲2.1pt 対前月 +3.4pt	対前年 +3.9pt 対前月 ▲1.9pt	対前年 ▲2.6pt 対前月 ▲0.8pt	対前年 ▲0.9pt 対前月 +2.4pt	対前年 +8% 対前月 +4%	対前年 +0.31pt 対前月 +0.01pt	**対前年 +26% 対前月 ▲7%**	**対前年 +1300 対前月 ▲300**	対前年 ▲4.1pt 対前月 +0.1pt
対前年評価と要因	○	▲	▲	▲	▲	×	○	○	▲	▲	▲	▲
		キャンペーン終了に伴い検索回数が減少	同左	昨年より改善。キャンペーン終了に伴い回復	キャンペーンが行われた前月よりは悪いが去年より改善	**遷移率が昨年より減少リスティング経由の到達率が悪い**	**入力フォームのABテストにより改善（詳細は後述）**	**TOPで表示されるコンテンツの見直しにより改善**		**前月より減少は想定範囲内 目標達成率は105%**	**前月より減少は想定範囲内 目標達成率は108%**	

図8　サマリーシート例1。数値は仮です

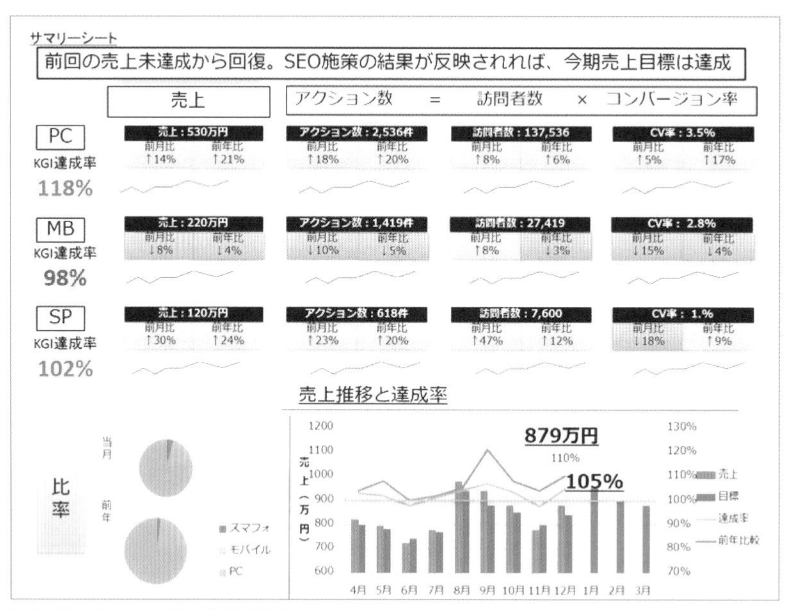

図9　サマリーシート例2。数値は仮です

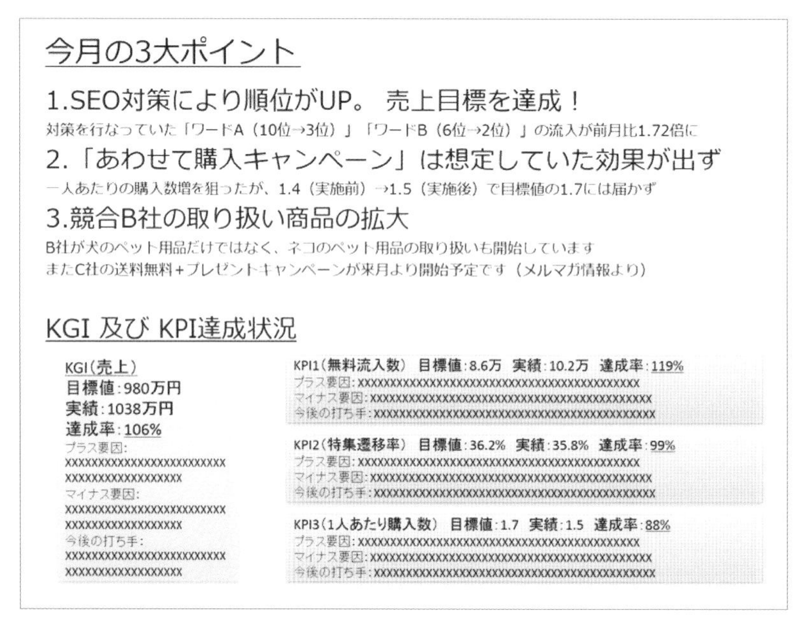

今月の3大ポイント

1.SEO対策により順位がUP。 売上目標を達成！

対策を行なっていた「ワードA（10位→3位）」「ワードB（6位→2位）」の流入が前月比1.72倍に

2.「あわせて購入キャンペーン」は想定していた効果が出ず

一人あたりの購入数増を狙ったが、1.4（実施前）→1.5（実施後）で目標値の1.7には届かず

3.競合B社の取り扱い商品の拡大

B社が犬のペット用品だけではなく、ネコのペット用品の取り扱いも開始しています
またC社の送料無料+プレゼントキャンペーンが来月より開始予定です（メルマガ情報より）

KGI 及び KPI達成状況

KGI（売上）
目標値：980万円
実績：1038万円
達成率：106%
プラス要因：xxxxxxxxxxxxxxxxxxxxxxxxxxxxxxxxxxxxxxxxxxxxx
マイナス要因：xxxxxxxxxxxxxxxxxxxxxxxxxxxxxxxxxxxxxxxxxxxxx
今後の打ち手：xxxxxxxxxxxxxxxxxxxxxxxxxxxxxxxxxxxxxxxxxxxxx

KPI1（無料流入数） 目標値：8.6万 実績：10.2万 達成率：119%
プラス要因：xxxxxxxxxxxxxxxxxxxxxxxxxxxxxxxxxxxxxxxxxxxxx
マイナス要因：xxxxxxxxxxxxxxxxxxxxxxxxxxxxxxxxxxxxxxxxxxxxx
今後の打ち手：xxxxxxxxxxxxxxxxxxxxxxxxxxxxxxxxxxxxxxxxxxxxx

KPI2（特集遷移率） 目標値：36.2% 実績：35.8% 達成率：99%
プラス要因：xxxxxxxxxxxxxxxxxxxxxxxxxxxxxxxxxxxxxxxxxxxxx
マイナス要因：xxxxxxxxxxxxxxxxxxxxxxxxxxxxxxxxxxxxxxxxxxxxx
今後の打ち手：xxxxxxxxxxxxxxxxxxxxxxxxxxxxxxxxxxxxxxxxxxxxx

KPI3（1人あたり購入数） 目標値：1.7 実績：1.5 達成率：88%
プラス要因：xxxxxxxxxxxxxxxxxxxxxxxxxxxxxxxxxxxxxxxxxxxxx
マイナス要因：xxxxxxxxxxxxxxxxxxxxxxxxxxxxxxxxxxxxxxxxxxxxx
今後の打ち手：xxxxxxxxxxxxxxxxxxxxxxxxxxxxxxxxxxxxxxxxxxxxx

図10　サマリーシート例3。数値は仮です

報告後のフォロー

報告を行った後は、そのときに出た質問に対して**別途調査**をして報告を行ったり、**レポートの内容を定期的に見直したり**しています。KPIでの経営や改善プロセスを浸透させるためにも非常に大切な業務でした。

分析依頼と結果の報告

さまざまな分析依頼を受けて対応していました。こちらも内容は多岐に渡り、**集客についての間接効果**の分析や、**ソーシャルメディアがサイトに与える影響**や、**入力フォームのA/Bテスト**などもありました。Webサイトの分析に関する依頼は基本、私の方で受けてそこで振り分けて対応していくという形になっていたかと思います。

分析依頼を受けたときに大切なこと

分析依頼を受けたときに大切なのは、その**目的をしっかりと確認する**ことです。ただのデータ出し屋になってはいけません。もしかしたらその時間で他の有意義な分析や提案ができるかもしれません。目的を確認すれば、もしかしたら他にも良いデータの取得方法があるかもしれません。または優先順位の調整が必要かもしれません。
また求められる**アウトプットのレベル**も依頼内容によって変わってきます。ただ、数値が分ければ良いのか、そこに気づきなどの文章は必要なのか、または報告用の資料まで作りこむ必要があるのか。事前に必ず確認しておかないと、お互いの期待値があわず、どちらかが不満足な結果で終わってしまうこともあります。不満足な結果は信頼をなくし、次から依頼が来なくなってしまうかもしれません。データが**一時的**に必要なのか、**定期的**に必要なのかも重要な確認項目です。

分析は依頼ベースではなく、自分から分析を行い、**提案をしていく**ことも必要です。依頼は受けていないけれど、課題感を元に、分析を進めてみると、思わぬ気づきが見つかるかもしれません。気づいたことはすぐに関係者に伝えておくことで、施策につながったりすることもありました。理想の状態は**毎日何か新しい気づきを発見すること**です。そのためにも、サイトの現状や事業における課題などを常に把握しておくことが大切になります。

アクセス解析全般への対応

アクセス解析そのものに関する問い合わせや相談も多岐に渡ります。その中でも圧倒的に多かったのは、**データに関するお問い合わせ**でした。「どうやったらこの数値を見ることができるのか？」あるいは「この数値が別のツールを比較すると物凄くずれていて、おかしいのだが」あるいは「こういったレポートを定期的に配信するためには何をすれば良いのか」といった内容です。1日数件は必ずいただいていました。
SUUMOではアクセス解析ツールを利用する人が100名近くいました。お問い合わせに対応するための専門の社内横断部署もあったのですが（筆者は以前その部署に4年ほどいました）、SUUMO固有の実装や設計に関しては部署内で解決するというのが基本方針だったため、筆者が対応していました。

アクセス解析の問い合わせ対応で大切なこと

データの整合性などの調査は特に手間がかかることも多かったのですが、このような対応で最も大切なのは、**調査方針**をしっかり決めておくということと、まずはチェックするべきポイントをリストアップしておくことです。また似たような問い合わせが多い場合は、それらをまとめておいて、関係各位に共有しておいても良いでしょう。直接、売上につながる業務ではないため、いかに**効率良く**対応していくかがポイントになります。
また、実装に関連する問い合わせも多かったです。新しいデータを取得したい、A/Bテストを行いたいといったようなケースです。こちらに関しては、自分自身だけでは解決できることはほとんどなく、**開発部署との連携**なども大切でした。
SUUMOにおいてのアナリストの業務は内容が多岐に渡り、さまざまなスキルを求められました。しかし、正しい数値を取得しレポートし、それを活かすという観点で、貢献を求められるし、実際に貢献することができたのではと考えております。

サイバーエージェントにおけるアナリストの役割

サイバーエージェントでは約2年間、自社サービス（ソーシャルゲーム・コミュニティサービス・ポータルアプリなど）のアナリストを勤めていました。その中で行われていた業務は主に4つです。「**KPIの設計**」「**分析と施策の提案**」「**レベルデザイン**」「**分析のノウハウ共有と横展開**」です。それぞれの内容を紹介していきます。

KPIの設計

サイバーエージェントでは大体半年先まで、各サービスにおいて**売上目標が月単位**で設定されます。その目標に対して、どのように達成するかをプランニングする部分がこのKPI設計になります。ソーシャルゲームでは、

売上 ＝ DAU × スペンド率 × ARPPU

という式によって売上が成り立っています[※1]。今後の施策やサービスの方向性などを加味して、月単位の売上目標に対して、**どのようなKPI数値を目指すか**を設定します。また、サービスによってはスマートフォン向けWebサービスとアプリでの売上の割合や、iOS/Androidの割合なども加味します。売上を達成する方法はいくつかありますが、今まで触れてきたようにその指標を改善できるような施策を考えられるかがポイントになります。

施策を考えるときに大切なこと

このステップを精度高く行うためには、**過去の施策の知見**をしっかりためておくこと、そしてサービス担当者とその認識をあわせておくことが大切です。Webサイトと違い、コミュニティやソーシャルゲー

※1　DAUはDaily Active Userの略称で、その日のユニークな訪問者数を指す。ARPPUは「Average Revenue Per Paid User」の略称で、簡単に言うと「支払った人の平均単価」のこと

ムに関しては、**短期間で売上を増減させる施策**を比較的簡単に行うことができます。実施することの難易度より、その中身によって効果が大きく変わってきます。扱っているキャラクターやモチーフがユーザーにとってどれほど欲しいものなのか、あるいはどの時間帯にどのような商品が販売していたら購入したいと思うのか。**ディテール**が売上への貢献を大きく変えます。また、**リピーターが多い**というのも大きな特徴であり、Webサイト以上に、同じ施策を繰り返していると、**飽きてしまったり、効率が良い方法を発見したり**ということで、効果がどんどん落ちてきます。変えないこと自体がリスクになりえるのです。

そのため、短期的に売上を上げる施策だけではなく、サービスやゲームの遊び方や仕組みを変えるような、**中長期**（開発期間1ヶ月〜数ヶ月）での視点も必要になります。これは単純に売上だけではなく、サービスをどのように変えていき、利用者に対してどのような**新しい体験**や**遊び方**を提供したいかというのを考えて実践する必要があります。

基本方針＆戦略シート

XXXX年XX月の目指すべき姿			
現状の課題			
状態の確認	現状	半年後	1年後
市場			
同業他社			
自社			
サービス利用者			
チャンスポイント			
基本アクション			
評価KPI			
実現のための体制			

図11　中長期で方針や戦略を考えるためのシート

KPIをモニタリングするレポートの設計

KPIの設計を行ったら、あわせてそれを**モニタリング**するためのレポートも必要となってきます。サイバーエージェントでは、**10秒単位で売上が更新される**仕組みを取っており、また多数の指標を1時間単位で確認することができます。どの指標をどの頻度で確認し、どういった形にレポートに落としこんでいくかはサービスによって変わってきます。

多くのサービスの場合は**日単位**で**売上**と**KPI**を確認しています。そして、月単位ではなく、**日単位で目標を設定**しています。先程、説明した通り、施策の実行スピードが早いため、週や月単位では施策のスピードに追いついていかないのです。たとえば、売上が最も伸びる月初であれば、最初の0時〜2時くらいまでの売上を見れば、その日、およびその月の大体の売上を見立てることができます。

目標に達しない場合の対応

最初の数時間で目標に達しないようであれば、**その日のうちに施策を反映させる**こともあります。このようなスピード感で動いているからこそ、施策に関しては**すぐに行えるものを事前に準備しておく**必要があります。施策といっても、何かしらのコンテンツを作ったり、機能を開発したりというものだけではありません。たとえば特定の2時間だけ、商品がすべて2割引で購入できたり、得点が2倍稼げたりといった、管理画面で設定し、すぐ反映されるようなものも多数含みます。

分析と施策の提案

PDCAサイクルのところで提示したような、**行った施策に対する分析**と**新しい提案**、あるいは日々の数値を見ながら気づいたことをどんどん提案していくという内容がここには含まれます。大小関係なく、さまざまな分析や提案を行っています。

提案の精度を上げるために

また、提案の精度を上げるため、そしてサービスの理解や方向性を深めるためにも、**担当サービスの打ち合せ**には積極的に参加しています。**新しい施策のアイデア出し**、**現状数値の振り返り**、後述する**パラメータ設計**、**体制**に関する相談などさまざまな打合せがあります。

筆者の一週間の業務を100%とすると、分析やレポート作成は30%、50%は打合せや議論に参加といった形で、分析の時間以上に、施策周りで時間を使っています。この場では、出てきた議論に対して**数値的なアドバイスや意見**を伝えたり、他のサービスで成功あるいは**失敗した事例の共有**などを行っています。

そういった意味では、アナリストだけではなくコンサルタントとしての役割も非常に大切になってきます。**施策の引き出しが多ければ多いほど**、サービスへの貢献度合いは大きくなってきます。

そのため、自社サービスや他社サービスの理解は欠かせません。業務の残りの20%は主に、自社や同業サービスを試してみて、気づきをまとめることに費やしています。

図12　分析と施策の内容はフォルダごとに日付をわけて管理。定期的な分析と施策を行い、事業への貢献を行います

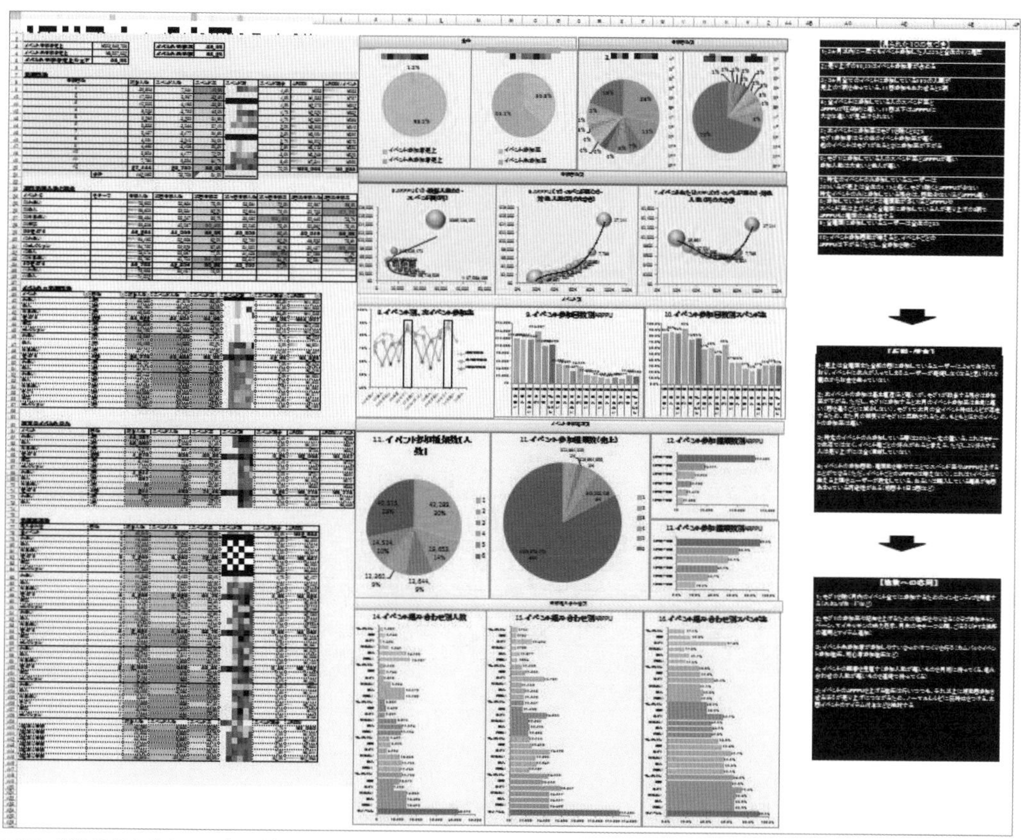

図13　直近12個の「イベント」の分析。イベントの継続参加や参加しているイベントの種類が売上やスペンド率、イベント期間中の利用金額にどのような影響があるかを分析し、その内容に基づいた提案を行っています

レベルデザイン

ソーシャルゲームの**レベルデザイン業務**※2もアナリストが担当することがあります。筆者も担当しているサービスのいくつかでは、レベルデザインの設計にも参加しています。
数値の設計を正しく行うためには、その前提となる分析が必須となります。敵の体力を1つ設定するにしても、参加者の攻撃力の分布がどうなっているかが分からなければ、**適切な難易度設計**ができません。簡単すぎても、難しすぎても利用者によっては楽しくなく、頑張ったり、お金を使ったりしたいと思いません。ちょっとした設定ミスが数百万円の売上ダウンに簡単につながってしまいます。そのため、設計した後に、開発環境でのテストにも時々参加しています。

定性的な意見も収集する

また、レベルデザインは**サービス担当者の定性的な意見**も非常に大切です。「前回と比べて難しいと感じた」という人がいれば、その詳細を確認し、データで検証します。そのためにはサービスを継続的にプレイしていることも重要になります。
「ユーザー体験を数値に落とし込む」という作業は、コミュニティやソーシャルゲームならではの特徴ですが、Webサイトの改善にも活かせることが多々あるのではと感じています。たとえば、あるイベントで決めないといけない設定は以下の通りになります。

イベント概要	・料理を食べたり食べられたりして点数を競うイベント ・食べると満腹度が上がり、満腹になると食べても点数が上がらない ・満腹度は時間の経過で減少。あるいはアイテムを利用することですぐに0にできる ・時々出てくる「料理の鉄人（キャラクター）」に料理をふるまって満足させることができると、ボーナス得点が貰える ・特定の点数を取ったり、ランキングに入ったりすると報酬が貰える ・またガチャを回すことで得点の倍率が上がるアイテムを用意する
レベルデザイン項目	・イベント開始日時・イベント終了日次 ・食べたり食べられたりしたときにもらえる点数。また料理ごとに違う場合はその料理ごとの設定 ・食べたときに上がる満腹度・満腹度の上限 ・何分で満腹度が減るか ・満腹度を回復するためのアイテム名・値段 ・何点とったら何の報酬を貰えるのか （その点数までにかかる時間・使う金額・過去の実績などを元に最適な報酬を配置する） ・ランキングで貰える報酬の設計 （ランキング何位から何位がどの報酬を貰えるのか。使う金額や過去の実績を元に最適な報酬を配置する） ・料理の鉄人の種類・満足条件の設定 ・料理の鉄人の出現ロジックと確率の設定 ・ガチャに入っているアイテムの点数 ・ガチャに入っているアイテムを入手したときに、どれくらい得点の倍率が上がるのか ・ガチャの各アイテムの出現確率 ・ガチャおよびイベントで利用できるアイテムの値段 ・アイテムをセットで販売する際のその中身と値段 ・イベントの告知タイミングやその内容の決定

※2 ソーシャルゲームのイベントが利用者にとって適切な難易度になるように、数値の細かいチューニングや設定を行う業務

上記のように設定する項目は多数に渡り、その内容が変わると売上にも大きく影響を与えてしまいます。ユーザーがどのように行動するかを過去の実績なども踏まえながら設定を行っていきます。
たとえば満腹度に関しては、一定時間で何回食べたり・食べられたりするか、自然回復を前提としたときにイベント期間中で取得できる最大の点数、回復アイテムを利用した場合アイテムを何個使うと何点取れるかといったデータや分析が必要となります。
イベントを終わった後に、PDCAサイクルの取り組みで紹介したKPTで振り返りを行います。設計の想定通りに利用者がアクションを行ってくれたのか、想定と比較して上手く行かなかった内容はなかったか、実際に遊んでもらった上での体感難易度はどうだったのか。これらのデータや意見を集約して、利用者が楽しめるように次のレベルデザインに役立てていきます。

分析のノウハウ共有と横展開

最後に紹介する業務が、**ノウハウ共有**と**横展開**です。こちらもPDCAの事例で紹介したような、施策の共有やストックの部分になります。
サイバーエージェントのように、複数のサービスを展開している場合、他サービスでの事例は、数値での結果も出ている参考になる事例ばかりです。

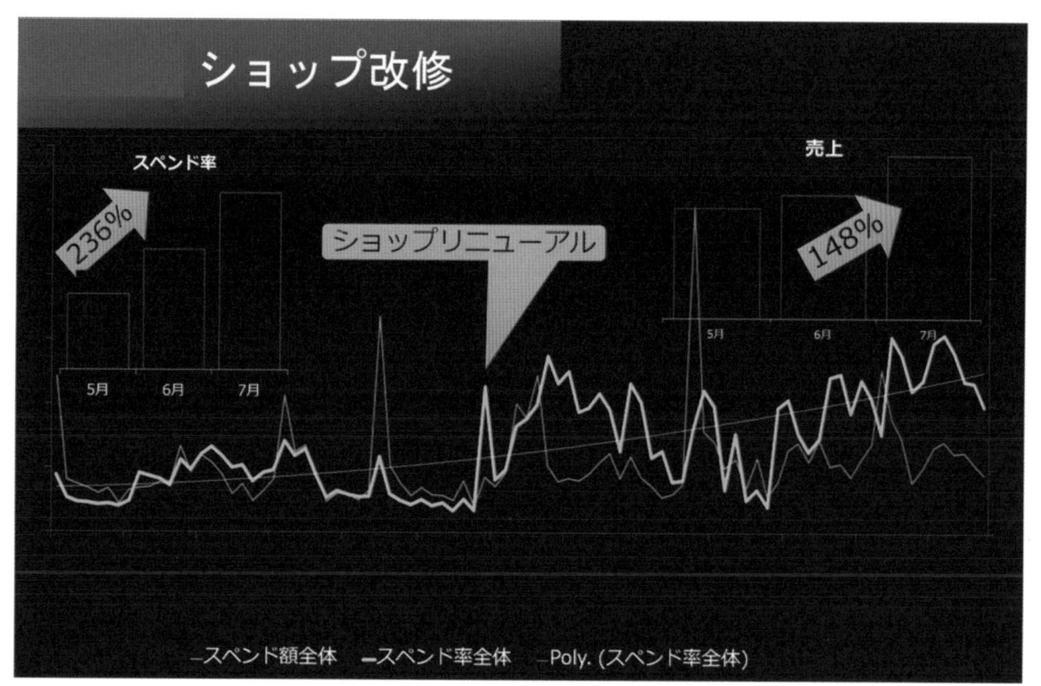

図14　ショップリニューアルによるスペンド率と売上改善の事例

筆者が所属している分析の部署では、毎週自社や同業他社の**事例を発表する場**があります。毎回、複数名の方が発表し、その内容を議論したり、担当サービスに活かしたりしています。そのときにはぴんと来なくても、困ったときにストックされている内容を確認したら思いがけずヒントを得たり、問題をピンポイントに解決したりする施策を発見できることもあります。
担当サービスにも、実績があることということで説得力を持って伝えることができます。サービスAである商品の売上が2倍に増えた施策を、他のサービスでも展開したら同じように2倍近く売上が上がったということはよくあることです。

他にも組織をそもそもどうしていくか、どのように部署を成長させていくかという議論などもありますが、分析という部分にフォーカスすると主に上記のようなお仕事をしています。分析と施策共にスピード感を求められますが、その分すぐに結果が確認でき、どんどん新しいことにチャレンジできるのが魅力です。Webアナリストの仕事は多岐にわたります。また求められる能力もサイトやサービス、お客さんによって変わってきます。すべての能力を身に着けることは難しいですが、以下6つの力を意識して取り組んでいくことをオススメします。

1. 設計力
どういったデータをそもそも取得するべきなのか、分析や改善を見据えた環境づくりにかかわる力

2. 仮説力
どのような分析をすればよいのか。自社や同業他サイトを活用しデータを見ながら、分析する内容を決めるための力

3. 分析力
データから気づきを発見するための力。各種ツールの利用方法を学ぶと同時に、本書でも紹介したトレンドやセグメントを活用した分析の力も身に着ける必要がある

4. 施策実行力
得られた気づきや知見から改善案を考えて実行するための力。ただWebアナリストが自ら施策を実行するケースは少ないため、施策を実行してもらうためのセット効力があるレポート作成やコミュニケーション能力の方が、デザインやプログラミングより重要

5. 情報発信・収集力
Webアナリストとして施策全般の知識を身に着ける収集力、行った取り組みや事例を共有するための発信力。どちらも自分の認知と実力をつける上で欠かせない

6. アジャイル（スピード感）
自分の仕事を最適化するための力。レポート作成を自動化する、不必要なデータやレポートは出さない、分析前に整理をするなど、効率を上げるための力も大切

Chapter 4

GA4の主要機能と情報リソース

Chapter 4 ▶ Section 1

本書でよく登場した分析方法の設定

本書ではGA4のスクリーンショットを数多く掲載しました。また本書を読んでいる多くの方は、自社サイトあるいは担当しているクライアントのサイトにGA4が導入されているのではないでしょうか。そこでGA4に関する基本的なレポート・機能などを説明し、みなさんがGA4の利用を始められるように紹介いたします。

GA4とは?

GA4とはGoogleアナリティクス4の略称でGoogle社が提供している無料で利用できるアクセス解析ツールです。前身であるGoogleアナリティクス（あるいはUniversal Analytics、UA）に関しては2023年6月末に計測を順次停止しています。そこで次世代のアクセス解析ツールとして生まれたのがGA4です。今までと比べてレポートや機能などが拡張されており、ユーザー行動をより精緻に取得できるようになりました。

GA4のアカウント作成

まずはGoogleのアカウントにログインの上、GA4のサイトにアクセスしましょう。
https://analytics.google.com/analytics/web/

すでにGA4のアカウントを持っている場合は、ログインしているアカウントに紐づいたレポートを確認できます。しかし、これから作成する場合は、まずはGA4のアカウント作成が必要となります。ページ内にある「測定を開始」を押して基本情報を登録していきましょう。

アナリティクス
Google アナリティクスへようこそ
Google アナリティクスなら、ビジネスのデータ分析に必要なさまざまなツールを無料でご利用いただけるため、よりスマートな決断を下せます。
測定を開始

図1-1

01 アカウントの作成

まずは「アカウント名」(通常は会社名)とデータ共有に関するオプションを選択して「次へ」をクリックします。

図1-2

02 プロパティの設定

次のページからへ計測するサイトに関する情報を追加していきます。STEP 2の「プロパティを作成する」の画面で「プロパティ名」にはサイト名を設定しましょう。そして「レポートのタイムゾーン」と「通貨」を変更しましょう。

プロパティを作成する

ウェブとアプリのデータを測定するには、Google アナリティクス 4 プロパティを作成します。作成した各プロパティには、選択したウェブサイトとアプリのすべての 測定データが含まれます。

プロパティの詳細

プロパティ名

GA4ガイド

レポートのタイムゾーン

日本 ▾ (GMT+09:00) 日本時間 ▾

通貨

日本円 (¥) ▾

プロパティのこれらの詳細は、後で [管理] で編集できます

図1-3

03 業種と規模の設定

次の「ビジネスの説明」の画面では、GA4を導入するサイトの「業種」と「ビジネスの規模」を選択します。

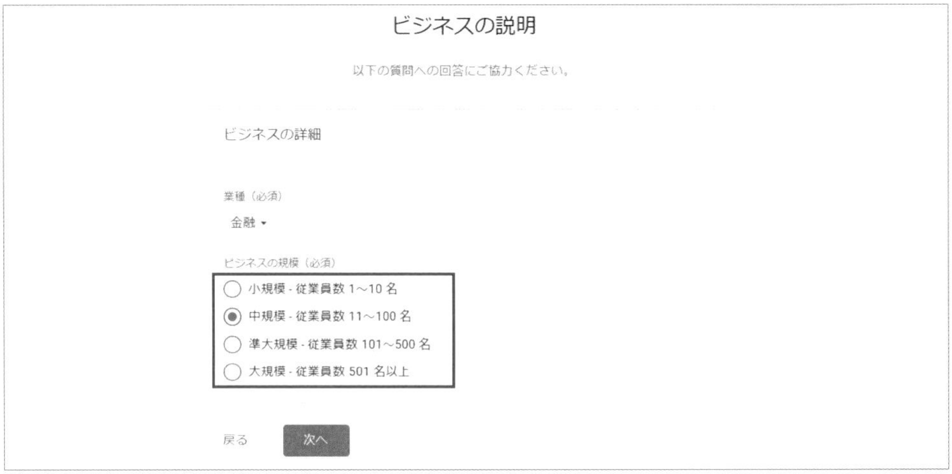

ビジネスの説明

以下の質問への回答にご協力ください。

ビジネスの詳細

業種（必須）

金融 ▾

ビジネスの規模（必須）

- 小規模 - 従業員数 1～10 名
- 中規模 - 従業員数 11～100 名
- 準大規模 - 従業員数 101～500 名
- 大規模 - 従業員数 501 名以上

戻る　次へ

図1-4

ビジネス目標の設定

次は「ビジネス目標を設定する」の画面です。特定のビジネス目標を選ぶと表示されるレポートが減ってしまうため「ベースラインレポートの取得」を選択することを強く推奨します。

ビジネス目標を選択する

お客様のビジネスに合わせてカスタマイズされたレポートの場合は、
ビジネスにとって最も重要なトピックを選択してください。

見込み顧客の発掘
ユーザーに関する指標を分析して、新規顧客を呼び込みます

オンライン販売の促進
購入行動を分析して、売り上げを増やします

ブランド認知度の向上
ビジネスの評判を広めます

ユーザー行動の調査
サイトまたはアプリの利用状況を確認します

ベースライン レポートの取得
複数の種類のレポート（このオプションを他のオプションと併用することはできません）

戻る　作成

図1-5

05 データ利用規約を確認する

ここで、図のような「Googleアナリティクス利用規約」が表示されたら、内容を確認します。問題なければ、「GDPRで必須となるデータ処理規約にも同意します」にチェックを入れて、「同意する」をクリックします。

図1-6

06 プラットフォームを選択する

次は「データ収集を開始する」の画面です。どのプラットフォームでGA4を利用するかを選択してください。ウェブサイトの場合は「ウェブ」を選びましょう。

図1-7

07 URLと名称を設定する

そうすると、「ウェブストリームの設定」を行う画面が表示されます。「ウェブサイトのURL（ドメイン）」と「ストリーム名（画面で表示される名称）」を追加してください。

図1-8

これでGA4側の設定は完了となります。次にサイトへの計測タグの埋め込みが必要となります。
何もタグが入っていない状態や、あるいはGoogleタグマネージャーを利用している場合、計測記述の追加が必要です。
計測記述は2種類の方法があります。

1) Googleタグを追加する方法
2) Googleタグマネージャーで追加する方法(推奨)

本ページではそれぞれの実装方法を紹介いたしますが、カスタムイベント等の設定を考えると「Googleタグマネージャーで追加する方法」を推奨いたします。

計測記述を追加する

Googleタグを追加する方法

01 データストリームを選択する

Googleアナリティクスの画面で、左下の「管理」をクリックし、「プロパティ」の中にある「データストリーム」をクリックします。さらに、設定する対象のデータストリームをクリックします。

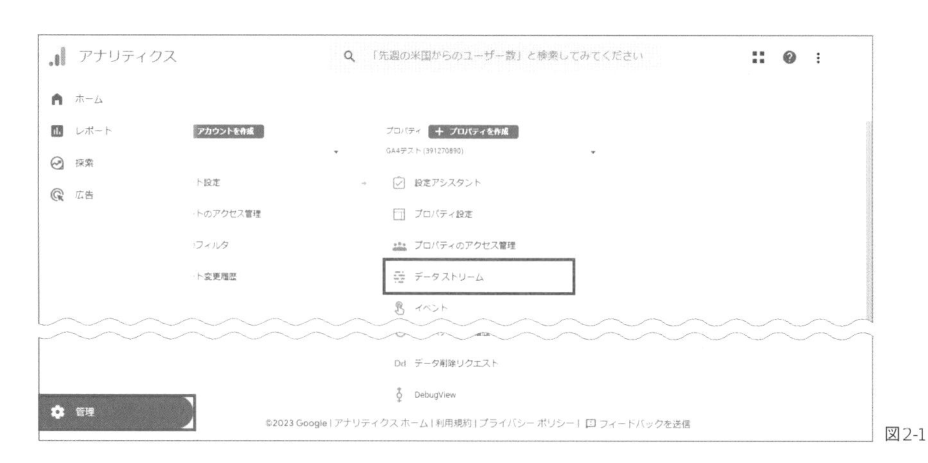

図2-1

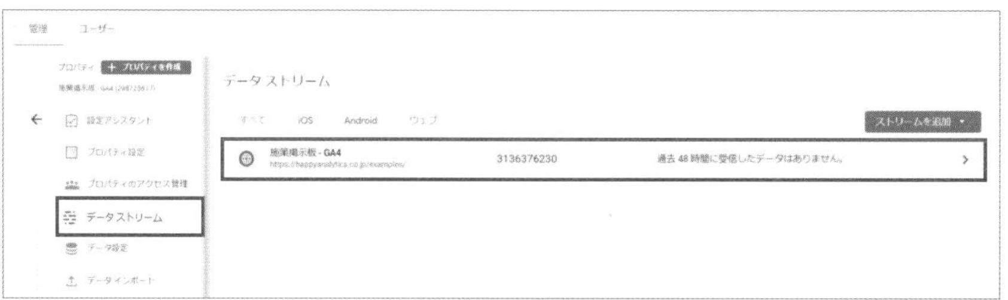

図2-2

02 計測タグの取得を行う

ページ上部あるいは下部にある「タグの実装手順を表示する」を選択してください。なお、この画面に表示されている右上の「測定ID」はこの後何度も使うことになるので、ここにあることを覚えておいてください。

図2-3

03 計測記述を追加

計測記述部分をコピーして、計測対象ページに追加します。

計測記述を追加する際には、HTMLのヘッダー内（<HEAD>と</HEAD>の間）への追加を行います。WordPress等のCMSを使っている場合、一括でHEAD内に入れたり、プラグインなどを利用できるケースもあります。

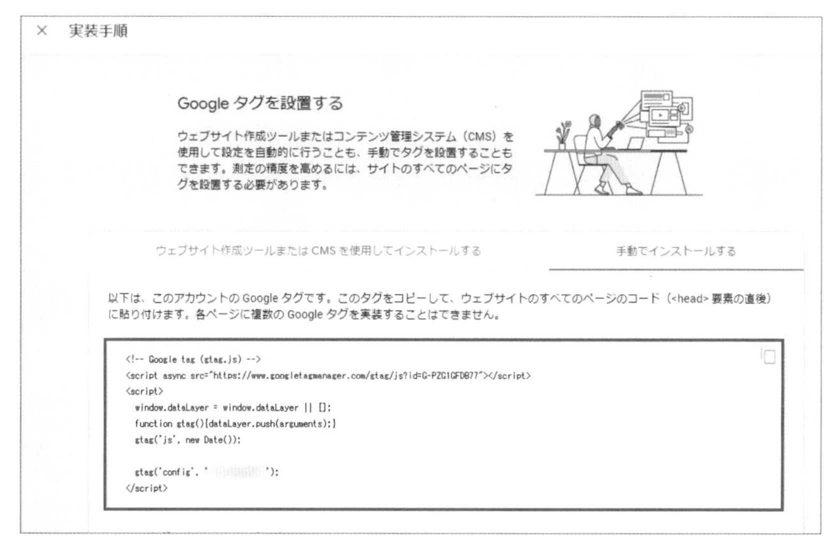

図2-4

Point

UAをすでにgtag.jsで実装している場合は、新たに記述の追加が必要ありません。ただ以下の設定をGoogleアナリティクス内で行っておきましょう。

- ・別のウィンドウで、Googleアナリティクス(UA)の画面を開く
- ・［管理→プロパティ→プロパティ設定］を開く
- ・「トラッキングID」をコピーする
- ・GA4を開き、［管理→プロパティ→データストリーム］から、設定対象のデータストリームを開く
- ・「Googleタグ」の中の「接続済みのサイトタグを管理する」を開き、先ほどコピーしたトラッキングIDを入力する

図2-5

04 計測の確認を行う

Googleアナリティクス4のリアルタイムレポートでデータが取得できているかを確認しましょう。画面左側のメニューで［レポート→リアルタイム］を選択します。計測が確認できたら次に初期設定に進みます。

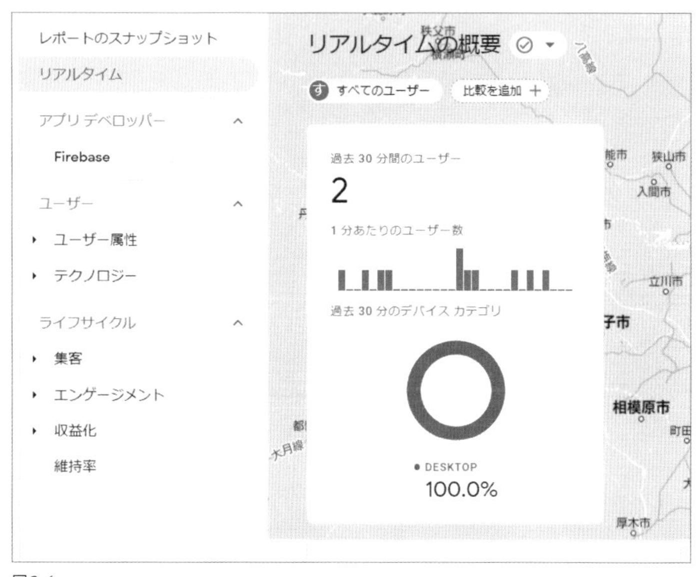

図2-6

Googleタグマネージャー経由で追加する方法

以降はすでにGoogleタグマネージャーの記述が計測対象ページ群に入っている前提での説明となります。Googleタグマネージャー自体の追加方法は公式ヘルプをご覧ください。
https://support.google.com/tagmanager/answer/6103696?hl=ja

01 「測定ID」の変数を作成

測定IDは今後、いろいろな箇所で利用するため変数として登録をしておくことを推奨します。GA4の新規イベント等を追加する際に測定IDを入力する手間が省けます。
Googleタグマネージャーで、設定対象のアカウントの歯車マークをクリックし、次の画面で画面左上の［ワークスペース］クリックします。そして、「変数」メニュー内で「ユーザー定義変数」の「新規」ボタンを押します。

図2-7

「変数の設定」部分を押し、右側のリストから「定数」を選んでください。Googleアナリティクス設定という項目もありますが、こちらはUA用でGA4では利用することができません。

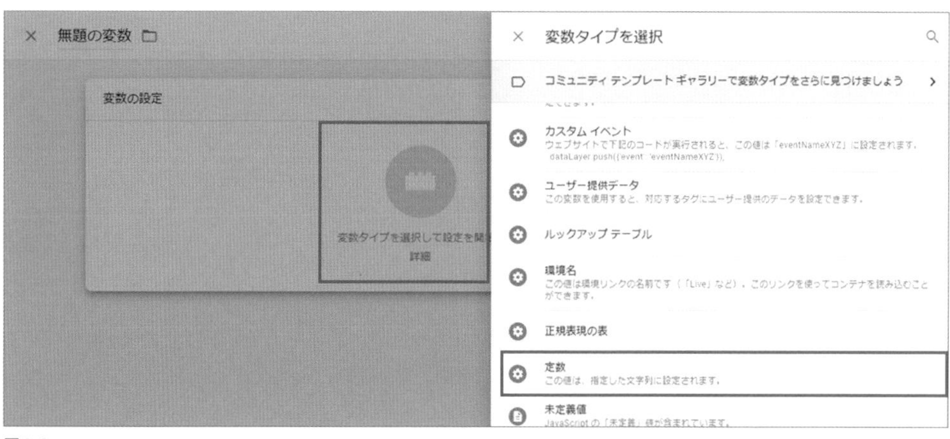

図2-8

02 変数を保存

定数に値を設定します。ここに「測定ID」を追加し、名称をつけて保存しましょう。

図2-9

03 GA4のタグを追加

Googleタグマネージャーの「タグ」メニューを選択し、「新規」を押します。

図2-10

名称をつけて、「タグの設定」を押します。右側に表示されるメニューで「Google アナリティクス：GA4 設定」を選択してください。

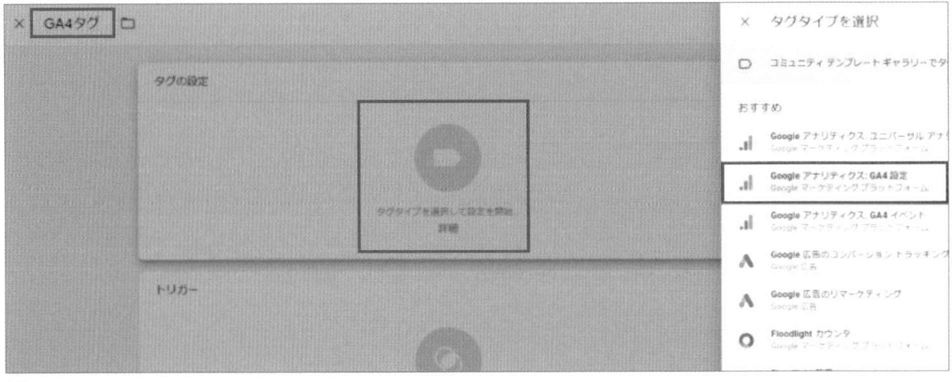

図2-11

測定IDの横にある「＋」アイコンを押して、先程作成した変数（「測定ID」）を選択してください。

図2-12

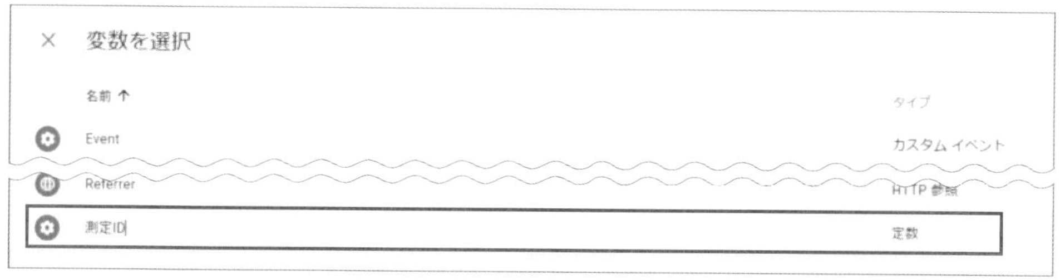

図2-13

続いて「トリガー」の部分をクリックして、「Initialization - All Pages」を選択します。「Initialization - All Pages」を利用することで、他のトリガーより先に発動ができます。変数等の実装方式にもよりますが、より確実な計測のため「Initialization - All Pages」を利用することをオススメします。

測定 ID
{{測定ID}}
この設定が読み込まれるときにページビュー イベントを送信する
サーバー コンテナに送信する
設定フィールド
ユーザー プロパティ
詳細設定
トリガー
トリガーを選択してこのタグを配信...
詳細

図2-14

トリガーの選択

名前 ↑	タイプ	フィルタ
All Pages	ページビュー	–
Consent Initialization - All Pages	同意の初期化	–
Initialization - All Pages	初期化	–

図2-15

Point

Googleアナリティクスの計測同意などを取得するため、同意管理プラットフォームを利用している場合は、同意管理プラットフォーム用の記述を「Consent Initialization - All Pages」に入れることで、一番最初のトリガー発火に利用してください。

保存する前に以下の設定になっているかを確認した上で「保存」ボタンを押しましょう。

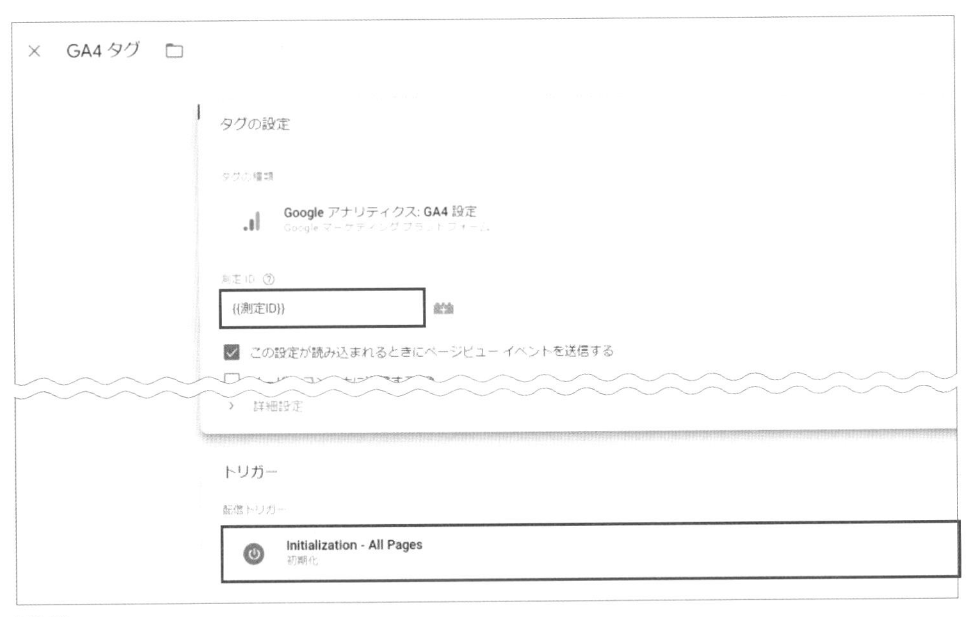

図2-16

04 計測テストの実施

Googleタグマネージャーでプレビューモードを活用して計測ができているかを確認します。画面右上の[プレビュー]ボタンを押して、計測テストをしたいページのURLを入力します。

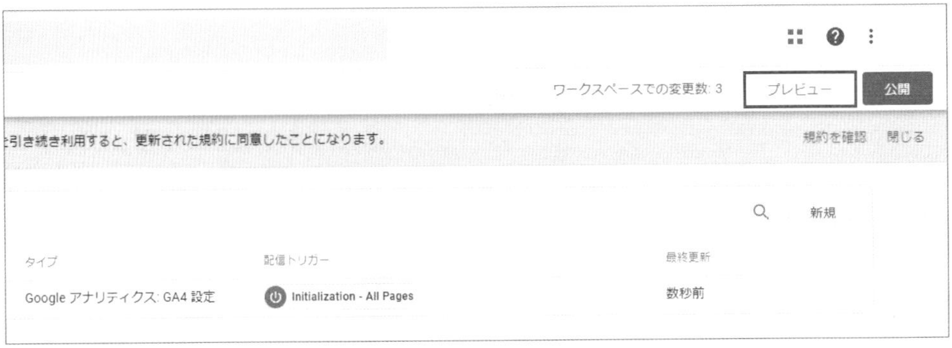

ワークスペースでの変更数: 3　プレビュー　公開
を引き続き利用すると、更新された規約に同意したことになります。　規約を確認　閉じる
新規
タイプ　配信トリガー　最終更新
Google アナリティクス: GA4 設定　Initialization - All Pages　数秒前

図2-17

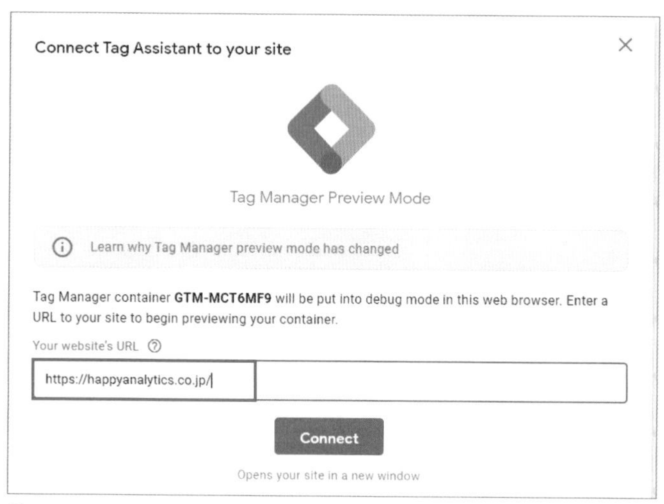

図2-18

別ウィンドウでページが読み込まれます。「Tag Assistant [Connected]」のウィンドウを選択し、「Continue」を押します。

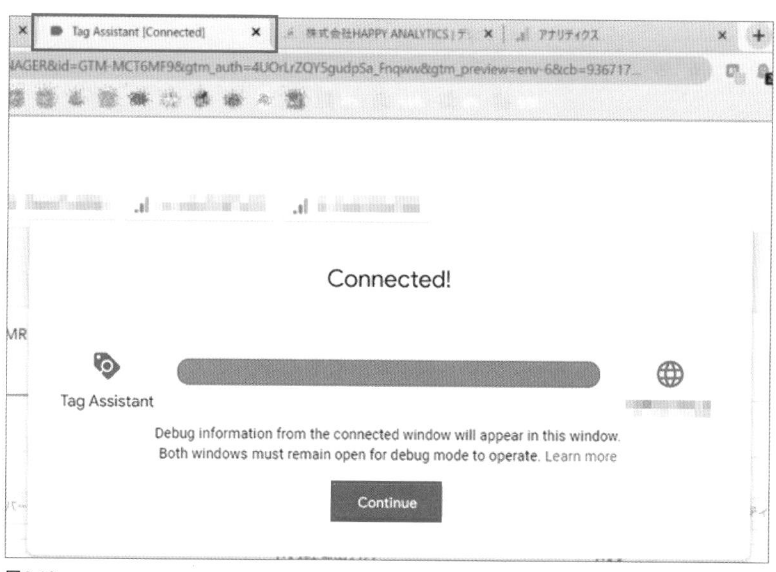

図2-19

Point

Continueが出てこない場合は、Googleタグマネージャーが該当ページに入っていない、あるいは設定が正しくされていないことになります。初めてGoogleタグマネージャーを導入する場合、まずは一度Googleタグマネージャーを公開した上で、再度プレビューモードにアクセスしましょう。またブラウザの拡張機能が原因で動作しないケースもあるので確認をしましょう。

「Tag Assistant [Connected]」のウィンドウの左側メニューからページタイトルの項目を選択すると、右側に動作したタグの一覧が表示されます。ここに先程設定したGA4のタグが入っているかを確認しましょう。

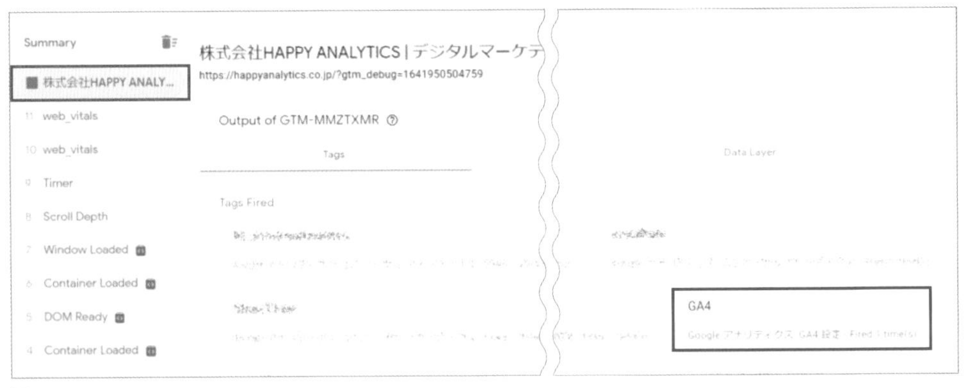

図2-20

入っていれば、計測タグ自体は動作していることがわかります。後はGoogleアナリティクス4のリアルタイムレポートでデータが取得できているかを確認しましょう。画面左側のメニューで[レポート→リアルタイム]を選択します。
タグが動作しているのにリアルタイムレポートで出てこない場合は以下のケースが考えられます。それぞれ改めてチェックしてみましょう。

1. 見ているデータストリーム（測定ID）が違う
2. Googleタグマネージャーで設定した測定IDの設定自体を間違えている
3. ブラウザの拡張機能等や特定ブラウザ（例：Brave）などでGoogleアナリティクスの計測をブロックしている
4. アクセス元のIPアドレスをGA4のフィルタ設定で計測除外対象としている

リアルタイムレポートでも計測が確認できたら、Googleタグマネージャーの「ワークスペース」の画面右上の「公開」ボタンをクリックして公開します。

このあとは初期設定を行います。詳しい説明は割愛しますが、初期設定できる項目の一覧は以下ページで確認できます。次ページ以降の解説で初期設定が必要な場合はその場で補足しています。

初期設定

https://www.ga4.guide/measure-flow/initial-setting/

GA4に用意されている2種類のレポート群

GA4では健康診断を行うための「レポート」メニューと分析をしてデータを深掘りするための「探索」メニューが用意されています。役割の違いから、それらのレイアウトや内容は多く違います。

主な特徴をまとめると以下の通りとなります。

【レポート機能】

・事前に用意された表やグラフを確認することが可能
・データの期間は永続に保持される
・表やグラフへの項目の追加変更などはできるが自由度は低い

【探索機能】

・自分で項目を組み合わせてレポートを作成することができる
・導線分析など、探索でしか利用できないアウトプット形式も多い
・データの集計期間は無償版の場合は最大14ヶ月まで
・セグメント機能が利用できる

レポートメニューのレポート一覧(2024年4月時点)

レポートのスナップショット
リアルタイム
ユーザー
ユーザー属性
概要
ユーザー属性の詳細
オーディエンス
テクノロジー
概要
ユーザーの環境の詳細

図3-1

メニュー名	サブメニュー名	内容
レポートのスナップショット		主要指標の確認(ユーザー数・流入元・地域・ユーザー維持率・ページ表示回数・イベント・CV数・eコマース購入など)
リアルタイム		直近30分間の訪問情報(ユーザー数・参照元・オーディエンス・ページ表示・イベント・CV数など)
ユーザー属性	概要	国・市区町村・言語・インタレストカテゴリ・年齢・性別(後半3つはGoogle Signal有効にした場合に計測可能)
	ユーザー属性の詳細	上記にあげた項目の詳細な表など
	オーディエンス	管理画面で作成したユーザー群の数値の推移や詳細を確認
テクノロジー	概要	プラットフォーム・OS・デバイス・ブラウザ・画面サイズ・アプリバージョン・クラッシュ率など
	ユーザーの環境の詳細	上記にあげた項目の詳細な表など

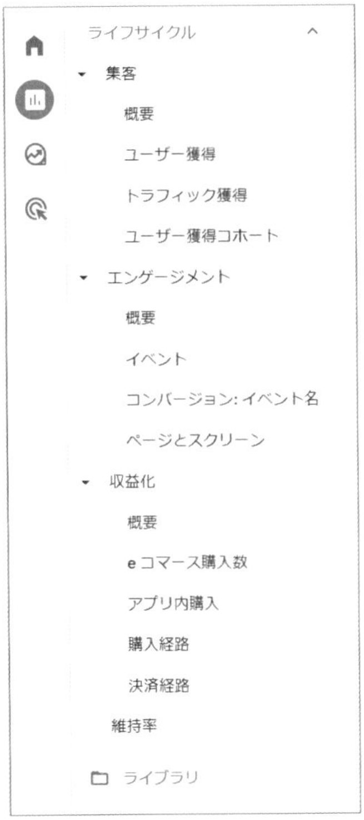

ライフサイクル
- 集客
  - 概要
  - ユーザー獲得
  - トラフィック獲得
  - ユーザー獲得コホート
- エンゲージメント
  - 概要
  - イベント
  - コンバージョン: イベント名
  - ページとスクリーン
- 収益化
  - 概要
  - e コマース購入数
  - アプリ内購入
  - 購入経路
  - 決済経路
- 維持率

ライブラリ

図3-2

メニュー名	サブメニュー名	内容
集客	概要	ユーザー数・新規ユーザー流入元・セッション流入元・LTV(eコマース利用時)など
	ユーザー獲得	新規ユーザーの獲得推移・流入元・流入元ごとの表
	トラフィック獲得	流入元別のセッション数・流入元ごとの表
	ユーザー獲得コホート	新規ユーザーのライフタイムバリューや合計収益などを確認可能
エンゲージメント	概要	ユーザーとセッション辺りのエンゲージメント時間・ページ表示回数・イベント発生回数・ユーザー数の推移・継続率
	イベント	イベント別の推移や詳細の表
	コンバージョン：イベント名	設定した各種コンバージョンのグラフや表
	ページとスクリーン	ページ別の推移や詳細の表
収益化	概要	収益・購入者数・平均購入額・購入商品・クーポンやプロモーション等の利用など
	eコマース購入数	商品別の購入推移、カート追加数、商品別の詳細の表など
	アプリ内購入	商品ID別の購入推移、数量や収益、商品ID別の詳細の表など
	購入経路	訪問から購入までの主要STEPの遷移率を確認
	決済経路	カートから購入完了までの主要STEP(情報入力、確認画面など)の遷移率を確認
維持率		新規ユーザーとリピーター・ユーザー継続率・エンゲージメント時間・ライフタイムバリューなど
ライブラリ		レポートやレポート群をカスタマイズして作成することができる機能

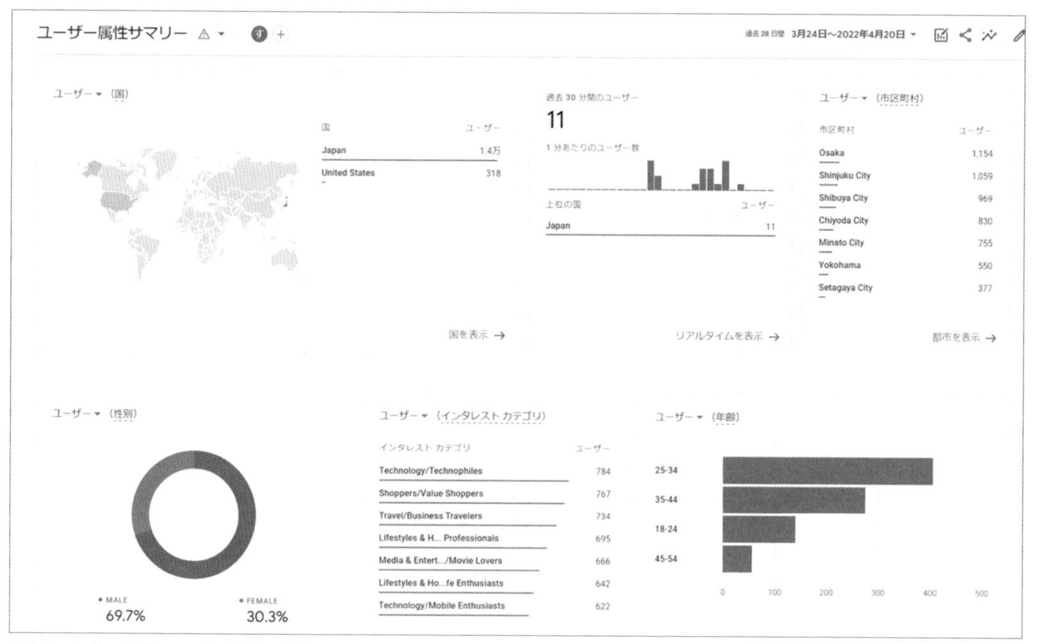

図3-3　レポート例：ユーザー属性→概要

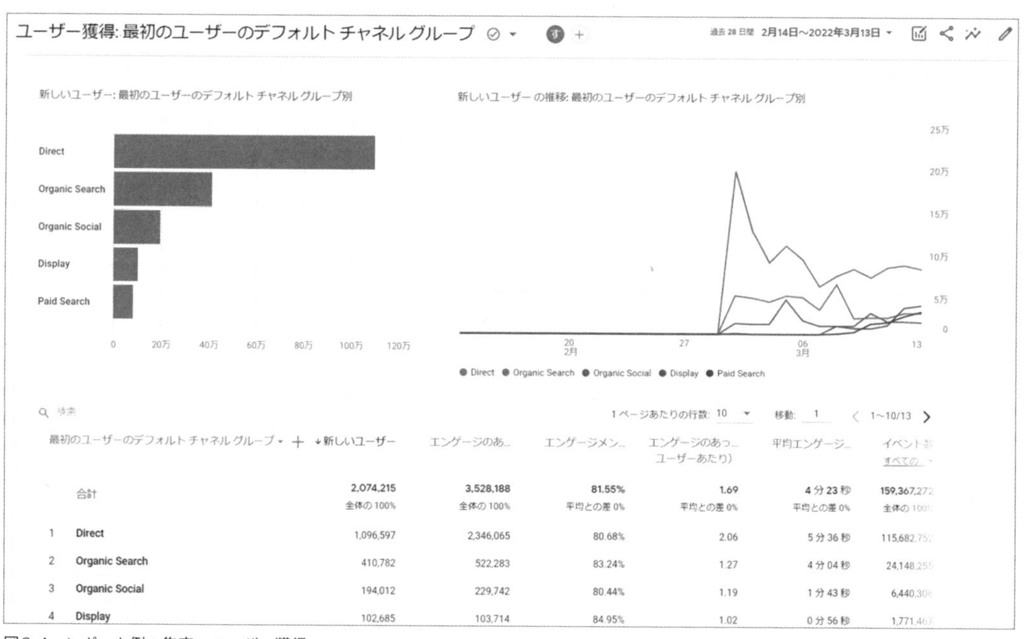

図3-4　レポート例：集客→ユーザー獲得

Chrome Dino Collectible Figurines / Chrome Dino Dark Mode Collectible / For Everyone Google Tee

アイテムの表示回数

検索

1ページあたりの行数 10　移動 1　1～10/492

アイテム名 / アイテム ID / Item category [アイテムのカテゴリ] / アイテムのカテゴリ 2 / アイテムのカテゴリ 3 / アイテムのカテゴリ 4 / アイテムのカテゴリ 5 / アイテムのブランド

		↓アイテムの表示回...	カートに追加	表示後カートに追...	e コマース購入数	表示後購入された...	商品の購入数量	アイテムの収益
		117,799 全体の 100%	24,310 全体の 100%	25.67% 平均との差 0%	1,840 全体の 100%	5.09% 平均との差 0%	16,442 全体の 100%	$212,076.07 全体の 100%
	...nes	11,486	985	11.73%	57	0.73%	59	$1,734.00
	...ctible	7,984	1,158	21.33%	1	0.02%	1	$24.00
		3,362	607	18.7%	101	3.7%	126	$3,379.20
		2,862	0	0%	0	0%	0	$0.00
		1,697	145	10.17%	35	2.84%	62	$4,540.80
6	Chrome Dino Marine Layer Tee	1,448	304	23.56%	61	5.33%	72	$2,745.00
7	Google Eco Tee Black	1,407	590	49.37%	0	0%	0	$0.00
8	Google Bike Ultralight Sweatshirt	943	204	25.54%	38	5.88%	48	$2,109.40
9	Google F/C Long Sleeve Tee Charcoal	933	291	38.75%	0	0%	0	$0.00
10	Google Onyx Water Bottle	891	262	34.54%	57	8.14%	244	$4,732.80

図3-5　レポート例：収益化→eコマースの購入数

探索機能のレポート一覧（2024年4月時点）

図3-6 「探索」のホーム画面（1）

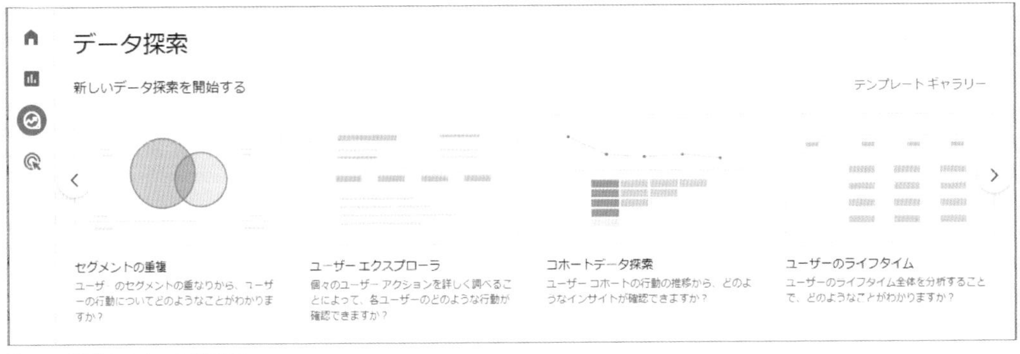

図3-7 「探索」のホーム画面（2）

メニュー名	内容
空白	1から作成をする場合に選択。「自由形式」の、項目が選ばれていない状態のテンプレートが表示される
自由形式	ディメンションや指標などを組み合わせて表形式や各種グラフ(折れ線・棒・エン)を作成可能
ファネルデータ探索	自分でステップ(チェックポイント)を設定し、通過人数や次のステップへの通過率を確認可能
経路データ探索	指定したページの次あるいは前にどのページに移動したかを最大10STEPまで確認可能
セグメントの重複	ユーザーを指定した条件でグルーピングしたセグメント(本書後述)同士の重複人数を確認できるレポート
ユーザーエクスプローラー	ユーザーひとりひとりの動きをタイムライン形式で確認可能
コホートデータ探索	あるユーザー群のうち何人あるいは何%が翌日・翌週・翌月訪れたかなど継続率を把握するためのレポート
ユーザーのライフタイム	初回流入した人がその後、何回訪問したり、どれくらいの売上に貢献したかなど、ユーザーの継続的な行動を確認可能

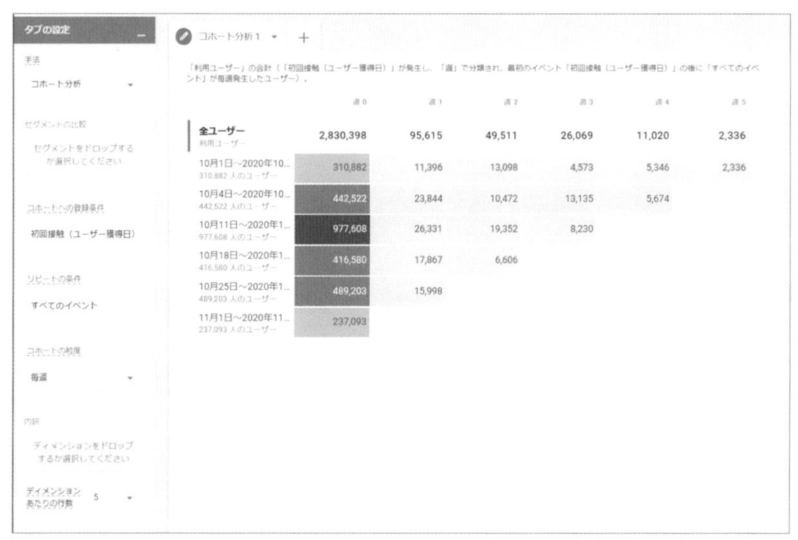

図3-8　レポート例：コホートデータ探索

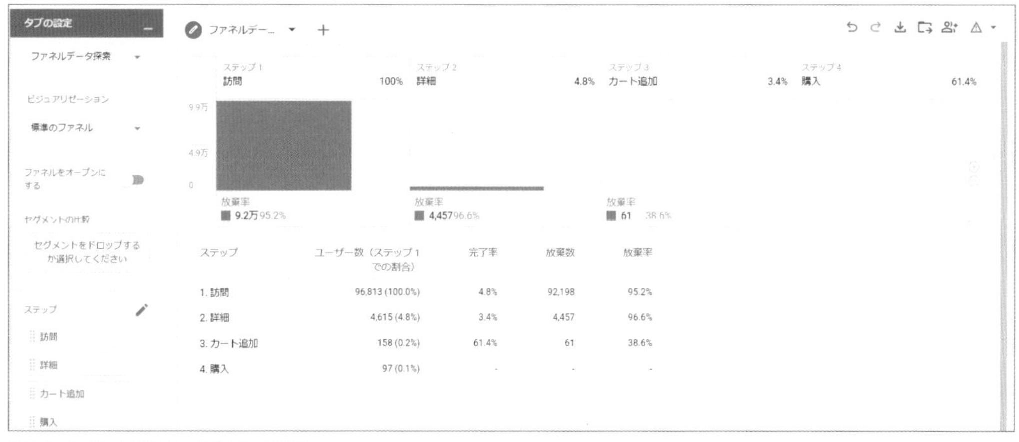

図3-9　レポート例：ファネルデータ探索

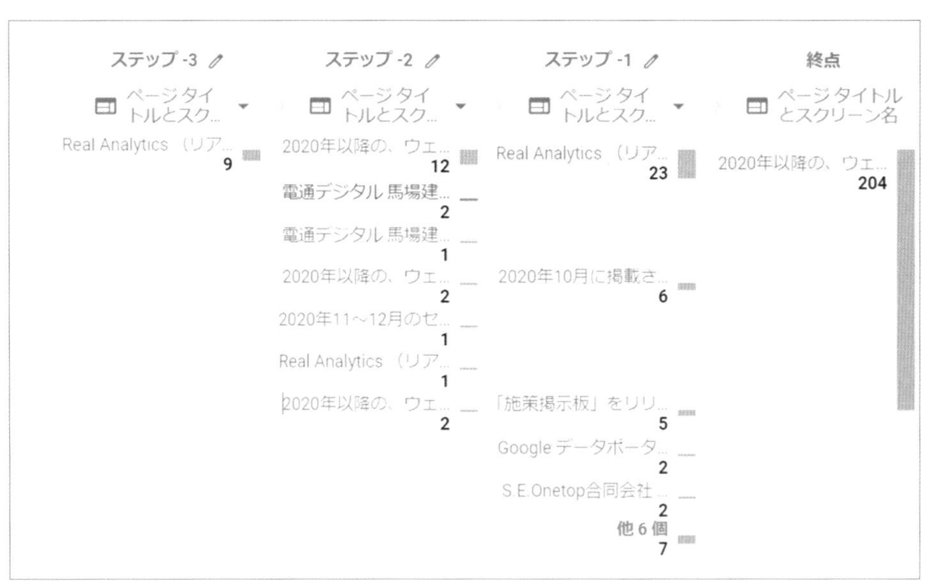

図3-10　レポート例：経路データ探索

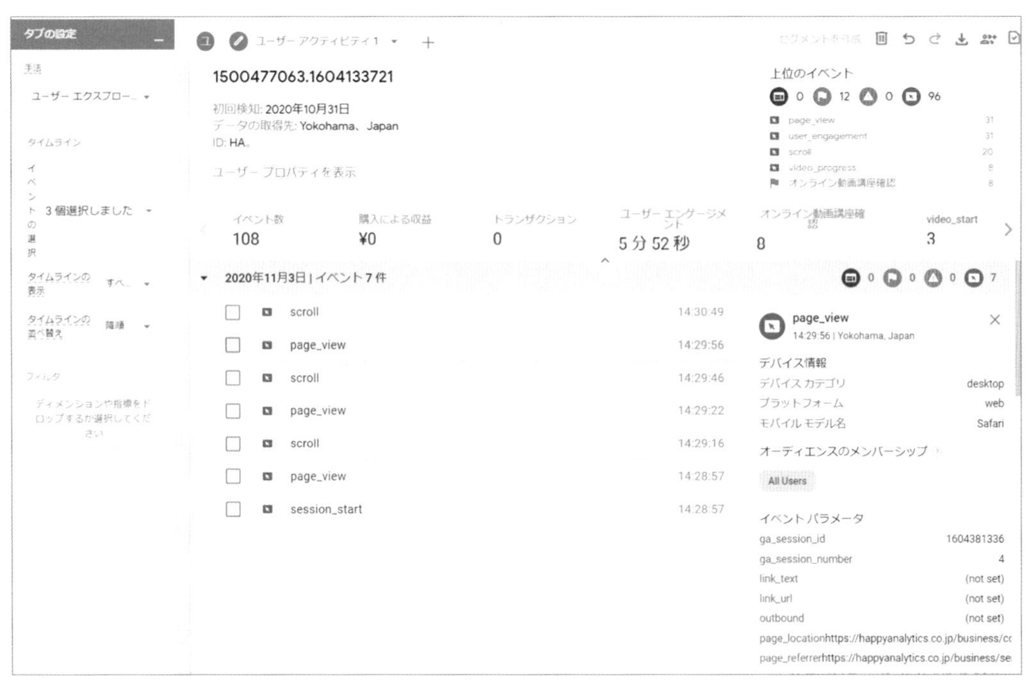

図3-11　レポート例：ユーザーエクスプローラー

レポートのカスタマイズ

「レポート」メニューのレポート群は、画面右上にあるアイコン類から表示をカスタマイズすることができます。

図4-1

それぞれのメニューでは、以下のようなカスタマイズが行えます。

メニュー	説明
❶ 表示期間を変更	レポートに表示する期間を変更することができます
❷ 比較データを編集	データを特定の条件で絞り込んで比較対象として表示することができます
❸ このレポートの共有	リンクの共有またはファイルのダウンロードができます
❹ Insights	「自動インサイト」と「カスタムインサイト」があります。「自動インサイト」では、データに特異点や新たな傾向がある時、Googleアナリティクスが読み解いて表示してくれます。「カスタムインサイト」では、条件を設定して、その条件が発生した時にInsightsのレポートに表示またはメールで通知させることができます
❺ レポートをカスタマイズ	グラフの種類を変更したり、表の項目を追加・削除・並び替えたりすることができます

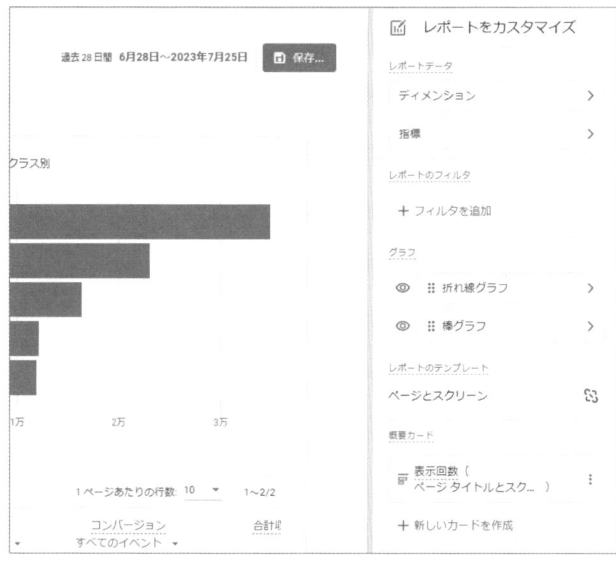

図4-2 「レポートをカスタマイズ」画面

[探索] 機能の使い方

本書では、「空白」メニューや「ファネルデータ探索」メニューを使ったレポートをいくつか紹介しました。以下で簡単にこれらのレポートの作り方を紹介します。

「空白」メニューでのレポート作成

GA4で[探索→空白]を開くと、図5-1のような画面が表示されます。

図5-1

一番左側が「変数」のエリアで、レポートで利用する項目の登録と基本設定を行います。探索の名称、期間、データを絞り込むための「セグメント」、利用するデータを選ぶ「ディメンション」と「指標」があります。
「ディメンション」と「指標」については、以下で一覧が確認できます（著者が運営するサイトです）。

- **GA4ガイド ディメンション一覧**
  https://www.ga4.guide/glossary-help/dimension-list/

- **GA4ガイド 指標一覧**
  https://www.ga4.guide/glossary-help/metrics-list/

その右側にあるのが「タブの設定」エリアです。ここでは一番右に表示される描画エリアの設定を行います。どういったアウトプット方式にするかを選ぶ「手法」と、手法ごとの設定がその下に並んでいます。
データを表示するためには、「変数」エリアで利用したい項目を選び、その内容を「タブの設定」エリアにドラッグして設定します。これで描画エリアに結果が表示されます。
「タブの設定」の項目を細かく見てみましょう。

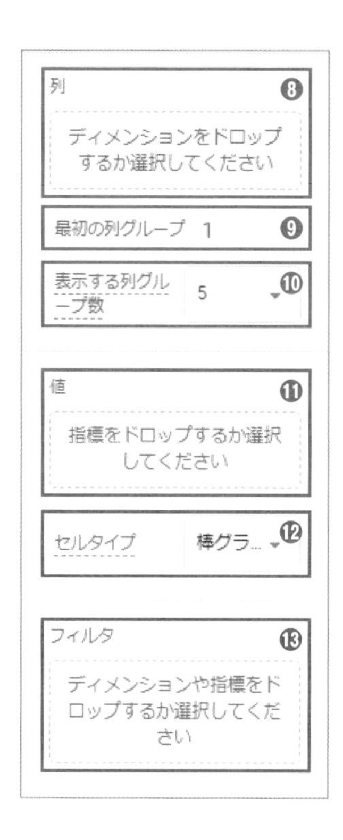

図5-2

それぞれの項目では右表のような設定ができます。

項目	設定内容
❶ 手法	レポートの種類を設定します
❷ ビジュアリゼーション	描画エリアの表示形式を設定します。円グラフ、折れ線グラフなどグラフの形を選択できます
❸ セグメントの比較	表示しているデータを絞り込んで表示できます
❹ 行	描画エリアの行を指定します
❺ 最初の行	何行目から表示するかを指定します
❻ 表示する行数	指定した行数が表示されます
❼ ネストされた行数	2つ以上のディメンションを追加しているときに、2つ目のディメンションを1つ目の入れ子で見せるかどうかを指定します
❽ 列	描画エリアの列を指定します
❾ 最初の列グループ	何列目から表示するかを指定します
❿ 表示する列グループ数	指定した列数が表示されます
⓫ 値	表示するデータの値を指定します
⓬ セルタイプ	描画エリアの見せ方を「棒グラフ」「書式なしテキスト」「ヒートマップ」から選択できます
⓭ フィルタ	描画エリアで表示されている項目を絞り込むことができます

実際に1つのレポートを作成してみましょう。今回は、「URLごとの表示回数」を「デバイス別」に表示してみます。まず、ディメンションを設定します。「ディメンション」の右側の「＋」をクリックして、図5-3の画面で以下の2つを選びます。

- **「ページ/スクリーン→ページロケーション」**
- **「プラットフォーム/デバイス→デバイスカテゴリ」**

図5-3

選択したら、画面右上の「インポート」をクリックします。

Point

ページのURLは、「ページ/スクリーン→クエリ文字列」でも表示できます。「ページロケーション」を選んだ場合はドメインからURLが表示される点が違いになります。

Point

目的のディメンションや指標がどのカテゴリーに入っているか分からない場合は、画面上部の検索ボックスから探すこともできます。

続いて指標を選択します。「指標」の右側の「＋」をクリックして、図5-4の画面で以下を選びます。

- **「ページ/スクリーン→表示回数」**

図5-4

選択したら、画面右上の「インポート」をクリックします。

これで「変数」の設定は完了しました。続いて「タブの設定」を設定します。以下のように設定してください。

- **行：ページロケーション**
- **列：デバイスカテゴリ**
- **値：表示回数**

これでレポートが表示されます。

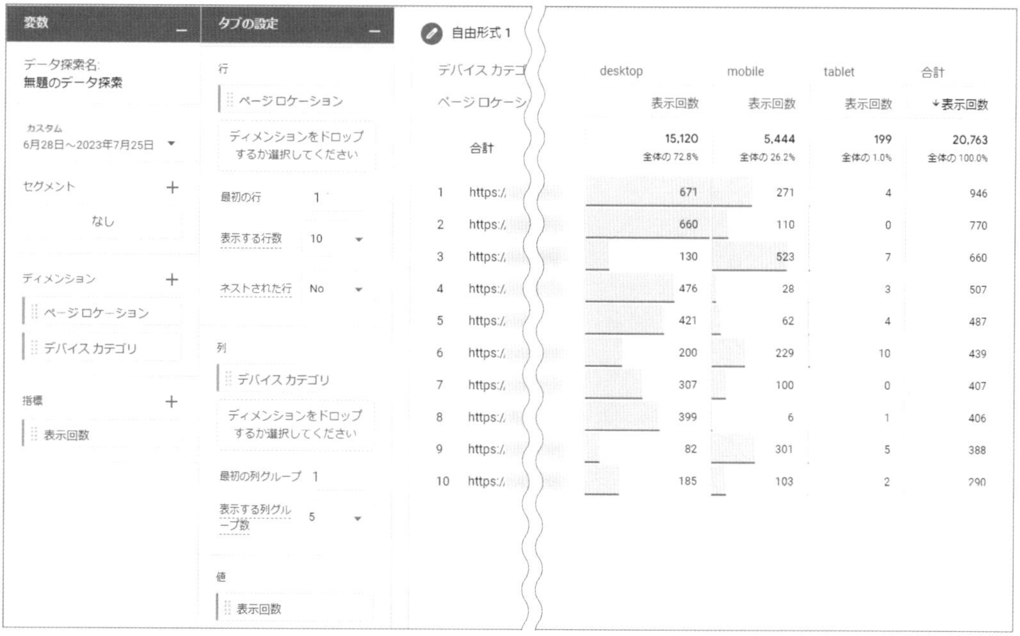

図5-5

「ファネルデータ探索」メニューでのレポート作成

ファネルデータ探索では、GA4で計測しているデータを「チェックポイント」として設定し、各チェックポイントの通過率を確認することができます。

チェックポイントは、「タブの設定」の「ステップ」にある鉛筆アイコン（図5-6）をクリックして設定します。ステップでは、ページや、イベント名やイベントパラメーターを条件として設定することができます。図5-7では、ECサイトを訪れた人のうち、どの程度が購入に至ったかのチェックポイントを設定しています。図5-8が表示結果です。

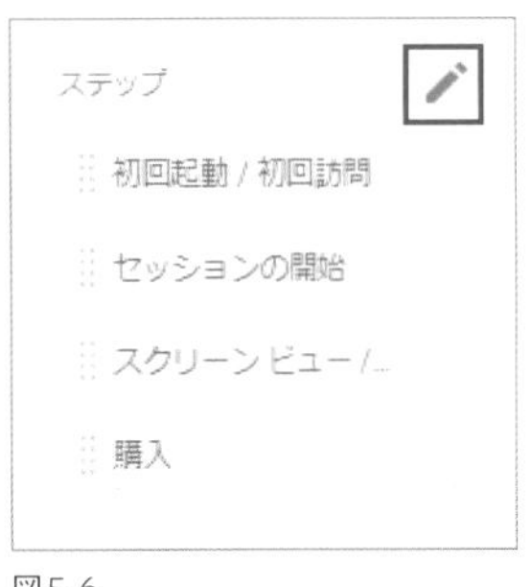

図5-6

図5-7

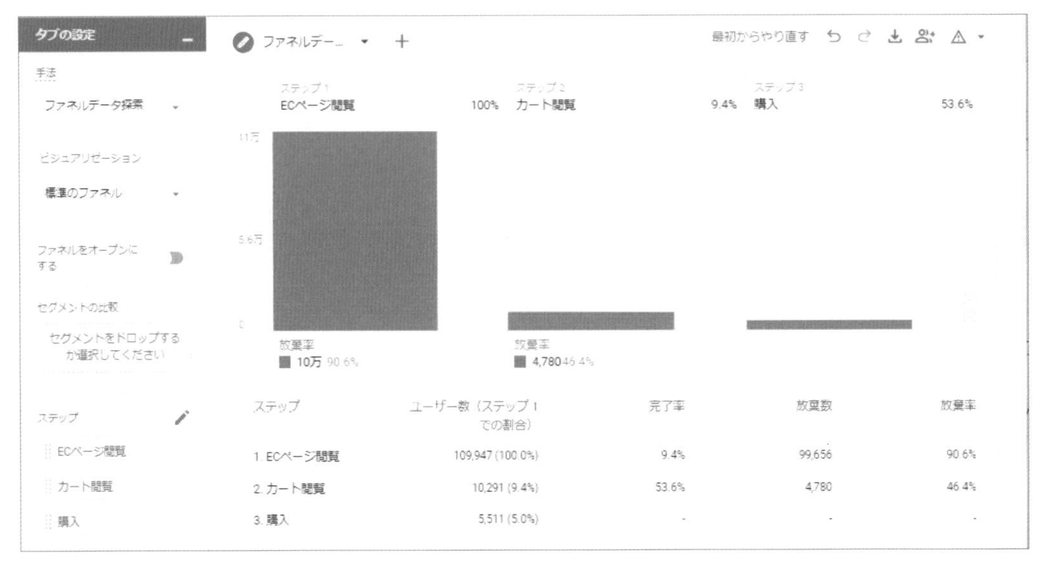

ステップ	ユーザー数（ステップ1での割合）	完了率	放棄数	放棄率
1. ECページ閲覧	109,947 (100.0%)	9.4%	99,656	90.6%
2. カート閲覧	10,291 (9.4%)	53.6%	4,780	46.4%
3. 購入	5,511 (5.0%)	-	-	-

図5-8

コンバージョンの設定方法

GA4上でコンバージョンを設定することで、サイトでの目的の達成回数などを確認することができます。回数を確認するだけではなく、他のディメンションと掛け合わせることで流入元ごとやデバイスごとのコンバージョン数などを確認できるようになります。

コンバージョンはGA4上で登録が必要となります。コンバージョンは計測している「イベント」を条件に設定を行います。ページの表示や、ファイルのダウンロード、特定時間以上のページ閲覧などイベントで取得さえしておけば、コンバージョン登録の対象となります。

GA4でコンバージョンを設定する方法は大きく分けて2つあります。

1) すでに自動で取得しているイベント（ページ表示、セッション開始、ファイルダウンロード、外部リンク、スクロールなど）をコンバージョンとして設定する

2) すでに取得しているイベント名やイベントパラメータを元に新しいイベントを作成して、それをコンバージョンとして登録する

いずれの方法を利用するにしても、計測されている任意のイベントをコンバージョンとして登録するというプロセスは変わりません。それぞれの設定方法を確認してみましょう。

すでに取得しているイベントをコンバージョンとして設定する

01 イベントをコンバージョンとして設定する

GA4の［管理→プロパティ→イベント］を選択します。GA4で取得されているイベントの一覧が表示されます。

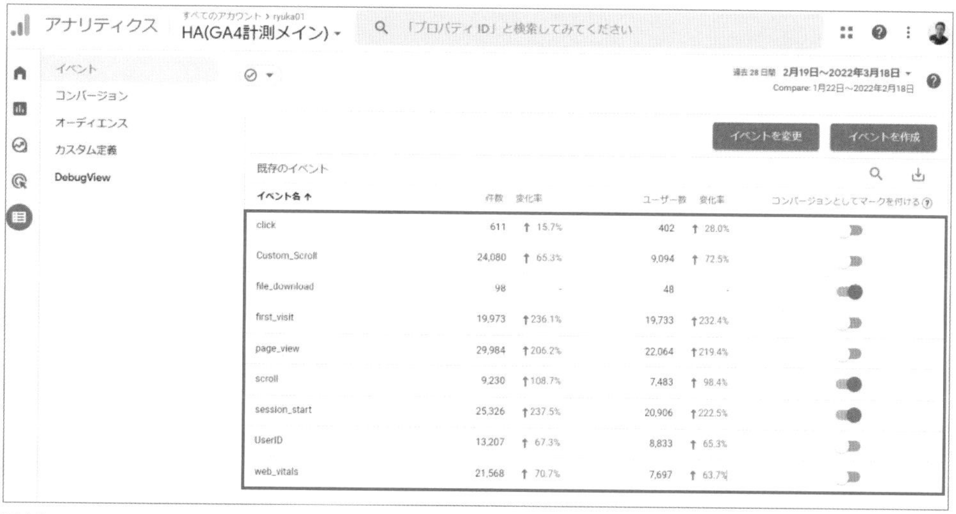

アナリティクス　すべてのアカウント > ryuka01　HA(GA4計測メイン)　「プロパティID」と検索してみてください

イベント　コンバージョン　オーディエンス　カスタム定義　DebugView

過去28日間 2月19日～2022年3月18日　Compare: 1月22日～2022年2月18日

イベントを変更　イベントを作成

既存のイベント

イベント名 ↑	件数	変化率	ユーザー数	変化率	コンバージョンとしてマークを付ける
click	611	↑ 15.7%	402	↑ 28.0%	
Custom_Scroll	24,080	↑ 65.3%	9,094	↑ 72.5%	
file_download	98	-	48	-	
first_visit	19,973	↑ 236.1%	19,733	↑ 232.4%	
page_view	29,984	↑ 206.2%	22,064	↑ 219.4%	
scroll	9,230	↑ 108.7%	7,483	↑ 98.4%	
session_start	25,326	↑ 237.5%	20,906	↑ 222.5%	
UserID	13,207	↑ 67.3%	8,833	↑ 65.3%	
web_vitals	21,568	↑ 70.7%	7,697	↑ 63.7%	

図6-1

ここでイベントの種類について説明しておきます。
イベントには3種類あります。

1) 自動取得イベント：セッション開始、ページ表示など計測タグを入れると必ず計測されるデータ
2) 拡張計測イベント：GA4の管理画面で設定をオンにすると計測されるデータ。ファイルダウンロード、外部リンク、スクロールなど
3) 推奨イベントとカスタムイベント：実装を行うことで取得できるイベント。推奨イベントは最初からGA4で用意されていないイベントを自前で用意する場合に、利用が推奨されているイベントで、カスタムイベントは任意でイベント名とパラメーターを定義するイベントです。例としてはログイン、お気に入りボタン追加、ソーシャルボタンクリックなど

図4-1のイベント一覧で表示されるイベントは上記すべてのイベントデータになります。
このリストで表示されているイベントでコンバージョンとして設定したいものがあれば「コンバージョンとしてマークを付ける」をONにします。図29の例では「file_download」のイベントをONにしました。

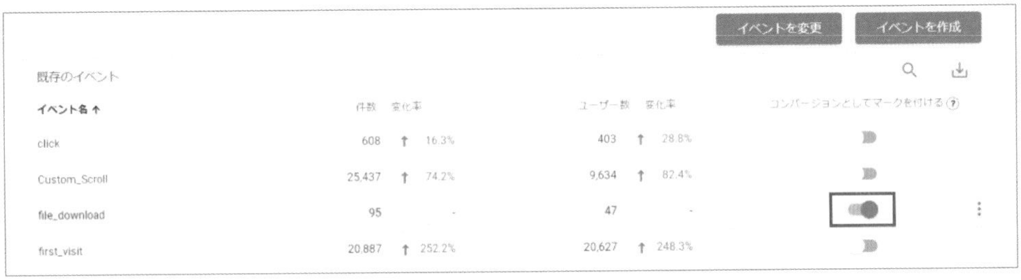

イベントを変更　イベントを作成

既存のイベント

イベント名 ↑	件数	変化率	ユーザー数	変化率	コンバージョンとしてマークを付ける
click	608	↑ 16.3%	403	↑ 28.8%	
Custom_Scroll	25,437	↑ 74.2%	9,634	↑ 82.4%	
file_download	95	-	47	-	
first_visit	20,887	↑ 252.2%	20,627	↑ 248.3%	

図6-2

コンバージョンに設定すると、そのイベントに紐付いているパラメータとは関係なく、該当イベントが発生した場合はすべてコンバージョンとみなします。つまり上記の例であればファイルのダウンロードが発生すれば、どこでどのファイルをダウンロードしたかは関係なく、コンバージョンになります。

Point

以下に自動収集イベントの一覧があります。

- **アナリティクスヘルプ 自動収集イベント**
  https://support.google.com/analytics/answer/9234069?hl=ja&ref_topic=13367566&sjid=10540423251021948652-AP

代表的な自動収集イベントとイベントパラメーターとしては以下があります。

イベント名	説明	イベントパラメーター
first_visit (アプリ、ウェブ)	アプリの初回起動またはウェブサイトを初めて訪問した時に計測されます	専用パラメーターはなし
page_view (ウェブ)	ページが読み込まれる、あるいは閲覧履歴のステータスが更新された時に計測されます	page_location (ページのURL)、page_referrer (前のページのURL) など
session_start (ウェブ)	ユーザーがアプリやウェブサイトを訪問した時、セッションが開始された時に計測されます	専用パラメーターはなし
user_engagement (アプリ、ウェブ)	アプリが前面に表示されている状態、またはウェブページにフォーカスがあたっている状態が1秒以上続いたときに計測されます	engagement_time_msec (1つ前のイベントからこのイベントまでに経過した時間)
app_remove (アプリ)	アプリがAndroidデバイスから削除された時に計測されます	専用パラメーターはなし
app_update (アプリ)	アプリが新しいバージョンに更新された時に計測されます	previous_app_version (更新前のアプリのバージョンID)

Point

以下に推奨イベントの一覧があります。

- **アナリティクスヘルプ 推奨イベント**
  https://support.google.com/analytics/answer/9267735?hl=ja&ref_topic=13367566&sjid=10540423251021948652-AP

新規にイベントを実装する際には、まず推奨イベントにないかを確認しましょう。代表的な推奨イベントとイベントパラメーターとしては以下があります。

イベント名	説明	イベントパラメーター
login	ユーザーがログインした時に計測されます	method (ログイン方法)
purchase	ユーザーが商品を購入した際に計測されます	currency (通貨)、transaction_id (取引ID)、value (金額)、coupon (購買に紐づくクーポン)、shipping (送料)、tax (税金)、items (購入した商品)
share	ユーザーがコンテンツを共有した時に計測されます	method (共有先)、content_type (共有したコンテンツの種類)、item_id (共有コンテンツID)
sign_up	ユーザーが会員登録をした時に計測されます	method (会員登録方法)
add_to_cart	商品がカートに追加された時に計測されます	currency (通貨)、value (金額)、items (購入した商品)
view_cart	ユーザーがカートを表示した時に計測されます	currency (通貨)、value (金額)、items (購入した商品)
view_item	商品がユーザーに閲覧された時に計測されます	currency (通貨)、value (金額)、items (購入した商品)

Point

拡張計測イベントを有効にするには、GA4左下にある［管理］メニューから［プロパティ］の［データストリーム］を開き、設定したいデータストリームを選択します。次の画面で［イベント］の［拡張計測機能］をオンにして、その下の歯車マーク（図6-3）をクリックします。次の図6-4でオン・オフを設定します。

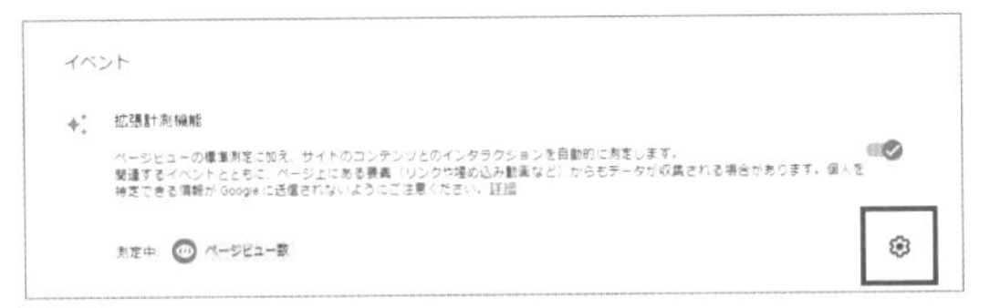

図6-3

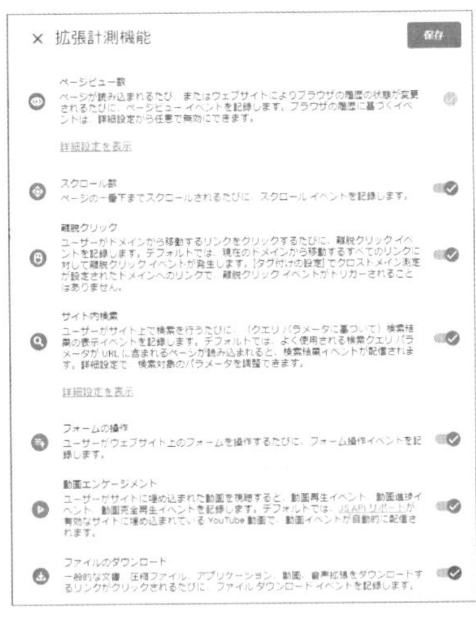

図6-4

拡張計測機能で収集できるイベントは以下の7つです。

・アナリティクスヘルプ 拡張イベント計測機能
https://support.google.com/analytics/answer/9216061

イベント名	説明	イベントパラメーター
page_view	ページが読み込まれるたびに計測されます。オフにできません	page_location（ページのURL）、page_referrer（前のページのURL）
scroll	ページの高さ90%までスクロールすると計測されます	専用パラメーターはなし
click	ユーザーが現在閲覧しているドメインから別ドメインに移動するリンクをクリックすると計測されます	link_classes（リンクのクラス名）、link_domain（リンク先のドメイン名）、link_id（リンクのid名）、link_url（リンク先のURL）、outbound（固定値）
view_search_results	サイト内で検索を行った際に計測されます	search_term（検索キーワード）
video_start、video_progress、video_complete	ユーザーがサイトに埋め込まれた動画を視聴すると、動画再生、進捗、完了などのイベントが計測されます	video_current_time（動画の現在時間）、video_duration（動画の長さ）、video_percent（何パーセントまで進んだか）、video_provider（動画の提供先）、video_title（動画のタイトル）、video_url（動画のURL）、visible（固定値）
file_download	指定された拡張子のリンクがクリックされると計測されます	file_extension（拡張子）、file_name（ファイル名）、link_classes（リンクのクラス名）、link_id（リンクのid名）、link_text（クリックしたリンクのテキスト）、link_url（リンクのURL）
form_start、form_submit	ユーザーがそのセッションで初めてフォームを操作した時と、フォームを送信した時に計測されます	form_id（フォームのid名）、form_name（フォームのname属性）、form_destination（フォームの送信先URL）、form_submit_text（送信ボタンのテキスト。form_submitでのみ取得）

コンバージョンを確認する

ONにしたイベントは[管理→プロパティ→コンバージョン]を見ることで確認ができます。

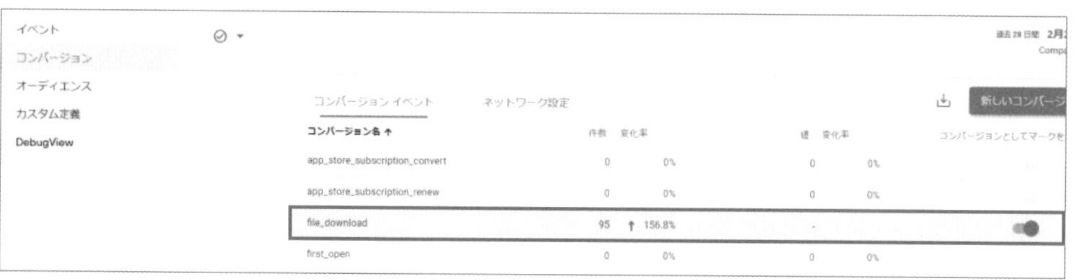

図6-5

コンバージョンイベントの一覧に登録されていれば、コンバージョン設定は完了です。コンバージョンから外したい場合は、「コンバージョンとしてマークを付ける」をオフにしてください。

Point

右上にある「新しいコンバージョンイベント」をクリックして、イベント名を入力することでコンバージョンとして登録することもできます。

Point

以下イベントは最初からコンバージョンとして登録されており、コンバージョンから外すことはできません。

・purchase（ウェブとアプリ）　・first_open（アプリのみ）　・in_app_purchase（アプリのみ）
・app_store_subscription_convert（アプリのみ）　・app_store_subscription_renew（アプリのみ）

新たにイベントを作成してコンバージョンとして登録する

表示されるイベントの一覧にコンバージョンとして登録するべきイベントがない場合は、新たにイベントを作成してコンバージョンとして登録する必要があります。
GA4では、すでに取得しているイベント名やイベントパラメータを元に、新しいイベントを作成することができます。新しいイベントを作成するシチュエーションとしては、コンバージョンとして計測したいイベントを設定するほか、以下のようなケースなどが考えられます。

- **複数のイベントをORやAND条件で組み合わせて新しいイベントを作成したい**
- **特定の条件がグルーピングしたイベントを作成したい（例：特定ディレクトリを閲覧）**

このように、P.322で紹介した3種類のイベントとイベントパラメータから作成する新しいイベントもカスタムイベントの1種です。

それではイベントの作成方法を確認していきましょう。

01 カスタムイベントの作成

GA4で［管理→プロパティ→イベント］を開きます。現在登録されているイベントが表示されます。右上にある「イベントを作成」を選択します。

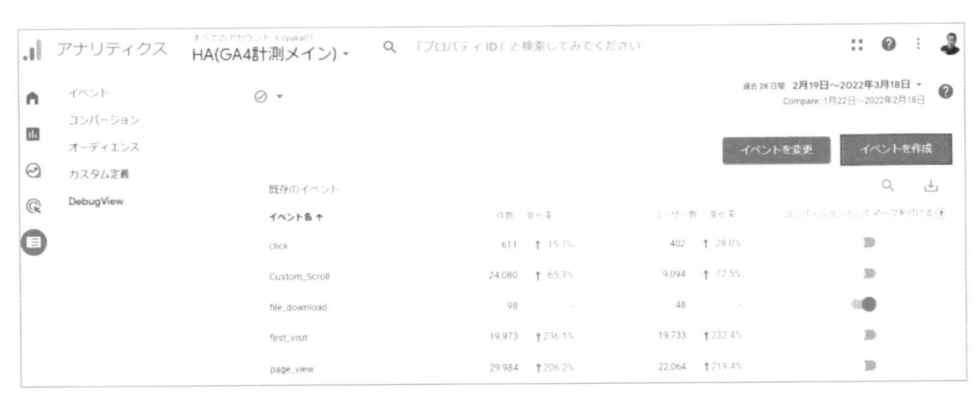

図6-6

もし、複数データストリームがある場合は、ここで選択画面が表示されます。
イベントを作成したいデータストリームを選択します。

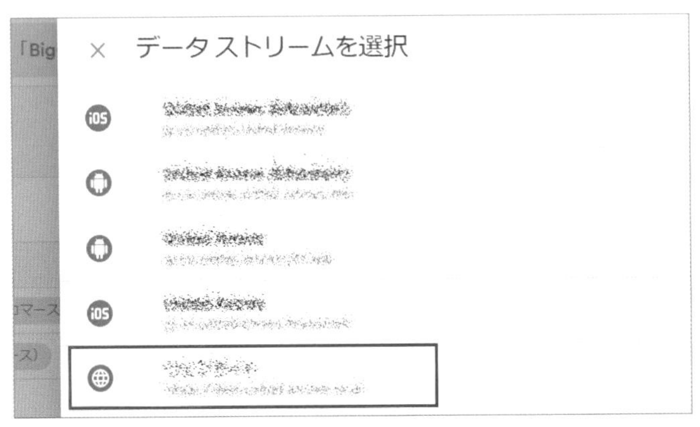

図6-7

次の画面で「作成」ボタンをクリックします。

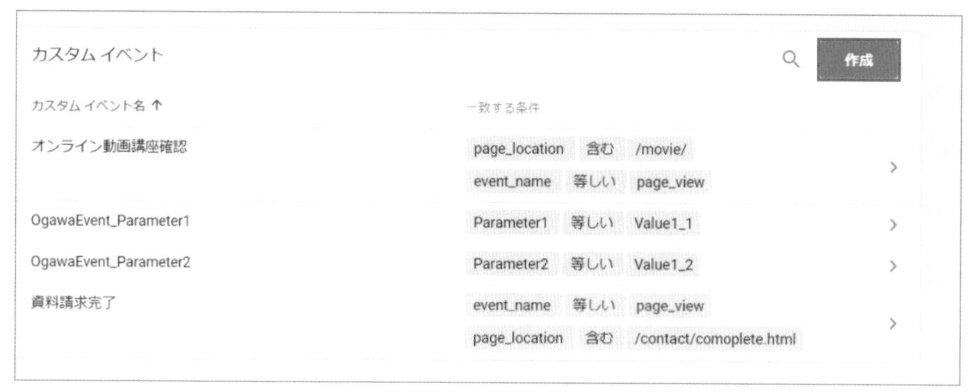

図6-8

02 イベントの条件を指定する

ここでイベントとイベントパラメーターについて説明をします。
イベントは「イベント名」があり、イベント名には複数の「イベントパラメーター」が紐づいています。例えばページの閲覧であれば「page_view」というイベントがあり、このイベントに「page_location(URL)」や「page_title（ページのタイトル文字列）」などがあります。

今回はある特定ページの閲覧をコンバージョンとして設定するため、

・イベント名：page_view
・イベントパラメータ名：page_locationの値に/profile/が含まれる

という設定を行います。
図4-6で「作成」をクリックしたら、イベントの作成画面が表示されるので、イベントの名前や条件を指定します。以下のように入力してください。

カスタムイベント名：画面上で表示する名称を入力しましょう。

・イベント名で大文字と小文字は区別されます
・スペースやピリオドは利用することができません。英数字や日本語は利用できます。ただし数字は1文字目には使えません
・予約済みのイベント名は利用することができません。またすでに取得しているイベントと同じ名称は利用できません

一致する条件：条件を設定していきます。イベント名やイベントパラメータ名を条件に指定することができます。複数の条件を設定した場合、すべての条件を満たす必要があります。今回の例では、page_viewのイベントに対して、page_locationが/profile/を含むときを条件にしています。この設定で特定のページを閲覧したという設定が可能になります。

設定

カスタム イベント名

プロフィール閲覧

一致する条件

他のイベントが次の条件のすべてに一致する場合にカスタム イベントを作成する

パラメータ	演算子	値
event_name	次と等しい	page_view
page_location	次を含む	/profile/

条件を追加

図6-9

03 コンバージョンとして登録する

作成したイベントをコンバージョンとして設定するためにはP.321の「すでに取得しているイベントをコンバージョンとして設定する」の操作を行います。

Point

page_locationの設定だけでは「閲覧ページ」の特定はできません。なぜならpage_locationというイベントパラメータ名は他のイベントでも利用されているからです。page_locationだけを設定すると、スクロール完了や、セッション開始、外部リンククリックなどpage_locationを利用しているすべてのイベントが集計対象となってしまいます。
イベントパラメータを条件に利用する場合は、あわせてイベント名も設定するようにしましょう。

Point

このようにイベントの作成は現在取得しているイベント名とイベントパラメータ名から作成します。現在取得していないイベントを利用したい場合は、まずは実装（ウェブページへの記述の追加またはGoogleタグマネージャーでの設定）と計測が必要になります。

取得されていないイベントからカスタムイベントを作る場合の実装
https://www.ga4.guide/admin/property/event/custom-event-implementation/

イベント作成例

ここから、いくつかイベントの作成例を紹介いたします。

特定ページの閲覧

イベント名	イベントパラメータ
event_name：page_view	page_location でURL条件あるいはpage_title でタイトル条件

カスタム イベント名
blog流入
一致する条件
他のイベントが次の条件のすべてに一致する場合にカスタム イベントを作成する

パラメータ	演算子	値
event_name	次と等しい	session_start
page_location	次を含む	/blog/

条件を追加

図6-10

特定ランディングページの閲覧

イベント名	イベントパラメータ
event_name：session_start	page_location でURL条件あるいは page_title でタイトル条件あるいは page_referrer で流入元のURL を指定

カスタム イベント名
blog流入
一致する条件
他のイベントが次の条件のすべてに一致する場合にカスタム イベントを作成する

パラメータ	演算子	値
event_name	次と等しい	session_start
page_location	次を含む	/blog/

図6-11

特定ファイルのクリック

イベント名	イベントパラメータ
event_name：file_download	link_url でURL条件あるいは file_name でファイル名あるいは file_extension で拡張子指定

カスタム イベント名

ABテスト資料ダウンロード

一致する条件

他のイベントが次の条件のすべてに一致する場合にカスタム イベントを作成する

パラメータ	演算子	値
event_name	次と等しい	file_download
link_url	次を含む	abtest.pdf

条件を追加

パラメータ設定

図6-12

特定外部リンクのクリック

イベント名	イベントパラメータ
event_name：click	link_url でURL条件あるいは link_doain でドメイン指定

カスタム イベント名

example_comへの遷移

一致する条件

他のイベントが次の条件のすべてに一致する場合にカスタム イベントを作成する

パラメータ	演算子	値
event_name	次と等しい	click
link_domain	次を含む	example.com

条件を追加

パラメータ設定

☑ ソースイベントからパラメータをコピー

図6-13

特定金額以上の購入

イベント名	イベントパラメータ
event_name：purchase	vaueで金額指定あるいは couponで利用クーポン指定など purchaseで取得しているイベントパラメータで条件指定

カスタム イベント名
購入金額5000円以上

一致する条件
他のイベントが次の条件のすべてに一致する場合にカスタム イベントを作成する

パラメータ	演算子	値
event_name	次と等しい	purchase
value	以上	5000

図6-14

Column

eコマースの実装方法

ECサイト等で売上情報を取得する際には、eコマースの実装が必要となります。GA4では、購入完了ページ以外にも、商品の表示や、カート、決済プロセスなど様々な箇所で実装ができます。eコマースを実装できる対象範囲は以下のとおりです。

- 商品リスト / アイテムリストの表示回数とインプレッション
- 商品 / アイテムリストのクリック
- 商品 / アイテムの詳細表示回数
- カートからの追加または削除
- プロモーションの表示回数とインプレッション
- プロモーションのクリック
- 決済　・購入　・払い戻し

すべて利用する必要は無いため、サイトに応じて必要な箇所のeコマースの実装を行いましょう。実装を行うためには該当ページにdataLayer等での計測記述の追加が必要になります。またカートシステムによっては管理画面で対応している可能性もありますので、カートシステム側のヘルプ等をご確認ください。

カートシステムを利用せずに自社でeコマースを実装する場合は以下ページを参考にしてください。

eコマースの実装方法

https://www.ga4.guide/setting-implementation/ecommerce/ecommerce-implementation/

セグメント機能

セグメントとは取得されたデータを「何かしらの条件」で絞り込むための機能です。「新規訪問したセッションのみ」「特定の地域からアクセスしたユーザーを除外」「ページAを見た後にページBを見たセッション」といった様々な条件を設定することができ、分析を行う上では欠かせない機能です。このようにデータを絞り込むことでよりサイト利用者の理解が進みます。

セグメントを作成する

01 セグメントの種類を確認する

セグメントは「探索」内のみで利用できる機能です。まずは[探索]メニューを開き、その後[空白]をクリックします。

そして「変数」内の「セグメント」の横にある「＋」ボタンを押しましょう。

図7-1

セグメントの種類を選ぶ画面が出てきます。
まずは3種類のタイプから任意のものを選びましょう。

・イベントセグメント：条件に合致するデータのみを抽出
・セッションセグメント：条件に合致するデータが発生した訪問全体のデータを抽出
・ユーザーセグメント：条件に合致するデータが発生したユーザー全てのデータを抽出

今回は「セッション」セグメントを利用してみましょう。「セッションセグメント」をクリックします。

図7-2

02 セグメントの作成画面

見る場所が多くて大変ですが、1個ずつ整理していきましょう。左上でセグメントの名称と説明を追加できます。忘れずに入力をしておきましょう。

図7-3

03 条件を1つ設定してみる

セグメントの条件を設定する部分です。考え方としては、1行ずつ条件を設定していきます。「新しい条件を追加」のプルダウンをクリックすると、条件設定に利用できるディメンションと指標の一覧が出てきます。

図7-4

検索ボックスなどを利用して目的の条件を選びましょう。今回は［トラフィックソース→セッションのデフォルトチャネルグループ］を選択しました。

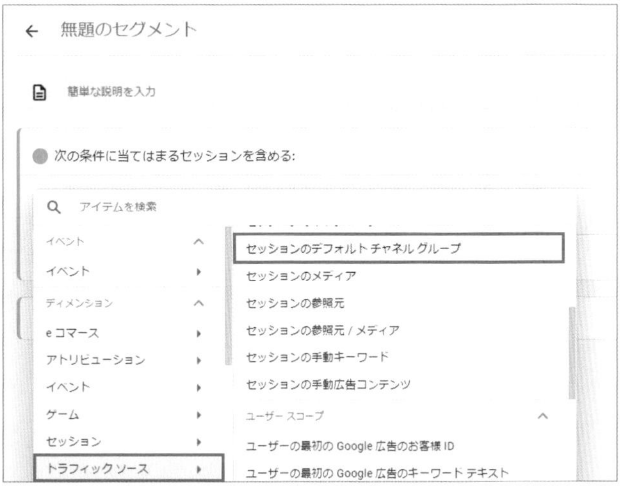

図7-5

次に選択したディメンションや指標に対して、条件を設定する必要があります。隣にある「フィルタを追加」をクリックしましょう。

図7-6

ポップアップが表示されるので条件を設定して、適用を押してください。これで1つ目の条件が設定されました。

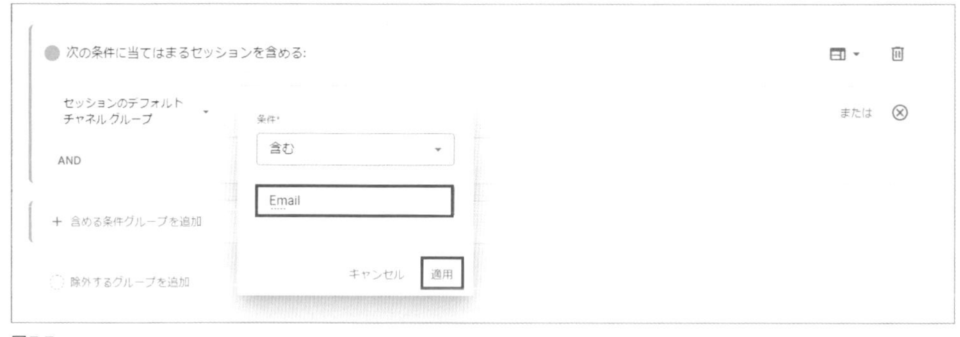

図7-7

04 条件を追加してみる

更に条件を追加することも可能です。「OR」(「または」) や「AND」などを押して条件を追加してみましょう。

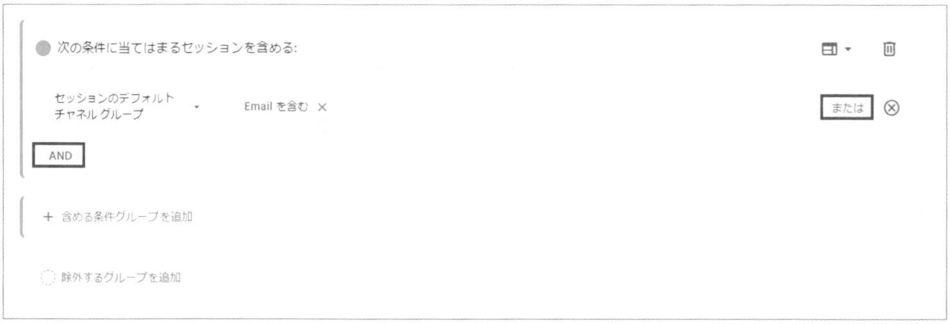

図7-8

図7-9

05 条件のスコープを設定する

右上にあるゴミ箱の左にあるアイコンを押すと条件のスコープを設定できます。

図7-10

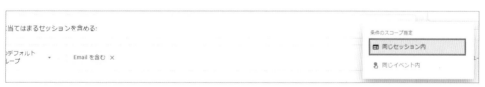

図7-11

同じセッション内：セッション内で該当条件を満たしていれば絞り込み対象になります
（例：ページ閲覧Aと90%スクロールを設定した場合、ページ閲覧Aを見て90%スクロールしなくても、同セッションの別ページBで90%までスクロールしていれば絞り込み対象）

同じイベント内：セッション内の1つのイベントで該当条件を満たしていれば絞り込み対象になる
（例：ページ閲覧Aと90%スクロールを設定した場合、ページ閲覧Aで90%スクロールしないないと絞り込み対象にならない）

セグメント作成例

新規ユーザーのセグメント

セッションセグメントを作成し、条件に「イベント→first_visit」を選びます。

新規
ヘルプ センター
キャンセル
保存して適用
簡単な説明を入力
オーディエンスを作成する
次の条件に当てはまるセッションを含める:
first_visit
+ パラメータを追加
または
AND
サマリー
このセグメントのユーザー数
6月28日～7月25日
20万
すべてのユーザーの 88.3%

図7-12

リピートユーザーのセグメント

セッションセグメントを作成し、「次の条件に当てはまるセッションを含める」はゴミ箱アイコンをクリックして削除します。「除外するグループを追加」で、条件に「イベント→first_visit」を選びます。

図7-13

Point

ここで設定したセグメントを探索レポートで使用する場合、指定している期間の中でセッションをカウントします。期間外にセッションが発生していてもそれはカウントしません。

3ページ以上を閲覧したユーザーのセグメント

セッションセグメントを作成し、条件に「イベント→page_view」を選びます。パラメーターとしては「その他→イベント数」、パラメーターの条件で「3」以上に設定します。

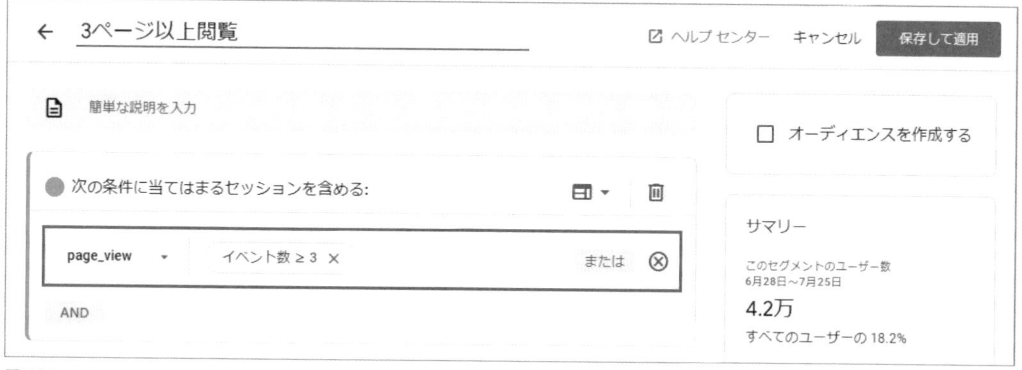

図7-14

複数の条件グループを設定する

01 条件グループを追加する

1つの条件の中でANDやORを設定できますが、設定条件によっては複数の条件を分けて設定するケースもあります。その場合は「＋含める条件グループを追加」を押して新たな枠を作成しましょう。

条件グループを追加する場合、それぞれの「条件グループ」はAND条件となり、ORを選ぶことはできません。

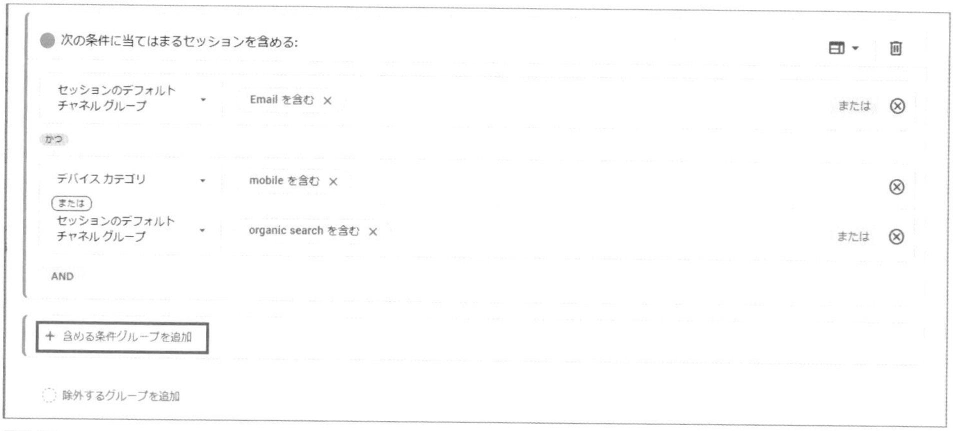

次の条件に当てはまるセッションを含める:
セッションのデフォルト チャネル グループ
Email を含む
または
かつ
デバイス カテゴリ
mobile を含む
または
セッションのデフォルト チャネル グループ
organic search を含む
または
AND
＋ 含める条件グループを追加
除外するグループを追加

図7-15

02 除外するグループを追加する

特定の条件を満たした場合は絞り込みから除外したい場合は、「除外するグループを追加」を選択することで設定が可能となります。

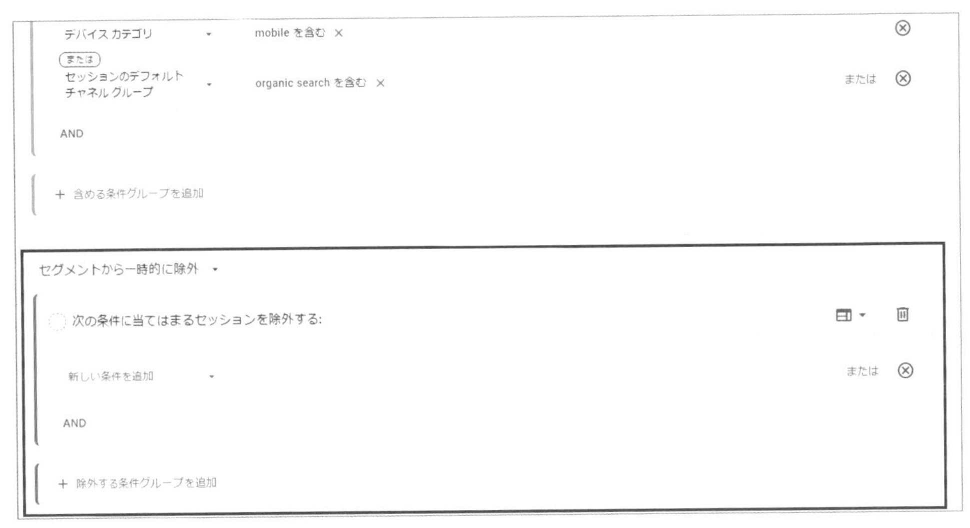

図7-16

除外条件ではプルダウンが用意されており、「次の条件に当てはまるセッションを一時的に除外する」と「次の条件に当てはまるセッションを完全に除外する」を選択できます。それぞれの意味は以下のとおりです。

条件名	意味
一時的に除外	データ集計期間にその条件を満たしている場合にセグメントから除外する
完全に除外	データ集計期間より前にその条件を満たしている場合はセグメントから除外する

セッションタイプだとわかりづらいですが、ユーザー単位ですと、1月1日〜1月31日の期間設定で、「ページAを見た人を除外する」という設定を行ったとしましょう。この際、ページAを12月15日に見たユーザーがいたとしたとき、「一時的に除外」ではセグメントに含まれますが、「完全に除外」ではセグメントに含まれなくなります。

シーケンスセグメントの作成

ここまで紹介して来た方法はANDやORなどの条件を利用して設定をしてきました。しかしページAとページBを見たではなく、ページAの後にページBを見たといった順番を設定して分析したいというケースもあります。このときに便利なのが「シーケンス」設定です。早速設定方法を見てみましょう。

01 シーケンスを追加する

シーケンスは「ユーザーセグメント」のみで利用可能です。「セッションセグメント」や「イベントセグメント」でシーケンスは利用できません。

セグメントの設定画面（P.332の図7-2）で「ユーザーセグメント」をクリックした次の画面で、まず、「次の条件に当てはまるユーザーを含める」の右端にあるゴミ箱アイコン（❶）をクリックして、ユーザー選択の設定を削除します。そして、「含めるシーケンスを追加」（❷）を押すとシーケンスの設定が可能になります。

図7-17

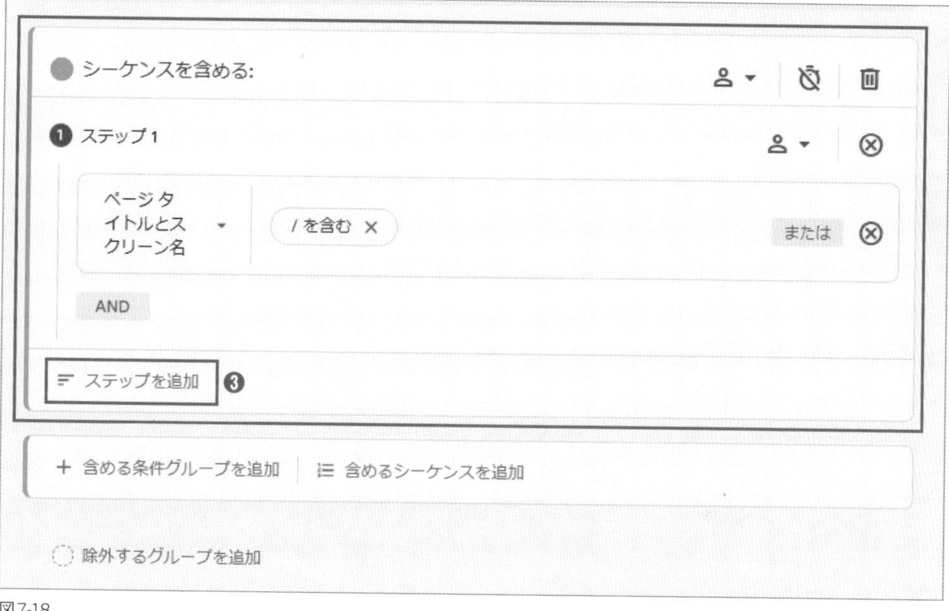

図7-18

02 ステップを追加する

さらに、前ページ図7-18の「ステップを追加」(❸)を押すことで、各ステップの条件を設定できるようになります(❹)。

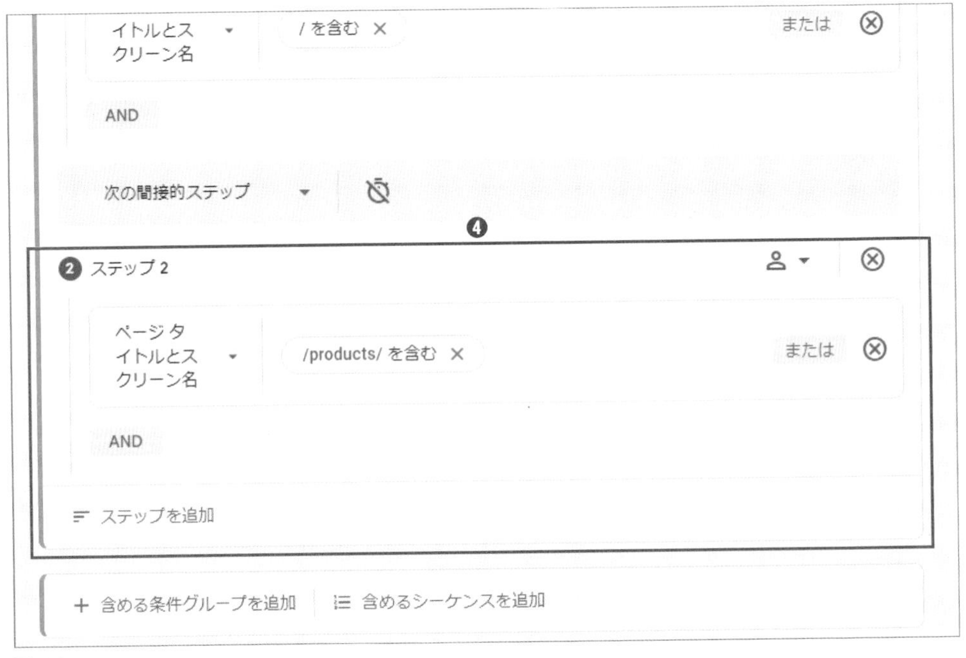

図7-19

シーケンスでは最大10ステップまでの追加が可能です。

ANDやOR条件などの設定方法は通常のセグメント作成と同じですが、シーケンス設定には2つ追加の条件を設定することができます。

作成したセグメントは、タブを増やして新しく作成した別の探索レポートでも使用できます(同じ画面内で、右側上部のタブをクリックすると新しい探索レポートが作成できます)。

広告パラメーターの設定

Google広告以外の広告に関しては、「**広告パラメータ**」というものを付与しないと、Googleアナリティクスでは広告からの流入としては計測をしてくれず、他の流入元と同じ場所にグルーピングされ集計されてしまいます。そこで、広告パラメータをURLに付与することで、広告からの流入であることをGoogleアナリティクスに伝えます。この方法を使えば、「広告出稿ページにバナーが2箇所ある場合の区別」、あるいは「メールソフトやQRコードなど、Webサイト以外からの流入」も計測ができるようになります。

「Googleアナリティクス」では「URL生成ツール」というツールが用意されていますので、こちらを利用いたします。

「URL生成ツール」は以下のURLからアクセスができます。

https://ga-dev-tools.appspot.com/campaign-url-builder/

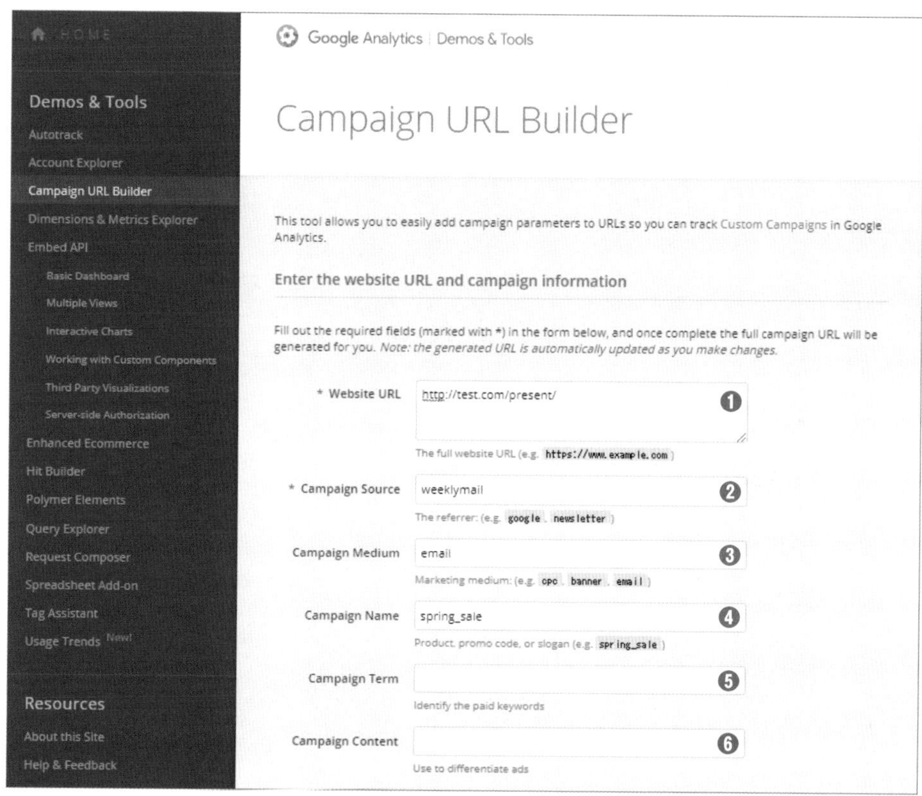

図8-1　URL生成ツール

図8-1が入力例になります。1つずつ項目を確認していきましょう。

❶ **ウェブサイトのURL**：飛ばし先のページのURLを入力
❷ **キャンペーンのソース**：参照元を指定する。メールマガジンの場合は参照元がないので、筆者はメールマガジンの種類を記入している
❸ **キャンペーンのメディア**：広告手法や広告掲載先の情報などを記入。メールマガジンなのでここでは「email」と記入している
❹ **キャンペーン名**：広告名やリンク名などを判別するために利用。リンクごとにユニークな値をつけられる。
❺ **キャンペーンのキーワード（任意）**：リスティングなど、特定のワードがある場合に記入
❻ **キャンペーンのコンテンツ（任意）**：複数のコンテンツや飛ばし先が同じだが手法が違う（例：バナーとテキストリンク）などの際に利用する

このような設定を行うと、「Share the generated campaign URL」欄に以下のようなURLが生成されます。下線部が、入力した内容が反映された部分になります。

http://test.com/present/?utm_source=<u>weeklymail</u>&utm_medium=<u>email</u>&utm_campaign=<u>spring_sale</u>

後はこのURLをメールマガジンで利用すれば、そのリンクがクリックされた回数やコンバージョンにつながった回数を確認することができます。
それぞれの変数（「ソース」「メディア」「キャンペーン名」）ごとにGA4でデータが集計されレポート（図8-2）が確認できます。

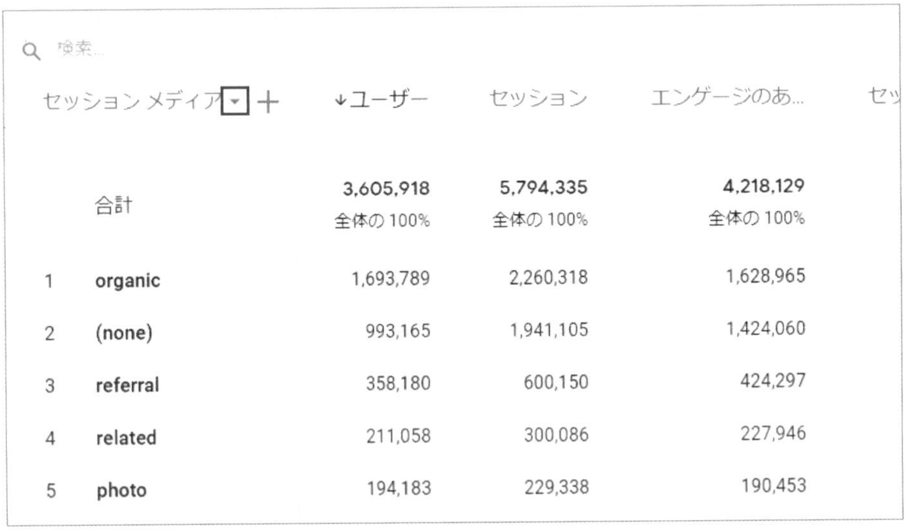

検索...

	セッション メディア	↓ユーザー	セッション	エンゲージのあ...	セッ
	合計	**3,605,918** 全体の 100%	**5,794,335** 全体の 100%	**4,218,129** 全体の 100%	
1	**organic**	1,693,789	2,260,318	1,628,965	
2	**(none)**	993,165	1,941,105	1,424,060	
3	**referral**	358,180	600,150	424,297	
4	**related**	211,058	300,086	227,946	
5	**photo**	194,183	229,338	190,453	

図8-2　URLレポート例:GA4で［レポート→集客→トラフィック獲得］を開き、ディメンションのプルダウンから［セッションメディア］を選択

GA4に関する情報リソース

最後にGA4に関する情報収集や、分からないことがあったときに使えるサイトやリソースなどを紹介いたします。

公式ヘルプ

アナリティクス ヘルプ ヘルプセンター

GA4の公式ヘルプ。迷ったらまずはここ。
https://support.google.com/analytics/?hl=ja#topic=10737980

図1 アナリティクス ヘルプ ヘルプセンター

アナリティクス ヘルプ 新機能

機能のアップデート情報はこちらから。
https://support.google.com/analytics/answer/9164320?hl=ja

図2 アナリティクス ヘルプ —— 新機能

Google Analytics | Google for Developers

実装や設定周りの情報は本サイトが充実。
https://developers.google.com/analytics?hl=ja

図3 Googleアナリティクスデベロッパー

Events | Measurement Protocol for Google Analytics 4 | Google for Developers

GA4で取得しているデータ(イベントなど)を確認する際はこちらを。
https://developers.google.com/analytics/devguides/collection/protocol/ga4/reference/events?hl=ja

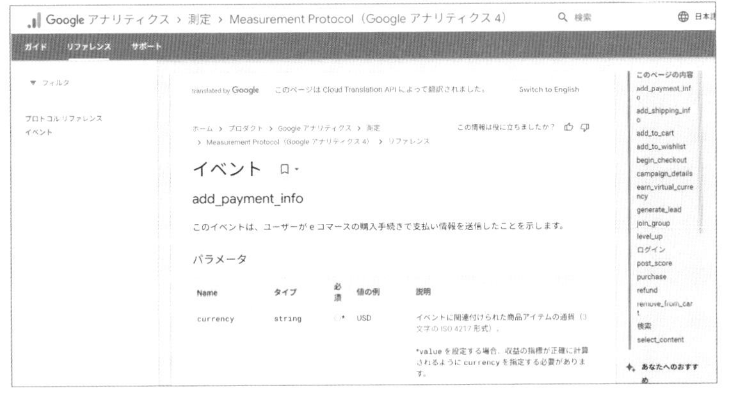

図4 Measurement Protocol

API Dimensions & Metrics | Google Analytics Data API | Google for Developers

Google Analytics API で取得しているデータをチェックできます。
https://developers.google.com/analytics/devguides/reporting/data/v1/api-schema?hl=ja

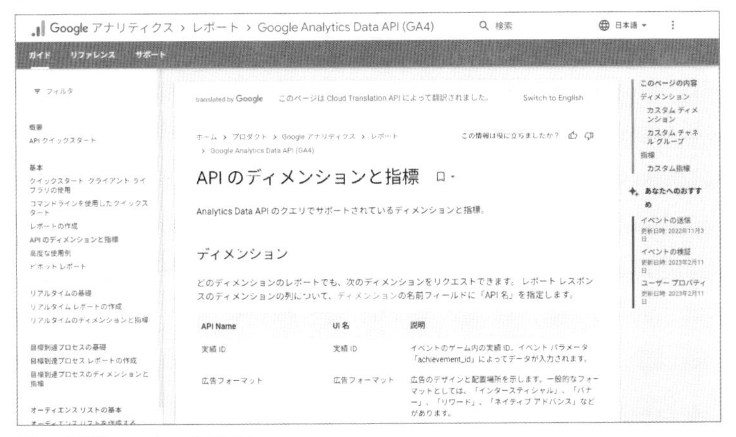

図5 API Dimensions & Metrics

Developer migration center | Google for Developers

GA4へ移行する方法を、Googleが案内してくれています。
https://developers.google.com/analytics/devguides/migration?hl=ja

図6　Developer migration center

コミュニティ・SNS

Google アナリティクス コミュニティ

投稿されたQAを見たり、自ら投稿もできます。
https://support.google.com/analytics/community?hl=ja

図7　Google アナリティクス コミュニティ

Google AnalyticsのX

最新のお知らせなどはこちらから。
https://twitter.com/googleanalytics

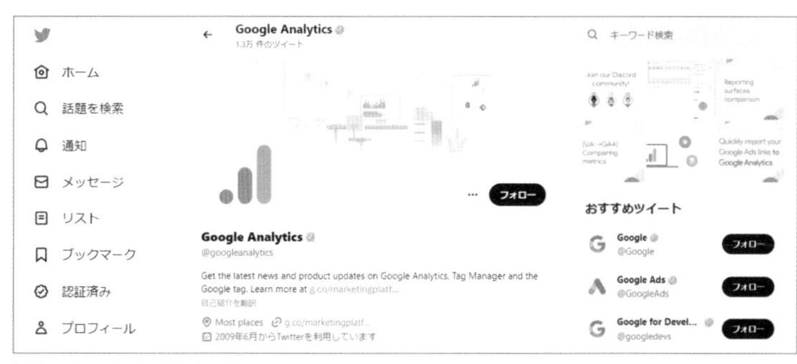

図8　Google AnalyticsのX

● **Google Ads & Commerce**

Blog。重要なお知らせはこちらでも掲載されます。
https://blog.google/products/ads-commerce/

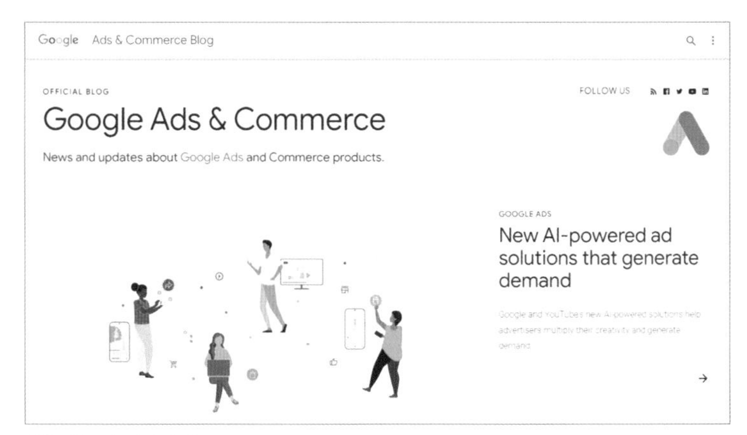

図9　Google Ads & Commerce

● **Google Analytics YouTube**

YouTubeでの情報発信も行われています。
https://www.youtube.com/user/googleanalytics

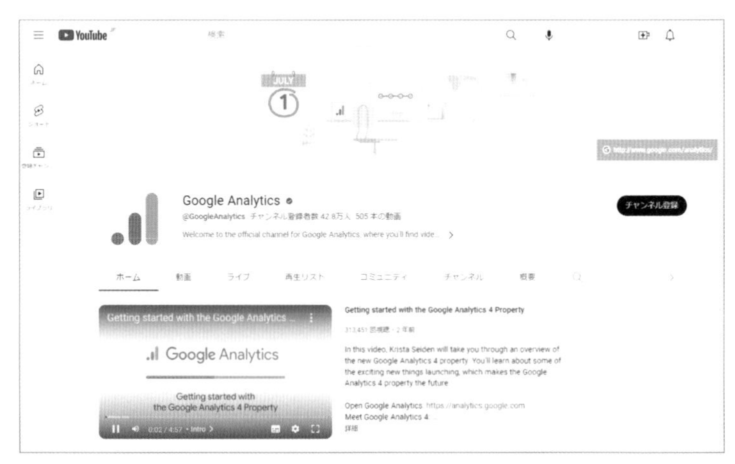

図10

● **stack overflow - Questions tagged [google-analytics]**

開発者向けの質問場所であるstackoverflowでのGoogle Analyticsの質問一覧。
https://stackoverflow.com/questions/tagged/google-analytics

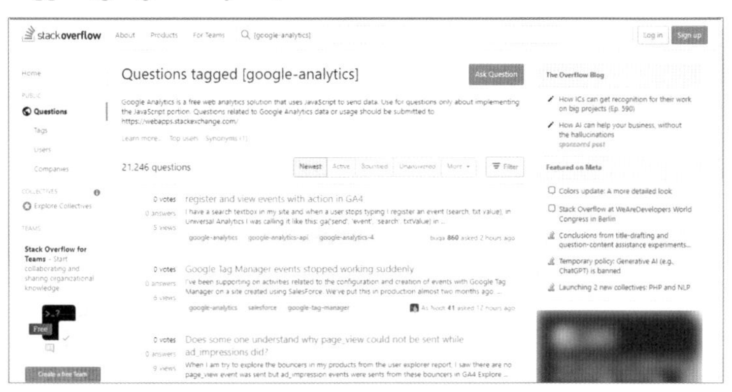

図11

Issue Tracker

Google Analytics のIssue Tracker。バグの情報はこちらで。
https://issuetracker.google.com/issues?q=componentid:187400%2B%20type:bug%20is:open&pli=1

ツール類

Discover the Google Analytics platform

https://ga-dev-tools.google/
Google Analytics Demos & Tools。ディメンションや指標の一覧をチェックしたり、便利な機能が沢山。英語版のみ存在。

Campaign URL Builder

https://ga-dev-tools.google/ga4/campaign-url-builder/
キャンペーンURLビルダー。URLに広告パラメータを付与するために利用できるフォームが用意されています。

Google Analytics Debugger

Google Analytics Debugger。Chromeの拡張機能。GA4のデータ取得状況がわかりやすくなります。
https://chrome.google.com/webstore/detail/google-analytics-debugger/jnkmfdileelhofjcijamephohjechhna?hl=ja

その他サイト

GA4guide

筆者のGA4情報総合サイト
https://www.ga4.guide/

GA4資料

筆者が公開している無料のGA4資料（約400ページ）
https://go.happyanalytics.co.jp/ga4

索引

索引

PROFILE

小川　卓（おがわ たく）

ウェブアナリストとしてリクルート、サイバーエージェント、アマゾンジャパン等で勤務後、独立。ウェブサイトのKPI設計、分析、改善を得意とする。ブログ「Real Analytics」を2008年より運営。全国各地での講演は500回を突破。
HAPPY ANALYTICS代表取締役、デジタルハリウッド大学院客員教授、UNCOVER TRUTH CAO、Faber Company 取締役CAO、日本ビジネスプレスCAO、SoZo最高分析責任者、アナリティクスアソシエーション プログラム委員、ウェブ解析士協会顧問。ウェブ解析士マスター。

著書に『「やりたいこと」からパッと引ける Googleアナリティクス4 設定・分析のすべてがわかる本』『いちばんやさしいGoogleアナリティクス 入門教室』（ソーテック社）、『クチコミページと社長ブログ、売上に貢献しているのはどちら？～マンガでわかるウェブ分析』（技術評論社）など。

STAFF

ブックデザイン　Concent,inc.（深澤 充子）
DTP　AP_Planning
編集　伊佐 知子

現場のプロがやさしく書いた
Webサイトの分析・改善の教科書
【改訂3版 GA4対応】

2014年8月20日　初版　第1刷発行
2023年8月25日　第3版　第1刷発行
2024年5月 1日　　第2刷発行

著　　者　小川　卓
発 行 者　角竹 輝紀
発 行 所　株式会社マイナビ出版
〒101-0003　東京都千代田区一ツ橋2-6-3　一ツ橋ビル 2F
☎0480-38-6872（注文専用ダイヤル）
☎03-3556-2731（販売）
☎03-3556-2736（編集）
E-Mail：pc-books@mynavi.jp
URL：https://book.mynavi.jp
印刷・製本　シナノ印刷株式会社

ISBN978-4-8399-8293-5